高等学校土木工程本科指导性专业规范配套系列教材

总主编 何若全

岩石力学

YANSHI
LIXUE

主　编　刘东燕

主　审　李建林

重庆大学出版社

内 容 提 要

本书是《高等学校土木工程本科指导性专业规范配套系列教材》之一,全书系统介绍了岩石力学的基本理论知识、分析计算方法和工程实践应用等,主要内容包括:岩石的基本物理力学性质、岩石变形特性与强度理论、岩体的力学性质及其强度准则、岩体地应力及其测量方法、岩石力学数值分析方法、岩石力学在工程中的应用、岩石力学研究展望等。除绪论外共计 7 章,每章配备了相应习题与思考题。

本书严格遵循土木工程本科人才培养的目标和要求,突出工科教学的基本概念和现代科技有机结合的工程性和实践性,旨在培养学生重点掌握岩石力学的基本理论和工程实践应用能力。本书可用作土木工程学科各专业方向的教学用书,也可作为采矿工程、水利水电工程、铁道工程、港航工程、石油与天然气工程、地质工程、勘查技术与工程等相近本科专业和研究生的选用教材,还可作为土建类工程领域工程技术人员的参考用书和培训教材。

图书在版编目(CIP)数据

岩石力学/刘东燕主编.—重庆:重庆大学出版社,2014.9
高等学校土木工程本科指导性专业规范配套系列教材
ISBN 978-7-5624-8161-4

Ⅰ.①岩… Ⅱ.①刘… Ⅲ.①岩石力学—高等学校—教材 Ⅳ.①TU45

中国版本图书馆 CIP 数据核字(2014)第 090662 号

高等学校土木工程本科指导性专业规范配套系列教材
岩石力学
主 编 刘东燕
主 审 李建林
责任编辑:王 婷 钟祖才 版式设计:莫 西
责任校对:关德强 责任印制:赵 晟

*

重庆大学出版社出版发行
出版人:邓晓益
社址:重庆市沙坪坝区大学城西路 21 号
邮编:401331
电话:(023) 88617190 88617185(中小学)
传真:(023) 88617186 88617166
网址:http://www.cqup.com.cn
邮箱:fxk@cqup.com.cn(营销中心)
全国新华书店经销
重庆现代彩色书报印务有限公司印刷

*

开本:787×1092 1/16 印张:20.5 字数:512 千
2014 年 9 月第 1 版 2014 年 9 月第 1 次印刷
印数:1—3 000
ISBN 978-7-5624-8161-4 定价:39.00 元

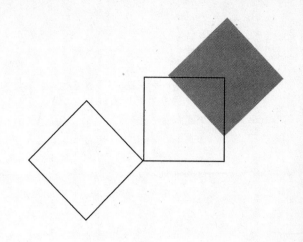

编委会名单

总 主 编：何若全
副总主编：杜彦良　　邹超英　　桂国庆　　刘汉龙

编　　委（按姓氏笔画为序）：

总　序

　　进入 21 世纪的第二个十年,土木工程专业教育的背景发生了很大的变化。"国家中长期教育改革和发展规划纲要"正式启动,中国工程院和国家教育部倡导的"卓越工程师教育培养计划"开始实施,这些都为高等工程教育的改革指明了方向。截至 2010 年年底,我国已有 300 多所大学开设土木工程专业,在校生达 30 多万人,这无疑是世界上该专业在校大学生最多的国家。如何培养面向产业、面向世界、面向未来的合格工程师,是土木工程界一直在思考的问题。

　　由住房和城乡建设部土建学科教学指导委员会下达的重点课题"高等学校土木工程本科指导性专业规范"的研制,是落实国家工程教育改革战略的一次尝试。"专业规范"为土木工程本科教育提供了一个重要的指导性文件。

　　由"高等学校土木工程本科指导性专业规范"研制项目负责人何若全教授担任总主编,重庆大学出版社出版的《高等学校土木工程本科指导性专业规范配套系列教材》力求体现"专业规范"的原则和主要精神,按照土木工程专业本科期间有关知识、能力、素质的要求设计了各教材的内容,同时对大学生增强工程意识、提高实践能力和培养创新精神做了许多有意义的尝试。这套教材的主要特色体现在以下方面:

　　(1)系列教材的内容覆盖了"专业规范"要求的所有核心知识点,并且教材之间尽量避免了知识的重复;

　　(2)系列教材更加贴近工程实际,满足培养应用型人才对知识和动手能力的要求,符合工程教育改革的方向;

　　(3)教材主编们大多具有较为丰富的工程实践能力,他们力图通过教材这个重要手段实现"基于问题、基于项目、基于案例"的研究型学习方式。

　　据悉,本系列教材编委会的部分成员参加了"专业规范"的研究工作,而大部分成员曾为"专业规范"的研制提供了丰富的背景资料。我相信,这套教材的出版将为"专业规范"的推广实施,为土木工程教育事业的健康发展起到积极的作用!

中国工程院院士　哈尔滨工业大学教授

沈世钊

前　言

岩石力学是土木工程学科领域的一门新兴的专业基础课程,它不仅对土木工程学科的建筑工程、道路工程、桥梁工程、地下工程、岩土工程等专业方向有基础支撑作用,而且也是相近的采矿工程、水利水电工程、铁道工程、港口工程等学科的重要专业基础课程,其课程的相关内容,最早分别存在于传统的土力学和工程地质课程之中。尽管岩石力学独立为一门土建类专业的基础课程历史还不长,但是随着人类工程建设的日新月异和土木工程学科的迅速发展,岩石力学课程在土建类人才培养,特别是土木工程人才培养中的基础重要性也越来越突显。作为新兴课程,它在与时俱进的成长中不断地吸收工程力学、数学、计算机技术、数值计算技术等的最新研究成果,以期能够更好地满足工程实践的需要。与此同时,岩石力学的科学性与系统性也在其自身的发展中逐渐丰富与成熟起来。因此,岩石力学并不单纯是研究岩石材料力学特性的理论课程,而是将工程力学、数值计算技术等学科的最新理论成果应用于解决与岩石(岩体)相关工程设计及施工的力学计算问题的实践性很强的应用学科,该课程多学科交叉互渗,理论与实用并重,是极具工程时代特征的新兴学科。

本书根据新近颁布的《普通高等学校土木工程本科指导性专业规范》编写,作为土木工程本科教学的专业教材,编者在注重讲述岩石力学理论基本概念、基本原理和解决岩石力学问题基本方法的基础上,突出教材的三个特色:一是突出工程实践中的岩体特色,将岩体的力学性质及其强度准则单列一章,将岩石材料的力学研究推演到对岩体力学性质的研究,从而体现岩体力学特性的研究在工程实际中的重要性;二是针对岩体工程计算分析的复杂性,突出数值分析方法在岩石力学工程应用中的重要性,着重介绍了最新通用的岩土工程数值计算软件及其应用,特别结合实际工程案例进行应用分析,强调了数值计算技术在岩土工程中的应用;三是突出岩石力学的工程实践应用,针对土木工程学科的特点,重点介绍了地下工程及隧道、地基工程、边坡工程这三大岩土工程中的岩石力学问题,从实际工程的角度认识岩石力学,强调结合工程实际学习以及理论联系实践的重要性。

作为大学本科的通用教材,本书重在系统讲述岩石力学及其工程的基础理论,针对工科土建类学科的特点,结合注册岩土工程师的考核要求,重点介绍了岩体力学应用于解决工程领域实际问题的基本原理及方法,强调基础理论与工程实践的有机结合,通过工程实例的讲解,旨在培养学生掌握运用力学理论解决岩体工程实际问题的分析方法和基本能力。读者应该在先修了工程力学(理论力学、材料力学、结构力学、土力学)以及工程地质、水文地质和数值计算方法等课程的基础上,再修读岩石力学。尽管受篇幅所限,该教材很难对当代工程领域中诸多岩石力学问题进行全面介绍,但其基本原理与方法也为读者提供了解决岩体工程问题以及进一步深入研究的途径。不同学科专业在使用本教材时,可根据自身行业和领域的特点视需要增减讲授内容。此外,本教材还可以作为土木工程及其相关领域专业技术人员的工程技术参考资料。

本教材由重庆大学刘东燕教授制订编写大纲并担任主编。参与各章节编写的作者有:重庆大学刘东燕教授编写绪论和第 7 章,李东升副教授编写第 1 章 1—4 节,罗云菊副教授编写第 1 章第 5 节,文海家教授编写第 3 章;四川大学谢红强副教授编写第 4 章;重庆科技学院董倩教授编写第 2 章,赵宝云副教授编写第 5 章,况龙川副教授编写第 6 章。全书由重庆大学刘东燕教授统稿,由三峡大学李建林教授担任主审。

本书免费提供了配套的电子课件,包含各章的授课 ppt 课件、课后习题与思考题参考答案、期中及期末考试试题(含答案),放在重庆大学出版社教学资源网上供教师下载(网址:http://www. cqup. net/edustrc)。

由于编者水平和能力所限,书中难免有许多错误或不当之处,恳请读者批评指正。

主编　刘东燕

2014 年 3 月

目 录

0 绪 论 ……………………………………………………………… 1

0.1 岩石力学的定义与任务 ………………………………………… 1

0.2 岩石力学的基本内容与研究方法 ……………………………… 2

0.3 岩石力学发展简史 ……………………………………………… 3

0.4 岩石力学与工程实践 …………………………………………… 5

1 岩石的基本物理性质 ……………………………………………… 11

1.1 概述 …………………………………………………………… 11

1.2 岩石的分类及基本构成 ………………………………………… 11

1.3 岩石的基本物理性质 …………………………………………… 13

1.4 岩石力学性质及其实验 ………………………………………… 15

1.5 水对岩石性质的影响 …………………………………………… 23

习题与思考题 ……………………………………………………… 26

2 岩石变形特性与强度理论 ………………………………………… 27

2.1 概述 …………………………………………………………… 27

2.2 岩石的弹性理论 ………………………………………………… 28

2.3 岩石的变形特性 ………………………………………………… 30

2.4 岩石流变理论 …………………………………………………… 45

2.5 岩石强度理论 …………………………………………………… 57

2.6 影响岩石强度的主要因素 ……………………………………… 68

习题与思考题 ……………………………………………………… 72

3 岩体的力学性质及其强度准则 …………………………………… 74

3.1 概述 …………………………………………………………… 74

3.2 岩体中的结构面 ………………………………………………… 74

3.3 岩体的工程分类 ………………………………………………… 90

3.4 岩体现场力学试验 ……………………………………………… 99

3.5 岩体的强度 ……………………………………………… 106

3.6 岩体的变形 ……………………………………………… 117

3.7 岩体的水力学特性 ………………………………………… 128

习题与思考题 ………………………………………………… 133

4 岩体地应力及其测量方法 …………………………………… 134

4.1 概述 ……………………………………………………… 134

4.2 岩体中的地应力 ………………………………………… 135

4.3 地应力测量方法 ………………………………………… 146

4.4 工程岩体弹性波测试 …………………………………… 161

4.5 高地应力判别及防治 …………………………………… 168

习题与思考题 ………………………………………………… 174

5 岩石力学数值分析方法 …………………………………… 175

5.1 概述 ……………………………………………………… 175

5.2 数值分析计算基本方法 ………………………………… 176

5.3 工程应用软件简介 ……………………………………… 203

5.4 岩石力学数值计算的关键问题 ………………………… 208

5.5 岩石力学数值分析案例——三连拱地下洞室工程施工

分析 …………………………………………………… 209

习题与思考题 ………………………………………………… 222

6 岩石力学在工程中的应用 ………………………………… 223

6.1 概述 ……………………………………………………… 223

6.2 岩石地下工程及隧道 …………………………………… 226

6.3 岩石地基工程 …………………………………………… 252

6.4 岩石边坡工程 …………………………………………… 279

习题与思考题 ………………………………………………… 296

7 岩石力学研究展望 ………………………………………… 298

7.1 概述 ……………………………………………………… 298

7.2 岩石断裂力学与损伤力学概述 ………………………… 299

7.3 岩石力学的分形研究 …………………………………… 308

7.4 岩石力学系统 …………………………………………… 310

参考文献 ……………………………………………………… 316

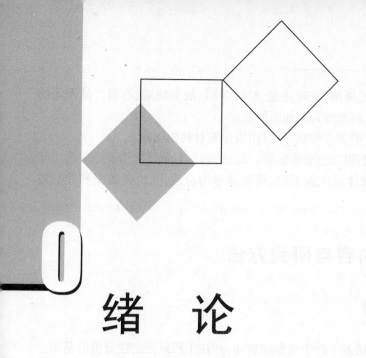

0 绪 论

0.1 岩石力学的定义与任务

岩石力学又称岩体力学,是力学的一个分支,是一门研究岩石在外界因素(如荷载、水流、温度变化等)作用下的应力、应变、破坏、稳定性及加固的学科。岩石力学的研究目的在于解决水利、土木工程等建设中的岩石工程问题,它是一门新兴的工程学科,需要应用数学、固体力学、流体力学、地质学、土力学、土木工程学等知识,并与这些学科相互渗透、相互交叉。

岩石力学以解决岩石工程稳定性问题和研究岩石的破碎条件为目的,其研究介质不仅非常复杂,而且存在诸多不确定性因素,这就使得岩石力学独立系统的基础理论难以建立,岩石力学的发展始终存在引用和发展固体力学、土力学、工程地质学等学科的基本理论和研究成果来解决岩石工程中的问题,而且偏重不同行业应用的岩石力学往往对其有不同的定义。陈宗基院士认为"岩石力学是研究岩石过去的历史,现在的状况,将来的行为的一门应用性很强的学科"。过去的历史是指岩石的地质成因和演化,现在的状况是工程建造前和建造过程中对岩石状况改选前后的认识,将来的行为是预测工程建成以后可能发生的变化,以便研究预防或加固措施。而美国地质协会岩石力学委员会于 1964 年提出岩石力学的定义为:岩石力学是研究岩石力学性状的一门理论和应用科学,是力学的一个分支,是研究岩石在不同物理环境的力场中产生各种力学效应的学科。该定义概况了岩石破碎和稳定两方面的主题,也概括了岩石在不同物理环境中各种应力状态下的变形、破坏规律,这是一个较广泛、严密,并得到广泛认可的定义。

岩石工程是以岩石为对象的工程活动的总称,岩石力学就是以研究岩石物理力学性质,解决岩石工程中遇到的工程问题为目标的应用学科,根据工程的不同类型和性质,岩石力学主要面对和需要解决的工程问题可以分为以下 5 个方面:

①地上工程建筑物的岩石地基,例如研究高坝、高层建筑、核电站以及输电线路塔等地基的稳定、变形及处理的问题。

②地表挖掘的岩石工程问题,如水库、边坡、高坝、岸坡、渠道、运河、路堑、露天开采坑等天然和人工边坡的稳定、变形及加固问题。

③地下洞室,如研究地下电站、水工隧洞、交通隧道、采矿巷道、战备地道、石油产品库等的围岩的稳定和变形问题,地下开挖施工以及围岩的加固问题。

④岩石破碎,如将岩石破碎成各种所要求的规格,以作为建筑材料的问题。

⑤岩石爆破,如用定向爆破筑坝,巷道掘进和采矿等。此外,岩石力学还应用于一些地质问题的研究,如分析因开采地下矿体和液体而地表下陷、解释地球构造理论、预估地震和控制地震等。

0.2　岩石力学的基本内容与研究方法

0.2.1　岩石力学的基本内容

岩石力学是研究岩石在不同受力状态下产生变形和破坏,并在工程地质定性分析的基础上定量分析岩体稳定性的一门学科。从工程应用来看,它主要涉及岩体稳定性以及岩体破碎规律的研究。岩体稳定性包含岩坡稳定、基岩稳定、洞室围岩稳定等问题的研究;岩体破碎规律主要包含机械破岩、爆破破岩、水力破岩等方面的研究。然而,无论是对岩体稳定性还是岩体破碎规律方面的研究,都必须建立在对岩体的物理力学性质有充分而正确认识的基础上,因此岩体的物理力学性质也是岩石力学中重点探讨的课题之一。

岩石力学是在 20 世纪 50 年代初期新兴的一门学科,学科历史相对较短。它是随着社会经济的迅速发展而发展的,是在对能源的开采和利用以及在各项工程建设中迅速发展起来的(例如采矿、水利、水电、土木工程,铁路交通以及国防建设等都出现了各种有关岩体稳定性的课题)。由于之前对岩石体的工程特性研究不足,造成在一些重大岩石工程中(如大型水坝和岩质边坡、大型的地下洞室以及深部采矿等)出现了工程事故,究其原因,事故都与各种受力状态下的岩体失稳分不开的,这就引起了人们对岩石力学的重视。目前,现代化工程建设的规模正在逐年增大,工程环境也更为复杂,为了使工程建设达到安全可靠、经济合理,就必须对岩体稳定性问题作出更为准确的分析和判断。

随着现代化建设的进一步增强和工程规模的扩大,岩石力学对工程实践所起的作用也逐步被人们深刻理解。但岩石力学毕竟是一门年轻的学科,在很多方面是不够成熟的,特别是由于岩体作为一种自然地质体,影响其稳定性的各种因素之间关系纷繁复杂,它们中的很多规律尚未得到充分认识,这些都迫使我们去进一步探索和研究。目前岩石力学主要关注的基本内容可以大致归纳为以下五个方面:

①岩石应力,包括岩体内应力的来源、初始应力(构造应力、自重应力等)、二次应力、附加应力等。

②岩石强度,包括抗压、抗拉、抗剪(断)强度及岩石破坏、断裂的机理和强度准则。

③岩石变形,包括单向和三向条件下的变形曲线特性、弹性和塑性变形、流变(包括蠕变和松弛应力-应变-时间关系)和扩容。

④岩石渗流,包括渗透性、渗流理论、渗流应力状态和渗流控制等。

⑤岩石动力性状,研究爆炸、爆破、地震、冲击等动力作用下岩石的力学特性、应力波在岩石内的传播规律、地面振动与损害等。

0.2.2 岩石力学的研究方法

岩石力学是用力学的观点对自然存在的岩石和岩体进行性质测定和理论计算,以解决水利、土木工程等建设中的岩石工程问题,因此,岩石力学的研究必须采用科学实验与理论分析紧密结合的方法。

实验与测试是岩石力学研究工作的基础。进行岩石和岩体的物理力学参数测定,以及进行各项现场和室内的原型和模型试验,是建立岩石力学概念和理论的基础,其不仅可为工程设计和施工提供必不可少的岩石物理力学性质的基础数据,而且还能为岩石力学问题的理论研究提供客观的物理基础。

在试验与测试的基础上,借鉴采用不同的力学理论和分析方法,提出岩石的本构关系(应力-应变关系)及应力、应变和强度理论,以分析岩石体的变形和稳定性,最后通过分析对比和综合判断,获得比较符合实际的结论。目前所应用的岩石力学理论均是建立在其他学科的研究基础之上,如弹性理论、塑性理论、松散介质力学理论等,这些理论对于岩石或岩体的适用性要接受实践的检验。由于一定的理论都是建立在特定的假设条件下的,它与复杂多变的自然岩体之间总是存在一定的差距,理论的适用性就要受到一定的限制。

伴随着现代计算技术的飞速发展,电子计算机的计算速度和处理复杂数据的能力越来越受到众多学者的青睐,随之也广泛应用于岩石力学学科的发展中。岩体作为自然体,它所反映的性质是多变的,带有一定的概率性,因此,计算机对岩石力学是十分有用、强大的工具。目前许多学者已经将其运用到岩石力学的各个方面,并取得了显著的成果,其应用价值不可估量,并有广阔的发展前景。

岩石作为天然地质体,经历了漫长的自然演变过程,也经受了各种地质构造变动,岩石的物理力学性质、结构与构造与其地质成因、地质形成和演化过程是密不可分,也决定了岩石力学的研究离不开工程地质的定性研究。因此,这就要求研究岩石力学还需具备一定的工程地质和地质力学的知识。

另外,岩石力学又是一门应用性很强的学科,岩石力学应该为设计与施工提出有利于岩体稳定的方案,又能为新的设计和施工提出岩体稳定的理论根据。因此,在应用岩石力学知识解决具体工程问题的时候,又必须与工程的设计与施工保持密切的联系和相互配合。

0.3 岩石力学发展简史

岩石力学的发生与发展与其他学科一样,与人类的生产活动紧密相关。早在远古时代,我们的祖先就在洞穴中繁衍生息,并利用岩石做工具和武器,出现过"石器时代"。公元前 2 700 年左右,古埃及人修建了金字塔。公元前 6 世纪,巴比伦人在修建了"空中花园"。公元前 613—591 年,我国人民在安徽淠河上修建了历史上第一座拦河坝。公元前 256—251 年,在四川岷江修建了都江堰水利工程。公元前 254 年左右(秦昭王时代)开发出钻探技术。公元前 218 年在广西开凿了沟通长江和珠江水系的灵渠,筑有砌石分水堰。公元前 221—206 年在我国北部山区修建了万里长城。在修建这些工程的过程中,不可避免地要运用一些岩石力学方面的基本知识。但是,作为一门学科,岩石力学研究是从 20 世纪 50 年代前后才开始的。当时世界各国正处于第二次世界大战以后的经济恢复时期,大规模的基础建设有力地促进了岩石力学的研究与实践,岩石力学逐渐作为一门独立的学科出现在世界上。一般认为,1957年法国的塔罗勃(J. Talobre)所著《岩石力学》的出版与1962年国际岩石力学学会的成立是岩石力学形成的显著标志。

国际岩石力学学会(isrm,international society for rock mechanics)是在奥地利地质力学学会(osterrichische geoellschaft fur geomechanik,ogg)的基础上建立起来的,国际岩石力学学会的建立比国际土力学与基础工程学会的成立晚26年。奥地利地质力学学会是由缪勒教授(l. muller)于1951年发起组织,是国际上第一个岩石力学学术团体。该学会自成立之日起,每年召开一次"奥地利地质力学学术讨论会(osterrichische geomechanik-kolloguium,ogg)。"在1962年10月召开的第13届学术讨论会上,在l. muller教授倡导下,成立了国际岩石力学学会,会上推选l. muller教授担任第一届国际岩石力学学会主席。此后于1966年9月组织召开了第一届国际岩石力学大会(1st isrm congress)。大会在葡萄牙里斯本召开,此后大约每隔4年召开一次大会(congress)。

在国际岩石力学学会成立前,尤其是第二次世界大战以后,为适应经济发展的迫切需要,各国都相继建立了一些机构对岩石力学进行专题研究。如美国军部工程兵团(ace,army corps of engineers u. s. a)、美国垦务局(bureau of reclamation u. s. a)、卡罗拉多矿业学院(colorado school of mines)、全苏水工研究院(вн)、德国卡尔斯鲁大学(university of karlsruhe)、奥地利国际岩石力学研究所(interfels)、英国家煤炭局(national coal board,great britain)、南非采矿与冶金研究院(south african institute of mining and metallurgy,saimm)、澳大利亚联邦科学与工业研究组织(csiro,commonwealth scientific & industrial research organization)以及日本的地质调查研究所(gsj,geological survey of japan)等。

我国岩石力学的研究起步于自20世纪50年代初,是伴随中华人民共和国成立以来,为解决水利、水电、采矿、交通、建筑、冶金,国防等建设工程提出的大量急待解决的岩石力学问题而迅速发展的。而系统地、全面地对岩石力学进行研究,则是从1958年开始的。当时,为适应长江三峡水利枢纽建设的需要,在国家科委领导下成立了三峡岩基研究组,以长江流域规划办公室及中国科学院为主体,在陈宗基教授指导下,集中了全国水利、水电、建工、矿冶、高等院校等18个单位在室内外开展了大量试验研究工作,根据科研工作的需要,还研制成功一批仪器设备,如岩石三轴仪、大型电磁振动台、岩石扭转流变仪等。三峡岩基组的工作,不仅对我国水工建设岩石力学的发展起重要作用,也为中国岩石力学的发展奠定了基础。

我国于1982年成立了中国岩石力学与工程学会筹备委员会,1985年成立了全国性一级学会中国岩石力学与工程学会。为解决国家重大项目(如三峡、葛洲坝、小浪底、二滩、南水北调等水利水电工程,大冶、攀枝花、金川等矿山工程,成昆、南昆、京九、青藏等铁路工程,抚顺、大同、两淮、兖州等煤矿工程,大庆、胜利、克拉玛依等石油工程,秦山、大亚湾、岭澳等核电工程,北京、上海、广州、深圳等地铁工程)建设中所遇到的岩石力学难题,开展了大量的工作,取得了丰富的成果,我国岩石力学得到了突飞猛进的发展。

从岩石力学的发展过程来看,岩石力学的发展往往是伴随着重大复杂工程的开展而进行,目前国际上已建和正建的大坝,最大高度已超过300 m,地下洞室的最大开挖跨度已超过50 m,矿山开采深度已超过4 000 m,边坡垂直高度已达1 000 m,石油开采深度已超过9 000 m,深部核废料处理需要考虑的时间效应至少为1万年,研究地壳形变涉及的深度达50～60 km,温度在 1 000 ℃ 以上,时间效应为几百万年。而且随着能源、交通、环保、国防等事业的发展,更为复杂、规律更为庞大的岩石工程将日益增多。但是,由于岩石体的复杂性,目前的理论尚不足以全面地解决工程面临的技术难题,由此造成了许多工程事故。其中,最著名的是法国马尔帕塞(malpasset)拱坝垮坝及意大利瓦依昂(vajont)工程的大滑坡。马尔帕塞薄拱坝,坝高 60 m,坝基为片麻岩,1959 年左坝肩沿一个倾斜的软弱面滑动,造成溃坝惨剧,400 余人丧生。瓦依昂双曲拱坝,坝高 261.6 m,坝基为断裂十分发育的灰岩。1963 年大坝上游左岸山体发生大滑坡,约有 2.7~3.0 亿 m^3 的岩体突然下塌,水库中有 5 000 万 m^3 的水被挤出,激起 250 m 高的巨大水浪,高 150 m 的洪波溢过坝顶,死亡 3 000 余人。

诸如此类的工程实例都充分说明,能否安全经济地进行工程建设,在很大程度上取决于人们是否能够运用近代岩石力学的原理和方法去解决工程上的问题。当前,世界上正建和拟建的一些巨型工程及与地学有关的重大项目也为岩石力学的快速发展提供了环境和机遇,同时也对岩石力学的理论和实践研究提出了更高的要求。

0.4 岩石力学与工程实践

基于中国大陆的漫长演化历史与复杂动力学过程,造就了岩土工程环境的多样性,为岩石力学与工程的理论创新和工程贡献,提供了世界上少有的发展空间。也因此,在工程建设实践中,我国岩石力学界面临着严峻挑战,特别是岩石力学如何保证岩石工程与环境协调,确保工程的耐久性与环境安全。诸如,西南巨大水能资源开发,长距离跨流域调水工程,纵贯南北横跨东西的交通干线和能源输运、工程及其高边坡、深埋长隧道;地下深部资源开发与矿山安全;海洋资源开发;城市地下空间开发、利用;高放核废料地下处置等一系列复杂而困难的地质和岩石工程问题,都期待岩石力学工作者提供科学与技术支持。同时,从世界范围来看,我国岩土工程市场规模之大,举世罕见。除已建成的长江三峡、葛洲坝、小湾、龙滩、黄河小浪底水利枢纽、雅砻江二滩水电站,大瑶山、秦岭铁路隧道以外,在建和拟建的溪洛渡等水电工程,神华铁路工程,秦岭公路隧道工程,琼州海峡、台湾海峡海底隧道工程等。与西部大开发有关的青藏铁路、南水北调、西电东送、西气东输等诸多工程项目更为世人所瞩目。

葛洲坝工程是我国于 20 世纪 70 年代在长江干流上自行设计、自行施工的第一座巨型水利枢纽,有"万里长江第一坝"之称,主要的工程地质问题是坝基中广泛分布有总计约 80 余层的原生或构造软弱夹层。为全面探索夹层的矿物、物理、力学、化学性质,在陈宗基先生指导下,来自水利电力部、中国科学院等单位的科技人员对此进行了系统深入的研究,除进行一系列宏观、微观分析外,着重进行了室内和野外抗剪、蠕变、松弛、振动爆破及抗力体试验。在抗剪蠕变试验中,考虑到浸水、振动、长期渗透、反复荷载等因素对强度参数的影响。野外抗剪蠕变试验采用的试件尺寸为 50 cm×60 cm,持续时间长达 3 个月。抗力体试验尺寸分别为 11.65 m×1.70 m×2.30 m 及 9.54 m×1.70 m×2.30 m(长×宽×高),规模之大,在国内外均属罕见。根据大量试验研究结果,运用流变力学原理,解决了软弱夹层及非连续、层状岩体结构的力学问题,并提出了有关的数学、力学模型及计算方法,为大坝设计和施工提供了重要依据。

三峡工程全称为长江三峡水利枢纽工程,大坝位于三峡西陵峡内的秭归县三斗坪,并和其下游不远的葛洲坝水电站(见图 0.1)形成梯级调度电站。它是世界上规模最大的水电站,也是中国有史以来建设的最大型的工程项目。三峡大坝(见图 0.2)为混凝重力式大坝,大坝坝顶总

图 0.1 葛洲坝工程

长 3 035 m,坝高 185 m,总装机容量为 2 240 kW·h,年发电量 847 亿 kW·h。完工的三峡水库是一座长远 600 km,最宽处达 2 000 m,面积达 10 000 km² 的峡谷型水库。

图 0.2 三峡大坝

三峡工程是空前巨大的岩石工程。大面积的坝基开挖在包含深槽及河漫滩的巨大基坑中;双线五级船闸完全在山体中穿过,开挖量达 $5 \times 10^7 \text{m}^3$,所形成的高陡边坡高度达 170 m,闸室直立墙段高达 60 m,包括超大跨度和高边墙地下电站厂房在内的复杂地下洞室结构全部在岩体中开挖形成。三峡地下电站主厂房洞室吊车梁以下跨度 31 m,吊车梁以上跨度 32.6 m,厂房最大高度 87.3 m,长 311.3 m,厂房的跨度和高度目前均为国内第一。三峡工程不仅规模巨大,而且坝址的岩体条件还很复杂,虽然是坚硬的岩浆岩(闪云斜长花岗岩和黑云母石英闪长岩),但因成岩年代久远(8×10^8a),形成了厚达 70~80m 的风化壳,包含分布很不均匀的全、强、弱、微不同风化程度的风化带,深风化槽及深风化囊等特殊风化现象。此外,坝址在地质年代中历经多次复杂的构造运动,岩体被各种尺度的断层、节理、裂隙切割,形成了类型复杂、连通度各异的块体结构。

岩石作为水利水电工程存在的环境和依托,是十分不均匀的地质体,包含断层、节理、裂隙等不连续面,其物理、力学性质非常复杂、多变。需要在较大的范围内进行现场原位试验,研究岩体以及其结构面的力学性质,寻求能考虑结构面(不连续面)影响的方法来分析岩体应力、应变分布,评价其稳定性。对岩体认识的进一步深入,导致了对影响岩体力学性质因素的研究,对岩体赋存条件(环境)的研究,也就是岩体初始应力场和渗流场的研究。这就是三峡工程岩石力学研究的发展过程,也是岩石力学学科的发展过程。三峡工程建设促进了中国岩石力学学科的产生与发展,同时岩石力学也为三峡工程重大技术问题的论证与解决提供了重要的技术支撑。

在三峡工程修建的同时,西部水电工程建设达到高峰期,工程规模大,地应力及地下水等环境条件更加复杂,给岩石力学提出了更大的挑战。西部水电工程中较为集中和典型有雅砻江水电开发和金沙江水电开发。雅砻江发源于巴颜喀拉山南麓,向南流到攀枝花市附近注入金沙江,全长 1 500 多千米,落差超过 3 800 m。雅砻江水利资源丰沛,自然落差巨大,无航运、灌溉之责,少移民搬迁之累,因山势陡峭,人迹罕至,很少淹及森林土地,就开发条件和经济效益论,雅砻江是我国水电基地中最好的。其中二滩电站(见图 0.3)位于雅砻江的下游,电站的混凝土双曲拱坝高 240 m,为亚洲更高的大坝,电站装机容量为 330 万 kW,发电量 170 亿 kW·h,全部竣工后装机容量和发电量都将超过葛洲坝电站,成为仅次于三峡电站的我国第二大水电站。

图 0.3 二滩水电站

溪洛渡水电站位于四川雷波县和云南永善县境内金沙江干流上,电站坝高 278 m,水库正常蓄水位 600 m,相应库容 115.7 亿 m³,防洪库容 46.5 亿 m³,总装机容量为 1 260 万千瓦。溪洛渡电站是金沙江下游梯级电站中第一个开工建设的水电站,2005 年主体工程正式开工,是一座以发电为主，兼有防洪、拦沙和改善下游航运条件等巨大综合效益的工程。

向家坝水电站是金沙江最后一级水电站，电站位于云南省水富县（右岸）和四川省宜宾县（左岸）境内，为重力坝峡谷型水库。坝顶高程 383 m，最大坝高 161 m，坝顶长度 909.3 m，水库面积 95.6 km^2，水库总库容 51.63 亿 m^3，回水长度 156.6 km。控制流域面积 45.88 万 km^2，占金沙江流域面积的 97%，电站装机容量 600 万千瓦。

除去大型水利工程，随着西部大开发战略的实施，公路、铁路建设过程中也提出了诸多急待解决的复杂岩石工程问题，其中非常典型的有宜万铁路和南昆铁路。

宜万铁路位于鄂西、渝东山区，处于长江中下游东西向、新华夏系和淮阳山字形反射弧三个一级地质构造的交会点，形成了山高壁陡、河谷深切的地貌，岩溶、顺层、滑坡、断层破碎带和崩塌等主要不良地质现象分布广泛，占整个线路的 70% 以上。

修筑宜万铁路是中国人 100 多年来的梦想，蜀道难，难在东出川，早在 1903 年，清王朝就拟定修建川汉铁路，但因地质复杂、工程浩大等原因搁浅，直至 2003 年才拉开建设序幕。宜万铁路是目前世界上已建铁路和在建铁路中最难的线路：一是地质条件差，全线山高壁陡、河谷深切、熔岩广布，堪称集地质病害之大成；二是工程风险大，线路穿越岩溶地层、煤系地层及区域性断裂破碎带，加上埋置深度大、洞穴暗河多等；三是控制性项目多，沿线长大隧道、高墩大跨新结构桥梁十分普遍，重点控制性桥隧有 25 座，施工难度大；四是科技含量高，桥隧占线路总长的 74%，有铁路"桥隧博物馆"之称；五是建设标准新，在复杂地质条件下修建高标准干线铁路。这也成就了宜万铁路在全球铁路的独一无二，成为我国铁路史上修建难度最大、公里造价最高、历时最长的山区铁路。

宜万铁路修建难，最难在隧道。中国铁路建设史上，因为宜万铁路，第一次为铁路隧道按风险分为轻、中、高三个等级。宜万铁路共有隧道 159 座，70% 位于石灰岩地区。其中有 34 座隧道被评估为高风险隧道，其中长度 10 km 以上隧道有 3 座。如位于鄂渝交界的齐岳山隧道全长 10 528 m，隧道通过 15 条断层、3 条暗河，施工管段均为可溶岩地层，设计最大涌水量 74.3 万 m^3/d，被国内专家和同行公认为世界级难题。位于宜昌市的白云山隧道，全长 6 827 m，是宜万铁路控制工期的 13 座长大隧道之一，是全线控制工期工程。隧道区属构造剥蚀、侵蚀、溶蚀深切割的中低山区，基本地形配置为苔原山地和深切峡谷，地质条件十分复杂，岩溶发育，溶洞、暗河、落水洞、漏斗及岩溶洼地等岩溶现象多见。隧道穿越天阳坪区域断裂，穿越纸厂湾、猴子洞、耗子洞等三个暗河系统，区内发育 5 条断层，预测最大涌水量 427 314 m^3/d，正常涌水量 167 354 m^3/d。而公认最难施工的齐岳山隧道，这条长 10.5 km 的隧道，贯通花费了 6 年时间。20 世纪 60 年代，国家打算续建川汉铁路，就是因为这条隧道才搁置。一个月掘进 4 m。在中国铁路史上，堪称最慢的纪录，齐岳山隧道通过 15 条断层、3 条暗河，施工揭示溶腔 138 个，实测水压最高达 2.3 MPa（水压足以从地面将水送到 100 层的高楼），且隧道上方 220 m 处就有暗河，水量最大达 40 多万 m^3。施工时，多名工程院士、专家多次现场会诊。2008 年 10 月底，齐岳山隧道仅仅只剩 200 多 m，施工队却奋战了整整 1 年。

同样，南昆铁路所经地区地形也极其险峻，地质极为复杂。南昆铁路的勘察设计工作始于 20 世纪 70 年代，先后共做了 8 个比选方案，才最后确定实施现行方案。南昆铁路沿线岩层破碎、滑坡、坍塌、溶岩、瓦斯、膨胀土等不良地质俱存，覆盖面大，通过七度以上高烈度地震区 242 km，可溶岩区 375 km，膨胀土区 146 km，被称为"地层博览""地下迷宫"。铁路从北部湾海滨爬上云贵高原，相对高差达 2 010 m，其中因江河跨越，还有八次大的起伏，为我国铁路前所未有。

整个线路形成沟梁相间,桥隧相连的走势,隧道 258 座,总长 194.6 km;大中桥梁 476 座,总长 79.8 km,桥隧总长占线路总长的 31%。其中将有一些工程项目创造出中国铁路建设的多项纪录,如高达 183 m 的清水河大桥是我国铁路最高桥,八渡南盘江大桥的百米高墩,改写了中国既有桥梁 70 m 高墩的记录。而其中 9 392 m 长的米花岭隧道(见图 0.4)是中国已通车的最长单线电气化铁路隧道,隧道穿过的山体地质复杂,对隧道威胁大的主干断层有 3 条,有一定影响的小断层 16 条,并有 6 个褶曲,10 个蓄水带,其中有 4 个富水带可能突水突泥。全隧坑道每昼夜的涌水量为 17 000 m^3。隧道线路平面为 S 形,进、出口各设一段曲线,进口曲线进洞长度 258 m,曲线半径为 1 000 m,曲线长度约占全隧道的 6%。

图 0.4 米花岭隧道

我国作为一个经济蓬勃发展的发展中国家,在面临着的大规模工程建设中,岩石高边坡稳定性问题也是最具特色的工程地质问题之一。特别是 20 世纪 80 年代以来,我国经济的高速增长,极大地刺激着资源、能源的开发,交通体系的完善和城镇的都市化进程,大型工程活动数量之多、规模之大、速度之快、波及面之广,举世瞩目;毫无疑问,与此同时在不同领域也带来了众多的高边坡工程问题,并且,由于我国独特的地形地质条件,决定了这一问题从出现就呈现出强烈的中国特色。

在众多重大工程建设中,岩石高边坡一方面作为工程建(构)筑物的基本环境,工程建设会在很大程度上打破原有自然边坡的平衡状态,使边坡偏离甚至远离平衡状态,控制与管理不当会带来边坡变形与失稳,形成边坡地质灾害;另一方面,它又构成工程设施的承载体,工程的荷载效应可能会影响和改变它的承载条件和承载环境,从而反过来影响岩石边坡的稳定性。因此,岩石高边坡的稳定问题不仅涉及工程本身的安全,同时也涉及整体环境的安全;岩石高边坡的失稳破坏不仅会直接摧毁工程建设本身,而且也会通过环境灾难对工程和人居环境带来间接的影响和灾害。因此,对岩石高边坡稳定性的研究一直是我国 20 世纪以来工程地质学领域的热点、难点科学与工程技术问题。对于岩石高边坡稳定性,往往是通过加固治理来达到,如图 0.5 和图 0.6 所示。

图 0.5　岩石高边坡加固治理

图 0.6　加固后的岩石高边坡

其他如南水北调、西电东送、西气东输等诸多工程项目,也为我国岩石力学的发展提供了诸多发展机遇。总之,经过半个世纪的不懈努力,我国已经积累了在复杂地质条件下修建各种岩石工程的丰富经验。虽然从总体上看,与国际先进水平相比,我国尚有一定的差距,但我们正迅速走向世界。如第 7 届国际岩石力学学会主席 c. fairhurst 教授(美国)在参加了"三峡工程岩石力学与工程国际科学技术讨论会"后,立即在《国际岩石力学学会信息学报》卷首语中指出:"在这个世界上迅速发展的国家——中国,岩石力学面临数不清的机遇和挑战。中国科学家和工程师的首创、献身精神令人敬佩。除了国际著名的三峡工程以外,中国还有其他一些在建或拟建的大工程。通过对这些重大工程的实践,中国会对岩石力学的发展作出重要贡献。"

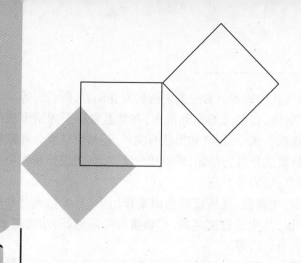

1 岩石的基本物理性质

1.1　概　述

　　岩石是自然界中各种矿物的集合体,是天然地质作用的产物。一般而言,大部分新鲜岩石质地均坚硬致密,空隙小而少,抗水性强,透水性弱,力学强度高。岩石是构成岩体的基本组成单元,相对于岩体而言,岩石可以被看作连续、均质及各向同性的介质。

　　岩石的基本物理力学性质是岩体最基本、最重要的性质之一,也是岩石力学学科中研究最早、最完善的内容之一。岩石物理力学性质是岩石力学研究的基础,它不仅是岩石力学分析的重要依据,其提供的基本参数也是岩石力学工程设计和施工的基础。

　　岩石物理力学性质包括物理性质和力学性质。岩石是由固体、液体和气体三相介质组成,其物理性质是指因岩石三相组成的相对比例不同所表现出来的物理属性,与工程问题密切相关的主要包括岩石的密度、孔隙率、水理性质等。岩石的力学性质主要指在载荷作用下的岩石变形特征,主要包括变形性特性参数和强度特性参数。岩石的变形特性参数包括变形模量、弹性模量、切变模量、泊松比等,岩石的强度参数包括岩石抗拉、抗压、抗剪及抗弯等强度。

　　岩石的物理力学参数通常采用室内试验或现场测试的方式确定。

1.2　岩石的分类及基本构成

1.2.1　岩石的分类

　　岩石是自然界经历漫长地质年代而形成的产物,是组成地壳的主要物质。根据岩石的成因,一般可将岩石分为三大类:岩浆岩(火成岩)、沉积岩(水成岩)和变质岩。

　　岩浆岩是由埋藏在地壳深处的岩浆(主要成分为硅酸盐)上升冷凝或喷出地表形成的。直接在地下凝结形成的称为侵入岩;喷出地表形成的称为火山岩(喷出岩)。侵入岩的产状多为整体块状,火山岩的整体性较差,常伴有气孔和碎屑。常见的岩浆岩有花岗岩、闪长岩等。

沉积岩是地表母岩经风化剥离或溶解后,在经过搬运和沉积,在常温常压下固结形成的岩石。沉积岩的特点是,其坚固性除与矿物颗粒成分、粒度和形状有关外,还与胶结成分和颗粒间胶结的强弱有关。从胶结成分来看,以硅质成分最为坚固,铁质成分次之,钙质成分和泥质成分最差。常见的沉积岩有石灰岩、砂岩、页岩、砾岩等。

变质岩是由已形成的岩浆岩、沉积岩,在高温、高压或其他因素作用下,其矿物成分和排列经某种变质作用而形成的岩石。一般来说,其变质程度越高、矿物重新结晶越好、结构越紧密,其坚固性越好。常见的变质岩有大理岩、石英岩等。

岩石是多种矿物的集合体,一般由长石(正长石、斜长石)、石英、云母(黑云母、白云母)、角闪石、辉石、橄榄石、方解石、白云石、高岭石、赤铁矿等称为造岩矿物的矿物构成。岩石矿物成分不同会影响岩石的抗风化能力、物理性质和强度特性。一般岩块中含硬度大的粒粒状矿物(如石英、长石、角闪石等)越多,岩块强度越高;而岩块含硬度小的片状矿物(如云母、绿泥石、高岭石等)越多时,那么岩块强度就越低。岩石矿物成分与岩石的成因和类型密切相关,岩浆岩以硬度大的粒柱状硅酸盐、石英等矿物为主,其抗压强度一般都很高。沉积岩中的粒碎屑岩(如砂砾岩等),其碎屑多为硬度大的粒柱状矿物,其抗压强度在很大程度上取决于胶结物成分及其类型;细碎屑岩(如页岩、泥岩等),矿物成分多以片状的黏土矿物为主,其抗压强度一般较小。变质岩的矿物组成与母岩类型及变质程度有关。浅变质岩(如千枚岩、板岩等),多含片状矿物,其抗压强度较小;深变质岩(如片麻岩、混合岩、石英岩等),多以粒柱状矿物为主,因而抗压强度较大。

1.2.2 岩石的基本构成

岩石的结构是指岩石中矿物(岩屑)颗粒相互之间的关系包括颗粒的大小、性状、排列、结构连接特点及岩石中的微结构面(即内部缺陷)。其中,以结构连接和岩石中的微结构面对岩石工程性质影响最大。

矿物间颗粒具有牢固的联结是岩石介质区别于土介质并使其具有一定强度的主要原因。岩石结构连接可分为结晶连接和胶结连接。结晶连接是指岩石中矿物颗粒通过结晶相互嵌合在一起,如岩浆岩、大部分变质岩及部分沉积岩就属于这种连接方式。这种连接结晶颗粒之间紧密接触,故岩石强度一般较大。胶结结构是指颗粒与颗粒之间通过胶结物在一起的连接。对于这种连接的岩石,其强度主要取决于胶结物及胶结类型。从胶结物来看,硅质铁质胶结的岩石强度较高,钙质次之,而泥质胶结强度最低。

岩石中的微结构面(或称缺陷),是指存在于矿物颗粒内部或矿物颗粒及矿物集合体之间微小的弱面及空隙。它包括矿物的解理、晶格缺陷、晶粒边界、粒间空隙及微裂隙等,其不同于岩体结构面。岩石中的微结构面对岩石工程性质的影响很大,其主要影响为:首先,微结构面的存在将大大降低岩石(特别是脆性岩石)的强度;其次,由于微结构面在岩石中常具有方向性,如裂隙等,因此它们的存在常导致岩石的各向异性。此外,缺陷能增大岩石的变形,改变岩石的弹性波波速,岩石的电阻率和热传导率,等等。

1.3 岩石的基本物理性质

岩石的物理性质是指由岩石固有的特质组成和结构特征所决定的颗粒密度、容重、比重、孔隙率、吸水率、膨胀性、崩解性等基本属性。

1.3.1 容重和密度

根据岩石试件的含水状态不同,可分为天然密度、饱和密度和干密度。天然密度 ρ 是指天然状态下的岩石单位体积的质量。饱和密度 ρ_{sat} 是指岩石在饱水状态下单位体积的质量;干密度 ρ_d 是指岩石在 $105 \sim 110$ ℃温度下干燥 24 h 后单位体积的质量。在实际使用中,如未说明含水状态,一般均指岩石的天然密度。各密度表达式如下:

$$\rho = \frac{m}{V} \tag{1.1}$$

$$\rho_{sat} = \frac{m_{sat}}{V} \tag{1.2}$$

$$\rho_d = \frac{m_d}{V} \tag{1.3}$$

式中　m——岩石试件的天然质量,g;

　　　m_{sat}——岩石试件的饱和质量,g;

　　　m_d——岩石试件的干质量,g;

　　　V——岩石的总体积,cm^3。

岩石的重度定义为岩石单位体积的质量,用 γ 表示,单位一般为 N/cm^3。它与岩石的密度之间存在如下关系:

$$\gamma = \rho g \tag{1.4}$$

式中　g——重力加速度,$g = 9.807 \ N/kg \approx 10.0 \ N/kg$。

1.3.2 比重

岩石颗粒质量与同体积 40 ℃时纯水的质量之比,称为岩石的比重(无量纲),可由下式计算:

$$G_s = \frac{\dfrac{m_s}{V_s}}{\dfrac{m_{wl}}{V_s}} = \frac{\rho_s}{\rho_{wl}} \tag{1.5}$$

式中　m_s——岩石颗粒质量,g;

　　　m_{wl}——40 ℃时纯水的质量,g;

　　　V_s——岩石颗粒体积,cm^3;

　　　ρ_{wl}——40 ℃时纯水的密度,g/cm^3。

岩石的比重可用岩石颗粒密度试验(比重瓶法)测定,其原理和方法与土工试验相同,多数

岩石比重为 $2.50 \sim 2.80$。

1.3.3 孔隙率

岩石的孔隙率是岩石中的孔隙体积与岩石总体积之比,可由下式计算:

$$n = \frac{V_v}{V} \times 100\% \qquad (1.6)$$

式中　n——空隙率,以百分数计;

　　　V_v——岩石的孔隙体积,cm^3;

　　　V——岩石的总体积,cm^3。

孔隙率分为开口孔隙率和封闭孔隙率,两者之和总称孔隙率。由于岩石的孔隙主要是由岩石内的粒间孔隙和细微裂隙构成,因此孔隙率是反映岩石致密程度和岩石力学性能的重要参数。

岩石孔隙指标一般不能实测,只能通过指标换算求得。

1.3.4　水理性质(含水率、吸水率和饱水率)

岩石在水作用下所表现出的物理、化学、力学的作用发生,称为岩石的水理性质。岩石在一定的试验条件下吸收水分的能力,称为岩石的吸水性,其主要取决于岩石孔隙体积大小及封闭程度。常用含水率、吸水率、饱和吸水率与饱水系数等指标表示。

(1)岩石含水率

天然状态下岩石中水的质量与岩石固体质量之比,称为岩石的含水率,以百分数计,即

$$w = \frac{m_w}{m_s} \times 100\% \qquad (1.7)$$

岩石含水率试验采用烘干法,并适用于不含结晶水矿物的岩石。可用下式进行计算:

$$w = \frac{m_0 - m_s}{m_s} \times 100\% \qquad (1.8)$$

式中　w——岩石含水率,100%;

　　　m_0——试件浸水 48 h 的质量,g;

　　　m_s——干试件的质量,g。

(2)岩石吸水率

岩石的吸水率是指干燥岩石试样在一个大气压和室温条件下吸入水的质量与岩石颗粒质量之比,以百分数计,以 w_a 表示,即

$$w_a = \frac{m_0 - m_s}{m_s} \times 100\% \qquad (1.9)$$

式中　m_0——烘干岩样浸水 48 h 后的质量。

岩石吸水率采用自由浸水法测定,岩石吸水率的大小取决于岩石中孔隙数量和细微裂隙的连通情况。孔隙越大、越多、孔隙和细微裂隙连通情况越好,则岩石的吸水率越大。

（3）岩石饱和含水率

岩石的饱和吸水率亦称饱水率，是岩石在真空、煮沸或高压状态下吸入水的质量与岩石的烘干质量之比，以百分数计，以 w_{sa} 表示，即

$$w_{sa} = \frac{m_p - m_s}{m_s} \times 100\% \tag{1.10}$$

式中　m_p——试件经煮沸或真空抽气饱和后的质量，g。

岩石饱和吸水率采用煮沸法或真空抽气法测定，可反映岩石中、小裂隙的发育程度。

（4）岩石饱水系数

饱水系数 k_w 是岩石吸水率与饱水率之比，以百分数计，即

$$k_w = \frac{\omega_a}{\omega_{sa}} \times 100\% \tag{1.11}$$

一般岩石的饱水系数为 0.5~0.8。饱水系数反映了岩石中大、小张开型裂隙和孔隙的相对比例关系。一般来说，饱水系数越大，岩石中的大张开型裂隙和孔隙相对越多，而小张开型裂隙和孔隙相对越少。另外，饱水系数对于判别岩石的抗冻性具有重要意义。饱水系数越大，说明常压下吸水后余留的空隙就越少，岩石越易被冻胀破坏，因而其抗冻性差。

1.4　岩石力学性质及其实验

岩石的力学性质是指岩石在受力后所表现出来的力学特性，主要包括岩石的变形特性和岩石的强度特性。岩石力学试验是岩石力学分析的基础，是研究岩石力学特性的重要手段，常规岩石力学试验包括岩石强度和变形特性的测试。

1.4.1　岩石单轴压缩的变形性质

（1）岩石单向压缩应力-应变特征

单轴压缩试验完整的岩石应力-应变全过程曲线一般可分为微裂隙压密阶段、弹性变形阶段、裂隙发生和扩展阶段和破坏后阶段四个阶段。第一区段属于压密阶段，这期间岩石中初始的微裂隙受压闭合；第二区段近似于线弹性工作阶段，应力-应变关系曲线为直线；第三阶段为非弹性阶段，主要是在平行于荷载方向开始逐渐生成新的微裂隙以及裂隙的不稳定，前三个阶段又可统称为峰值前阶段。最后阶段为破坏阶段。

岩块在循环荷载作用下的应力应变关系，随加、卸荷方法及卸荷应力大小的不同而异。当在同一荷载下对岩石加、卸时，如果卸载点的应力低于岩石的弹性极限，则卸载曲线将基本上沿加荷曲线回到原点，表现为弹性恢复。但应当注意，多数岩石的大部分弹性变形在卸荷载后能很快恢复，而小部分（10%~20%）须经一段时间后才能恢复，这种现象称为弹性后效。如果卸荷点的应力高于岩石的弹性极限，则卸荷曲线偏离原加荷曲线，也不再回到原点，变形除弹性变形外，还出现了塑性变形。

（2）岩石的变形指标及其测定

表征岩石的变形指标一般有弹性模量、变形模量、泊松比等。

①岩石变形模量 E：单向压缩条件下，弹性变形范围为轴向应力 σ 与试件轴向应变 ε 之比，

即:

$$E = \frac{\sigma}{\varepsilon} \qquad (1.12)$$

在岩石单向压缩条件下,其轴向应力-应变曲线呈直线时,其弹性模量 E（MPa）为

$$E = \frac{\sigma_i}{\varepsilon_i} \qquad (1.13)$$

式中　σ_i, ε_i——分别为岩石应力-应变曲线上的轴向应力和相应的轴向应变。

由于塑性变形的存在,多数岩石在单向压缩条件下应力应变之间并不呈现线性关系,因此岩石弹性模量不是常数。此时,其弹性模量可采用初始弹性模量 E_i、割线弹性模量 E_s 或切线弹性模量 E_t 来表示,如图1.1所示。

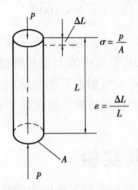

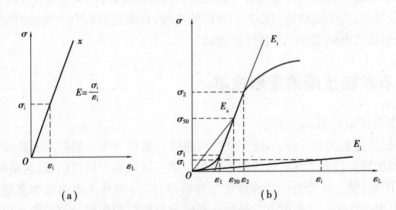

图1.1　岩石变形模量 E 确定方法示意图

初始弹性模量 E_i 可采用应力应变曲线坐标原点切线斜率表示,即

$$E_i = \frac{d\sigma}{d\varepsilon} \qquad (1.14)$$

割线弹性模量 E_s 可采用应力应变曲线原点与某一特定应力点之间的弦的斜率表示,一般规定特定应力为极限强度 σ_c 的50%,即

$$E_s = \frac{\sigma_{50}}{\varepsilon_{50}} \qquad (1.15)$$

切线弹性模量 E_t 可采用应力应变曲线直线段的切线斜率表示,即

$$E_t = \frac{\sigma_{t2} - \sigma_{t1}}{\varepsilon_{t2} - \varepsilon_{t1}} \qquad (1.16)$$

注意的是,一般情况下 $E_i \neq E_s \neq E_t$。

②岩石变形模量 E_0:单向压缩条件下,轴向应力 σ 与试件轴向应变 ε(弹性应变 ε_e 与塑性应变 ε_p 之和)之比,即

$$E_0 = \frac{\sigma}{\varepsilon} = \frac{\sigma}{\varepsilon_e + \varepsilon_p} \tag{1.17}$$

③泊松比 μ:岩石横向应变($\varepsilon_x = \varepsilon_y$)与轴向应变 ε_z 的比值,是反映岩石横向变形的弹性常数,即

$$\mu = \frac{\varepsilon_x}{\varepsilon_z} \tag{1.18}$$

或

$$\mu = \frac{\varepsilon_{x2} - \varepsilon_{x1}}{\varepsilon_{z2} - \varepsilon_{x1}} \tag{1.19}$$

式中　$\varepsilon_{x1}, \varepsilon_{x2}$ ——岩石应力-应变曲线上直线段始点、终点应力值对应的横向应变值;

$\varepsilon_{z1}, \varepsilon_{z2}$ ——岩石应力-应变曲线上直线段始点、终点应力值对应的轴向应变值。

岩石泊松比 μ 在应力-应变曲线的弹性变形阶段表现为常数。超过弹性范围后,泊松比 μ 则随应力的增大而增大,直至最大值达到 $\mu = 0.5$。

在实际工作中,常采用岩石单轴抗压强度50%处的 ε_x 与 ε_z 来计算岩石的泊松比,即

$$\mu = \frac{\varepsilon_{x50}}{\varepsilon_{z50}} \tag{1.20}$$

除弹性模量和泊松比是最基本的变形参数外,其他常用的岩石变形参数还有剪切模量(G)和体积模量(K_v)等,见表1.1。根据弹性力学,剪切模量(G)和体积模量(K_v)与泊松比 μ 存在如下关系式:

$$G = \frac{E}{2(1 + \mu)} \tag{1.21}$$

$$K_v = \frac{3}{3(1 - 2\mu)} \tag{1.22}$$

表 1.1　常见岩石的变形模量和泊松比值

岩石名称	变形模量($\times 10^4$ MPa)		泊松比	岩石名称	变形模量($\times 10^4$ MPa)		泊松比
	初始	弹性			初始	弹性	
花岗岩	2 ~ 6	5 ~ 10	0.2 ~ 0.3	片麻岩	1 ~ 8	1 ~ 10	0.22 ~ 0.35
流纹岩	2 ~ 8	5 ~ 10	0.1 ~ 0.25	千枚岩、片岩	0.2 ~ 5	1 ~ 8	0.2 ~ 0.4
闪长岩	7 ~ 10	7 ~ 15	0.1 ~ 0.3	板岩	2 ~ 5	2 ~ 8	0.2 ~ 0.3
安山岩	5 ~ 10	5 ~ 12	0.2 ~ 0.3	页岩	1 ~ 3.5	2 ~ 8	0.2 ~ 0.4
辉长岩	7 ~ 11	7 ~ 15	0.12 ~ 0.2	砂岩	0.5 ~ 8	1 ~ 10	0.2 ~ 0.3
辉绿岩	8 ~ 11	8 ~ 15	0.1 ~ 0.3	砾岩	0.5 ~ 8	2 ~ 8	0.2 ~ 0.3
玄武岩	6 ~ 10	6 ~ 12	0.1 ~ 0.35	石灰岩	1 ~ 8	5 ~ 10	0.2 ~ 0.35
				白云岩	4 ~ 8	4 ~ 8	0.2 ~ 0.35
石英岩	6 ~ 20	6 ~ 20	0.1 ~ 0.25	大理岩	1 ~ 9	1 ~ 9	0.2 ~ 0.35

1.4.2 岩石单轴抗压强度

岩石在荷载作用下抵抗破坏的极限能力称为岩石的强度。岩石的强度是指不含节理裂隙的完整岩块的强度,取决于很多因素,如岩石结构、风化程度、含水率、温度等,都影响岩石的强度。在通过试验确定各种岩石的强度指标时,对于同一种岩石,强度指标会随试件尺寸、试件形状、加载速率、端面条件、温度和湿度等因素变化。为了保证岩石强度试验所得的岩石强度指标的可比性,国际岩石力学学会和我国规范都对岩石强度试验所用试件的形状、尺寸、加载速率、端面条件、温度和湿度等制定了标准,对不符合标准的试件和试验条件所得的强度指标应根据标准和规范规定作相应修正。

岩石的单轴抗压强度是指岩石试件在无侧限条件下,受轴向压力作用破坏时岩石试件单位横截面上所承受的最大压应力,它是岩体工程分类的重要指标。

岩石单轴抗压强度一般是在室内刚性试验机上通过加压试验得到的,试件采用圆柱体或立方体,广泛采用的圆柱体岩样尺寸一般为 $\phi 50\ \mathrm{mm} \times 100\ \mathrm{mm}$。进行岩石单轴抗压强度试验时应注意试件端部效应,当试验由上下加压板加压时,加压板与试件之间存在摩擦力,因此在试件端部存在剪应力,约束试件端部的侧向变形,所以试件端部的应力状态不是非限制性的,只有在离开端部一定距离的部位,才会出现均匀应力状态。为了减少"端部效应",应将试件端部磨平,并在试件与加压板之间加入润滑剂,以充分减少加压板与试件断面之间的摩擦力。同时应使试件长度达到规定要求,以保证在试件中部出现均匀应力状态。

单轴抗压强度 R_c 等于达到破坏时最大轴向压力 P_c 除以试件的横截面积 A,即

$$R_c = \frac{P_c}{A} \tag{1.23}$$

岩石试件在单轴压力作用下的常见的破坏形式有:单轴压力作用下试件的劈裂,单斜面剪切破坏和多个共轭斜面剪切破坏,分别如图 1.2(a)、(b) 和(c) 所示。后两种剪切破坏的破坏面法向与加载方向的夹角 $\beta = 45° + \varphi/2$,式中 φ 为岩石的内摩擦角。

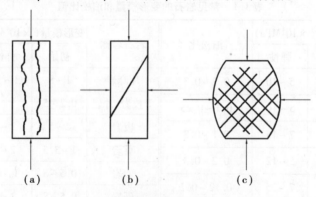

图 1.2 岩石单轴压缩时的常见破坏形式

另外需要注意的是,如果试验机的刚度不够大,当荷载达到或刚好通过应力-应变曲线的峰值后,试件破坏,压力机和试件都要将受压过程中积蓄的能量释放出来,而压力机释放的能量就会影响试件的破坏,并影响试件的变形,造成岩石试件急剧破裂和崩解,试验就无法获得岩石试件的峰后应力-应变曲线。

1.4.3　岩石抗拉强度

（1）岩石的直接抗拉试验

岩石的抗拉强度就是岩石试件在单轴拉力作用下抵抗破坏的极限能力，通常用 σ_t 表示。直接抗拉试验是将制好的岩石试样两端固定在拉力机上，对试样施加轴向拉力直至破坏，试验试件如图 1.3 所示。

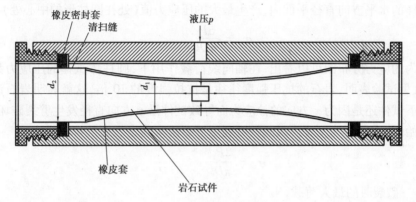

图 1.3　抗拉试验示意图

岩石的抗拉强度 σ_t 值等于达到破坏时的最大轴向拉伸荷载 P_t 与试件横截面积 A 之比，即

$$\sigma_t = \frac{P_t}{A} \tag{1.24}$$

式中　σ_t——岩石抗拉强度，kPa；

　　　P_t——试件破坏时的最大拉力，kN；

　　　A——试件中部的横截面面积，m^2。

岩石直接抗拉试验该方法的缺点是试样制备困难，且不易与拉力机固定，在试件固定处附近常常存在应力集中现象，同时难免在试件两端面有弯曲力矩，造成对岩石直接进行抗拉强度的试验比较困难。因此，一般进行间接试验测定，再采用理论公式计算出岩石相应的抗拉强度。在间接试验方法中又以劈裂法和点荷载法最为常用。

（2）劈裂法

劈裂法（也称巴西试验法）试验时沿着圆柱体岩石试件的直径方向施加线荷载，试件受力后可能沿着受力方向的直径裂开，如图 1.4 所示。

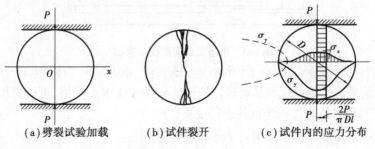

（a）劈裂试验加载　　　　（b）试件裂开　　　　（c）试件内的应力分布

图 1.4　岩石劈裂试验

根据弹性力学公式,线荷载 P 作用下圆盘试件沿着竖向竖直方向直径平面内产生的近于均布的水平方向拉应力 σ_x 为

$$\sigma_x = \frac{2P}{\pi Dl} \tag{1.25}$$

式中　P ——作用荷载,N;

　　　D ——圆柱体试样的直径,mm;

　　　l ——圆柱体试样的长度,mm。

而在试样的水平方向直径平面内,产生最大的压应力值(处在圆柱形的中心处) σ_y 为:

$$\sigma_y = \frac{6P}{\pi Dl} \tag{1.26}$$

从试件内的应力分布图可以看出,在轴向线荷载作用下,圆柱体试样的压应力只有拉应力的 3 倍,而大量试验表明,岩石的抗压强度往往是抗拉强度的 10 倍,这就表明岩石试样在劈裂法试验条件下试件还是因为 x 方向的拉应力而导致试件沿 y 方向直径发生劈裂破坏,破坏是从直径中心开始,然后向两端发展。因此就可利用劈裂法来确定岩石的抗拉强度。

$$\sigma_t = \frac{2P_t}{\pi Dl} \tag{1.27}$$

式中　P_t ——破裂时的最大荷载,N。

这个方法的优点是简单易行,只要有普通压力机就可进行试验,不需特殊设备,因此该方法获得了广泛应用。该方法的缺点是这样确定的岩石抗拉强度与直接拉伸试验所得的强度有一定的差别。

(3)点荷载法

点荷载试验是 20 世纪 70 年代发展起来的适应性较广的一种现场试验方法,一般是通过试验确定岩石的点载荷强度,再通过指标换算计算出岩石的单轴拉抗强度或单轴抗压强度。

设备简单是点荷载试验广泛采用的重要原因,便携多项式点荷载试验仪由一个手动液压泵、一个液压千斤顶和一对圆锥形加压头组成,如图 1.5 所示。

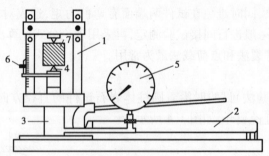

图 1.5　携带式点荷载仪示意图
1—框架;2—手摇卧式油泵;3—千斤顶;4—加荷锥;5—油压表;6—游标卡尺;7—试样

点荷载试验的另一个重要优点是对试件的形状和尺寸要求不严格,可以采用直径 25 ~ 100 mm 的岩芯,也可采用岩块直接作为试件进行试验。

点荷载试验所获得的强度指标用 I_s 表示,计算式如下:

$$I_s = \frac{P}{y^2} \tag{1.28}$$

式中　　P——试件破坏时的最大荷载,N;

　　　　y——试件点荷载加载点间距,mm。

一般规定标准圆柱体试件 $\phi 50 \times 100$ mm 径向加载点荷载试验的强度指标 $I_{s(50)}$ 作为标准试验值,其单轴抗拉强度按下式计算:

$$\sigma_t = k_t I_{s(50)} \tag{1.29}$$

式中　　k_t——经验系数,$0.7 \sim 0.9$。

当岩石试件为非标准试件,则需对获取的 $I_{s(50)}$ 值进行修正

$$I_{s(50)} = k_1 I_{s(D)} \tag{1.30}$$

式中　　k_1——修正系数,$D \leqslant 55$ mm 时,$k_1 = 0.271\,7 + 0.014\,57D$;

　　　　　　　　$D \geqslant 55$ mm 时,$k_1 = 0.754\,0 + 0.005\,8D$;

　　　　$I_{s(D)}$——直径为 D 的非标准试件的点荷载强度指标值,MPa;

　　　　D——试件直径,mm。

由于点荷载试验的结果离散性较大,因此,必须保证每组试验的试件数量,一般要求每组试验应包括 15 个试件,取其平均值作为点荷载强度试验值。

1.4.4　岩石抗剪强度

岩石在剪切荷载作用下达到破坏所承受的最大切应力称为岩石的抗剪强度。它体现了岩石抵抗剪切破坏的极限能力,是岩石力学中重要指标之一,常以内聚力 c 和内摩擦角 φ 这两个抗剪参数表示。确定岩石抗剪强度的方法可分为室内试验和现场试验两大类。室内试验常采用直接剪切试验、楔形剪切试验和三轴压缩试验来测定岩石的抗剪强度指标。现场试验主要以直接剪切试验为主,也可做三轴强度试验。

(1)直接剪切试验

直接剪切试验采用直接剪切仪进行,如图 1.6 所示。

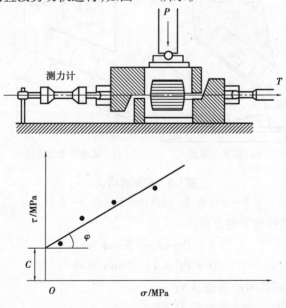

图 1.6　直剪试验装置及 c、φ 值的确定

进行岩石直剪试验时,先在试样上施加垂直荷载 P,然后在水平方向逐级施加水平剪切力 T,直至试件破坏。剪切面上的正应力 σ 和剪应力 τ 按下列公式计算:

$$\sigma = \frac{P}{A} \tag{1.31}$$

$$\tau = \frac{T}{A} \tag{1.32}$$

式中 A ——试样的剪切面面积。

岩块直剪试验时要求每组试验试件的直径或边长不得小于 5 cm,试件高度应与直径或边长相等,试件的数量不应少于 5 个。试验时应按预估最大剪切荷载分 8 ~ 12 级施加,每级荷载施加 5 min 后,即测读剪切位移和法向位移后再测读一次即施加下一级剪切荷载直至破坏,当剪切位移量变大时可适当加密剪切荷载分级。

在不同正应力 σ 可得到不同的抗剪断强度值 τ_f,对应 σ-τ_f 坐标中不同的坐标点,最后可拟合出岩石的强度包络线,如图 1.7 所示。

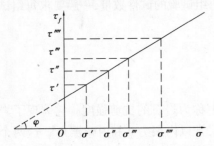

图 1.7 抗剪强度 τ_f 与正应力 σ 的关系

试验证明,岩石强度包络线并不是绝对严格的直线,但在岩石较完整或正应力值不很大时可近似看作直线,其方程式表达为

$$\tau_f = c + \sigma\tan\varphi \tag{1.33}$$

强度包络线在 τ_f 轴上的截距即为岩石的内聚力 c,包络线与水平线的夹角即为岩石的内摩擦角 φ。

(2)楔形剪切试验

楔形剪切试验用楔形剪切仪进行,是将立方柱体试件,置于变角板剪切夹具中,然后加压直至试件沿预定的剪切面破坏,如图 1.8 所示。岩块楔形剪切试验要求每组试验试件的数量不应少于 5 个。

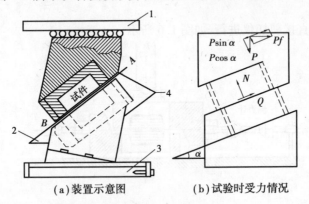

(a)装置示意图　　　　(b)试验时受力情况

图 1.8 楔形剪切仪

1—上压板;2—倾角;3—下压板;4—夹具

根据平衡条件,可以列出下列方程式:

$$N - P\cos\alpha - Pf\sin\alpha = 0 \tag{1.34}$$

$$Q + Pf\cos\alpha - P\sin\alpha = 0 \tag{1.35}$$

式中 P ——试件剪切破坏时的荷载,kN;

N ——试件剪切面上的法向总压力,kN;

Q——试件剪切面上的切向总剪力，kN；

f——压力机压板与剪切夹具间的滚动摩擦系数；

α——剪切面与水平面所成的角度。

则 σ 和 τ_f 值为

$$\sigma = \frac{P}{A}(\cos\alpha + f\sin\alpha) \tag{1.36}$$

$$\tau_f = \frac{P}{A}(\sin\alpha - f\cos\alpha) \tag{1.37}$$

式中 A——剪切面面积。

不同的 α 角度值对应不同的试件剪切破坏时的 σ 和 τ_f 值，同样可拟合出岩石的强度包络线，并计算出岩石的抗剪强度参数 c，φ 值。

楔形剪切试验主要缺点是 α 角不能太大或太小，α 角太大试件易于倾倒并有力偶作用，太小则正应力分量过大，试件易产生压碎破坏而不能沿预定剪切面剪断，导致测试结果与实际值相差太大，故 α 角一般在 $30° \sim 60°$ 间选取。

1.4.5 岩石三轴压缩试验

按应力的组合方式不同，三轴压缩试验可分为常规三轴试验和真三轴试验，常规三轴试验应力组合方式为 $\sigma_1 > \sigma_2 = \sigma_3$，真三轴试验又称三轴不等应力试验，其应力组合方式为 $\sigma_1 > \sigma_2 > \sigma_3$。由于真三轴试验在实现上存在较大困难，目前常用的是常规三轴试验。

在进行三轴试验时，先通过液压施加侧压力，即小主应力 σ_3，然后逐渐增加垂直压力，轴向压力的加载方式与单轴压缩试验相同，直至破坏，得到破坏时的大主应力 σ_1。采用相同的岩样，改变侧压力为 σ_3，施加垂直压力直至破坏，从而得到不同的 σ_1。绘出这些应力圆的包络线，即可求得岩石的抗剪强度曲线。如果把包络线近似为直线，则可根据该线在纵轴上的截距和该线与水平线的夹角求得内聚力 c 和内摩擦角 φ，如图 1.9 所示。

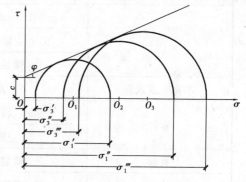

图 1.9 三轴试验破坏时的莫尔圆

1.5 水对岩石性质的影响

1.5.1 岩石的渗透性

岩石的渗透性是指岩石在一定的水力梯度或压力差作用下，水渗透或穿透岩石的能力。它间接反映了岩石中的裂隙相互连通的程度。岩石的渗透性可用渗透系数 K 来衡量，岩石的渗透系数是指岩石对水流体的渗透能力。

渗透系数的大小可在室内根据达西定律测定，并由达西公式计算得到，即

$$V = Ki \tag{1.38}$$

式中　V——渗透流速；

　　　i——水力梯度；

　　　K——渗透系数。

渗透系数在数值上等于水力梯度为 1 时的渗透流速,单位为 cm/s 或 m/d。

渗透系数大小取决于岩石中空隙的数量、规模及连通情况等。表 1.2 列出部分岩石不同空隙情况下的渗透系数值。由表可以知道岩石的渗透系数较小,远小于实际工程中岩体的渗透性;而新鲜致密岩石的渗透系数更小,一般均小于 10^{-7} m/s 量级;同一种岩石,有裂隙发育时,渗透系数急剧增大,一般比新鲜岩石大 4 ~ 6 个数量级,甚至更大,这与岩石的空隙发育有极大的关系。

表 1.2　常见岩石的渗透系数值

岩石名称	空隙发育情况	渗透系数 K(cm/s)
花岗岩	较致密、微裂隙	$1.1 \times 10^{-12} \sim 9.5 \times 10^{-11}$
	含微裂隙	$1.1 \times 10^{-11} \sim 2.5 \times 10^{-11}$
	微裂隙及部分粗裂隙	$2.8 \times 10^{-9} \sim 7 \times 10^{-8}$
灰岩	致密	$3 \times 10^{-12} \sim 6 \times 10^{-10}$
	微裂隙、孔隙	$2 \times 10^{-9} \sim 3 \times 10^{-6}$
	空隙较发育	$9 \times 10^{-5} \sim 3 \times 10^{-4}$
片麻岩	致密	$< 10^{-13}$
	微裂隙	$9 \times 10^{-8} \sim 4 \times 10^{-7}$
	微裂隙发育	$2 \times 10^{-6} \sim 3 \times 10^{-5}$
辉绿岩、玄武岩	致密	$< 10^{-13}$
砂岩	较致密	$10^{-13} \sim 2.5 \times 10^{-10}$
	空隙发育	5.5×10^{-6}
页岩	微裂隙发育	$2 \times 10^{-10} \sim 8 \times 10^{-9}$
片岩	微裂隙发育	$10^{-9} \sim 5 \times 10^{-5}$
石英岩	微裂隙	$1.2 \times 10^{-10} \sim 1.8 \times 10^{-10}$

1.5.2　岩石的膨胀性

岩石的膨胀性是指岩石浸水后体积增大的性质。这是因为岩石中含有遇水黏土矿物(如蒙脱石、高岭土等)的软质岩石,经水化作用后在黏土矿物的晶格内部或细的分散颗粒的周围生成结合水膜(水化膜),促使矿物颗粒间的水膜增厚所致,并且在相邻的颗粒间产生楔劈效应,当楔劈作用力大于结构联结力时,岩石呈现膨胀的特性。

岩石膨胀性大小一般用膨胀力和膨胀率两项指标表示。膨胀力即膨胀压力,指岩石试件浸水后,使试件保持原有体积所施加的最大压力;膨胀率是指膨胀变形量与试件原始尺寸的比值。

　　膨胀力和膨胀率指标可通过室内试验确定,目前国内大多采用土的固结仪和膨胀仪测定岩石的膨胀性,测定岩石膨胀力和膨胀率的试验方法常用的有平衡加压法、压力恢复法和加压膨胀法。

　　采用平衡加压法测定膨胀力和膨胀率。对岩石试件施加 0.01 MPa 预压力,在岩石试件的变形稳定之后,将岩石试件浸入水中,当岩石遇水膨胀的变形大于 0.001 mm 时,开始施加一定的压力,并不断加压,使岩石试件体积始终保持不变,所测得的最大压力即为最大膨胀力。然后逐级减压直到荷载为零,测定岩石试件的最大膨胀变形量,膨胀变形与原试件尺寸之比即为岩石的膨胀率。平衡加压法能始终保持岩石的容积与结构,是等容做功过程,因此,测得的膨胀力能比较真实地反映岩石原始结构的膨胀势能,试验结果比较符合实际情况。

　　膨胀力与膨胀率反映了岩石遇水膨胀的特性,可用来评估含有黏土矿物岩体工程的稳定性,同时也可作为相关岩体工程设计与施工的参考依据。

1.5.3　岩石的崩解性

　　岩石的崩解性是指岩石与水相互作用时,失去粘结性,并变成完全丧失强度的松散物质的性能。这种现象的产生是由于岩石的黏土胶结矿物成分中含有可溶盐,在水浸湿岩石过程中,水化作用削弱了岩石内部的结构联结引起。这种岩石的崩解现象,常见于由可溶盐和黏土质胶结的沉积岩地层中。

　　岩石崩解性一般用岩石的耐崩解性指数(I_d)表示,这个指标可以在实验室内通过干湿循环试验确定。对于极软的岩石及耐崩解性低的岩石,还应根据其崩解物的塑性指数、颗粒成分与用耐崩解指数划分的岩石质量等级等进行综合考虑。

　　岩石的耐崩解指数通过对岩石试块干后浸水的干湿循环试验确定,耐崩解指数的干湿循环试验是将经过烘干后的岩石试块(共计 500 g,分成质量 40 ~ 60 g 无棱角的 10 块)放入一个带筛孔的圆筒内,使该圆筒在水中以 20 r/min 的速度连续旋转 10 min,然后将残留在圆筒内的岩石试块取出,烘干称重,再进行下一个循环。如此循环两次后,按下式求得崩解性指数:

$$I_{d2} = \frac{m_s}{m_r} \times 100\% \tag{1.39}$$

式中　I_{d2}——经两次干湿循环所得的耐崩解指数,%,可分布在 0 ~ 100% ;

　　　m_s——试验前试块的烘干质量,g;

　　　m_r——经两次干湿循环后残留下来的岩石试块烘干质量,g。

　　岩石的耐崩解指数直接反映了岩石在浸水和温度变化的条件下抵抗风化作用的能力,因此该指标又可定性为岩石的抗风化指标。

1.5.4　岩石的软化性

　　岩石浸水饱和后强度降低的特性,称为软化性。岩石软化作用是由于水分子进入岩石矿物颗粒间,削弱了颗粒间的联结力而导致。

　　岩石的软化性高低一般用软化系数表示,用软化系数 K_R 表示。岩石的软化系数是指岩石试件的饱和抗压强度 σ_{cw} 与干抗压强度 σ_{cc} 的比值,即

$$K_R = \frac{\sigma_{cw}}{\sigma_{cc}}$$

(1.40)

表 1.3 常见岩石的软化系数

岩石类型	软化系数(%)	岩石类型	软化系数(%)	岩石类型	软化系数(%)
花岗岩	0.80~0.98	泥灰岩	0.65~0.88	闪长岩	0.70~0.90
砂岩	0.65~0.97	砾岩	0.50~0.96	辉长岩	0.65~0.92
页岩	0.24~0.74	泥灰岩	0.44~0.54	安山岩	0.81~0.91
灰岩	0.70~0.94	石英岩	0.94~0.96	玢岩	0.78~0.81
泥质板岩	0.39~0.52	石英片岩	0.44~0.84	黏土岩	0.45~0.83
玄武岩	0.70~0.95	片麻岩	0.75~0.97	千枚岩	0.76~0.95

软化系数 η_s 越小,岩石软化性越强。岩石的软化性与其矿物成分、粒间联结方式、空隙率以及微裂隙发育程度等因素有关。大部分未经风化的结晶岩在水中不易软化,许多沉积岩如黏土岩、泥质砂岩、泥灰岩以及蛋白岩、硅藻岩等则在水中极易软化,软化系数一般在 0.40~0.60 间变化,有时更低。常见岩石的软化系数试验值如表 1.3 所示。岩石都具有不同程度的软化性。一般认为,软化系数 $K_R > 0.75$ 时,岩石的软化性弱,岩石的抗冻性和抗风化能力强;而 $K_R < 0.75$ 的岩石则是软化性较强和工程地质性质较差的岩石。

软化系数是评价岩石力学性质的重要指标,特别是在水工建设中,对评价坝基岩体稳定性时具有重要意义。

习题与思考题

1.1　自然界中的岩石按地质成因分类可分为几大类,各有什么特点?

1.2　岩石的结构和构造有何区别? 岩石颗粒间的联结有哪几种?

1.3　岩石物理性质的主要指标有哪些?

1.4　何谓岩石的水理性? 水对岩石力学性质有何影响?

1.5　岩石的弹性模量和变形模量有何区别?

1.6　岩石抗拉强度有几种测试方法? 它们各有何特点?

1.7　影响岩石力学特性的主要因素有哪些?

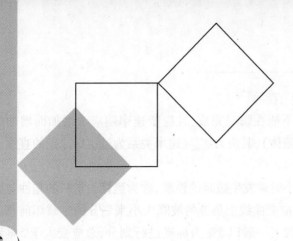

2 岩石变形特性与强度理论

2.1 概 述

　　岩石的变形是指岩石在物理因素作用下形状和大小的变化,是岩石的重要力学特性,工程上最常研究的是外力作用(加载)引起的变形和岩石开挖(卸载)引起的变形。岩石的变形对工程建(构)筑物的安全和正常使用影响很大,当岩石产生较大位移时,建(构)筑物内部应力可能大大增加。例如将坝建于多种岩石组成的岩基上,由于岩石的变形性质不同,因此基岩的不均匀变位可以使坝体的剪应力和主拉应力增长,造成坝体开裂错位等不良后果。另外,岩体工程的现场测量所获得的数据大都是岩体变形值,要能够有效、全面地利用这些数据进行分析、评价,必须掌握岩石的变形特性和规律。因此,研究岩石的变形在岩石工程中有着重要意义。

　　岩石变形特性的研究,主要通过试验方法进行。由于岩石变形特性极为复杂,根据岩石的应力-应变及时间之间关系,其力学属性可分为:

　　①弹性(elasticity):在一定应力范围内物体受外力作用产生变形,去除外力(卸荷)后能够立即恢复其原有的形状和尺寸大小的性质称为弹性。相应的变形称为弹性变形。弹性按其应力-应变关系分为线弹性和非线弹性两种,线弹性(又称虎克型弹性或理想弹性)应力-应变呈直线关系,非线性弹性应力-应变呈非直线。由于理想的弹性岩体是不存在的,因此,利用弹性理论时必须注意其应用条件,以及由于应用条件与实际岩体性状之间的差别可能造成的误差。

　　②塑性(plasticity):物体受力后产生变形,在外力去除(卸荷)后不能完全恢复原状的性质称为塑性。不能恢复的那部分变形称为塑性变形(或称永久变形、残余变形)。当物体既有弹性变形又有塑性变形,且具有明显的弹性后效时,弹性变形和塑性变形就难以区别了。在外力作用下只发生塑性变形,或在一定的应力范围内只发生塑性变形的物体,称为塑性介质。对于理想的弹塑性材料,当应力低于屈服应力 σ_s 时,材料表现为弹性,应力达到屈服应力后,变形不

断增大而应力不变,应力-应变曲线呈水平直线。

③粘性(viscosity):物体受力后变形不能在瞬时完成,且应变速率随应力增加而增加的性质,称为粘性。理想的粘性材料(如牛顿流体),其应力-应变速率关系为过坐标原点的直线。应变速率随应力变化的变形称为流变。

④脆性(brittle):物体受力后变形很小时就发生破裂的性质,称为脆性。材料的塑性与脆性是根据其受力破坏前的总应变及全应力-应变曲线上负坡的坡降大小来划分的。破坏前总应变小,负坡较陡者为脆性,反之为塑性。工程上一般以5%为标准进行划分,总应变大于5%者为塑性材料,反之为脆性材料。赫德(Heard,1963)以3%和5%为界限,将岩石划分三类:总应变小于3%者为脆性岩石;总应变在3%~5%者为半脆性或脆-塑性岩石;总应变大于5%者为塑性岩石。按以上标准,大部分地表岩石在低围压条件下都是脆性或半脆性的。当然岩石的塑性与脆性是相对的,在一定的条件下可以相互转化,如在高温高压条件下,脆性岩石可表现出很高的塑性。

⑤延性(ductility):物体能承受较大塑性变形而不丧失其承载力的性质,称为延性。

由于岩石是矿物的集合体,组成成分和结构复杂,因此,自然界中岩石一般并不是仅表现为上述某种单一的变形体质,实际情况往往是集两种或两种以上变形性质于一体,例如弹-塑性、塑-弹性、弹-粘-塑或粘-弹性等变形性质。

在外力作用下,岩石表现出何种变形性质,首先取决于其自身的物质组成及结构构造,其次是与受力条件有关,例如与何种性质或类型、荷载组合形式、荷载大小、加载方式、加载速率加成过程及载荷时间等密切相关。此外,岩石赋存的环境条件(例如地应力状态、湿度、围压及地下水等),对其变形性质的影响也较大,甚至有时起控制性作用。因此,讨论某种岩石属于何种变形体时,必须说明其受力条件和环境。

2.2　岩石的弹性理论

岩石由各种不同矿物组成,是一种杂质体,其力学性能相当复杂,进行岩石力学的研究,为表征其力学形态,需要在抽象和假设的基础上建立数学模型来分析问题和解决问题,把弹性理论推广应用到岩石中来,是解决这种问题的做法之一。因此,弹性理论只能是一种近似,并有一定的适用条件,一般是在岩石工程初步分析时将岩石作为弹性介质来处理。

弹性理论是根据连续性假设,研究材料力学性质的学科。所谓连续性假设,是指物体内部的任何一点的力学性质都是连续的,变形后物体上级质点与变形前物体上的质点是一一对应的。岩石不是连续介质,但是节理不发育、完整的岩石,可以把它近似成为连续介质。某些具体条件下的裂隙岩体,也可以把它们近似成为连续介质,以便初步地估算其力学性质。有了连续性假设,就可以利用基于连续函数的数学工具分析。弹性理论除了连续性假设之外,还需要对材料的性质作出描述,即确定其本构关系(或称为本构方程)。在这里我们只研究应力-应变关系,并限于小变形的情况。

反映岩石弹性变形特性的指标有弹性模量 E 和泊松比 μ。当这两个常数已知时,就可依据弹性理论用三维应力条件的广义虎克定律计算出给定应力状态下的变形:

$$\begin{Bmatrix} \varepsilon_x \\ \varepsilon_y \\ \varepsilon_z \\ \gamma_{xy} \\ \gamma_{yz} \\ \gamma_{zx} \end{Bmatrix} = \begin{bmatrix} \dfrac{1}{E} & -\dfrac{\mu}{E} & -\dfrac{\mu}{E} & 0 & 0 & 0 \\ -\dfrac{\mu}{E} & \dfrac{1}{E} & -\dfrac{\mu}{E} & 0 & 0 & 0 \\ -\dfrac{\mu}{E} & -\dfrac{\mu}{E} & \dfrac{1}{E} & 0 & 0 & 0 \\ 0 & 0 & 0 & \dfrac{2(1+\mu)}{E} & 0 & 0 \\ 0 & 0 & 0 & 0 & \dfrac{2(1+\mu)}{E} & 0 \\ 0 & 0 & 0 & 0 & 0 & \dfrac{2(1+\mu)}{E} \end{bmatrix} \begin{Bmatrix} \sigma_x \\ \sigma_y \\ \sigma_z \\ \tau_{xy} \\ \tau_{yz} \\ \tau_{zx} \end{Bmatrix} \tag{2.1}$$

式中 $\sigma_x, \sigma_y, \sigma_z$ ——正应力分量;

      $\tau_{xy}, \tau_{yz}, \tau_{zx}$ ——剪应力分量;

      $\varepsilon_x, \varepsilon_y, \varepsilon_z, \gamma_{xy}, \gamma_{yz}, \gamma_{zx}$ ——相应的应变分量。

如果已知应变,那么式(2.1)可转化为式(2.2),用以计算应力:

$$\begin{Bmatrix} \sigma_x \\ \sigma_y \\ \sigma_z \\ \tau_{xy} \\ \tau_{yz} \\ \tau_{zx} \end{Bmatrix} = \begin{bmatrix} \lambda+2G & \lambda & \lambda & 0 & 0 & 0 \\ \lambda & \lambda+2G & \lambda & 0 & 0 & 0 \\ \lambda & \lambda & \lambda+2G & 0 & 0 & 0 \\ 0 & 0 & 0 & G & 0 & 0 \\ 0 & 0 & 0 & 0 & G & 0 \\ 0 & 0 & 0 & 0 & 0 & G \end{bmatrix} \begin{Bmatrix} \varepsilon_x \\ \varepsilon_y \\ \varepsilon_z \\ \gamma_{xy} \\ \gamma_{yz} \\ \gamma_{zx} \end{Bmatrix} \tag{2.2}$$

式中 G ——岩石的剪切模量;

      λ ——拉梅常数,它们与 E 和 μ 的关系为:

$$G = \frac{E}{2(1+\mu)} \tag{2.3}$$

$$\lambda = \frac{E\mu}{(1+\mu)(1-2\mu)} \tag{2.4}$$

另一个反映岩石变形特性的常数是体积弹性模量 K,它的表达式为:

$$K = \frac{\sigma_m}{\dfrac{\Delta V}{V}} \tag{2.5}$$

式中 $\sigma_m = (\sigma_x + \sigma_y + \sigma_z)/3$ ——平均应力;

      $\Delta V/V$ ——体积应变(V 为原体积, ΔV 为体积改变量)。

体积弹性模量 K 也可以换算为用 E 和 μ 表达的关系式:

$$K = \frac{E}{3(1-2\mu)} \tag{2.6}$$

需要指出的是,仅用弹性常数来表征岩石的变形性质是远远不够的,因为除岩石本身存在微细裂隙外,在现场条件下,岩石还存在有破碎、层理面、黏土夹层等性状。大多数岩体属于完全弹性体,变形呈现非弹性性状,荷载卸除后变形不能完全恢复,存在永久变形(残余变形),这种永久变形是影响建筑结构的设计和可靠性的关键因素之一。因此,除弹性变形特性外,塑性变形特性及其指标,例如扩容特性、塑性滞回环、残余强度等也是重点研究的内容。

2.3 岩石的变形特性

2.3.1 变形特性的测量

岩石变形指标以及应力-应变关系可以在实验室内测定,也可在现场测定。目前用得较多的方法是:室内单轴压缩试验、室内三轴试验、实验室或现场的波速测定法等,有时候还可以做弯曲试验、现场水压试验等。下面主要介绍室内单轴试验和三轴试验。

1)单轴压缩试验

进行单轴压缩试验时,试样大多采用直径 5 cm、高度 10 cm 圆柱体为试样,两端磨平光滑,各试样之间的尺寸允许有 ±5% 的变化。试验用的压力机要能连续加载而没有冲击,能在总吨位 10%~90% 的范围内进行试验。测定试样变形要用精度和量距均能满足要求的测量仪表,目前岩块试验中常用电阻应变仪。采用电阻应变仪测定饱和试样要进行防潮处理,试验采用每秒 5~8 kg/cm² 加载速度加压,直至破坏为止。在加载过程中,记录各级应力下的轴向和侧向应变值,据此绘制应力-应变曲线。试验示意图如图 2.1 所示,为了得到较好可信的结果,工程试验规定试件数量不少于 6 个。

单向压缩试验显示:在单向压缩应力下,岩块产生纵向压缩和横向扩张。弯应力达到某一量级时,岩块开始膨胀出现开裂,然后裂隙继续发展,最后导致破坏。

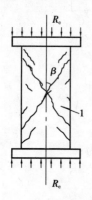

图 2.1 岩石的单轴压缩试验
β—破坏角;1—剪切破裂

设试样的长度为 l,直径为 d,试样在荷载 P 作用下轴向缩短 Δl,侧向膨胀 Δd,则试样的轴向应变为:

$$\varepsilon_y = \frac{\Delta l}{l} \tag{2.7}$$

侧向应变为:

$$\delta_x = \frac{\Delta d}{d} \tag{2.8}$$

试样截面积为 A,单轴抗压强度 R_c 等于达到破坏时最大轴向压力 P_c 除以试件的横截面积 A,即:

$$R_c = \frac{P_c}{A} \tag{2.9}$$

假如岩石服从虎克定律(线性弹性材料),则压缩时的弹性模量 E 由下式给出:

$$E = \frac{\sigma}{\varepsilon} = \frac{P/A}{\Delta l/l} = \frac{P \cdot l}{\Delta l \cdot A} \tag{2.10}$$

泊松比为:

$$\mu = \frac{\varepsilon_x}{\varepsilon_y} = \frac{\Delta d \cdot l}{d \cdot \Delta l} \tag{2.11}$$

图 2.2 为单轴压缩试验得到的岩石在轴向力作用下轴向应力 σ 与轴向应变 ε_y 的关系曲

线,以及轴向应力 σ 与侧向应变 ε_x 的关系曲线。由图可见,要精确地定义 E 是比较困难的。曲线的坡度(斜率)分别代表 E 和 μ,它们都是随着应力(或应变)而变化的,因此,一般工程应用时还定义以下几种弹性模量:

①初始弹性模量 E_i,它是 σ-ε_y 曲线在零荷载时的切线斜率。

②切线弹性模量 E_t,它是 σ-ε_y 曲线在某点处(一般为抗压强度的 50%)的切线斜率。

③平均弹性模量 E_{av},它是 σ-ε_y 曲线近似直线段的平均斜率。

④割线弹性模量 E_s,即原点与 σ-ε_y 曲线上某点的连接直线的斜率。

相应于任何弹性模量的泊松比为 $\mu = \Delta\varepsilon_x / \Delta\varepsilon_y$;由于试件是轴对称的,因此任何阶段的体积应变为 $\varepsilon_v = \varepsilon_y + 2\varepsilon_x$。

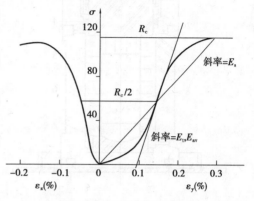

图 2.2　岩石单轴压缩试验结果

2)三轴压缩试验

作为建筑物地基或环境的工程岩体,例如坝基、岩质边坡、铁路及公路隧道、地下洞库等,一般处于三向应力状态之中,因此,在单向应力状态下所测定的岩石强度及变形特征往往不能符合实际情况,因而也就不便于直接应用。为此,研究岩石在三轴压缩条件下的变形与强度性质,具有更重要的实际意义。

三轴压缩条件下的岩块变形与强度性质主要通过三轴试验进行研究。根据试验时的应力状态可将三轴试验分为:常规三轴试验(应力状态为 $\sigma_1 > \sigma_2 = \sigma_3 > 0$,又称为普通三轴试验)和真三轴试验(应力状态为 $\sigma_1 > \sigma_2 > \sigma_3 > 0$,又称为不等压三轴试验)两种,如图 2.3 所示。

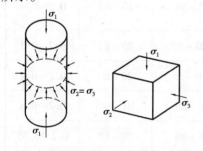

图 2.3　普通三轴试验和真三轴试验

我国岩石常规三轴应力试验始于 1959 年,到 1965 年研制成功长江-500 型三轴应力试验机,开展了比较系统的试验。目前国内外普遍使用的是常规三轴试验,取得的成果也较多。而真三轴试验较少,仅在一些科研院所及巨型工程中采用了岩块真三轴试验,并取得了一些成果。另外,随着电子技术的发展,岩石三轴应力试验设备进展很快,能产生三向不等力(压力或拉力)的真三轴拉压试验机已经制成,岩石应力、应变、位移、声发射、声穿透的电测及自动记录和自动绘图也已应用,全自动的电子计算机程序控制的三轴应力试验机已开始问世。本节主要对常规三轴试验及其成果进行介绍。

常规三轴试验的设备,即岩石三轴试验机主要由轴向加载设备(主机)、侧向加载设备及三轴压力室(见图 2.4)三部分组成。试验时,将包有隔油薄膜(橡胶套)的试件置于三轴压力室内,先施加预定的围压 σ_3,并保持不变,然后以一定的速率施加轴向荷载 P 直至试件破坏。在加轴压的过程中同时测定试件的变形值。通过对一组试件(4 个以上)的试验可得到如下成果:

- 不同围压 σ_3 下的三轴压缩强度;

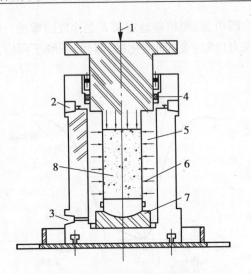

图 2.4　三轴压缩试验装置图

1—施加垂直压力;2—侧压力液体出口处、排气处;

3—侧压力液体进口处;4—密封设备;

5—压力室;6—侧压力;

7—球状底座;8—岩石试件

● 强度包络线及剪切强度参数 c,φ 值。

● 应力差 $(\sigma_1 - \sigma_3)$ ——轴向应变 ε 曲线和变形模量。

根据这些成果即可分析岩块在三轴压缩条件下的变形与强度性质。

用岩石三轴仪也可直接测定岩石试件的弹性模量。设施加在试件上的轴向应力为 σ_1,压力室的侧压力为 σ_3,测得的轴向应变为 ε_1,则弹性模量为:

$$E = \frac{\sigma_1 - 2\mu\sigma_3}{\varepsilon_1} \qquad (2.12)$$

如测得侧向应变 ε_3,令 $\varepsilon_3/\varepsilon_1 = B$,则泊松比为:

$$\mu = \frac{B\sigma_1 - \sigma_3}{\sigma_3(2B - 1) - \sigma_1} \qquad (2.13)$$

某些岩石的弹性常数 E 和 μ 值的参考值列于表 2.1 上,利用该表,结合岩石的物理性质,凭借经验可以估计出任何岩石的弹性模量,一般误差为 ±20%。

表 2.1　常见岩石的弹性常数

岩　石	初始弹性模量（GPa）	平均弹性模量（GPa）	μ	岩　石	初始弹性模量（GPa）	平均弹性模量（GPa）	μ
花岗岩	20 ~ 60	50 ~ 100	0.2 ~ 0.3	千枚岩、片岩	2 ~ 50	10 ~ 80	0.2 ~ 0.4
流纹岩	20 ~ 80	50 ~ 100	0.1 ~ 0.25	板岩	20 ~ 50	20 ~ 80	0.2 ~ 0.3
闪长岩	70 ~ 100	70 ~ 150	0.1 ~ 0.3	页岩	10 ~ 35	20 ~ 80	0.2 ~ 0.4
安山岩	50 ~ 100	50 ~ 120	0.2 ~ 0.3	砂岩	5 ~ 80	10 ~ 100	0.2 ~ 0.3
辉长岩	70 ~ 110	70 ~ 150	0.12 ~ 0.2	砾岩	5 ~ 80	20 ~ 80	0.2 ~ 0.35
辉绿岩	80 ~ 110	80 ~ 150	0.1 ~ 0.3	石灰岩	10 ~ 80	50 ~ 190	0.2 ~ 0.35
玄武岩	60 ~ 100	60 ~ 120	0.1 ~ 0.35	白云岩	40 ~ 80	40 ~ 80	0.2 ~ 0.35
石英岩	60 ~ 200	60 ~ 200	0.1 ~ 0.25	大理岩	10 ~ 90	10 ~ 90	0.2 ~ 0.35
片麻岩	10 ~ 80	10 ~ 100	0.22 ~ 0.35				

2.3.2 岩石应力-应变曲线及其影响因素

1)岩石单轴压缩状态时的应力-应变曲线

（1）典型应力-应变曲线

岩石在普通试验机上进行单轴压缩试验时,由于受试验机刚度的影响,当试验机刚度较小时会导致压力机对试件加压的同时本身也会产生相当大的变形,所以,当试件破坏来临时,积蓄在压力机内的能量突然释放,引起实验系统急骤变形,试件碎片猛烈飞溅,只能测得岩石应力-应变曲线峰值前的曲线段,称为典型应力-应变曲线,如图 2.5 所示。

米勒(Miller)根据岩石的应力-应变曲线随着岩石的性质有各种不同形式的特点,采用 28 种岩石进行了大量的单轴压缩试验后,将岩石的应力-应变曲线分成 6 种类型,如图 2.6 所示:

①类型Ⅰ:弹性关系,应力与应变的关系是一直线或者近似直线,直到试样发生突然破坏为止。具有这种变形类型的岩石有玄武岩、石英岩、白云岩以及极坚固的石灰岩。

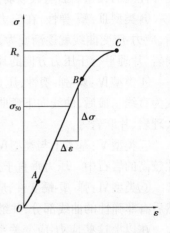

图 2.5 典型应力-应变曲线

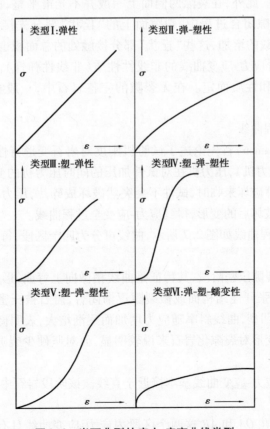

图 2.6 岩石典型的应力-应变曲线类型

②类型Ⅱ：弹-塑性，在应力较低时，应力-应变关系近似于直线，当应力增加到一定数值后，应力-应变曲线向下弯曲变化，且随着应力逐渐增加，曲线斜率也愈来愈小，直至破坏，具有这种变形性质的典型岩石有较软弱的石灰岩、泥岩以及凝灰岩等。

③类型Ⅲ：塑-弹性，在应力较低时，应力-应变曲线略向上弯曲。当应力增加到一定数值后，应力-应变曲线就逐渐变为直线，直至试样发生破坏。具有这种变形性质的代表性岩石、花岗岩、片理平行于压力方向的片岩以及某些辉绿岩等。

④类型Ⅳ：塑-弹-塑性，压力较低时，曲线向上弯曲。当压力增加到一定值后，变形曲线就成为直线。最后，曲线向下弯曲。曲线似 S 形。具这种变形类型的岩石大多数是变质岩，例如大理岩、片麻岩等。

⑤类型Ⅴ：基本上与类型Ⅳ相同，曲线也呈 S 形，不过曲线的斜率较平缓，一般发生在压缩性较高的岩石中。压力垂直于片理的片岩具有这种性质。

⑥类型Ⅵ：弹-塑-蠕变性，应力-应变关系曲线是岩盐的特征，开始先有很小一段直线部分，然后有非弹性的曲线部分，并继续不断地蠕变。某些软弱岩石也具有类似特性。

在以上这些应力-应变关系曲线中，向下弯的曲线（类型Ⅱ）和 S 形曲线在高应力时出现的下弯段，是由于高压力作用下岩石内部形成细微裂隙和局部破坏的缘故；而向上弯曲的曲线（类型Ⅲ）以及 S 形曲线在低压时出现的向上弯曲段，是由于岩石在压力作用下其张开裂隙或微裂隙闭合的结果。由于张开裂隙或微裂隙闭合而引起的岩石变形是不可恢复的，这就属于塑性变形的性质。此外，在裂隙两侧面上一般并不光滑平整，而总是在裂隙面有高低不平的"丘状"部分。裂隙闭合过程中，裂隙面上的"丘状"部分先接触，这些"丘状"部分就产生弹性变形。随着荷载的增加，这些"丘状"部分接触处的总面积也就增大，而"丘状"部分的高度减小，这就决定着应力-应变曲线的非线性性质（非线性弹性）。这一部分曲线的长度依据岩石裂隙性的状态和性质而定。在无裂隙的完整岩石中，一般实际上不出现这种性质（类型Ⅰ）。

（2）应力-应变全过程曲线

1970 年，沙拉蒙（Salamon）首先论述了试验机刚度对岩石变形特性的影响，指出采用刚度较大的试验机（即刚性压力机），压力机在对试件加压的同时压力机的变形甚小，积蓄在机器内的能量很小，所以，当试件破坏来临时，试件不会突然破坏成碎片，压力机仍能对已发生破坏但仍保持完整的岩石测出破坏后的变形，得到应力-应变全过程曲线。

岩石应力-应变全过程曲线如图 2.7 所示，曲线可分为四个区段，每个区段各自显示了岩石不同的变形特性。

①OA 区段，是孔隙裂隙压密阶段，其特征是曲线稍微向上弯曲，形成这一特性的主要原因是：存在于岩石内的原有张开性结构面或微裂隙逐渐闭合，岩石被压密，形成早期的非线性变形。应力-应变曲线呈上凹型，曲线斜率随应力增加而逐渐增大，表明微裂隙的闭合开始较快，随后逐渐减慢。本阶段变形对裂隙化岩石来说较明显，而对坚硬少裂隙的岩石则不明显，甚至不显现。

②AB 区段，该阶段应力-应变曲线基本接近于直线。该阶段岩石中微裂隙进一步闭合及压密，孔隙被压缩。

对大多数岩石来说，在 OA 和 AB 这两个区段内应力-应变曲线具有近似直线的形式，其应力-应变关系可用胡克定律表达。如果岩石严格地遵循胡克定律，那么这种岩石就是线弹性的。

如果岩石的应力-应变关系是曲线形式,但应力与应变之间存在一一对应关系,则这种岩石为完全弹性的,此时的模量不是个定值,对应于任一点应力 σ 值,都有一个切线模量和割线模量。

由于岩石实际上是一种带有缺陷的介质,其内部存在许多微裂隙,当其受力后这些裂隙会产生扩展和连接等现象。因此,从某种意义上说,岩石并不具有理想的弹性特性。而且当加载后逐渐卸载至零,岩石卸荷曲线不与加载曲线重合,会产生滞回效应,即岩石的应力-应变曲线将成为一个环,称为塑性滞环。产生塑性滞环的原因是岩石经加载-卸载过程中,由于裂隙扩展和裂隙面之间的摩擦消耗了功所致。此时卸载曲线上某点的切线斜率就是对应该点应力的卸载模量。

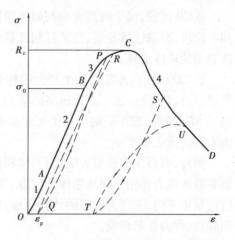

图 2.7　岩石的典型完整应力-应变曲线

③BC 区段,为塑性阶段。进入本阶段后,微破裂的发展出现了质的变化。由于破裂过程中所造成的应力集中效应显著,即使外荷载保持不变,破裂仍会不断发展,并在某些薄弱部位首先破坏,应力重新分布,其结果又引起次薄弱部位的破坏。依次进行下去直至试件完全破坏。因此本阶段也成为非稳定破裂发展阶段(或称累进性破裂阶段)。B 点是岩石从弹性转变为塑性的转折点,也就是所谓屈服点,相应于该点的应力 σ_0 称为屈服应力。本阶段的上界应力(C 点应力)称为峰值强度或单轴抗压强度。

当应力值超过 B 点后,曲线随应力增大向下弯曲,直至最大值 C 点(C 点的纵坐标就是单轴抗压强度 R_c),明显表现出应变增大(软化)现象。应变软化石岩石区别于金属的显著的力学性质之一。

区段 BC 的起点 B 一般是在最大应力值 C 点的 2/3 处,从 B 点开始,岩石中产生新的张拉裂隙,岩石模量下降,应力-应变曲线的斜率随着应力的增加而逐渐降低至零。在这一范围内,岩石将发生不可恢复的变形,加载与卸载的每次循环都是不同的曲线。这阶段发生的变形中,可恢复的变形称为弹性变形,而不可恢复的变形称为塑性变形或残余变形或永久变形,如图2.7 所示的卸载曲线 PQ 在零应力时对应有残余变形 ε_p。加载曲线与卸载曲线所组成的环称为塑性滞回环(即 Baoschinger 效应)。弹性模量 E 就是加载曲线直线段的斜率,而加载曲线直线段大致与卸载曲线的割线相平行。这样,一般可将卸载曲线的割线的斜率作为弹性模量,而岩石的变形模量 E_0 取决于总的变形量,即取决于弹性变形与塑性变形之和,它是正应力与总的正应变之比,在图 2.7 上,它相应于割线 OP 的斜率。

在线性弹性材料中,变形模量等于弹性模量;在弹塑性材料中,当材料屈服后,其变形模量不是常数,它与荷载的大小或范围有关。在应力-应变曲线上的任何点与坐标原点相连的割线的斜率,表示该点所代表的应力的变形模量。如果岩石上再加载,则加载曲线 QR 总是在曲线 $OABC$ 以下,但最终与之连接起来。

应该指出,对于坚硬的岩石来说,这一塑性阶段很短,有的几乎不存在,表现出的是脆性破坏的特征。即应力超过屈服应力后不表现出明显的塑性变形后就达到破坏的特性。通常将下降段 CD 的最大斜率定义为脆性度(Brittleness)。

④CD 区段,属于峰后变形与破坏阶段。开始于应力-应变曲线上的峰值 C 点,是下降曲线。到本阶段,裂隙快速发展、交叉且相互联合形成宏观断裂面。此后,岩块变形主要表现为沿宏观断裂面的块体滑移。

在 CD 区段内卸载会产生很大的残余变形。图中 ST 表示卸载曲线,TU 表示再加载曲线。可以看出,TU 线在比 S 点低得多的应力值下趋近于 CD 曲线。从图 2.7 上所示破坏后的荷载循环 STU 来看,破坏后的岩石仍可能具有一定的强度,从而也具有一定的承载能力,该强度称为岩石的残余强度 σ_i。

另外,岩石压缩试验表明:岩石体积应变与平均压力之间不是线性的关系。岩石体积应变既有静水压力作用下地压缩体积应变,又有受剪引起的塑性体积应变。在强化阶段,压缩体积应变是主要的,表现为岩石的体积压缩;而在软化阶段,岩石的塑性体积应变不断增大,岩石体积膨胀,称为剪胀现象。

最后值得提出的是,由于成分及组构不同,加之实验条件上的差异,并非所有岩石的单轴压缩变形应力-应变曲线均存在明显的 5 个变形阶段。

(3)反复加载与卸载条件下岩石的变形特性

对于弹塑性岩石,在反复多次加载与卸载循环时,所得的应力-应变曲线将具有以下特点:

①卸载应力水平一定时,每次循环中的塑性应变增量逐渐减小,加、卸载循环次数足够多后,塑性应变增量将趋于零。因此,可以认为所经历的加、卸载循环次数越多,岩石则越接近弹性变形,如图 2.8 所示。

②每次加荷、卸荷曲线都不重合,且围成一环形面积,称为回滞环。加卸载循环次数足够多时,卸载曲线与其后一次再加载曲线之间所形成的滞回环的面积将越变越小,且越靠拢而又越趋于平行,如图 2.8 所示,表明加、卸载曲线的斜率越接近。

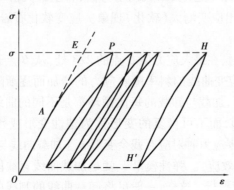

图 2.8 常应力下弹塑性岩石加、卸载循环应力-应变曲线

③如果多次反复加载、卸载,每次施加的最大荷载比前一次循环的最大荷载大,则可得如图 2.9 所示的曲线。随着循环次数的增加,塑性滞回环的面积也有所扩大,卸载曲线的斜率(它代表着岩石的弹性模量)也逐次略有增加。这个现象称为强化。此外,每次卸载后再加载,在荷载超过上一次循环的最大荷载以后,变形曲线仍沿着原来的单调加载曲线上升(见图 2.9 中的 OC 线),好像不曾受到过反复加卸荷载的影响似的,其应力-应变曲线的外包线与连续加载条件下的曲线基本一致,说明加、卸荷过程并未改变岩块变形的基本习性,这种现象也称为岩石记忆。

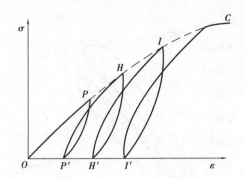

图 2.9　弹塑性岩石在变应力水平下加卸载循环时的应力-应变曲线

2) 岩石在三向压缩应力作用下的变形特性

（1）三向压缩应力作用下的应力-应变曲线

常规三轴变形试验采用圆柱形试件，通常作法是在某一侧限压应力（ $\sigma_2 = \sigma_3$ ）作用下，逐渐对试件施加轴向压力，直至试件压裂，记下压裂时的轴向应力值就是该围压 σ_3 下的 σ_1。施加轴向压力过程中，及时全过程记录所施加的轴向压力及相对应的三个轴向应变 ε_1，ε_2 和 ε_3，直到岩石试件完全破坏为止。根据上述记录资料可绘制该岩石试件的应力-应变曲线。

岩石在三轴荷载作用下得到的应力-应变关系和单轴压缩荷载作用下的变形曲线类似。如图 2.10 所示为某砂岩试件的完全轴向应力-应变关系和侧向应变-轴向应变试验曲线。从曲线上可以看出，砂岩在达到峰值应力前出现扩容。

如图 2.11 所示为苏长岩在三轴作用下全应力-应变曲线，试验曲线说明了反复加载、卸载的影响，此时围压 = 20.59 MPa。

如图 2.12 所示则为某黏土质石英岩在不同围压下的轴向应力与轴向应变关系曲线以及径向应变之和与轴向应变曲线。试验表明：随着围压增加，岩石的轴向峰值强度不断升高，残余强度也不断增加，同时，弹性区也相应增加，每个试件的径向应变开始段为直线，后发生显著偏离，其拐点对应峰值强度。

图 2.12 反映了不同侧限压力 σ_3 对于应力-应变关系曲线以及径向应变与轴向应变关系曲线的影响。从图 2.12 中 $\sigma_3 = 0$ 的变形曲线可以看出，试件在变形较小时就发生破坏，曲线顶端稍有一点下弯，而当围压 σ_3 逐渐增加，则试件破裂时的极限轴向压

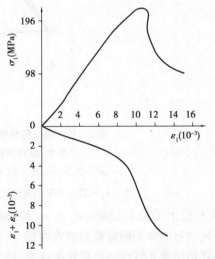

图 2.10　砂岩轴向应力-应变曲线以及侧向应变-轴向应变曲线

力 σ_1 亦随之增加，岩石在破坏时的总变形量亦随之增大，这说明随着围压 σ_3 的增大，其破坏强度和塑性变形均有明显的增长。

（2）岩石的体积应变特性

岩石体积应变的变化规律从另外一个角度放映了岩石的变形特性。如图 2.13 所示是三轴压力作用下的花岗岩的体积应变 $\Delta V/V$ 曲线。由于普通三轴试验中 $\sigma_2 = \sigma_3$，因此体积应变在

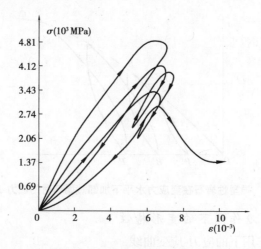

图 2.11　苏长岩试件在反复加载、卸载条件下的全应力-应变曲线
（$\sigma_3 = 20.59$ MPa）

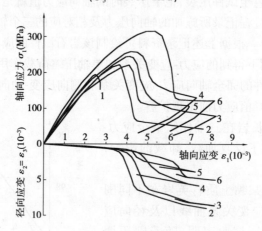

图 2.12　由一整块黏土质石英岩在不同围压下的完全轴向
应力-应变曲线以及径向应变-轴向应变曲线

1—$\sigma_3 = 0$;2—$\sigma_3 = 3.45$ MPa;3—$\sigma_3 = 6.9$ MPa;4—$\sigma_3 = 13.8$ MPa;

5—$\sigma_3 = 27.6$ MPa(裂缝试件);6—$\sigma_3 = 27.6$ MPa(引自 Hojem,1975)

很大程度上受最小主应变 $\varepsilon_2 = \varepsilon_3$ 的影响。从图中可知,当外荷载较小时,体积应变呈线性变化,且岩石的体积随荷载的增大而减小;但当外荷载增加到一定值之(大约达到强度的一半时)后,开始出现非线性的体积膨胀现象,称为扩容。产生扩容的原因是由于在不断加载过程中,岩石中存在微裂纹张开、扩展、贯通等现象,使岩石内空隙增大,促使其体积随之增加。这一体积变化规律在三轴试验和单向压缩试验中都会出现,扩容在图 2.7 全应力-应变曲线的 BC 段(塑性阶段)明显可见。因此,有些学者将扩容作为岩石破坏的一个依据。

（3）围压对岩块变形破坏的影响

岩块三轴压缩条件下的破坏形式一般分为脆性劈裂、剪切及塑性流动三类。其岩块的破坏方式与单轴压缩时不同,除了受岩石本身性质影响外,很大程度上受围压的控制。试验研究表明:随着围压的增大,岩块从脆性劈裂破坏逐渐向塑性流动过渡,破坏前的应变也相应逐渐增大。

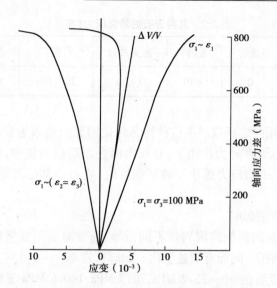

图 2.13 表示 Westerly 花岗岩在 100 MPa 围压的三轴试验中变形特性曲线

包括轴向应力-应变曲线 $\sigma_1 \sim \varepsilon_1$、轴向应力-径向应力曲线 $\sigma_1 \sim (\varepsilon_2 = \varepsilon_3)$

和轴向应力差-体积应变曲线 $\sigma_1 \sim \Delta V/V$

图 2.14 为大理岩在不同围压下的 $(\sigma_1 - \sigma_3) \sim \varepsilon$ 曲线。由图可知:首先,破坏前岩块的应变随围压增大而增加;另外,随围压增大,破坏时的峰值载荷增大,岩块的塑性也不断增大,且由脆性逐渐转化为延性。如图所示:在围压为零或较低的情况下,岩石呈脆性状态;当围压增大至50 MPa 时,岩石显示出由脆性向延性转化的过渡状态;围压增加到 68.5 MPa 时,呈现出延性流动状态;围压增至 165 MPa 时,试件承载力 $(\sigma_1 - \sigma_3)$ 则随围压稳定增长,出现所谓应变硬化现象。这说明围压是影响岩石力学属性的主要因素之一,通常把岩石由脆性转化为延性的临界围压称为转化压力。花岗岩也有类似特征,所不同的是其转化压力比大理岩大得多,且破坏前的应变随围压增加更为明显。某些岩石的转化压力如表 2.2 所示,由表可知:岩石越坚硬,转化压力越大,反之亦然。

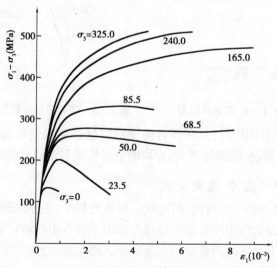

图 2.14 不同围压下大理岩的应力-应变曲线

表 2.2　几种岩石的转化压力（室温）

岩石类型	盐岩	白垩	密实页岩	石灰岩	砂岩	花岗岩
转化压力（MPa）	0	< 10	0 ~ 20	20 ~ 100	> 100	≥ 100

岩石在三轴围压作用时之所以产生这种物态转化的原因是因为岩石是一种微观不均质多天然缺陷（微断裂）的物质,在外力作用下,岩石内部会出现应力集中,可高达平均应力的数十倍甚至数百倍。所以,当平均应力远小于破坏强度时,岩石内部已开始发生微断裂,引起物态转化。

（4）围压对岩石刚度的影响

围压对岩块变形模量的影响常因岩性不同而异,通常对高强度坚硬少裂隙岩石的影响较小,其弹性模量并不因围压不同而有明显变化。如辉长岩$(\sigma_1 - \sigma_3) \sim \varepsilon_1$曲线的切线斜率受围压影响很小见图 2.15,说明在$\sigma_3 = 35.2$ MPa,70.3 MPa,140.6 MPa 三种围压条件下,辉长岩弹性模量基本一致。

对于软弱多裂隙的岩石,其弹性模量随围压增大而提高。例如砂岩$(\sigma_1 - \sigma_3) \sim \varepsilon_1$曲线的切线斜率随着围压增大而增加,曲线明显变陡,如图 2.16 所示,说明在$\sigma_3 = 0$ MPa,35.2 MPa,140.6 MPa 三种围压条件下,砂岩弹性模量越来越大。原因是,这种岩石具有较多的先存孔隙或裂隙（通常合称为空隙）,在围压作用下,由于空隙不断闭合而使岩石刚度逐渐提高。

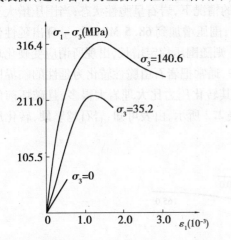

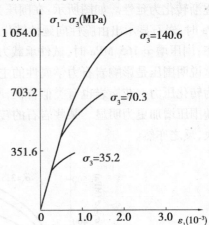

图 2.15　辉长岩的$(\sigma_1 - \sigma_3) \sim \varepsilon_1$关系曲线图　　图 2.16　倍利亚砂岩的$(\sigma_1 - \sigma_3) \sim \varepsilon_1$关系曲线图

已有试验研究表明:有围压时,某些砂岩的变形模量在屈服前可提高 20% ,近破坏时则下降 20% ~ 40% 。但总的来说,随围压增大,岩块的变形模量和泊松比都有不同程度的提高。

3）岩石在单向受拉时的应力-应变曲线

有关岩石在拉应力作用下变形特征的文献资料所见甚少,主要原因是受岩石变形实验条件的限制。以往的实验仪器无法定量分析在拉应力作用下岩石中裂隙扩展及变形与破坏规律,而关于岩石在拉应力作用下变形时间效应的实验研究更难实现。此外,实际岩体工程涉及的绝大多数也属于压应力状态,所以压应力作用下岩石变形与破坏规律的力学研究自然备受重视,由此获得的岩石变形破坏的力学模型已基本满足岩体工程计算的需要。至于出现拉应力作用下的岩石力学问题,一般只是按照岩石抗拉强度对岩石破坏与否进行简单判断。但是近十几年来,随着基本建设的迅猛发展,岩体工程中出现了许多在拉应力作用下岩石中裂隙扩展及其变形破坏的新问题,继续沿用压应力作用下的岩石力学模型及破坏准则已不能满足实际工程的要求。为此,陆续有一些学者已在拉应力作用下岩石变形特征及力学模型方面做了不少有价值的探索性研究工作,其中金丰年等在这方面的研究成果相当有价值。

金丰年等(1995,1996)在日本东京大学采用伺服控制刚性试验机,在不同载荷速度条件下对砂岩、灰岩、大理岩及花岗岩等十多种岩石进行了单轴拉伸实验,成功地获得了岩石变形的应力-应变全过程曲线,如图2.17所示。在图2.17中,oa 段应力-应变曲线基本为直线,反映岩石弹性变形过程。但是,随着应力不断增加,应力与应变的非线性关系越来越明显,ab 段应力-应变曲线上各处的斜率是变化的,并且逐渐减小。当变形达到破坏强度后(图中 b 点之后),在应变保持不变情况下应力急速下降,即为 bc 段应力-应变曲线。大约降到强度 $1/4$ 而至 c 点时,又转为应变加速发展而应力缓慢降低,直到 d 点应力趋于稳定。σ_{te} 为单轴拉伸弹性极限,σ_{tf} 为单轴拉伸强度极限,σ_{tr} 为单轴拉伸残余强度。因此,与压应力作用下变形一样,在单轴拉伸条件下,岩石也具有弹性变形、延性破坏及残余强度等现象。岩石变形由弹性应变 ε_1 及非弹性应变 ε_2 两部分组成,即总应变 $\varepsilon = \varepsilon_1 + \varepsilon_2$,其中非弹性应变增加的主要原因与岩体中裂隙的受拉扩展直接相关。当达到单轴拉伸强度极限 σ_{tf},记弹性应变 ε_1 为 ε_{1f},非弹性应变 ε_2 为 ε_{2f},总应变为 ε_f,则有 $\varepsilon_f = \varepsilon_{1f} + \varepsilon_{2f}$。由图2.17可知,非弹性应变 ε_2 不受实验机刚性的影响,而是由岩石变形产生的。进一步研究表明,在双对数平面直角坐标系 $\varepsilon_2/\varepsilon_{2f} \sim \sigma_t/\sigma_{tf}$ 中,非弹性应变与拉应力之间表现出良好的线性关系,即:

$$\varepsilon_2/\varepsilon_{2f} = A\,(\sigma_t/\sigma_{tf})^\beta \tag{2.14}$$

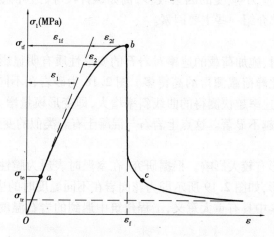

图2.17　岩石单轴拉伸应力-应变全过程曲线(据金丰年等,1998)

式中　A 和 β 均为与岩性有关的实验常数。A 值变化于 $0.92 \sim 1$ 的范围内,可以近似看作为 $A = 1$,则式(2.14)改写为:

$$\varepsilon_2/\varepsilon_{2f} = (\sigma_t/\sigma_{tf})^\beta \tag{2.15}$$

对于延性破坏岩石来说,β 值较小;而脆性破坏岩石的 β 值较大。β 值变化于 $2.2 \sim 7.38$ 之间。岩石在单轴拉伸条件下表现出非线性粘弹性体变形特征。据此,建立的变形本构方程为:

$$\varepsilon = \varepsilon_1 + \varepsilon_2 \tag{2.16}$$

$$\varepsilon_1 = \frac{\sigma_t}{E} \tag{2.17}$$

$$\frac{\mathrm{d}\varepsilon_2}{\mathrm{d}t} = \sigma_t^n (C_1 \varepsilon_2^{-m_1} + C_2 + C_3 \varepsilon_2^{-m_2}) \tag{2.18}$$

式中，E 为杨氏模量，n 为变形的载荷速率效应参数，即岩石强度与载荷速率的 $1/(n+1)$ 次方成正比，由不同载荷速率条件下的岩石变形实验确定。m_1 及 m_2 是与应力-应变曲线及蠕变曲线形状有关的参数，m_1 主要影响强度破坏点以前的应力-应变曲线或一次蠕变曲线的形状，m_2 主要影响强度破坏点以后应力-应变曲线或三次蠕变曲线的形状，可以通过应力-应变曲线的模拟确定 m_1 及 m_2 值，也可以通过蠕变速率与蠕变应变在双对数坐标系中的关系曲线，由一次蠕变及三次蠕变阶段的曲线斜率来求取 m_1、m_2 值。

这种变形本构方程较好地描述了岩石在单轴拉伸条件下变形破坏的全过程。式(2.18)中的第一项 $C_1 \sigma_t^n \varepsilon_2^{-m_1}$ 主要影响强度破坏点以前的应力-应变曲线，第二项 $C_2 \sigma_t^n$ 主要影响强度破坏点附近的应力-应变曲线，第三项 $C_3 \sigma_t^n \varepsilon_2^{-m_2}$ 主要影响强度破坏点以后的应力-应变曲线。

应当指出，岩石单轴拉伸与单轴压缩的变形实验结果存在一定的相同或相似之处，例如岩石在单轴拉伸过程中同样存在延性破坏及残余强度，并且单轴拉伸和单轴压缩这两种岩石变形实验所得到的应力-应变曲线的总体形状很接近；岩石受拉强度和受压强度的载荷速率效应具有相同的规律性；此外，岩石单轴拉伸和单轴压缩这两种形式的蠕变寿命随着蠕变应力的变化也具有十分相似的规律性。

4）岩石应力-应变曲线的影响因素

试验证明，影响岩石应力-应变的因素较多，例如试件尺寸、边界条件、加载速率、温度、围压、各向异性等，下面简单介绍一些主要因素。

（1）加载速度

进行岩石压缩试验时，施加荷载的速率对岩石的变形性质有明显影响。岩石试验中，用冲击荷载测得的弹性模量比静荷载测得的高得多。图 2.18 为砂岩在不同加载速率下的应力-应变关系。由此可见，加载速率越快测得的曲线斜率增大，即变形模量增大；加载速率越慢，测得弹性模量越小，峰值应力越不显著。这点上岩石与混凝土有着类似的变形性质。

（2）温度

温度对于岩石的变形有较大影响。根据研究，在室温时表现为脆性的岩石，在较高温度时可以产生较大的永久变形，如图 2.19 所示即为花岗岩在不同温度时的应力-应变曲线。这一问题在地质学和地球物理学中具有重大意义，工程建筑中遇到的岩石温度变化幅度甚小，一般可以不去考虑。

（3）各向异性

由于岩石内有层理或者在某一方向内的节理特别发育，所以即使对于同一种岩石来说，它们的弹性模量和泊松比也是随着其方向的不同而不同的，这就是岩石的变形各向异性，这对有些沉积岩表现得特别显著。如图 2.20 所示是片状岩石试验室测得的弹性模量和泊松比的各向异性，另外现场试验也可得到类似结果。天然情况下的层状岩石一般可以看作横观各向同性，其变形特性用 5 个常数来描述，即平行和垂直于各向同性面的弹性模量 E_1 和 E_2；各向同性面内压缩时的泊松比 μ_1 和 μ_2 和垂直该面压缩时决定各向同性面内膨胀的泊松比 $G_2 = E_2/(1+\mu_2)$。

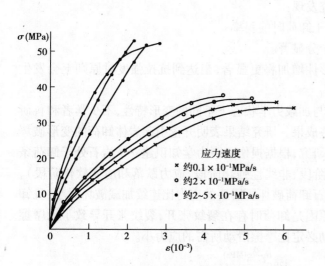

图 2.18　砂岩在不同加载速率下的应力-应变关系

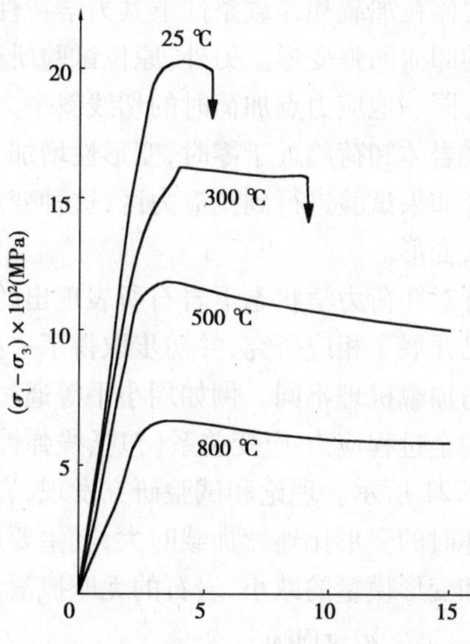

图 2.19　侧限压力为 500 MPa 时的花岗岩在不同温度下的应力-应变曲线

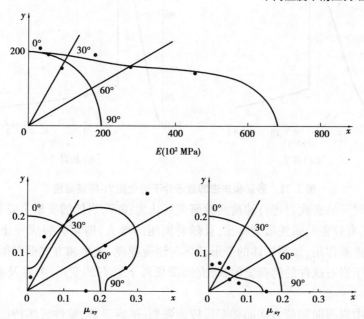

图 2.20　是片状岩石试验室测得的弹性模量和泊松比的各向异性

5) 岩石在卸荷时的变形特性

目前,岩石体力学研究的多是岩石在受压应力状态下的变形特性,属于加载岩体力学范畴。但实际上,水电、交通、矿山等工程中的岩体开挖从力学本质上来说主要是卸荷行为。例如基础工程中,当基坑开挖后,除局部加荷外,是以卸荷为主,侧面边坡可能出现拉应力;在边坡工程中,当石方开挖后,除局部加荷外,以卸荷为主,如果地应力释放充分,可能出现较大范围拉应力区。

　　岩体在加载和卸载条件下其力学特性有本质的区别,一般而言,开挖会引起工程岩体产生强烈的卸荷回弹变形。另外,原位试验研究发现:

　　①同一地应力点加荷时的切线斜率大于卸荷时的斜率。

　　②岩体卸荷趋近于零时,变形性增加十分显著。

　　③如果试验进行到拉应力区,这种变形性增加将更显著,当达到抗拉强度时原则上会发生无穷大变形。

　　针对卸荷力学状态下岩石所表现出的与加载力学状态下不同的变形特性,不少学者和科研机构已开展了相应研究,并初步取得了一些成果。研究结果表明开挖引起岩体卸荷的变形破坏特点与加载机理不同。例如周小平等通过研究,根据损伤断裂力学知识建立了岩石处于卸荷条件下的全过程应力-应变关系(包括线弹性阶段、非线性强化阶段、应力跌落和应变软化阶段),如图2.21所示。理论和试验研究发现,岩石卸荷破坏所需要的应力比连续加载破坏时小,且卸荷破坏时的变形比连续加载时大,其主要原因是卸荷时存在裂纹张开,裂纹张开导致了无摩擦滑动和变形模量的减小,岩石的无摩擦滑动必定比摩擦滑动所需的应力小。

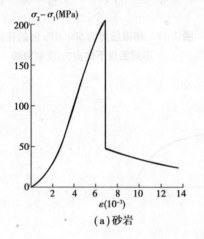
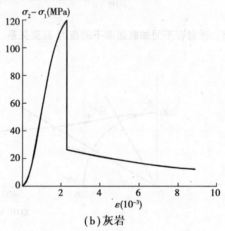

图2.21　砂岩和灰岩卸载条件下的全应力-应变曲线

　　沈军辉等在对三峡玄武岩进行卸荷实验研究后认为:卸荷岩体的变形主要表现为沿卸荷方向的强烈扩容;具有较强的张性破裂特征,且随着围压的增大,剪切破裂成分比重增大;岩体结构对变形破坏起重要作用;卸荷岩体的变形破坏与卸荷程度、速率和方式都有很大关系。

　　黄润秋等基于岩石试件的卸荷试验,研究卸荷条件下岩石的变形、参数及破裂特征。研究结果表明:

　　①卸荷过程中岩石向卸荷方向回弹变形较为强烈、扩容显著,脆性破坏特征明显。

　　②卸荷过程中岩石的变形模量 E 逐渐减小,泊松比 μ 逐渐增大,变化均随初始围压的增大和卸荷强度的增强而增大,两者均与体积应变相关。

　　③相对于加载试验,卸荷岩石的 c 减小而 φ 增大,且卸荷强度愈强,c 减小得越多,φ 增大的程度越小。

　　④卸荷条件下岩石破坏具有较强的张性破裂特征,各种级别的张裂隙发育,双向卸荷时甚至在次卸荷方向上也可能出现张拉裂隙,剪性破裂面一般追随张拉裂隙发展。

　　因此,对岩体加载与卸荷受力状态进行分析时,要注意以下区别:

　　①应力-应变路径不同。两种不同的受荷作用,对岩体施加的应力路径也不同,使得岩体破

坏时的状态也不一样。

②屈服条件不同。不同的应力路径致使岩体的变形、破坏的过程与结果不同。

③力学参数不同。不同的力学状态其对应的力学参数是不同的,加载力学条件下应选用加载的力学参数进行分析;卸荷力学状态分析应选用相应的卸荷岩体力学参数。

目前,在众多学者的卸荷研究中,由于试验方法的限制,多是采用位移控制方式和恒轴压、卸围压应力控制方式,这与实际硐室开挖过程中切向应力增加、径向应力降低的现象不能完全吻合。而采用加轴压、卸围压应力控制方式的试验结果报道较少(试验过程难以控制)。另外,虽然学者们建立了各种类型的卸荷模型,但是模型的参数很难确定,限制了模型的工程应用价值。

但不可置否的是:在加载和卸荷两种力学条件下,岩体所表现出的力学性质是截然不同的,必须采用相应的加载、卸荷分析理论,选用不同的分析方法进行分析研究,才能与工程实际力学状态相一致,合理准确解决工程实际问题,更好地服务于工程。所以,岩石卸荷时的变形特性作为涉及实际工程的关键问题之一,是目前岩石力学研究的重要课题之一。

2.4 岩石流变理论

岩石流变力学是研究岩石流变性的力学特性,它是岩石力学的一个重要课题。岩石的流变,又称岩石的粘性,是指岩石在力的作用下,其应力-应变关系与时间相关的变形的性质。岩石的流变性包括以下几个方面:

①蠕变:是指在应力为恒定的情况下岩石变形随时间发展的现象。

②松弛:是指在应变保持恒定的情况下岩石的应力随时间而减少的现象。

③弹性后效:是指在卸载过程中弹性应变滞后于应力的现象。

④长期强度:是指在长期持续荷载作用下岩石的强度。

2.4.1 岩石的蠕变性质

岩石的蠕变是指在应力为恒定的情况下岩石变形随时间发展的现象,主要分为稳定蠕变与不稳定蠕变两类。

1)稳定蠕变

当作用在岩石上的恒定荷载较小时,初始阶段的蠕变速度较快,但随着时间的延长,岩石的变形趋近以稳定的极限值而不再增长,这就是稳定蠕变,如图2.22所示。

2)不稳定蠕变

当荷载超过某一临界值时,蠕变发展将导致岩石的变形不断发展,最后出现破坏,此类蠕变就是岩石的不稳定蠕变,其蠕变过程分为三个阶段,如图2.23所示。

(1)初始蠕变阶段(I)

它又称作衰减蠕变阶段,此阶段应变速率随着时间的增长逐渐减小,蠕变曲线向下弯曲,呈下凹型,应变与时间大致呈对数关系,即 $\varepsilon \propto \lg t$;在此阶段,若去掉外荷载,则瞬时弹性应变(图中 PQ 段)最先恢复,之后随着时间的增加,其剩余应变亦能逐渐恢复,如图中的 QR 段。QR

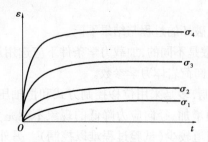

图 2.22 典型岩石稳定蠕变曲线

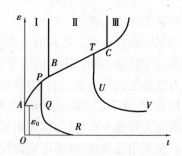

图 2.23 岩石典型完整蠕变曲线

段曲线的存在,说明岩石具有随时间的增长应变逐渐恢复的特性,这一特性称为岩石的弹性后效。

(2)稳定蠕变阶段(Ⅱ)

在此阶段最明显的特点是应变与时间近于线性关系,应变速率近似为一常数,故亦称等速蠕变段或稳定蠕变段。若在这一阶段也将荷载卸去,则同样会出现与第一阶段卸载时一样的现象,部分应变将逐渐恢复,弹性后效仍然存在,但是此时的应变已无法完全恢复,存在着部分不能恢复的永久变形。第二阶段的曲线斜率与外荷载大小和岩石的粘滞系数 η 有关。通常可利用岩石的蠕变曲线,推算岩石的粘滞系数。

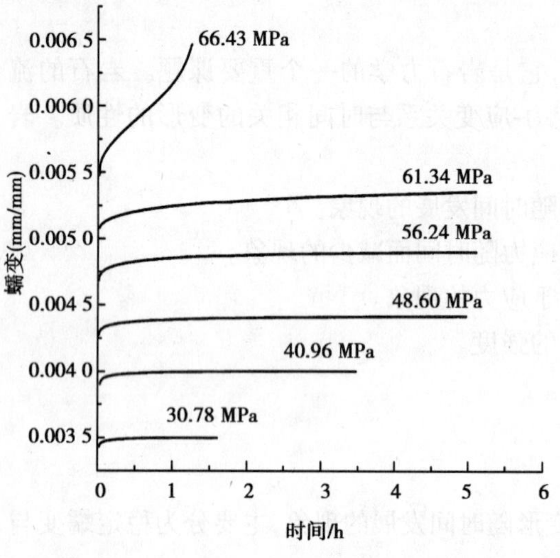

(3)加速蠕变阶段(Ⅲ)

当岩石的变形达到 C 点后,岩石将进入非稳态蠕变阶段。这是 C 点位一拐点,之后岩石的蠕变速率急剧增加,整个曲线呈上凹型,经过短时间后时间将发生破坏。C 点往往被称作蠕变极限应力,其意义类似于屈服应力。

图 2.24 为一组红砂岩的 10 MPa 围压下三轴试验蠕变曲线。图中每一根曲线代表一种轴向应力。可以看出,蠕变曲线与所施加应力的大小有很大的关系,在低应力时,蠕变可以渐趋稳定,材料不致破坏;在高应力时,蠕变则加速发展,终将引起材料的破坏。应力愈大,则蠕变速率愈大。这一现象说明:存在一临界荷载 σ_f,当荷载小于这个临界荷载时,岩石不会发展到蠕变破坏;而大于这个临界荷载时,岩石会持续变形,并发展到破坏。这个临界荷载叫做岩石的长期强度,对工程很有意义。

图 2.24 红砂岩的蠕变曲线

2.4.2 岩石的松弛性质

松弛是指在保持恒定变形条件下应力随时间逐渐减小的性质,可用松弛方程和松弛曲线(见图 2.25)表示。

松弛特性可划分为三种类型:

①立即松弛——变形保持恒定后,应力立即消失到零,这时松弛曲线与 σ 轴重合,如图中的

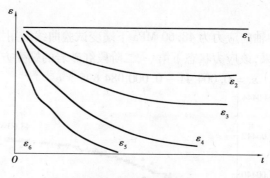

图 2.25　松弛曲线

ε_6 曲线。

②完全松弛——变形保持恒定后,应力逐渐消失,直到应力为零,如图中的 ε_5,ε_4 曲线。

③不完全松弛——变形保持恒定后,应力逐渐松弛,但最终不能完全消失,而趋于某一定值,如图中的 ε_3,ε_2 曲线。

此外,还有一种极端情况:变形保持恒定后应力始终不变,即不松弛,松弛曲线平行于 t 轴,如图中的 ε_1 曲线。

在同一变形条件下,不同材料具有不同类型的松弛特性。同一材料,在不同变形条件下也可能表现为不同类型的松弛特性。

2.4.3　岩石的流变模型

在流变学中,流变模型主要研究材料流变过程中的应力、应变和时间的关系,用应力、应变和时间组成的流变方程来表达。流变方程主要包括本构方程、蠕变方程和松弛方程。

在一系列的岩石流变试验基础上建立反映岩石流变性质的流变方程,通常有两种方法:经验公式;元件组合模型。

1)经验公式法

根据岩石蠕变试验结果(见图 2.23 和图 2.24),有数理统计学的回归拟合方法建立经验方程(经验公式)。岩石的流变经验公式形式通常为:

$$\varepsilon(t) = \varepsilon_0 + \varepsilon_1(t) + \varepsilon_2(t) + \varepsilon_3(t) \tag{2.19}$$

式中　$\varepsilon(t)$ —— t 时刻的应变;

　　　ε_0 ——瞬时应变;

　　　$\varepsilon_1(t)$ ——初始阶段应变;

　　　$\varepsilon_2(t)$ ——等速阶段应变;

　　　$\varepsilon_3(t)$ ——加速阶段的应变。

典型的岩石蠕变方程有:

(1)幂函数方程

对上图 2.24 中轴向应力为 48.60 MPa 下蠕变试验曲线,用幂函数方程表达,得到如图 2.26 所示的结果,该应力状态下第一、二阶段红砂岩的蠕变方程为

$$\varepsilon = 0.004\,39 \times t^{0.004\,74} \tag{2.20}$$

（2）指数函数方程

同上，对上图 2.24 中轴向应力为 48.60 MPa 下蠕变试验曲线采用指数函数方程进行表达，得到如图 2.27 所示的结果，该应力状态下第一、二阶段红砂岩的蠕变方程为

$$\varepsilon = 0.004\,41 - 0.000\,084\,695 \times e^{-1.280\,2t} \tag{2.21}$$

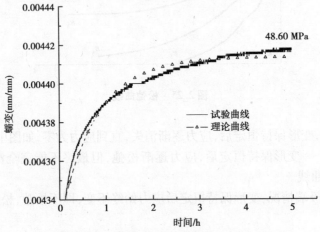

图 2.26　幂数函数理论曲线与试验曲线对比

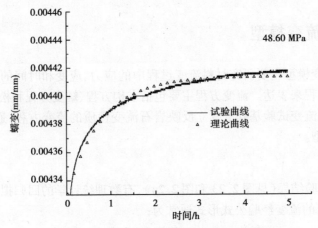

图 2.27　指数函数理论曲线与试验曲线对比

（3）指数函数方程

指数型其基本形式为

$$\varepsilon(t) = \{A1 - \exp[f(t)]\} \tag{2.22}$$

式中　A——试验常数；

　　　$f(t)$——时间 t 的函数。

例如，伊文思（Evans）对花岗岩，砂岩和板岩的研究得到

$$\varepsilon(t) = A[1 - \exp(1 - ct^n)] \tag{2.23}$$

式中　A, c——均为试验常数；

　　　$n = 0.4$。

而哈迪（Hardy）给出了下面的经验方程

$$\varepsilon(t) = B[1 - \exp(-ct)] \tag{2.24}$$

式中　B,c——均为试验常数。

上述一些经验公式的特点是简单实用,对特定的岩石而言,可以很好地吻合试验结果。但是,这些公式是对具体的岩石试验得出的,较难推广到所有情况,并且不能描述应力松弛特性。此外,从它们的形式上看,也不易于应用到数值计算上。

2)元件组合模型

(1)元件基本力学特性

岩石的流变模型是用来描述岩石材料复杂变形现象的一种工具。流变元件模型通常是由虎克体、牛顿体以及塑性体经过不同的组合形成,下面简要介绍这些元件的基本力学特性。

①弹性元件,虎克体。虎克体可用一根弹簧表示,模型符号为 H。其受力与变形完全服从胡克定律,在施加荷载后,弹簧的变形立即发生;卸载后,弹簧的变形立即恢复,如图 2.28 所示。虎克体在一维状态下,其本构方程表示为:

$$\sigma = E\varepsilon \tag{2.25}$$

弹性元件在所受应力为恒量时,应变不随时间的发展而变化,即无蠕变现象发生;若在应变等于恒量的情况下,应力也不随着时间的发展而降低,即没有松弛现象。

②粘性元件,牛顿体。粘性元件通常可用一个粘壶表示,在一个带孔的活塞在装满牛顿岩体的粘壶中运动,常用符号 N 表示。粘壶中的液体其受力和变形关系服从粘滞定律,即应力 σ 与应变速率 $\dot{\varepsilon}$ 成正比关系。粘性元件蠕变特性如图 2.29 所示。以粘滞系数 η 表示应力与应变速率的比值。一维应力状态下,粘性元件的本构方程可表示为:

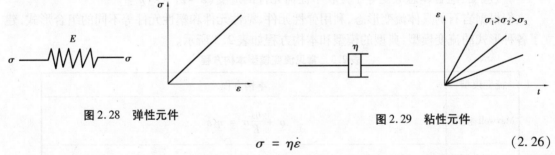

图 2.28　弹性元件　　　　　　　　　图 2.29　粘性元件

$$\sigma = \eta\dot{\varepsilon} \tag{2.26}$$

对于牛顿体,应力与应变速率正比关系,但是应变并非是应力的单值函数,对式(2.26)进行积分可得到

$$\varepsilon = \frac{\sigma}{\eta}t + C \tag{2.27}$$

对于恒定应力 $\sigma = \sigma_0$,应变为时间 t 的线性函数。

粘性元件在受到恒定应力作用时,应变随着时间的发展而变化有蠕变现象,若保持变形恒定,应力又随着时间的发展逐渐减小即有松弛现象。另外,粘性体只具有粘滞性,而无弹性和强度,因而没有瞬时应变。

③塑性元件,塑性体。岩石所受的长期荷载达到屈服极限(或者岩石的长期强度)时便开始产生塑性变形,即使应力不再增加,变形仍然不断增长,具有这样性质的物体为理想塑性体,塑性体可用如图 2.30 所示的相互接触的摩擦滑块来表示,并以符号 Y 代表。

当施加的应力 σ 小于两个滑块之间的摩擦力 f 时,塑性体不发生应变;但当应力 σ 大于摩

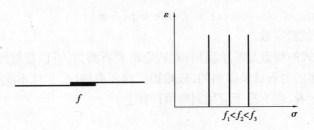

图 2.30 塑性元件

擦力 f 时,摩擦滑动就屈服。一维应力状态下,塑性元件的本构方程可表示为:

$$\begin{cases} \sigma < f, \varepsilon = 0 \\ \sigma \geq f, \varepsilon \to \infty \end{cases} \tag{2.28}$$

(2)组合模型

上述基本元建的任何一种元件单独表示岩石的性质时,只能描述弹性、塑性或粘性三种性质中的一种性质,而客观存在的岩石性质都不是单一的,通常都表现出复杂的特性。为此,必须对上述三种元件进行组合,才能准确地描述岩石的特性。已经提出了几十种流变体本的组合模型,它们大多数是利用提出者的名字命名的。组合的方式为串联、并联、串并联和并串联。串联以符号"—"表示,并联以"|"表示。下面讨论串联并联的性质。

串联$\begin{cases} 应力:组合体总应力等于串联中任何元件的应力(\sigma = \sigma_1 = \sigma_2) \\ 应变:组合体总应变等于串联中所有元件应变之和(\varepsilon = \varepsilon_1 + \varepsilon_2) \end{cases}$

并联$\begin{cases} 应力:组合体总应力等于并联中所有元件应力之和(\sigma = \sigma_1 + \sigma_2) \\ 应变:组合体总应变等于并联中任何元件的应变(\varepsilon = \varepsilon_1 = \varepsilon_2) \end{cases}$

人们根据岩石的具体流变形态,利用弹性元件、粘性元件和塑性元件等不同的组合形式,建立了各种形式的流变模型,典型的模型和本构方程如表2.3 所示。

表 2.3 常见流变模型本构方程

流变模型	本构方程
Maxwell 模型	$\sigma + \dfrac{\eta_2}{E}\dot{\sigma} = \eta_2\dot{\varepsilon}$
Kelvin 模型	$\sigma = E_1\varepsilon + \eta_1\dot{\varepsilon}$
H-K 模型	$\sigma + \dfrac{\eta_1}{E + E_1}\dot{\sigma} = \dfrac{EE_1}{E + E_1}\varepsilon + \dfrac{E\eta_1}{E + E_1}\dot{\varepsilon}$
H | M 模型	$\sigma + \dfrac{\eta_1}{E_1}\dot{\sigma} = E_2\varepsilon + \dfrac{E\eta}{E + E_1}\dot{\varepsilon}$
Burgers 模型	$\sigma + \left(\dfrac{\eta_2}{E_1} + \dfrac{\eta_1 + \eta_2}{E_2}\right)\dot{\sigma} + \dfrac{\eta_1\eta_2}{E_1E_2}\ddot{\sigma} = \eta_2\dot{\varepsilon} + \dfrac{\eta_1\eta_2}{E_1}\ddot{\varepsilon}$

流变模型	本构方程
粘塑性模型	当 $\sigma < \sigma_s$ 时，$\varepsilon = 0$ 当 $\sigma \geq \sigma_s$ 时，$\dot{\varepsilon} = (\sigma - \sigma_s)/\eta_2$
Bingham 模型	当 $\sigma < \sigma_s$ 时，$\dot{\varepsilon} = \dfrac{\dot{\sigma}}{E}$ 当 $\sigma \geq \sigma_s$ 时，$\dot{\varepsilon} = \dfrac{\dot{\sigma}}{E} + \dfrac{\sigma - \sigma_s}{\eta_2}$
西原模型	当 $\sigma < \sigma_s$ 时，$\sigma + \dfrac{\eta_1}{E + E_1}\dot{\sigma} = \dfrac{EE_1}{E + E_1}\varepsilon + \dfrac{E\eta_1}{E + E_1}\dot{\varepsilon}$ 当 $\sigma \geq \sigma_s$ 时，$1 + \dfrac{\eta_2}{E}D(\sigma - \sigma_s) + \left(\dfrac{\eta_2}{E} + \dfrac{\eta_1 + \eta_2}{E_1}\right)\dot{\sigma} + \dfrac{\eta_1\eta_2}{EE_1}\ddot{\sigma} = \eta_2\dot{\varepsilon} + \dfrac{\eta_1\eta_2}{E_1}\ddot{\varepsilon}$

本节主要介绍马克斯威尔(Maxwell)模型、开尔文(Kelvin)模型、广义开尔文模型(H-K 模型)以及伯格斯(Burgers)模型。

① 马克斯威尔(Maxwell)模型：这种模型是用弹性单元和粘性单元串联而成，如图 2.31 所示。当应力骤然施加并保持为常量时，变形以常速率不断发展。这个模型用两个常数 E 和 η 来描述。由于串联，所以这两个单元上作用着相同的应力 σ。

图2.31 马克斯威尔力学模型

a. 本构方程。

由串联可得：

$$\sigma = \sigma_1 = \sigma_2 \tag{2.29}$$

$$\varepsilon = \varepsilon_1 + \varepsilon_2 \tag{2.30}$$

对上式微分，又因为 $\sigma_1 = E\varepsilon_1$ 以及 $\sigma_2 = \eta\dot{\varepsilon}_2$，代入上式，得

$$\dot{\varepsilon} = \frac{\sigma}{\eta} + \frac{\dot{\sigma}}{E} \tag{2.31}$$

式(2.31)为马克斯威尔模型的本构方程。

b. 蠕变方程。

在恒定荷载 σ 条件下 $\sigma = \sigma_0$，则 $\dfrac{\mathrm{d}\sigma}{\mathrm{d}t} = 0$

本构方程简化为 $\dot{\varepsilon} = \dfrac{\sigma_0}{\eta}$，解此微分方程，得

$$\varepsilon = \frac{\sigma_0}{\eta}t + C \tag{2.32}$$

式中 C——积分常数。

当 $t = 0$ 时，$\varepsilon = \varepsilon_0 = \dfrac{\sigma_0}{E}$，由此可知，$C = \dfrac{\sigma_0}{E}$，代入上式，可得到马克斯威尔模型的蠕变方程式为

$$\varepsilon = \frac{\sigma_0}{\eta}t + \frac{\sigma_0}{k} \tag{2.33}$$

由式(2.33)可知,模型中有瞬时应变,并随着时间增长应变逐渐增大,这种模型反映的是等速蠕变,如图2.32(a)所示。

c. 松弛方程。

保持 ε 不变,则有 $\dot{\varepsilon} = 0$,本构方程(2.32)转化为 $\frac{\sigma}{\eta} + \frac{\dot{\sigma}}{E} = 0$,解此方程式得

$$-\frac{E}{\eta}t = \ln\sigma + C \tag{2.34}$$

式中 C——积分常数。

当 $t = 0$ 时,$\sigma = \sigma_0$,由此可知,$C = -\ln\sigma_0$,代入式(2.35),得

$$-\frac{E}{\eta}t = \ln\sigma - \ln\sigma_0 = \ln\frac{\sigma}{\sigma_0} \tag{2.35}$$

所以,马克斯威尔模型的松弛方程式为

$$\sigma = \sigma_0 e^{-\frac{E}{\eta}t} \tag{2.36}$$

由式(2.37)可见,当应变恒定时,应力逐渐时间增加而逐渐减少,如图2.32(b)所示。

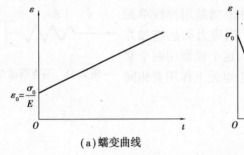
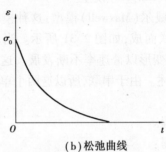

(a)蠕变曲线   (b)松弛曲线

图2.32 马克斯威尔模型的蠕变曲线和松弛曲线

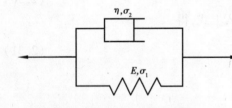

图2.33 开尔文(Kelvin)模型

②开尔文(Kelvin)模型。该模型又称伏埃特(Voigt)模型,由弹性单元和粘性单元并联而成,如图2.33所示。

a. 本构方程

由并联可得:

$$\sigma = \sigma_1 + \sigma_2 \tag{2.37}$$

$$\varepsilon = \varepsilon_1 = \varepsilon_2 \tag{2.38}$$

以及:

$$\sigma_1 = E\varepsilon_1 = E\varepsilon \tag{2.39}$$

$$\sigma_2 = \eta\dot{\varepsilon}_2 = \eta\dot{\varepsilon} \tag{2.40}$$

由上式,可得:

$$\sigma = \eta\dot{\varepsilon} + E\varepsilon \tag{2.41}$$

式(2.42)即为开尔文模型的本构方程。

b. 蠕变方程。当 $t = 0$,施加一个恒定应力 σ_0,则本构方程式(2.36)变为:

$$\sigma_0 = \eta \frac{\mathrm{d}\varepsilon}{\mathrm{d}t} + E\varepsilon \qquad (2.42)$$

$$\frac{\sigma_0}{\eta} = \frac{\mathrm{d}\varepsilon}{\mathrm{d}t} + \frac{E}{\eta}\varepsilon \qquad (2.43)$$

解上述微分方程,得:

$$\varepsilon = \frac{\sigma_0}{E} + Ae^{-\frac{E}{\eta}t} \qquad (2.44)$$

式中 A——积分常数,刻有初始条件求得。

当 $t = 0$ 时,$\varepsilon = 0$,施加瞬时应力 σ_0 后,由于粘性元件的粘滞性,阻止弹簧元件参数瞬时变形,整个模型在 $t = 0$ 时不产生变形,应变为零,由此可求得:

$$A = -\frac{\sigma_0}{E} \qquad (2.45)$$

将 A 代入上式,可得:

$$\varepsilon = \frac{\sigma_0}{E}(1 - e^{-\frac{E}{\eta}t}) \qquad (2.46)$$

式(2.47)即为开尔文模型的蠕变方程,由式(2.37)进行作图,得指数曲线形式的蠕变曲线,从公式和曲线可知,当 $t \to \infty$,$\varepsilon = \frac{\sigma_0}{E}$,趋于常数,相当于只有弹性元件 H 的应变,如图 2.34 所示。

③广义开尔文模型(H-K 模型)。广义 Kelvin 模型是由弹性元件(H)与开尔文模型(K)串联的结构模型,通常也称为三元件广义 Kelvin 模型或者 H-K 模型,如图 2.35 所示。

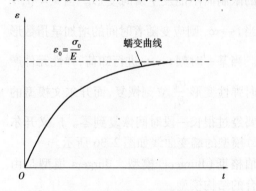

图 2.34 开尔文模型的蠕变曲线　　　　图 2.35 三元件广义 Kelvin 模型

a. 广义开尔文模型的本构关系。该模型所受的总用力 σ 和总应变 ε 的关系为:设 H 体应力为 σ_1、应变为 ε_1 以及 K 体应力为 σ_2,应变为 ε_2。该模型串联的特点是应力相等而应变相加,因而有:

$$\begin{cases} \sigma = \sigma_1 = \sigma_2 \\ \varepsilon = \varepsilon_1 + \varepsilon_2 \\ \sigma_1 = E_1\varepsilon_1 \\ \sigma_2 = E_2\varepsilon_2 + \eta_2\dot{\varepsilon}_2 \end{cases} \qquad (2.47)$$

从以上方程式中消除 $\sigma_1, \varepsilon_1, \sigma_2, \varepsilon_2$,即可得到 H-K 模型的蠕变本构关系:

$$\sigma + \frac{\eta_1}{E_1 + E_2}\dot{\sigma} = \frac{E_1 E_2}{E_1 + E_2}\varepsilon + \frac{E_1 \eta_1}{E_1 + E_2}\dot{\varepsilon} \tag{2.48}$$

或

$$\sigma + p_1\dot{\sigma} = q_0\varepsilon + q_1\dot{\varepsilon} \tag{2.49}$$

式中 $p_1 = \dfrac{\eta_1}{E_1 + E_2}$;

$\qquad q_0 = \dfrac{E_1 E_2}{E_1 + E_2}$;

$\qquad q_1 = \dfrac{E_1 \eta_1}{E_1 + E_2}$。

式(2.49)与式(2.50)均为 H-K 模型的本构方程式。

b. H-K 模型的蠕变。在恒定应力条件 $\sigma = \sigma_0 =$ 恒量,广义开尔文模型由弹性元件和开尔文模型两部分组成,其蠕变变形也可由这两部分组成。对于弹簧元件,只有瞬时弹性应变 $\dfrac{\sigma_0}{E_1}$,对于开尔文模型,其蠕变方程为 $\varepsilon = \dfrac{\sigma_0}{E_2}(1 - e^{-\frac{E_2}{\eta}t})$,所以广义开尔文模型在恒定应力 σ_0 作用下产生的应变总值为

$$\varepsilon = \frac{\sigma_0}{E_1} + \frac{\sigma_0}{E_2}\left[1 - \exp\left(-\frac{E_2}{\eta_2}t\right)\right] \tag{2.50}$$

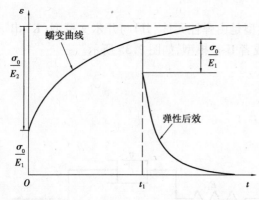

图 2.36　广义开尔文(H-K)模型的蠕变曲线

式(2.51)即为 H-K 模型的蠕变方程。弹性模型 1 可以有瞬时弹性变形,而弹性模型 2 因粘性元件的限制而不能发生瞬时变形。当 $t = 0$,$\varepsilon = \dfrac{\sigma_0}{E_1}$;当 $t \to \infty$,则应变随着时间的增加呈指数形式递增。当某一时刻 $t = t_1$ 进行卸荷,弹性元件产生的瞬时弹性变形 $\dfrac{\sigma_0}{E_1}$ 立刻恢复,而开尔文模型的变形则要经过很长一段时间恢复到零。广义开尔文(H-K)模型的蠕变曲线如图 2.36 所示。

④伯格斯(Burgers)模型。Burgers 模型是由马克斯威尔模型(M 体)与开尔文模型(K 体)串联组合的结构模型。

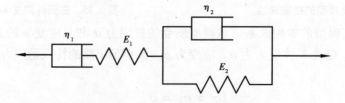

图 2.37　伯格斯(Burgers)模型

a. Burgers 模型本构关系。设马克斯威尔模型与开尔文模型应变分别为 $\varepsilon_1, \varepsilon_2$,串联后总的应变为两个应变的相加,而应力相等,故有:

$$\begin{cases} \sigma = \sigma_1 = \sigma_2 \\ \varepsilon = \varepsilon_1 + \varepsilon_2 \\ \dot{\varepsilon}_1 = \dot{\sigma}_1/E_1 + \sigma_1/\eta_1 \\ \sigma_2 = E_2\varepsilon_2 + \eta_2\dot{\varepsilon}_2 \end{cases} \tag{2.51}$$

将上述方程式中消去 σ_2，即可得到 Burgers 模型的蠕变本构关系：

$$\sigma + \left(\frac{\eta_1}{E_1} + \frac{\eta_1 + \eta_2}{E_2}\right)\dot{\sigma} + \frac{\eta_1\eta_2}{E_1 E_2}\ddot{\sigma} = \eta_1\dot{\varepsilon} + \frac{\eta_1\eta_2}{E_2}\ddot{\varepsilon} \tag{2.52}$$

或

$$\sigma + p_1\dot{\sigma} + p_2\ddot{\sigma} = q_1\dot{\varepsilon} + q_2\ddot{\varepsilon} \tag{2.53}$$

式中　$p_1 = \dfrac{\eta_1}{E_1} + \dfrac{\eta_1 + \eta_2}{E_2}$；

　　　$p_2 = \dfrac{\eta_1\eta_2}{E_2 E_1}$；

　　　$q_1 = \eta_1$；

　　　$q_2 = \dfrac{\eta_1\eta_2}{E_2}$。

式(2.52)与式(2.53)均为 Burgers 模型的本构方程式。

b. Burgers 模型的蠕变。在恒定应力条件 $\sigma = \sigma_0$ 等于恒量，利用同一时刻的叠加原理，可把马克斯威尔模型与开尔文模型的蠕变方程进行叠加，即可得到 Burgers 模型的蠕变方程，为

$$\varepsilon = \frac{\sigma_0}{E_1} + \frac{\sigma_0}{\eta_1}t + \frac{\sigma_0}{E_2}\left[1 - \exp\left(-\frac{E_2}{\eta_2}t\right)\right] \tag{2.54}$$

式(2.55)即为 Burgers 模型的蠕变方程。当 $t = 0$ 时，只有弹簧元件 1 有变形，其他元件无变形，随着时间的增长，应变逐渐加大，粘性元件按等速流动。当某一时刻 $t = t_1$ 进行卸荷，弹性元件 1 产生的瞬时弹性变形 $\dfrac{\sigma_0}{E_1}$ 立刻恢复；随着时间的增长，变形继续恢复，直到弹簧元件 2 的变形全部恢复为止，其变现值为 $\dfrac{\sigma_0}{E_2}\left[1 - \exp\left(-\dfrac{E_2}{\eta_2}t\right)\right]$。随着时间 t_1 的继续模型最后保留一残余变形，变形值为 $\dfrac{\sigma_0}{\eta_1}t_1$。伯格斯(Burgers)模型有瞬时弹性变形、减速变形(衰减蠕变)以及等速蠕变的性质。伯格斯(Burgers)模型的蠕变曲线如图 2.38 所示。

2.4.4　岩石的长期强度

一般情况下，当荷载达到岩石瞬时强度时，岩石发生破坏。在岩石承受荷载低于瞬时强度的情况下，如果荷载持续作用的时间足够长，由于流变特性岩石也可能发生破坏。因此，岩石的强度是随外荷载作用时间的延长而降低的，通常把作用时间 $t \to \infty$ 的强度 s_∞ 称为岩石的长期强度。

长期强度的确定有两种方法。第一种方法：长期强度曲线即强度随时间降低的曲线，可以通过各种应力水平长期恒载试验获取。设在荷载 $\sigma_1 > \sigma_2 > \sigma_3 > \cdots$ 试验的基础上，绘出非衰减蠕变的曲线簇，并确定每条曲线加速蠕变达到破坏前的应力 σ 及荷载作用所经历的时间，如

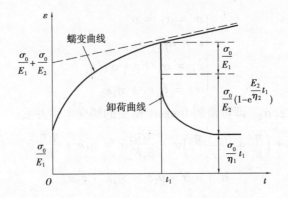

图 2.38　伯格斯(Burgers)模型的蠕变曲线

图 2.39(a)所示。然后以纵坐标表示破坏应力 $\varepsilon_1,\varepsilon_2,\varepsilon_3,\ldots$，横坐标表示破坏前经历的时间 $t_1,t_2,t_3,\ldots$，作破坏应力和破坏前经历时间的关系曲线，如图 2.39(b)所示，称为长期强度曲线。所得曲线的水平渐近线在纵轴上的截距就是所求的长期强度。

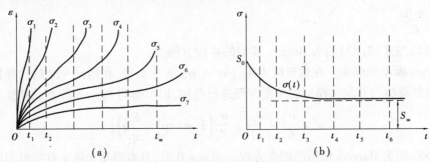

图 2.39　岩石蠕变曲线和长期强度曲线

第二种方法:通过不同应力水平恒载蠕变试验，得到蠕变曲线簇，在图上作 $t_0(t=0),t_1$，$t_2,\ldots,t_\infty$ 时与纵轴平行的直线，且与各蠕变曲线相交，各交点包含 σ,r 和 t 三个参数，如图 2.40(a) 所示。应用这三个参数，作等时的 $\sigma\text{-}t$ 曲线簇，得到相应的等时 $\tau\text{-}t$ 曲线，对应于 t_∞ 的等时 $\sigma\text{-}t$ 曲线的水平渐近线在纵轴上的截距就是所求的长期强度，如图 2.40(b)所示。

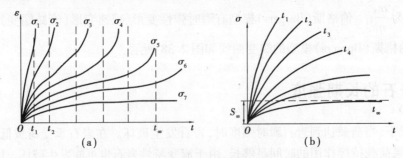

图 2.40　由岩石蠕变试验曲线确定长期强度

岩石长期强度曲线如图 2.41 所示,可用指数型经验公式表示

$$\sigma_t = A + Be^{-\alpha t} \tag{2.55}$$

由 $t=0$ 时，$\sigma_t=s_0$，得 $s_0=A+B$；由 $t\to\infty$ 时，$\sigma_t\to s_\infty$，得 $s_\infty=A$；故得 $B=s_0-A=s_0-s_\infty$。因此式(2.55)可写成

$$\sigma_t = s_\infty + (s_0 - s_\infty)e^{-\alpha t} \qquad (2.56)$$

式中 α ——由试验确定的另一个经验常数。

由式(2.57)可确定任意 t 时刻的岩石强度 σ_t。岩石长期强度是一个极有价值的时间效应指标。当衡量永久性的和使用期长的岩石工程的稳定性时,不应以瞬时强度而应以长期强度作为岩石强度的计算指标。

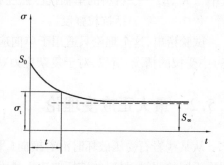

在恒定荷载长期作用下,岩石会在比瞬时强度小得多的情况下破坏,根据目前试验资料,对于大多数岩石,长期强度与瞬时强度之比(s_∞/s_0)为 0.4 ~ 0.8,软岩和中等坚固岩石为 0.4 ~ 0.6,坚固岩石为 0.7 ~ 0.8,如表 2.4 所示为几种岩石瞬时强度与长期强度的比值。

图 2.41　长期恒载破坏试验确定长期强度

表 2.4　几种岩石长期强度与瞬时强度之比

岩石名称	黏土	石灰岩	盐岩	砂岩	白垩	黏质页岩
s_∞/s_0	0.74	0.73	0.70	0.65	0.62	0.50

2.5　岩石强度理论

当物体处于简单的受力情况时,如杆件的拉伸和压缩处于单向应力状态等,材料的危险点处于简单应力状态,则材料的强度可以由简单的试验来决定(如单向抗压强度试验、单向抗拉强度试验、纯剪试验等)。但由于岩石在外荷作用下常常处于复杂的应力状态,许多试验研究表明,岩石的强度及其在荷载作用下的性状与岩石的应力状态有着很大的关系,例如在单向应力状态下表现出脆性的岩石,在三向应力状态下可以具有塑性性质,同时它的强度极限也大大提高,在各向压缩的情况下,岩石能够承受很大的荷载,而没有出现可觉察到的破坏。

因此,针对岩石往往处于在复杂应力状态下,岩石的强度理论多是基于大量试验研究的基础上,加以归纳、分析描述建立起来的。这些理论对引起岩石危险状态的原因作了不同的假设,表征着在某一应力或组合应力的作用下,岩石产生破坏的应力状态和岩石强度参数之间的关系。

目前已提出了多种岩石的强度理论,下面按照历史的先后,大致介绍一些主要的强度理论(或称破坏准则)。需要提出的是,这些理论对岩石的适用性并不是等价的。

2.5.1　最大正应力理论

该理论又被称为朗肯(Rankine)理论,它假设材料的破坏只取决于绝对值最大的正应力。据此,当岩石单元体内的三个主应力中只要有一个达到单轴抗压强度或单轴抗拉强度时,单元就达到破坏状态,强度条件(或称破坏条件)就是:

$$\sigma_1 \leqslant R_c \qquad (2.57)$$
$$\sigma_3 \geqslant -R_t \qquad (2.58)$$

或者,可将这一条件写成解析表达式的形式:

$$(\sigma_1^2 - R^2)(\sigma_2^2 - R^2)(\sigma_3^2 - R^2) \leq 0 \tag{2.59}$$

式中　R_c, R_t——材料的单轴抗压强度和单轴抗拉强度,R 泛指材料的强度,既包括抗压又包括抗拉强度。

试验指出,这个理论只适用于单向应力状态以及脆性岩石在某些应力状态(如二向应力状态)中受拉的情况,所以,对于复杂应力状态,往往不可以采用这个理论。

2.5.2　最大正应变理论

从某些岩石受压破坏时沿着横向(平行于受力方向)分成几块的现象,有人提出了与前一理论不同的假设:材料的破坏取决于最大正应变。认为:只要材料内任一方向的正应变达到单向压缩或单向拉伸中的破坏数值,材料就发生破坏。因此,这个理论的强度条件是:

$$\varepsilon_{max} \leq \varepsilon_0 \tag{2.60}$$

式中　ε_{max}——材料产生的最大应变值,可能用广义虎克定律求出;

ε_0——单向压缩或单向拉伸试验中材料破坏时的极限应变值。

这一强度准则的解析表达式为:

$$\{[\sigma_1 - \mu(\sigma_2 + \sigma_3)] - R^2\}\{[\sigma_2 - \mu(\sigma_1 + \sigma_3)] -$$
$$R^2\}\{[\sigma_3 - \mu(\sigma_1 + \sigma_2)] - R^2\} \leq 0 \tag{2.61}$$

根据实验结果,该理论与脆性材料的实验结果大致符合。对于塑性材料不能适用。此外,岩石的变形与侧向约束条件很有关系,它不决定材料的强度。

2.5.3　最大剪应力理论

为了研究塑性材料破坏的原因及其强度理论,人们从单向试验中发现,当有些材料屈服时,试件表面出现了与杆轴大约成45°角的斜线。而最大剪应力就发生该斜面上,该斜面是材料内部晶格间的相对剪切滑移的结果。因此就认为这种晶格间的错动是产生塑性变形的根本原因,据此可假设:材料的破坏取决于最大剪应力。这个强度条件在塑性力学中称为特雷斯卡(H·Tresca)破坏条件(或屈服条件),在进行岩体的弹塑性应力分析时,需要用到这个条件。其强度条件是:

$$\tau_{max} \leq \tau_u \tag{2.62}$$

在复杂应力状态下,最大剪应力 $\tau_{max} = \dfrac{\sigma_1 - \sigma_3}{2}$;在单向压缩或拉伸时,最大剪应力的危险值 $\tau_u = \dfrac{R}{2}$,将这些结果代入(2.59),得到最大剪应力理论的强度条件:

$$\sigma_1 - \sigma_3 \geq R \tag{2.63}$$

或者写成如下形式:

$$[(\sigma_1 - \sigma_3)^2 - R^2][(\sigma_3 - \sigma_2)^2 - R^2][(\sigma_2 - \sigma_1)^2 - R^2] = 0 \tag{2.64}$$

该理论对于塑性岩石可给出满意的结果,但对于脆性岩石不适用。另外,该理论也没有考虑到中间主应力的影响。

2.5.4　八面体剪应力理论

八面体剪应力理论假设,达到材料的危险状态,取决于八面体剪应力。其强度条件是:

$$\tau_{oct} \leqslant \tau_s \tag{2.65}$$

其中,在复杂应力状态下的八面体剪应力为:

$$\tau_{oct} = \frac{1}{3} \sqrt{(\sigma_1 - \sigma_2)^2 + (\sigma_2 - \sigma_3)^2 + (\sigma_3 - \sigma_1)^2} \tag{2.66}$$

在单向受力时,只有一个主应力不为零,所以将单向受力时达到危险状态的主应力 R 代入上式,便得到危险状态的八面体剪应力 τ_s:

$$\tau_s = \frac{\sqrt{2}}{3} R \tag{2.67}$$

把式(2.66)和式(2.67)代入式(2.65),可得出八面体剪应力理论的强度条件:

$$\sqrt{(\sigma_1 - \sigma_2)^2 + (\sigma_2 - \sigma_3)^2 + (\sigma_3 - \sigma_1)^2} \leqslant \sqrt{2} R \tag{2.68}$$

或者写成冯-米赛斯(Von Mises)破坏条件:

$$(\sigma_1 - \sigma_2)^2 + (\sigma_2 - \sigma_3)^2 + (\sigma_3 - \sigma_1)^2 - 2R^2 = 0 \tag{2.69}$$

对于塑性材料,这个理论与实验结果很符合。克服了最大剪应力理论没有考虑中间主应力影响的缺点,是目前塑性力学中常用的一种理论。

2.5.5　莫尔理论及莫尔-库仑(Mohr-Coulomb)准则

莫尔强度理论假设:材料内某一点的破坏主要决定于它的大主应力和小主应力,即 σ_1 和 σ_3,而与中间主应力无关。材料的破坏与否,一方面与材料内的剪应力有关,同时与正应力也有很大的关系,因为正应力直接影响着抗剪强度的大小。根据该理论,在 $\tau\text{-}\sigma$ 的平面上,绘制一系列的莫尔应力圆(见图2.42),每一莫尔应力圆都反映一种达到破坏极限(危险状态)的应力状态,这种应力圆称为极限应力圆。然后做出这一系列极限应力圆的包络线,见图中以"5"表示者,称为莫尔包络线。在包络线上的所有各点都反映材料破坏时的剪应力(即抗剪强度)τ_f 与正应力 σ 之关系,这根包络线代表材料的破坏条件或强度条件,即莫尔强度条件的普遍形式:

$$\tau_f = f(\sigma) \tag{2.70}$$

根据莫尔强度理论,在判断材料内某点处于复杂应力状态下是否破坏时,只要在 $\tau\text{-}\sigma$ 平面上作出该点的莫尔应力圆。如果所作应力圆在莫尔包络线以内(见图2.43中的圆1,图中曲线4表示包络线),则通过该点任何面上的剪应力都是小于相应面上的抗剪强度 τ_f,说明该点没有破坏,处于弹性状态。如果所绘应力圆刚好与包络线相切(见图2.43中的圆2),则通过该点有一对平面上的剪应力刚好达到相应面上的抗剪强度,该点开始破坏,或者称之为处于极限平衡状态或塑性平衡状态。最后,当所绘的应力圆与包络线相割(见图2.43中的虚线圆3),则实质上它是不存在的,因为当应力达到这一状态之前,该点就沿着一对平面破坏了。因此,莫尔应力圆是否与强度曲线相切就成为材料是否破坏的强度准则。可以根据莫尔应力圆与强度曲线是否相切这个特殊条件到处材料强度准则的数学解析式,这些数学解析式因强度曲线形状不同而异。

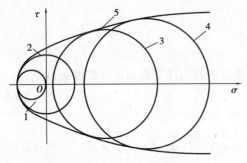

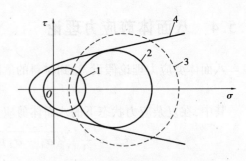

图 2.42　莫尔极限应力圆的包络线　　　　　　图 2.43　材料破坏判别示意图

莫尔包络线的具体可根据试验结果用拟合法求得。目前已提出的岩石包络线的形状有斜直线形、二次抛物线形、双曲线等。一般而言,对于软弱岩石,可认为是抛物线,对于坚硬岩石,可认为是双曲线或摆线。下面分别进行介绍。

1) 直线型强度曲线

直线型强度曲线与莫尔-库仑强度线是一致的,因此称之为莫尔-库仑(Mohr-Coulomb)准则。如图 2.44 所示,在平面直角坐标系中,莫尔-库仑强度线与 σ 轴的交角 φ 为材料内摩角,在 τ 轴上的截距为材料内聚力 c,假定一点应力状态的莫尔应力图莫尔-库仑强度线相切。则有:

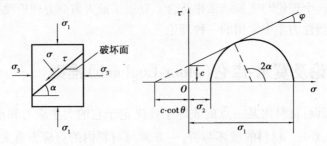

图 2.44　莫尔-库仑破坏准则及破坏面

$$\sin\varphi = \frac{\frac{1}{2}(\sigma_1 - \sigma_3)}{\frac{1}{2}(\sigma_1 + \sigma_3) + c \cdot \cot\varphi} = \frac{\sigma_1 - \sigma_3}{\sigma_1 + \sigma_3 + c \cdot \cot\varphi} \qquad (2.71)$$

若将 τ 和 σ 用主应力 σ_1, σ_2 和 σ_3 表示,这里 $\sigma_1 > \sigma_2 = \sigma_3$,则:

$$\sigma = \frac{1}{2}(\sigma_1 + \sigma_3) + \frac{1}{2}(\sigma_1 - \sigma_3)\cos 2\alpha \qquad (2.72)$$

$$\tau = \frac{1}{2}(\sigma_1 - \sigma_3)\sin 2\alpha \qquad (2.73)$$

式中　α——剪切面与最小主应力 σ_3 之间的夹角,即剪切面的法线方向与最大主应力 σ_1 的夹角。

莫尔-库仑准则为:

$$\tau_f = c + \sigma\tan\varphi \qquad (2.74)$$

用 σ_1 和 σ_3 表达的形式为:

$$\sigma_1 = \sigma_3 \tan^2\left(45° + \frac{\varphi}{2}\right) + 2c\tan\left(45° + \frac{\varphi}{2}\right)$$

$$\sigma_3 = \sigma_1 \tan^2\left(45° - \frac{\varphi}{2}\right) - 2c\tan\left(45° - \frac{\varphi}{2}\right)$$

(2.75)

破坏判据为:

$$\tau \geqslant \tau_f = c + \sigma\tan\varphi$$

(2.76)

或:

$$\sigma_1 \geqslant \sigma_{1f} = \sigma_3 \tan^2\left(45° + \frac{\varphi}{2}\right) + 2c\tan\left(45° + \frac{\varphi}{2}\right)$$

$$\sigma_3 \leqslant \sigma_{3f} = \sigma_1 \tan^2\left(45° - \frac{\varphi}{2}\right) - 2c\tan\left(45° - \frac{\varphi}{2}\right)$$

(2.77)

若岩石的受力状态满足式(2.75)或式(2.76),则已破坏或处于受力极限平衡状态。

在莫尔-库仑(Mohr-Coulomb)准则中,破裂面的方位可根据 σ_1 和 σ_3 的几何关系得到:破坏面法线与大主应力方向的夹角为

$$\alpha = 45° + \frac{\varphi}{2}$$

(2.78)

莫尔-库仑(Mohr-Coulomb)准则是目前岩石力学中用得最多的强度条件,大部分岩石工作者认为,当压力不大时(例如 $\sigma < 10$ MPa),采用上式是适用的。

2)抛物线型强度曲线

试验表明,岩性较软弱的岩石(例如泥灰岩、砂岩、泥页岩等)的强度曲线近似于二次抛物线形。根据抛物线方程式,这种莫尔强度条件的数学解析式为:

$$\tau^2 = n(\sigma + \sigma_t)$$

(2.79)

其破坏判据为:

$$\tau^2 \geqslant n(\sigma + \sigma_t)$$

(2.80)

式中　σ_t ——岩石单轴抗拉强度;

　　　n ——待定系数。

抛物线型强度曲线如图 2.45 所示,根据图 2.45 可以建立以下关系:

$$\left.\begin{array}{l} \dfrac{1}{2}(\sigma_1 + \sigma_3) = \sigma + \tau\cot 2\theta \\[2mm] \dfrac{1}{2}(\sigma_1 - \sigma_3) = \dfrac{\tau}{\sin 2\theta} \end{array}\right\}$$

(2.81)

由式(2.80)和图 2.45 中关系可求得:

$$\left.\begin{array}{l} \tau = \sqrt{n(\sigma + \sigma_t)} \\[2mm] \dfrac{d\tau}{d\sigma} = \cot 2\theta = \dfrac{n}{2\sqrt{n(\sigma + \sigma_t)}} \\[2mm] \dfrac{1}{\sin 2\theta} = \csc 2\theta = \sqrt{1 + \dfrac{n}{4(\sigma + \sigma_t)}} \end{array}\right\}$$

(2.82)

联合式(2.81)和式(2.82)可以得到二次抛物线型包络线的主应力表达式:

$$(\sigma_1 - \sigma_3)^2 = 2n(\sigma_1 + \sigma_3) + 2n\sigma_t - n^2$$

(2.83)

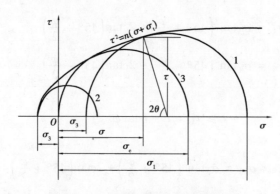

图 2.45　二次抛物线型强度包络线

在单轴受压状态下，有 $\sigma_3 = 0$ 和 $\sigma_1 = \sigma_c$，则式(2.81)变为：

$$n^2 - 2(\sigma_c + 2\sigma_t)n + \sigma_c^2 = 0 \tag{2.84}$$

可得：

$$n = \sigma_c + 2\sigma_t \pm 2\sqrt{\sigma_t(\sigma_c + \sigma_t)} \tag{2.85}$$

3）双曲线型强度曲线

试验研究表明，砂岩、灰岩、花岗岩等岩性坚硬的岩石强度曲线近似于双曲线形，如图 2.46 所示。根据双曲线方程式，这种莫尔强度条件的数学解析式为：

$$\tau^2 = (\sigma + \sigma_t)^2 \tan^2\beta + (\sigma + \sigma_t)\sigma_t \tag{2.86}$$

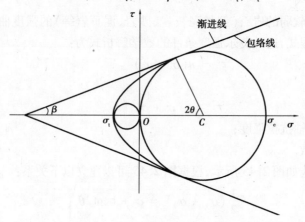

图 2.46　双曲线型强度包络线

其破坏判据为：

$$\tau^2 \geqslant (\sigma + \sigma_t)^2 \tan^2\beta + (\sigma + \sigma_t)\sigma_t \tag{2.87}$$

式中　β——包络线渐进线的倾角，$\tan\beta = \dfrac{1}{2}\sqrt{\dfrac{\sigma_c}{\sigma_t} - 3}$；

σ_c——岩石单轴抗压强度。

由于当 $\sigma_c/\sigma_t < 3$ 时，$\tan\eta$ 将为虚值，所以这种强度条件不适于 $\sigma_c/\sigma_t < 3$ 的岩石。

综上所述，莫尔强度理论实际上为剪应力强度理论。这种强度理论较全面地反映了岩石的强度特性，既适用于塑性岩石，也适用于脆性岩石的剪切破坏。此外，它还体现了岩石抗拉强度远小于抗压强度的性质，且能够解释岩石在三向等拉条件下会破坏，而在三向等压时将不破坏——这是因为强度曲线在受拉区闭合,并已与 σ 轴相交,而在受压区发散,更不与 σ 轴相交,三向等压是指 $\sigma_1 = \sigma_2 = \sigma_3 > 0$,三向等拉是指 $\sigma_1 = \sigma_2 = \sigma_3 < 0$ 二者均为落于 σ 轴上的一点。因此,莫尔强度理论一直被广泛应用。然而,莫尔强度理论的最大不足是没有考虑中间应力 σ_2 对强度的影响。中间主应力 σ_2 对强度的影响已被实际所证实,对于各向异性岩体尤其如此。

2.5.6　格里菲思(Griffith)强度理论及修正的格里菲思理论

上述各种强度理论均将材料看成完整而连续的均匀介质。事实上,任何材料内部都存在着许多微细(潜在的)裂纹或裂隙。在力的作用下,这些裂隙周围(尤其是在裂隙端部)将产生较大的应力集中,有时由于应力集中产生的应力以达到所加应力的 100 倍。在这种情况下材料的破坏将不受自身强度控制,而是取决于其内部裂隙周围的应力状态,材料的破坏往往从裂隙端部开始,并且通过裂隙扩展而导致完全破坏。据此,格里菲思(A. A. Griffith)于 1920 年首次提出一种材料破坏起因于其内部微细裂隙不断扩展的强度理论,现称之为格里菲思强度理论。格里菲思最初是从能量角度出发研究材料破坏作用,并且建立了裂隙扩展的能量准则,后来又基于应力观点分析材料破坏作用而提出裂隙扩展的应力准则。格里菲思强度理论对于岩体(岩石)具有重要意义。

1)格里菲思(Griffith)强度理论

格里菲思强度理论中假设:材料内部存在着许多细微裂隙,在外力作用下,这些细微裂隙周围,特别是缝端,按弹性力学中的英格里斯(Inglis)理论,产生应力集中现象,当超过材料抗拉强度时,裂缝扩展,最后导致材料的完全破坏。下面较详细地推导格里菲思破坏准则:

设岩石中含有大量的方向杂乱的细微裂隙,假设有一系列它们的长轴方向与大主应力 σ_1 成 β 角(见图 2.47)。按照格里菲思概念,假定这些裂隙都是张开的,并且在形状上近似于椭圆。研究证明,即使在压应力情况下,只要裂隙的方向合适,则裂隙的边壁上也会出现很高的拉应力。一旦该拉应力超过材料的局部抗拉强度,就在张开裂隙的端部破裂。

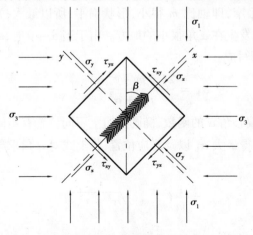

图 2.47　微裂隙受力示意图

为了确定张开的椭圆裂隙边壁周围的应力,作了如下简化假定:

①此椭圆可以作为半无限弹性介质中的单个孔洞处理,即:假定相邻的裂隙之间不相互影响,并忽略材料特性的局部变化。

②椭圆及作用于其周围材料上的应力系统可作为二维问题处理,即把裂缝三维空间形状和裂缝平面内的应力 σ_z 的影响忽略不计。这些假定所引起的误差将小于 $\pm 10\%$。

在分析时,按照岩石力学的习惯规定,压应力为正,拉应力为负,且 $\sigma_1 > \sigma_2 > \sigma_3$。取 x 轴沿裂隙方向(椭圆长轴方向),y 轴正交于裂隙方向(椭圆短轴方向)。其中:裂隙椭圆的长半轴和短半轴为 a、b;α 为裂隙椭圆偏心角(对 x 轴的偏心角)。椭圆的轴比为:$m = b/a$(见图 2.48)。

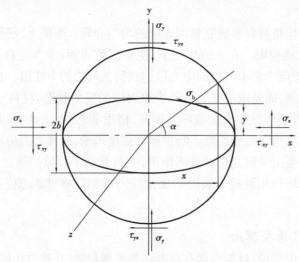

图 2.48　椭圆裂隙周围材料上的应力示意图

裂隙椭圆周边上偏心角为 α 的任意点的切向应力 σ_b 可采用弹性力学中英格里斯(Inglis)公式表示,即:

$$\sigma_b = \frac{\sigma_y\left[m(m+2)\cos^2\alpha - \sin^2\alpha\right] + \sigma_x\left[(1+2m)\sin^2\alpha - m^2\sin^2\alpha\right] - \tau_{xy}\left[2(1+m)^2\sin\alpha\cos\alpha\right]}{m^2\cos^2\alpha + \sin^2\alpha}$$

(2.88)

因为在岩石内的裂隙很窄,即轴比 m 很小,形状扁平,所以最大拉应力显然发生在靠近椭圆裂隙的端点处,也就是说发生在 α 角很小的地方。由于当 $\alpha \rightarrow 0$ 时,$\sin\alpha \rightarrow 0$、$\cos\alpha \rightarrow 1$,因此,略去高次项后,式(2.88)可写成:

$$\sigma_b = \frac{2(\sigma_y m + \tau_{xy}\alpha)}{m^2 + \alpha^2}$$

(2.89)

可见,切向应力 σ_b 是偏心角 α 的函数,椭圆周边上不同位置有不同的 σ_b,周边开裂必然发生在 σ_b 为最大值处。为求得最大 σ_b 以及对应位置,将上式对 α 角求导,求得 σ_b 的最大值及对应的偏心角 α 为:

$$\sigma_{b,\max} = \frac{1}{m}\left(\sigma_y \pm \sqrt{\sigma_y^2 + \tau_{xy}^2}\right)$$

(2.90)

$$\alpha = \frac{\tau_{xy}}{\sigma_b}$$

(2.91)

由于 σ_y 和 τ_{xy} 与大、小主应力 σ_1 和 σ_3 之间有下列关系式:

$$\sigma_y = \frac{1}{2}(\sigma_1 + \sigma_3) - \frac{1}{2}(\sigma_1 - \sigma_3)\cos2\beta \qquad (2.92)$$

$$\tau_{xy} = -\frac{1}{2}(\sigma_1 - \sigma_3)\sin2\beta \qquad (2.93)$$

将式(2.92)和式(2.93)代入式(2.90),得:

$$m\sigma_{b,max} = \frac{1}{2}(\sigma_1 + \sigma_3) - \frac{1}{2}(\sigma_1 - \sigma_3)\cos2\beta \pm \left[\frac{1}{2}(\sigma_1^2 + \sigma_3^2) - \frac{1}{2}(\sigma_1^2 - \sigma_3^2)\cos2\beta\right]^{\frac{1}{2}}$$

$$(2.94)$$

上式表明,在给定的 σ_1 和 σ_3 作用下,m 为定值时,裂隙周边壁上的最大切向应力 $\sigma_{b,max}$ 仅与所研究裂隙的方位角 β(裂隙与大主应力 σ_1 之间的夹角)有关。我们知道,岩石的细微裂隙非常杂乱,任何一个方位都存在。不同方位的裂隙有不同的最大切向应力 $\sigma_{b,max}$。在这许多方位的众多裂隙中,必然存在着最大切向应力 $\sigma_{b,max}$ 为最大的裂隙,该裂隙的方位角 β 以及最大切向应力的极值 $\sigma_{b,m\cdot m}$,可求导求取。因此,将式对 β 求导,得:

$$(\sigma_1 - \sigma_3)\sin2\beta \times \left\{1 \pm \frac{\sigma_1 + \sigma_3}{2\left[\frac{1}{2}(\sigma_1^2 + \sigma_3^2) - \frac{1}{2}(\sigma_1^2 - \sigma_3^2)\cos2\beta\right]^{\frac{1}{2}}}\right\} = 0 \qquad (2.95)$$

根据上式可知:

$$\sin2\beta = 0 \qquad (2.96)$$

或:

$$1 \pm \frac{\sigma_1 + \sigma_3}{2\left[\frac{1}{2}(\sigma_1^2 + \sigma_3^2) - \frac{1}{2}(\sigma_1^2 - \sigma_3^2)\cos2\beta\right]^{\frac{1}{2}}} = 0 \qquad (2.97)$$

式(2.97)化简为:

$$\cos2\beta = \frac{\sigma_1 - \sigma_3}{2(\sigma_1 + \sigma_3)} \qquad (2.98)$$

裂隙方向符合式(2.96)和式(2.98),该裂隙的最大切向应力达极值,将式(2.68)和式(2.98)代入(2.94)分别得到 6 个可能极值,即:

$$m\sigma_{b,m\cdot m} = 2\sigma_3;0;2\sigma_1;0 \qquad (2.99)$$

$$m\sigma_{b,m\cdot m} = \frac{(3\sigma_1 + \sigma_3)(\sigma_1 + 3\sigma_3)}{4(\sigma_1 + \sigma_3)} \qquad (2.100)$$

$$m\sigma_{b,m\cdot m} = -\frac{(\sigma_1 - \sigma_3)^2}{4(\sigma_1 + \sigma_3)} \qquad (2.101)$$

这 6 个极值的前 4 个极值是由 $\sin2\beta = 0$ 的条件确定的,此时 $\beta = 0$ 或 $\beta = 90°$,说明这 4 个可能极值发生在方位与 σ_1 平行和正交的裂隙中。后面两个可能极值则发生在方位与 σ_1 斜交的裂隙中,此时只有在 $|\cos2\beta| < 1$ 时才存在,这就要求:

$$\frac{\sigma_1 - \sigma_3}{2(\sigma_1 + \sigma_3)} < 1 \text{ 或者 } \sigma_1 + 3\sigma_3 > 0 \qquad (2.102)$$

考查式(2.100)和式(2.101)的 2 个可能极值,得知式(2.101)为最大拉应力。考查式(2.99)中的 4 个可能极值,显然 $m\sigma_{b,m\cdot m} = 2\sigma_3$,为最大拉应力。

在最大极值计算中 m 不易测量出来,可做垂直于椭圆平面(即垂直于椭圆长轴)的岩石单轴抗拉试验,求得抗拉强度 R_t,则此时 $\sigma_3 = -R_t$,由 $m\sigma_{b,m\cdot m} = 2\sigma_3$ 可得到 $m\sigma_{b,m\cdot m} = -2R_t$,说明材料破坏时边壁应力 $\sigma_{b,m\cdot m}$ 与 m 的乘积必须满足此条件。把这一关系式代入式(2.101),即可得到下列格里菲思理论的破坏准则:

$$\left.\begin{array}{l} 当 \sigma_1 + 3\sigma_3 > 0 时,(\sigma_1 - \sigma_3)^2 - 8R_t(\sigma_1 + \sigma_3) = 0 \\[2mm] 裂隙方位角 \beta = \dfrac{1}{2}\arccos\dfrac{\sigma_1 - \sigma_3}{2(\sigma_1 + \sigma_3)} \end{array}\right\} \tag{2.103}$$

$$\left.\begin{array}{l} 当 \sigma_1 + 3\sigma_3 < 0 时,\sigma_3 = -R_t \\[2mm] 裂隙方位角 \beta = 0 \end{array}\right\} \tag{2.104}$$

这个准则如果用 σ_y 和 τ_{xy} 来表示,可将 $m\sigma_{b,m\cdot m} = -2R_t$ 代入方程(2.100),可得:

$$\tau_{xy}^2 = 4R_t(R_t + \sigma_y) \tag{2.105}$$

式(2.105)是 τ_{xy}-σ_y 平面内的一个抛物线方程,如图2.49所示。它表示一个张开椭圆微细裂隙边壁上破坏开始时的剪应力 τ_{xy} 和正应力 σ_y 的关系。由图可以看出,这条曲线的形状与莫尔包络线相似,该线在负象限内明显弯曲,它表明其抗拉强度要比由直线型包络线(莫尔-库仑

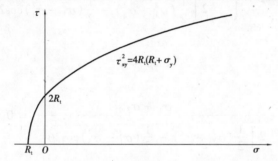

图2.49 格里菲思准则在 τ-σ 平面内的图形

线)推断出来的要低得多,它与实测的抗拉强度 R_t 是一致的,更合乎实际情况。

该准则在 σ_1-σ_3 平面内的图形如图2.50所示,是由 $-R_t < \sigma_1 < 3R_t$ 时的直线(即 $\sigma_3 = -R_t$)部分和在 $(3R_t, -R_t)$ 点与直线相切的抛物线部分组成(完全的抛物线通过原点),当 $\sigma_3 = 0$ 时,即当单轴压缩时,$\sigma_1 = 8R_t$,即单轴抗压强度 $R_c = 8R_t$,理论上求得的结果与实测结果相符合。

2)修正的格里菲思理论

上述的格里菲思强度理论是以裂隙张开为前提条件,也就是说,无论是在张应力作用下,还是在压应力作用下、只有当裂隙张开而不闭合时,才能采用这种强度理论。事实上,在压应力作用下,材料中的裂隙将趋于闭合。而闭合后的裂隙面上将产生摩擦力,此时裂隙的扩展显然不同于张开裂隙,所以在这种情况下格里菲思强度理论是不适用的。麦克林托克(Meclintock)等考虑了裂隙闭合及产生摩擦力这一条件,对格里菲思强度理论作了适当的修正。

麦克林托克认为,当裂隙在压应力作用下闭合时,裂隙在整个长度范围内均匀接触,并且能够传递正应力(压力)及剪应力。由于裂隙均匀闭合,所以正应力在裂隙端部将不引起应力集中,而只有剪应力才造成裂隙端部应力集中。经修正后的理论通常称为修正格里菲思强度理论。这个理论的强度条件可写为:

$$\sigma_1\left[(f^2+1)^{\frac{1}{2}}-f\right]-\sigma_3\left[(f^2+1)^{\frac{1}{2}}+f\right]=$$
$$4R_t\left(1+\frac{\sigma_c}{R_t}\right)^{\frac{1}{2}}-2f\sigma_c \qquad (2.106)$$

式中 σ_c——裂隙闭合所需的压应力,由试验确定;

f——摩擦系数,$f=\tan\varphi$,φ 为裂隙闭合后的内摩擦角。

勃雷斯(Brace)认为使裂隙闭合所需的压应力 σ_c 甚小,可以忽略不计。因此,上式可简化为:

$$\sigma_1\left[(f^2+1)^{\frac{1}{2}}-f\right]-\sigma_3\left[(f^2+1)^{\frac{1}{2}}+f\right]=4R_t$$
$$(2.107)$$

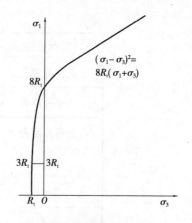

图 2.50 格里菲思准则 σ_1-σ_3 平面内的图形

当 $\sigma_3<0$ 时(拉应力),裂隙不闭合,所以以上两个公式不适用,在这种情况下仍然采用前面的格里菲思强度条件。

霍克(Hock)和布朗(Brown)等对岩体所做的三轴实验结果表明,在拉应力范围内格里菲思强度理论和修正的格里菲思强度理论的包络线与莫尔极限应力圆较为吻合,而在压应力区这两种理论的包络线与莫尔极限应力因均有较大偏离。因此,耶格指出,就研究岩体中裂隙对破坏强度的影响而言,格里菲思强度理论作为一个数学模型是极为有用的,但是也仅仅是一个数学模型而已。所以,许多较为符合岩体变形与破坏实际的经验判据便被陆续提出。例如伦特堡岩体破坏经验判据等。

2.5.7 伦特堡理论

伦特堡(Lundborg)根据大量岩石强度实验结果认为,当岩石(岩体)所受的应力达到岩石晶体强度时,由于岩石晶体被破坏,因此即使继续增加法向荷载(正应力),岩石抗剪强度也不再随之增大。据此,伦特堡建议采用如下公式描述岩石在荷载作用下的破坏状态:

$$(\tau-\tau_0)^{-1}=(\tau_i-\tau_0)^{-1}+1/A\sigma \qquad (2.108)$$

式中 σ,τ——分别为考查部位(点)的正应力及剪应力(也即外荷载作用应力);

τ_0——正应力 $\sigma=0$ 时岩石的抗切强度;

τ_i——岩石晶体极限抗切强度;

A——与岩石类型有关的经验系数。

式(2.108)即为岩石破坏经验判据,当岩石所受的正应力 σ 及剪应力 τ 满足如此关系时,岩石便被破坏。因此,式(2.108)中的 τ 实际上代表岩石所能承受的最大剪应力,所以也是岩石的抗剪强度。这样,岩石的抗剪强度 τ 可以采用 τ_0,τ_i 及 A 三个参数来表述。当然,岩石的抗剪强度为正应力 σ 的函数。

伦特堡通过对某些岩石所做的强度实验结果而获得的抗剪强度参数见表 2.5。

表 2.5 伦特堡岩石破坏经验判据参数值

岩石名称	τ_0(MPa)	τ_i(MPa)	A
花岗岩	50	1 000	2

续表

岩石名称	τ_0(MPa)	τ_i(MPa)	A
花岗片麻岩	60	680	2.5
伟晶片麻岩	50	1 200	2.5
云母片麻岩	50	760	1.2
石英岩	60	620	2
灰岩	30	890	1.2
灰色页岩	30	580	1.8
灰色黑色页岩	60	490	1
灰色磁铁矿	30	850	1.8
灰色黄铁矿	30	560	1.7

2.6　影响岩石强度的主要因素

　　影响岩石强度的因素很多,但基本上可分为两个方面:一方面是自然因素,如岩石的矿物成分、结构及构造等;另一方面是技术因素,如载荷作用的速度、形变的方式等。下面主要介绍加荷速率、应力路径、中间主应力以及岩石中的水对岩石强度的影响。

2.6.1　加载速率的影响

　　加载速率对岩石变形特性的影响在前面的章节中已进行了一定探讨,此处重点介绍加载速率对岩石强度的影响。

　　在对岩石进行压缩实验时,可以用应力速率 $\partial\sigma/\partial t$ 或应变速 $\partial\varepsilon/\partial t$ 表示加载速率。一般情况下,静载实验是指应变速率 $\partial\varepsilon/\partial t = 10^{-6} \sim 10^{-1}$/s 的试验,关于加载速率对岩石变形的影响,许多学者已做过广泛研究。现将主要研究成果摘录如下:

　　①岩石强度随着加载速率的增大而增加。但是,当加载速率在同一数量级范围内变化时,对岩石强度的影响不大。Houpert 通过对花岗岩压缩实验研究后提出,岩石抗压强度或峰期强度 σ_c 与加载速率 $\partial\sigma/\partial t$ 之间存在如下关系:

$$\sigma_c = 1\ 450 + 100\ \lg\frac{\partial\sigma}{\partial t} \tag{2.109}$$

其中:应力单位为 MPa,时间单位为 min。

　　②岩石抗压强度虽然随着加载速率的增大而增加,但是其对应变速率的敏感程度则因岩石性质不同而各异。对绝大多数岩石来说,在由静载($\partial\varepsilon/\partial t < 10^{-1}$s)向动载($\partial\varepsilon/\partial t > 10^{-1}$s)转变时,岩石强度急剧上升。

③大多数岩石,在弹性变形阶段,加载速率对岩石强度的影响不明显。但是,当变形进入裂隙扩展阶段,则表现出很明显的岩石强度随着加载速率的增大而增加特征。

④岩石变形及强度受加载速率影响的原因有多种解释。一般认为,出于岩石变形包含部分粘性流动,所以加载速率对其变形及强度有影响,软弱者石的变形尤其如此。也有的强调,应该从岩石中裂隙扩展速度方面分析岩石变形及强度与加载速率的关系;Mott 通过研究单轴拉伸条件下岩石中裂隙扩展速度,得出裂隙扩展速度 $v = 0.38\sqrt{E(1 - C_0/C)/\rho}$,$E$ 和 ρ 分别为岩石弹性模量及密度,C 为裂隙长度之半。对压缩条件下岩石中裂隙扩展速度记录结果表明,岩石中裂隙扩展在毫秒级时间内即已完成、而裂隙通过搭接与归并以形成宏观破裂则需要较长的时间;因此,如果应变速率快,将意味着裂隙扩展时间短暂,裂隙来不及搭接与归并,所以强度就高。

2.6.2 应力路径的影响

应力路径是指岩石中某一点或某一岩石试件的应力变化过程,也就是在应力坐标系中,岩石中某一点或某一岩石试件的应力轨迹。在三轴实验中,岩石试件受力由变形到破坏,可以有多种不同的应力路径,如图 2.51 所示即为其中的两种应力路径。如图 2.51(a)所示的应力路径是先使岩石试件三向均匀受压($\sigma_1 = \sigma_2 = \sigma_3$)至 d 点,然后保持围压($\sigma_2 = \sigma_3$)不变而增加轴向压力(σ_1)到 f 点,试件破坏。如图 2.51(b)所示的应力路径是先使岩石试件三向均匀受压($\sigma_1 = \sigma_2 = \sigma_3$)至 d 点,接着保持围压($\sigma_2 = \sigma_3$)不变而增加轴向压力(σ_1)至 f 点,最后保持轴向压力(σ_3)不变而降低围压($\sigma_2 = \sigma_3$)到 f 点,岩石试件破坏。

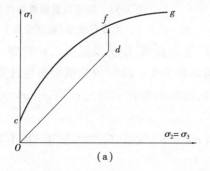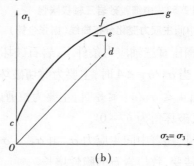

图 2.51　岩石三轴压缩试验应力路径示意图

研究应力路径对岩石变形及强度的影响具有十分重要的意义。例如在地下岩体工程中,由于荷载及渗透压力变化而引起地应力重新分布并出现应力集中现象,加之岩石松驰与蠕变,致使岩体中各点应力在不断变化,分析这些应力变化过程或应力路径对岩石变形及强度的影响,将有利于围岩稳定性评价。然而,目前国内外在岩石力学或岩体力学方面研究应力路径的文献资料不多见。因此,岩石变形及强度与应力路径的关系是一个有待深入研究的课题。斯瓦楚等通过对花岗岩进行实验研究认为,岩石强度与应力路径无关。而许午俊等曾先后对大理岩、辉长岩及花岗岩进行如图 2.51 所示的两种应力路径实验研究表明,岩石强度与应力路径有关。但是,图 2.51 中应力路径(b)的减低围压($\sigma_2 = \sigma_3$)起点 e 的应力值应该接近并略低于扩容点应力值,否则岩石强度将与应力路径无关。此外,实验还证实,如果采用图 2.51(b)应力路径,在岩石破坏前减低围压($\sigma_2 = \sigma_3$)时便可以使岩石由延性破坏向脆性破坏转化,岩石也不可能只是由于最大主应力σ_1增加而发生变形及破坏,中间主应力σ_2和最小主应力σ_3的变化(尤其是最小主应力σ_3的变化)对岩石扩容及强度的影响很值得重视。

2.6.3 中间主应力的影响

中间主应力对岩石变形和强度的影响主要采用岩石三轴不等应力试验(真三轴试验)进行分析研究。张金铸通过对 69 个中细粒砂岩试件进行真三轴实验,获得以下几点认识:

①当中间主应力σ_2较低时(在一定区间内),岩石三轴极限强度σ_{1f}随着σ_2增加有所增长,但是增长的程度较σ_3影响小;而当中间主应力σ_2较高时,岩石三轴极限强度σ_{1f}则随着σ_2增加有所下降,如图 2.52 所示。其中,σ_{1f}表示最大主应力σ_1的极限强度。

②同样,当中间主应力σ_2较低时,岩石弹性模量E随着σ_2增加有所增长;而当中间主应力σ_2较高时,岩石弹性模量E则随着σ_2增加有所下降,如图 2.53 所示。

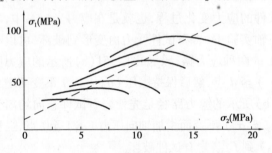

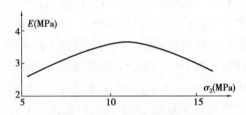

图 2.52 中细粒砂岩三轴极限强度随着中间主应力变化分布曲线(据张金铸)

图 2.53 弹性模量随着中间主应力变化曲线(据张金铸)

③在低围压真三轴应力条件下,岩石破坏可以分为剪切、拉剪及拉裂三种类型。它们的发生条件为:a. 当$\sigma_2/\sigma_3 < 4$时,主要为剪切破坏,破坏角为$\theta = 22°$(θ为破裂面与最大主应力σ_1夹角)。b. 当$4 \leqslant \sigma_2/\sigma_3 \leqslant 8$时,主要为拉剪破坏,破坏角为$\theta \approx 15°$。c. 当$\sigma_2/\sigma_3 > 8$时,主要为拉裂破坏,破坏角为$\theta \to 0°$。

由此可见,随着中间主应力σ_2由$\sigma_2 = \sigma_3$向$\sigma_2 = \sigma_1$发展,应力状态由三轴不等压向类似于二维应力转变,致使岩石的脆性增长。

另外,中间主应力σ_2对于各向异性岩石变形及强度具有很明显的影响。研究表明,当中间主应力σ_2与岩石中片理等结构面垂直时,σ_2对于岩石极限强度σ_{1f}影响最大,随着σ_2增加σ_{1f}快速增大;而当中间主应力σ_2与岩石中片理等结构面平行或呈较小的锐角相交时,那么就σ_2对于岩石极限强度σ_{1f}影响而言,存在一个σ_2极限值,若σ_2大于这个极限值,则σ_{1f}随着σ_2增加而明显增大;若σ_2小于这个极限值,则σ_{1f}随着σ_2增加变化不大或基本不变化。对于片岩来说,这个极限值大约等于 100 ~ 150 MPa。

综上所述,中间主应力σ_2对岩石三轴极限强度σ_{1f}及变形是有一定影响的,但是σ_{1f}的影响较σ_3的影响小得多。因此,一般情况下,不考虑中间主应力σ_2影响的莫尔破坏准则对岩石是适用的,各向同性岩石尤其如此。但是,对于各向异性岩石来说,当岩石中软弱结构面走向垂直于中间主应力σ_2时,σ_2对岩石极限强度σ_{1f}的影响有时可以达到 20%。

2.6.4　岩石中水的影响

岩石中的水对岩石强度的影响表现在两个方面:一方面是由于岩石的软化性,软化作用的机理是由于水分子进入粒间间隙,削弱了粒间连接造成的。岩石的软化性高低一般用软化系数表示,可参见第 1 章相关内容。另一方面是由于岩石中孔隙水压力的存在。当饱和岩石在荷载作用下不易排水或不能排水,孔隙或孔隙中水就产生孔隙水压力 p_w,岩石固体颗粒所承受的应力相应减小,强度则相应降低。图 2.54 是页岩三轴试验结果,可以看出,在不排水条件下孔隙水压力的发展及引起的岩石强度的降低。

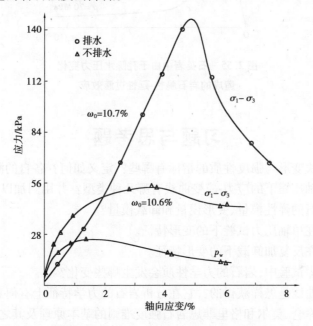

图 2.54　页岩排水和不排水三轴试验结果
(据 Mesri 和 Gibala 的资料,ω_0 为初始含水量,p_w 为孔隙水压力)

根据太沙基有效应力原理:

$$\sigma' = \sigma - p_w \tag{2.110}$$

式中　σ'——有效应力;

σ——总应力。

可以看出,岩石强度的降低是决定于孔隙水压力 p_w 的大小。因此,如果是含水层内的岩石或靠近蓄水库等挡水结构物的岩石,当其初始应力接近强度时,如果岩石中产生孔隙水压力,则这种孔隙水压力可能造成岩石破坏。

另外,岩石表现出的由脆性到延性的变化有时也是由有效的侧向压力 $\sigma_3 - p_w$ 来控制的。图 2.55 就是当侧向压力 $\sigma_3 = 70$ MPa 时不同孔隙水压力作用下石灰岩的应力-应变曲线。这些曲线表示了随着 p_w 的减小,岩石由脆性性状变化为延性性状,说明孔隙水压力的变化可影响岩石的受力性状。

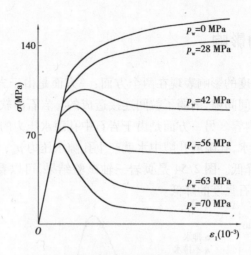

图 2.55　石英岩中由于孔隙水压力变化
造成的岩石脆性-延性过渡效应

习题与思考题

2.1　常用于岩块变形与强度性质的指标有哪些？定义如何？各自的测定方法是什么？

2.2　岩石在单轴压缩下的应力-应变曲线有哪几种类型？并用图加以说明。

2.3　什么是岩石的弹性模量、变形模量和卸载模量？

2.4　简述岩石在单轴压力试验下的变形特征。

2.5　简述岩石在反复加卸载下的变形特征。

2.6　在三轴压力试验中，岩石的力学性质会发生哪些变化？

2.7　体积应变曲线是怎样获得的？它在分析岩石的力学特征上有何意义？

2.8　简要叙述库仑、莫尔和格里菲思岩石强度准则的基本原理及其之间的关系。

2.9　什么是三轴压缩强度、强度包络线？围压对岩块变形、破坏及强度的影响如何？

2.10　什么是岩石的流变、蠕变、松弛？岩石的塑性和流变性有什么不同？

2.11　岩石蠕变一般包括哪几个阶段？各阶段有何特点？

2.12　不同受力条件下岩石流变具有哪些特征？

2.13　简要叙述常见的几种岩石流变模型及其特点。

2.14　什么是岩石的长期强度？它与岩石的瞬时强度有什么关系？

2.15　试推导马克斯威尔模型的本构方程、蠕变方程和松弛方程，并画出力学模型、蠕变和松弛曲线。

2.16　试推导开尔文模型的本构方程、蠕变方程、卸载方程和松弛方程，并画出力学模型、蠕变曲线。

2.17　试用莫尔应力圆画出：(1)单向拉伸；(2)单向压缩；(3)纯剪切；(4)双向压缩；(5)双向拉伸。

2.18　何谓强度判据？常见的几种判据的表达式与应用条件如何？如何判别岩石中一点是否达到极限状态？

2.19　请根据 σ-τ 坐标下的库仑准则，推导由主应力、岩石破断角和岩石单轴抗压强度给

出的在 σ_3-σ_1 坐标系中的库仑准则表达式 $\sigma_1 = \sigma_3 \tan^2\theta + \sigma_c$，式中 $\sigma_c = \dfrac{2c\cos\theta}{1 - \sin\theta}$。

2.20　将一个岩石试件行单轴试验，当压应力达到 100 MPa 时即发生破坏，破坏面与大主应力平面的夹角（即破坏所在面与水平面的仰角）为 65°，假定抗剪强度随正应力呈线性变化（即遵循莫尔库仑破坏准则），试计算：

(1)内摩擦角。

(2)在正应力等于零的那个平面上的抗剪强度。

(3)在上述试验中与最大主应力平面成 30° 夹角的那个平面上的抗剪强度。

(4)破坏面上的正应力和剪应力。

(5)预测单轴拉伸试验中的抗拉强度。

(6)岩石在垂直荷载等于零的直接剪切试验中发生破坏，试画出这时的莫尔圆。

2.21　岩石试件的单轴抗压强度为 130 MPa，泊松比 $\mu = 0.25$。

(1)岩石试件在三轴试验中破坏，破坏时的最小主应力为 130 MPa，中间主应力为260 MPa，试根据八面体剪应力理论的破坏准则推算这时的最大主应力 σ_1。

(2)根据最大正应变理论的破坏准则，回答(1)提出的问题。

2.22　格里菲思准则的基本思想及假定，修正的准则主要考虑何种因素进行修正？

2.23　什么是真三轴试验机？什么是假三轴试验机？试论述中间主应力对岩石强度的影响。

2.24　试论述加载速率和岩石中水对岩石强度的影响。

2.25　试论述岩石中水对岩石强度的影响。

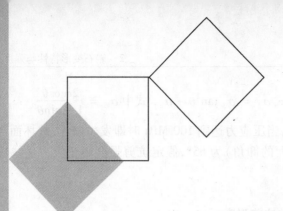

3 岩体的力学性质及其强度准则

3.1 概述

岩体力学研究的对象是在各种地质作用下形成的天然岩体。这些岩体,尤其是与人类工程活动密切相关的地壳表层岩体,其物理、力学性质,在很大程度上受形成和改造岩体的各种地质作用过程所控制,往往表现出非均匀、非连续、各向异性和多相性特征。因此,在岩体力学研究中,应将岩体地质特征的研究工作置于相当重要的地位。

岩块和岩体均为岩石物质和岩石材料。传统的工程地质方法往往是按岩石的成因,取小块试件在室内进行矿物成分、结构构造及物理力学性质的测定,以评价其对工程建筑的适宜性。大量的工程实践表明,用岩块性质来代表原位工程岩体的性质是不合适的。因此,自 20 世纪 60 年代起,国内外工程地质和岩体力学工作者都注意到岩体与岩块在性质上有本质的区别,其根本原因之一是岩体中存在有各种各样的结构面及不同于自重应力的天然应力场和地下水。因此,人们从岩体力学观点出发,提出了岩块、结构面和岩体等基本概念。本章将重点讨论结构面和岩体的地质特征,影响岩块与岩体物理力学性质的主要地质因素以及岩体工程分类,并介绍岩体强度、变形理论及水力学特性等问题。

3.2 岩体中的结构面

3.2.1 地质成因类型

根据地质成因的不同,可将结构面划分为原生结构面、构造结构面和次生结构面三类,各类结构面的主要特征如表 3.1 所示。

1)原生结构面

原生结构面是指在成岩过程中所形成的结构面,其特征和岩体成因密切相关,因此又可分为岩浆结构面、沉积结构面和变质结构面三类。

（1）岩浆结构面

岩浆结构面是指岩浆侵入及冷凝过程中所形成的原生结构面。包括岩浆岩体与围岩接触面、多次侵入的岩浆岩之间接触面、软弱蚀变带、挤压破碎带、岩浆岩体中冷凝的原生节理，以及岩浆侵入流动的冷凝过程中形成的流纹和流层的层面等。

岩浆岩侵入时的温度条件及围岩的热容量性质，决定了这类接触面的融合及胶结情况：融合胶结得致密的接触面，又无后期破碎状况，就不是软弱面；岩浆岩与围岩之间呈现裂隙状态的接触或侵入岩附近沿接触带的围岩受到挤压而破碎呈现破碎接触，构成软弱面。

表 3.1　岩体结构类型及其特征（据张咸恭，1979）

成因类型	地质类型	主要特征			工程地质评价
		产　状	分　布	性　质	
原生结构面	沉积结构面	1.层理层面 2.软弱夹层 3.不整合面、假整合面 4.沉积间断面	一般与岩层产状一致，为层间结构面	海相岩层中此类结构面分布稳定，陆相岩层中呈交错状，易尖灭	层面、软弱夹层等结构面较为平整；不整合面及沉积间断面多由碎屑泥质物构成，且不平整	国内外较大的坝基滑动及滑坡很多由此类结构面所造成的，如奥斯汀、圣·弗朗西斯、马尔帕塞坝的破坏，瓦依昂水库附近的巨大滑坡，岩浆结构面，侵入体与围岩接触面
	岩浆岩结构面	1.侵入体与围岩接触面 2.岩脉岩墙接触面 3.原生冷凝节理	岩脉受构造结构面控制，而原生节理受岩体接触面控制	接触面延伸较远，比较稳定，而原生节理往往短小密集	与围岩接触面可具熔合及破碎两种不同的特征，原生节理一般为张裂面，较粗糙不平	一般不造成大规模的岩体破坏，但有时与构造断裂配合，也可形成岩体的滑移，如有的坝肩局部滑移
	变质结构面	1.片理 2.片岩软弱夹层	产状与岩层或构造方向一致	片理短小，分布极密，片软弱夹层延展较远，具固定层次	结构面光滑平直，片理在岩层深部往往闭合成隐蔽结构面，片岩软弱夹层具片状矿物，呈鳞片状	在变质较浅的沉积岩，如千枚岩等路堑边坡常见塌方。片岩夹层有时对工程及地下洞体稳定也有影响

续表

成因类型	地质类型	主要特征			工程地质评价
		产　状	分　布	性　质	
构造结构面	1. 节理（X形节理、张节理） 2. 断层（冲断层、捩断层、横断层） 3. 层间错动 4. 羽状裂隙、劈理	产状与构造线呈一定关系，层间错动与岩层一致	张性断裂较短小，剪切断裂延展较远，压性断裂规模巨大，但有时为横断层切割成不连续状	张性断裂不平整，常具次生充填，呈锯齿状，剪切断裂较平直，具羽状裂隙，压性断裂具多种构造岩，成带状分布，往往含断层泥、糜棱岩	对岩体稳定影响很大，在上述许多岩体破坏过程中，大都有构造结构面的配合作用。此外常造成边坡及地下工程的塌方、冒顶
次生结构面	1. 卸荷裂隙 2. 风化裂隙 3. 风化夹层 4. 泥化夹层 5. 次生夹泥层	受地形及原结构面控制	分布上往往呈不连续状，透镜状，延展性差，且主要在地表风化带内发育	一般为泥质物充填，水理性质很差	在天然及人工边坡上造成危害，有时对坝基、坝肩及浅埋隧洞等工程亦有影响，但一般在施工中予以清基处理

岩浆岩体中的冷凝原生节理常具有张性破裂面的特征。在岩浆侵入岩体后的冷凝过程中，边部散热快，先凝成硬壳，脆性大，易收缩拉断。当内部岩浆继续冷却使体积收缩，因而产生拉应力，使岩浆岩产生裂隙面。它一般都是张开的，而向深部逐渐闭合，其发育深度有限，从冷却表面向深处一般为数米至二十米。

岩浆岩在侵入冷凝过程中，会形成流纹、流层。它们一般集中发育在侵入体的边部，特别是岩墙、岩床边缘部分，发育得极为明显而典型。

这种类型的结构面一般不造成大规模岩体破坏，但有时与构造断裂配合形成岩体滑移。

（2）沉积结构面

沉积结构面是指沉积过程中所形成的物质分异面，它包括层面、软弱夹层及沉积间断面（不整合面、假整合面等）。它的产状一般与岩层一致，空间延续性强。海相岩层中，此类结构面分布稳定，陆相及滨海相岩层呈交错状，易尖灭。层面、软弱夹层等结构面较为平整，沉积间断面多由碎屑、泥质物质构成，且不平整。国内外较大的坝基滑动及滑坡很多由此类结构面所造成，如法国的 Malpasset 坝的破坏、意大利 Vajiont 坝的巨大滑坡等。

（3）变质结构面

变质结构面是在区域变质作用中形成的结构面，如片理、片岩夹层等。区域变质与接触变质不同，它是伴随强烈的地壳运动面产生的，在较广阔的空间中进行动热变质作用。片理即在这种动热作用下形成。片状构造为片理的典型特征。变质作用与深度有关，一般说来，在一定深度以下是逐渐变化的但不显著。片岩软弱夹层含片状矿物，呈鳞片状。片理面一般呈波状，片理短小，分布极密，但这种密集的片理，会像层理那样，延展范围可以很大。

变质较浅的沉积变质岩(如千枚岩等)路堑边坡常见塌方。片岩夹层有时对地下洞室等工程的稳定也有影响。

2)构造结构面

构造结构面是指岩体受地壳运动(构造应力)作用所形成的结构面,如断层、节理、劈理以及由于层间错动而引起的破碎层等。其中,以断层的规模最大,节理的分布最广。

(1)断层

断层,一般是指位移显著的构造结构面。就其规模来说,其大小有很大的不同,有的深切岩石圈甚至上地幔,有的仅限于地壳表层,或地表以下数十米。断层破碎带往往有一系列滑动面,而且还存在一套复杂的构造岩。

断层因应力条件不同而具有不同的特征。根据应力场的特性,可分张性、压性及剪性(扭性)断层,也就是正断层、逆断层及平移断层。

张性断层(见图3.1),由张(拉)应力或与张断层平行的压应力形成。张裂面上参差不齐、宽窄不一、粗糙不平、很少擦痕;裂面中常充填有附近岩层的岩石碎块。有时沿裂面常有岩脉或矿脉充填,或有岩浆岩侵入。平行的张裂面往往形成张裂带,每个张裂面往往延长不远即行消失。

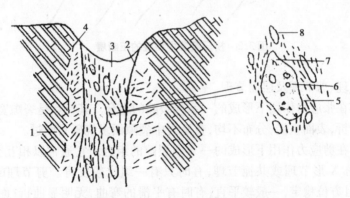

图 3.1　早期张性断裂破碎带中出现的后期挤压破碎带
1—硅质条带白云岩;2—早期张性角砾岩;3—后期挤压扁豆及片理;
4—裂隙;5—白云岩张性角砾岩;6—遂石角砾;
7—钙质胶结物;8—斑岩透镜体

压性断层主要指压性逆断层、逆掩断层。破裂的压性结构面一般均呈舒缓波状,沿走向和倾向方向都有这种特征,沿走向尤为明显。断层面上经常有与走向大致垂直的逆冲擦痕。断面上片状矿物(如云母、叶腊石等)呈鳞片状排列,长柱状矿物或针状矿物(如角闪石、绿帘石等)呈定向排列,它们的劈面大都与主要挤压面平行。一系列压性断层大致平行集中出现,则构成一个挤压断层带。

剪性断层主要指平移断层及一部分正断层。剪裂面产状稳定,断面平整光滑,有时甚至呈镜面出现。断面上常有平移擦痕,有的具羽痕。组成断层带的构造岩以角砾岩为主,而它往往因碾磨甚细而成糜棱状。断层带的宽度变化,比前两种为小。剪裂面常成对出现,为共扼的 X 形断层。平移断层往往咬合力小,摩擦系数低,含水性和导水性一般;正断层则含水性和导水性较好,摩擦系数多较平移断层为高。

压性、张性和剪性断层,是断层中最基本的类型。单一性质的断裂一般比较容易鉴别,但有时构造运动多次发生,由于先后作用的应力性质不同,构造形迹越来越复杂,甚至出现互相"矛盾"的现象。例如在图3.1所示的早期张性断裂破碎带之中,出现许多挤压片理和由张性角砾岩组成的挤压扁豆体。又如绝大多数逆断层属压性断层,大部分正断层属张性断层,但在个别场合,也可能出现"矛盾"。如图3.2所示的挤压断层带中的个别压性断层表现出正断层的状况。这种状况是由于断层两侧岩块发生快慢不同的相对运动所造成的。左数第3块运动较快,而第4块虽然也是向上运动的(逆断层特征),但比较慢,这就造成逆断层群中有个别正断层出现。

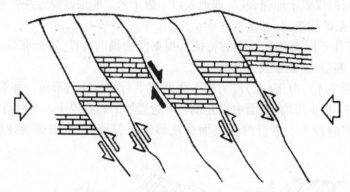

图3.2 挤压断层中出现的正断层

(2)节理

节理可分张节理、剪节理及层面节理。

张节理是岩体在张应力作用下形成的一系列裂隙的组合。其特点是裂隙宽度大,裂隙面延伸短,尖灭较快,曲折,表面粗糙,分布不均,在砾岩中裂隙面多绕砾石而过。

剪节理是岩体在剪应力作用下形成的一系列裂隙的组合。它通常以相互交叉的两组裂隙同时出现,因而又称X形节理或共扼节理,有时只有一组比较发育。剪节理的特点是裂隙闭合,裂隙面延伸远且方位稳定,一般较平直,有时有平滑的弯曲,无明显曲折;面光滑,常具有磨光面、擦痕、阶步、羽裂等痕迹,在砾岩中裂隙面常切穿砾石而过。

层面节理是指层状岩体在构造应力作用下,沿岩层层面(原生沉积软弱面)破裂而形成的一系列裂隙的组合。岩层在褶曲发育的过程中,两翼岩层的上覆层与下覆层发生层间滑动,使形成剪性层面节理;而在层间发生层间脱节,形成张性层面节理。

(3)劈理

在地应力作用下,岩石沿着一定方向产生密集的,大致平行的破裂面,有的是明显可见的,有的则是隐蔽的。岩石的这种平行密集的破开现象称为劈理。一般将组成劈理的破裂面称为劈面;相邻劈面所夹的岩石薄片称为劈石;相邻劈面的垂直距离称为劈面距离,常在几毫米至几厘米之间。

劈理的密集性,与岩性和厚度等因素有关,如图3.3所示。较厚岩层中的劈理相对于薄层的岩层稀疏些。同时劈理在通过不同岩性的岩层时要发生折射,构成S形或反S形的

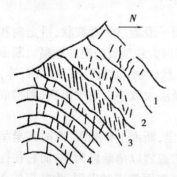

图3.3 劈理通过软硬岩层时的折射

反射劈理。

3) 次生结构面

次生结构面是指岩体在外营力(如风化、卸荷、应力变化、地下水、人工爆破等)作用下而形成的结构面。它们的发育多呈无序状的、不平整、不连续的状态。

风化裂隙是由风化作用在地壳的表部形成的裂隙。风化作用沿着岩石脆弱的地方,如层理、劈理、片麻构造及岩石中晶体之间的结合面,产生新的裂隙;另外,风化作用还使岩体中原有的软弱面扩大、变宽,这些扩大和变宽的弱面,是原生作用或构造作用形成,但有风化作用参与的明显痕迹。风化裂隙的特点是裂隙延伸短面弯曲或曲折;裂隙面参差不齐,不光滑,分支分叉较多,裂隙分布密集,相互连通,呈不规则网状;裂隙发育程度随深度的增加而减弱,浅部裂隙极发育,使岩石破碎,甚至成为疏松土,向深处裂隙发育程度减弱,岩石完整,并保持有原岩的矿物组成、结构,仅在裂隙面上或附近有化学风化的痕迹。

密集的风化裂隙加上裂隙间的岩块又被化学侵蚀,并且普遍地存在于地壳表层的一定深度,而形成岩石风化层。风化层实际上是分布于地壳表层的软弱带,它的深度大致在 10 ~ 50 m 范围内,局部如构造破碎带,可达 100 m 甚至更深。

卸荷裂隙是岩体的表面某一部分被剥蚀掉,引起重力和构造应力的释放或调整,使得岩体向自由空间膨胀面产生了平行于地表面的张裂隙。若在深切的河谷,还有重力作用的剪应力分量面产生剪张裂隙,这些裂隙基本平行于岸坡表面。另外,在漫长的岁月中伴随着年复一年的地下水季节性的变动,同样可以产生与地下水面近平行的卸荷裂隙。

卸荷裂隙的产状主要与临空面有关,多为曲折的、不连续状态。裂隙充填物包括气、水、泥质碎屑,其宽窄不一,变化多端,结构面多呈粗糙。

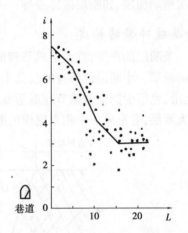

图 3.4 巷道壁水平距离上节理密度变化
i—钻孔内每米裂隙度;
L—水平距离(m)

应力变化、人工爆破等作用可生成次生结构面。图 3.4 为欧洲 Bulgaria 地下巷道受爆破和巷道地压的影响产生裂隙的情况。从图中可看出,从巷道壁向深处水平距离增加,裂隙数随之减弱,至一定深度(约 15 m)后保持常数。

4) 岩体软弱夹层的成因类型

岩体软弱夹层与周围岩体相比,具有显著的低强度和高压缩特性,或具有一些特有的软弱性质。软弱夹层在数量上虽然只占岩体中很小的比例,但却是岩体中的薄弱部位,常常是工程中的隐患,应特别注意。从成因上,软弱夹层可划分为原生的、构造的和次生的三种类型。

(1)原生软弱夹层

沉积软弱夹层是沉积同生的黏土夹层、页岩夹层、泥灰岩夹层、石资夹层等。其产状与岩层相同,厚度较薄,延续性较好,但也有尖灭的。含黏土矿物多细薄层理发育,易风化与泥化软化,抗剪强度低,压缩性较大,失水干裂。例如,华北地区寒武-奥陶纪的坚硬灰岩中,夹有多层厚度很小的泥灰岩和页岩层,嘉陵江地区侏罗纪红层等。

变质软弱夹层在沉积变质岩地区最为常见。如片岩本身便具有软弱夹层的特征,当它夹在石英岩、大理岩或其他脆性岩层中时,便构成软弱夹层。在片岩系中,那些沿片理面的片状矿物如云母片岩、绿泥石片岩、滑石片岩等,比其上下层的其他岩石如石英片岩或片状石英岩,具有极低的强度,也是软弱夹层。这种夹层由变质岩构造决定,产状虽与岩层一致,但多呈波状弯曲或延续性差。其成分主要是片状矿物或柱状矿物。但由这些矿物集中发育而构成的软弱夹层,遇水作用后性质变化不显著。

火成软弱夹层在喷出岩或溢出岩地区最为常见,如富春江地区侏罗纪黄尖组流纹斑岩夹凝灰岩、凝灰质砂岩、砂页岩薄层等。火成软弱夹层的特征是产状成层或成透镜体,厚度薄,遇水易软化,抗剪强度低。

(2)构造软弱夹层

构造软弱夹层主要是沿原有的弱面或软弱夹层经构造错动而形成的,也有的沿断裂而错动或再次错动而成,如断层破碎带等。

5)断层破碎带的构成

一条断层的产生,首先生成节理面或节理密集带,继之则沿着它们产生位移,发展成为或小或大的断层。小断层位移有的仅几十厘米或几米,仅由一条或数条节理发展而成,断面窄小、平直、光滑,也很少产生旁侧节理或形成构造岩。大断层有的位移可达数千米,特别是通过脆性岩体的大断层,会形成一个相当规模的断层软弱带(断层破碎带、断层影响带),如图3.5所示。

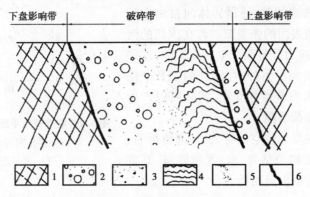

图3.5 某地断层示意图
1—碎裂岩;2—碎块岩;3—角砾石;4—片状岩;5—糜状岩;6—断层泥

断层破碎带的结构很不相同,但一般都由上盘侧与下盘侧两个滑动面围限着一个碎带,由构造应力形成的构造岩为其总特征。构造岩可以是比较连续的层,也可以是连续性不好的透镜体,甚至呈不规则的鸡窝状。由于在构造力与热的条件下,经过挤压研磨,构造岩的性质与周围原岩相比已产生质的变化,原岩的岩石结构或构造基本上已变动或完全消失,并产生新的应力矿物,形成重结晶或变晶结构。

3.2.2　力学成因类型

从大量的野外观察、试验资料及莫尔强度理论分析可知,在较低围限应力(限对岩体强度而言)下,岩体的破坏方式有剪切破坏和拉张破坏两种基本类型。因此,相应地按破裂面的力学成因可分为剪性结构面和张性结构面两类。

张性结构面是由拉应力形成的,如羽毛状张裂面、纵张及横张破裂面,岩浆岩中的冷凝节理等等。羽毛状张裂面是剪性断裂在形成过程中派生力偶所形成的,它的张开度在邻近主干断裂一端较大,且沿延伸方向迅速变窄,乃至尖灭。纵张破裂面常发生在背斜轴部,走向与背斜轴近于平行,呈上宽下窄。横张破裂面走向与褶皱轴近于垂直,它的形成机理与单向压缩条件下沿轴向发展的劈裂相似。一般来说,张性结构面具有张开度大、连续性差、形态不规则、面粗糙、起伏度大及破碎带较宽等特征。其构造岩多为角砾岩,易被充填。因此,张性结构面常含水丰富,导水性强。

剪性结构面是剪应力形成的,破裂面两侧岩体产生相对滑移,如逆断层、平移断层以及多数正断层等。剪性结构面的特点是连续性好,面较平直,延伸较长并有擦痕镜面等现象发育。

3.2.3　结构面的自然特征

结构面的自然特征主要包括结构面的充填胶结特征、形态特征和结构面空间分布等。

(1)充填胶结特征

结构面的充填胶结可以分为无充填和有充填两类。

• 结构面之间无充填:它们处于闭合状态,岩块之间接合较为紧密。结构面的强度与结构面两侧岩石的力学性质和结构面的形态及粗糙度有关。

• 结构面之间有充填:首先要看充填物的成分,若硅质、铁质、钙质以及部分岩脉充填胶结结构面,其强度经常不低于岩体的强度,因此,这种结构面就不属于弱面的范围。我们要讨论的是结构面的胶结充填物使结构面的强度低于岩体的强度的情况。就充填物的成分来说,以黏土充填,特别是充填物中含不良矿物,如蒙脱石、高岭石、绿泥石、绢云母、蛇纹石、滑石等较多时,其力学性质最差;含非润滑性质矿物如石英和方解石时,其力学性质较好。充填物的粒度成分对结构面的强度也有影响,粗颗粒含量越高,力学性能越好,细颗粒越多,则力学性能越差。充填物的厚度对结构面的力学性质有明显的影响,可分为以下四类:

①薄膜充填:它是结构面侧壁附着一层2 mm以下的薄膜,由风化矿物和应力矿物等组成,如黏土矿物、绿泥石、绿帘石、蛇纹石、滑石等。但由于充填矿物性质不良,虽然很薄,也明显地降低结构面的强度。

②断续充填:它是充填物在结构面里不连续,且厚度大多小于结构面的起伏差。其力学强度取决于充填物的物质组成、结构面的形态及侧壁岩石的力学性质。

③连续充填:它是充填物在结构面里连续,厚度稍大于结构面的起伏差。其强度取决于充填物的物质组成及侧壁岩石的力学性质。

④厚层充填:它的特点是充填物厚度大,一般可达数十厘米至数米,形成了一个软弱带。它在岩体失稳的事例中,有时表现为岩体沿接触面的滑移,有时则表现为软弱带本身的塑性破坏。

(2)形态特征

结构面在三维空间展布的几何属性称为结构面的形态,是地质营力作用下地质体发生变形和破坏遗留下来的产物。结构面的几何形态,可归纳为下列四种(见图3.6):

①平直型:它的变形、破坏取决于结构面上的粗糙度、充填物质成分、侧壁岩体风化的程度等,主要包括一般层面、片理、原生节理及剪切破裂面等。

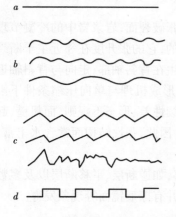

图 3.6　结构面的几何形态图
a—平直线;*b*—波浪线;
c—锯齿线;*d*—台阶型

②波浪型:它的变形、破坏取决于起伏角、起伏幅度(见图3.7)、岩石力学性质、充填情况等,主要包括波状的层理,轻度揉曲的片理、沿走向和倾向方向上均呈缓波状的压性、压剪性结构面等。

③锯齿型:它的变形、破坏取决的条件基本与波浪型相同,主要包括张性、张剪性结构面,具有交错层理和龟裂纹的层面,也包括一般裂隙而发育的次生结构面、沉积间断面等。

④台阶型:它的变形、破坏取决于岩石的力学性质等,主要包括地堑、地垒式构造等。这类结构面的起伏角为90°,多系经层间错动后经断层而成。

研究结构面的形态,主要是研究其凹凸度与强度的关系。根据规模大小,可将它分为两级(见图3.7):第一级凹凸度称为起伏度;第二级凹凸度称为粗糙度。岩体沿结构面发生剪切破坏时,第一级的凸出部分可能被剪断或不被剪断,这两种情况均增大了结构面的抗剪强度。增大状况与起伏角和岩石性质有关。起伏角越大,结构面的抗剪强度也越大。

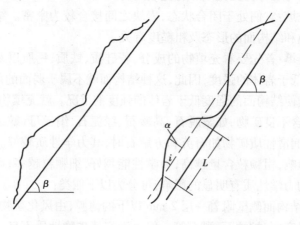

(a)剪胀度与粗糙度　　　　(b)剪胀度的几何要素

图 3.7　结构面的凹凸度
β—结构面的平均倾角;*i*—结构面的起伏角

另外,起伏角的大小也可以表示出前述结构面的三种几何形态:$i = 0°$时,结构面为平直型的;$i = 10° \sim 20°$时,结构面为波浪型;更大时,结构面变为锯齿型。

第二级凹凸度即粗糙度,反映面上普遍微量的凹凸不平状态。对结构面来讲,一般可分为极粗糙、粗糙、一般、光滑、镜面五个等级。沉积间断面、张性和张剪性的构造结构面和次生结构面等属于极粗糙和粗糙;一般层面、冷凝原生节理、一般片理等可属于第三种;绢云母片状集合体所造成的片理、板理,一般压性、剪性、压剪性构造结构面均属光滑一类;而许多压性、压剪性、剪性构造结构面,由于剧烈的剪切滑移运动,往往可以造成光滑的镜面,这种状况则属于最后一种。

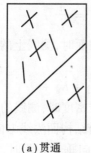
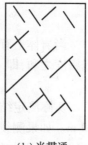
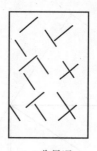

（a）贯通　　　　　　（b）半贯通　　　　　　（c）非贯通

图 3.8　岩体内结构面贯通性类型

（3）结构面的空间分布

结构面在空间的分布大体是指结构面的产状（即方位）及其变化、结构面的延展性、结构面密集的程度、结构面空间组合关系等。

①结构面的产状及其变化是指结构面的走向与倾向及其变化。

②结构面的延展性是指结构面在某一方向上的连续性或结构面连续段长短的程度。由于结构面的长短是相对于岩体尺寸而言的，因而它与岩体尺寸有密切关系。按结构面的延展特性，可分为三种型式：非贯通性的、半贯通及贯通性的结构面（见图 3.8）。

结构面的延展性可用切割度 X_e 来表示，它说明结构面在岩体中分离的程度。假设有一平直的断面，它与考虑的结构面重叠而且完全地横贯所考虑的岩体，令其面积为 A，则结构面的面积 a 与它之间的比率，即为切割度：

$$X_e = \frac{a}{A} \tag{3.1}$$

切割度一般以百分数表示。另外，它也可以说明岩体连续性的好坏，i 越小，则岩体连续性越好；反之，则越差。

岩体中经常出现成组的平行结构面，同一切割面上出现的结构面面积为 $a_1, a_2, \cdots$，则：

$$X_e = \frac{a_1 + a_2 + \cdots}{A} = \frac{\sum a_i}{A} \tag{3.2}$$

按切割度 X_e 值的大小可将岩体分类，如表 3.2 所示。

表 3.2　岩体分类表按切割度 X_e

名　称	$X_e(\%)$	名　称	$X_e(\%)$
完整的	10 ~ 20	强节理化	60 ~ 80
弱节理化	20 ~ 40	完全节理化	80 ~ 100
中等节理化	40 ~ 60		

（4）结构面密度

结构面密度是指岩体中结构面发育的程度。它可以用结构面的裂隙度、间距或线密度表示。

①结构面的线密度 K：指同一组结构面沿着法线方向单位长度上结构面的数目。如以 l 代表在法线上量测的长度，n 为 l 长度内出现的结构面的数目，则

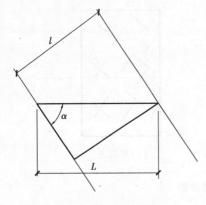

图 3.9　节理的裂隙度计算

$$K = \frac{n}{l} \tag{3.3}$$

当岩体上有几组结构面时,测线上的线密度为各级线密度之和,即

$$K = K_a + K_b + \cdots \tag{3.4}$$

实际测定结构面的线密度时,测线的长度可为 20 ~ 50 m。如果测线不可能沿结构面法线方向布置时,应使测线水平,并与结构面走向垂直。此时,如实际测线长度为 L,结构面的倾角为 α(见图 3.9)则

$$K = \frac{n}{L\sin\alpha} \tag{3.5}$$

②结构面间距:指同一组结构面在法线方向上,该组结构面的平均间距。如以 d 来表示,则有

$$d = \frac{l}{n} = \frac{1}{K} \tag{3.6}$$

即结构面的间距为线密度的倒数。

Watkin(1970)根据结构面间距对结构面(不连续面)进行的分类,如表 3.3 所示。

表 3.3　结构面间距的分类表

描　述		间距(mm)	描　述		间距(mm)
层　理	节　理		层　理	节　理	
薄页的	破碎的	<6	中等的	中等密集的	200 ~ 600
贝状的	破裂的	6 ~ 20	厚的	稀疏的	600 ~ 2 000
非常薄的	非常密集的	20 ~ 60	极厚的	极稀疏的	2 000
薄的	密集的	60 ~ 200			

结构面的间距,主要根据岩石力学性质、原生状况、构造及次生作用、岩体所处位置等情况决定。

③结构面的张开度:指结构面裂口开门处张开的程度。一般说来,在相同边界条件受力的情况下,岩石越硬,结构面的间距越大,张开度越大。

张开度还可说明岩体的"松散度"和岩体的水力学特征。总的来说,结构面张开度越大,岩体将越"松散",是地下水的良好通道。描述结构面的张开度,常采用下面的术语:

a. 很密闭,张开度小于 0.1 mm。

b. 密闭,张开度为 0.1 ~ 1 mm。

c. 中等张开,张开度为 1 ~ 5 mm。

d. 张开,张开度大于 5 mm。

3.2.4　结构面的力学性质

结构面的力学性质主要包括变形性质(法向变形、剪切变形)与强度性质(抗压强度、抗剪强度)。

（1）法向变形

①压缩变形。在法向荷载作用下,粗糙结构面的接触面积和接触点数随荷载增大而增加,结构面间隙呈非线性减小,应力与法向变形之间呈指数关系(见图3.10)。这种非线性力学行为归结于接触微凸体弹性变形、压碎和间接拉裂隙的产生,以及新的接触点、接触面积的增加。当荷载去除时,将引起明显的后滞和非弹性效应。Goodman(1970)通过试验,得出法向应力 σ_n 与结构面闭合量 δ_n 有如下关系:

$$\frac{\sigma_n - \xi}{\xi} = s\left(\frac{\delta_n}{\delta_{max} - \delta_n}\right)^t \tag{3.7}$$

式中　ξ——原位应力,由测量结构面法向变形的初始条件决定;

　　δ_{max}——最大可能的闭合量;

　　s,t——与结构面几何特征、岩石力学性质有关的两个参数。

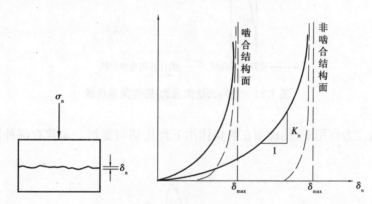

图3.10　结构面法向变形曲线

上图中,K_n 称为法向变形刚度,反映结构面产生单位法向变形的法向应力梯度,它不仅取决于岩石本身的力学性质,更主要取决于粗糙结构面接触点数、接触面积和结构面两侧微凸体相互啮合程度。通常情况下,法向变形刚度不是一个常数,与应力水平有关。根据 Goodman(1974)的研究,法向变形刚度可由下式表达:

$$K_n = K_{n0}\left(\frac{K_{n0}\delta_{max} + \delta_n}{K_{n0}\delta_{max}}\right)^2 \tag{3.8}$$

式中　K_{n0}——结构面的初始刚度。

Bandis 等人(1984)通过对大量的天然、不同风化程度和表面粗糙程度的非充填结构面的试验研究,提出双曲线型法向应力 σ_n 与法向变形 δ_n 的关系式为:

$$\sigma_n = \frac{\delta_n}{a - b\delta_n} \tag{3.9}$$

式中　a,b——分别为常数。

显然,当法向应力 $\sigma_n \to \infty, a/b = \delta_{max}$ 从上式可推导出法向刚度的表达式:

$$K_n = \frac{\partial \sigma_n}{\partial \delta_n} = \frac{1}{(a - b\delta_n)^2} \tag{3.10}$$

② 拉伸变形。图3.11为结构面受压受拉变形状况的全过程曲线。若结构面受有初始应力,受压时向左侧移动,其图形与前述相同。若结构面受拉,曲线沿着纵坐标右侧向上与横坐标

相交时,表明拉力与初始应力相抵消,拉力继续加大至抗拉强度 σ_t 时(如开挖基坑);结构面失去抵抗能力,曲线迅速降至横坐标,以后张开没有拉力,曲线沿横坐标向右延伸。因此,一般计算中不允许岩石受拉,遵循所谓的无拉力准则。

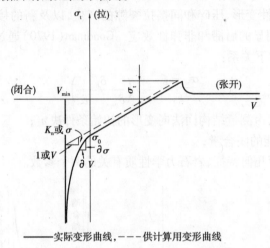

图 3.11 结构面法向应力-应变关系曲线

(2)剪切变形

在一定法向应力作用下,结构面在剪切作用下产生切向变形。通常有两种基本形式(见图3.12):

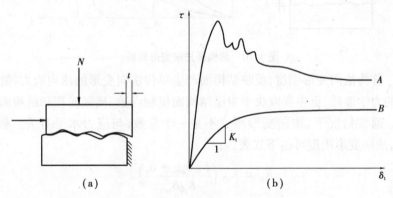

图 3.12 结构面的剪切变形曲线

①对非充填粗糙结构面,随剪切变形的发生,剪切应力相对上升较快,当达到剪应力峰值后,结构面抗剪能力出现较大的下降,并产生不规则的峰后变形[见图 3.12(b)中 A 曲线]或滞滑现象。

②对于平坦(或有充填物)的结构面,初始阶段的剪切变形曲线呈下凹型,随剪切变形的持续发展,剪切应力逐渐升高但没有明显的峰值出现,最终达到恒定值[见图 3.12(b)中 B 曲线]。

剪切变形曲线从形式上可划分为"弹性区"(峰前应力上升区)、剪应力峰值区和"塑性区"(峰后应力降低区或恒应力区)(Goodman,1974)。在结构面剪切过程中,伴随有微凸体的弹性变形、劈裂、磨粒的产生与迁移、结构面的相对错动等多种力学过程。因此,剪切变形一般是不可恢复的,即使在"弹性区",剪切变形也不可能完全恢复。

通常将"弹性区"单位变形内的应力梯度称为剪切刚度 K_t：

$$K_t = \frac{\partial \tau}{\partial \delta_t} \tag{3.11}$$

根据 Goodman,1974 研究,剪切刚度 K_t 可以由下式表示：

$$K_t = K_{t0}\left(1 - \frac{\tau}{\tau_s}\right) \tag{3.12}$$

式中　K_{t0}—— 初始剪切刚度；

　　τ_s ——产生较大剪切位移时的剪应力渐进值。

试验结果表明,对于较坚硬的结构面,剪切刚度一般是常数；对于松软结构面,剪切刚度随法向应力的大小改变。

对于凹凸不平的结构面,可简化成如图 3.13(a)所示的力学模型。受剪切结构面上有凸台,凸台角为 i,模型上半部作用有剪切力 S 和法向力 N,模型下半部固定不动。在剪应力作用下,模型上半部沿凸台斜面滑动,除有切向运动外,还产生向上的移动。这种剪切过程中产生的法向移动分量称之为"剪胀"。在剪切变形过程中,剪力与法向力的复合作用,可能使凸台剪断或拉破坏,此时剪胀现象消失,如图 3.13(b)所示。当法向应力较大,或结构面强度较小时,S 持续增加,使凸台沿根部剪断或拉破坏,结构面剪切过程中没有明显的剪胀,如图 3.13(c)所示。从这个模型可看出,结构面的剪切变形与岩石强度、结构面粗糙程度和法向应力有关。

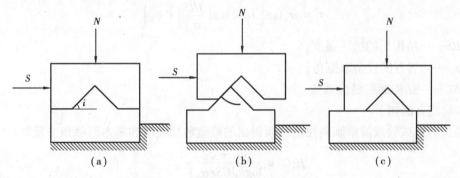

图 3.13　结构面的剪切力学模型

③当结构面内充填物的厚度小于主力凸台高度时,结构面的抗剪性能与非充填时的力学特性相类似。当充填厚度大于主力凸台高度时,结构面的抗剪强度取决于充填材料。充填物的厚度、颗粒大小与级配、矿物组分和含水程度都会对充填结构面的力学性质有不同程度的影响：

a.夹层厚度的影响。试验结果表明,结构面抗剪强度随夹层厚度增加迅速降低,并且与法向应力的大小有关。

b.矿物颗粒的影响。充填材料的颗粒直径为 2～30 mm 时,抗剪强度随颗粒直径的增大面增加,但颗粒直径超过 30 mm 后抗剪强度变化不大。

c.含水量的影响。由于水对泥夹层的软化作用,含水量的增加使泥质矿物内聚力和结构面的法向刚度和剪切刚度大幅度下降。暴雨引发岩体滑坡事故正是由于结构面含水量剧增的缘故。因此,水对岩体稳定性的影响不可忽视。

(3)抗剪强度

抗剪强度是结构面最重要的力学性质之一。从结构面的变形分析可以看出,结构面在剪切过程中的力学机制比较复杂,构成结构面抗剪强度的因素是多方面的,大量试验结果表明,结构

面强度一般可以通过库仑准则来表述:

$$\tau = c + \sigma_n \tan\varphi \tag{3.13}$$

式中　c,φ——结构面上的粘聚力和摩擦角;

　　　σ_n——作用在结构面上的法向应力。

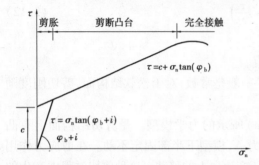

图3.14　凸台模型的剪力与法向力的关系曲线

摩擦角可表示为 $\varphi = \varphi_b + i$，φ_b是岩石平坦表面基本摩擦角，i是结构面上凸台斜坡角。

图3.14为上面凸台模型的剪力与法向力的关系曲线，它近似地呈直线的特征。结构面受剪初期，剪切力上升较快;随剪力和剪切变形增加，结构面上部分凸台被剪断，此后剪切力上升梯度变小，直至达到峰值抗剪强度。

试验表明:低法向应力时的剪切，结构面有剪切位移和剪胀;高法向应力时，凸台剪断，结构面抗剪强度最终变成残余抗剪强度。在剪切过程中，凸台起伏形成的粗糙度以及岩石强度对结构面的抗剪强度起着重要作用。考虑到上述三个基本因素(法向应力、粗糙度、结构面抗压强度)的影响，Barton和Choubey(1977)提出结构面的抗剪强度公式:

$$\tau = \sigma_n \tan\left[JRC \log\left(\frac{JRS}{\sigma_n}\right) + \varphi_b \right] \tag{3.14}$$

式中　JRS——结构面的抗压强度;

　　　φ_b——岩石的残余摩擦角;

　　　JRC——结构面粗糙性系数。

JRC确定方法如下:

①通过直剪试验或简单倾斜拉滑试验得出的峰值剪切强度和基本摩擦角来反算:

$$JRC = \frac{\varphi_p + \varphi_b}{\log(JCS/\sigma_n)} \tag{3.15}$$

式(3.15)中，峰值剪切角 $\varphi_b = \arctan(\tau_p/\sigma_n)$，或等于倾斜试验中岩块产生滑移时的倾角。

②对于具体的结构面，可以对照 JRC 典型剖面目测确定 JRC 值。图3.15是Barton和Choubey(1976)给出的10种典型剖面，JRC 值根据结构面的粗糙性在0~20间变化，平坦近平滑的结构面为5，平坦起伏结构面为10，粗糙起伏结构面为20。

为了克服目测确定结构面 JRC 值的主观性以及由试验反算确定 JRC 值的不便，近年来国内外学者提出应用分形几何方法描述结构面的粗糙程度。

(4)影响结构面力学性质的因素

①尺寸效应。结构面的力学性质具有尺寸效应。Barton和Bandis(1982)用不同尺寸的结构面进行了试验，研究结果表明:当结构面的试块长度从5~6 cm增加到35~40 cm时，平均峰值摩擦角降低约8°~12°。随试块面积的增加，平均峰值剪应力呈减小趋势。结构面的尺寸效应还体现在以下几个方面:

a.随着结构面尺寸的增大，达到峰值强度的位移量增大。

b.随着尺寸的增加，剪切破坏形式由脆性破坏向延性破坏转化。

c.尺寸加大，峰值剪胀角减小。

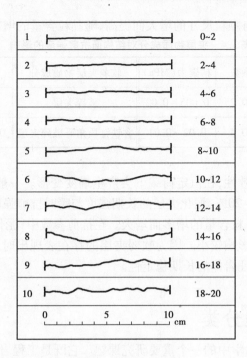

1		0~2
2		2~4
3		4~6
4		6~8
5		8~10
6		10~12
7		12~14
8		14~16
9		16~18
10		18~20

0　　　5　　　10 cm

图 3.15　典型 *JRC* 剖面

d. 随结构面粗糙度减小,尺寸效应也减小。

结构面的尺寸效应在一定程度上与表面凸台受剪破坏有关。对试验过的结构面观察发现,大尺寸结构面真正接触点数很少,但接触面积大;小尺寸结构面接触点数多,而每个点的接触面积都较小。前者只是将最大的凸台剪断了。研究还发现,结构面强度 *JCS* 与试件的尺寸成反比,结构面的强度与峰值剪胀角是引起尺寸效应的基本因素。对于不同尺寸的结构面,这两种因素在抗剪阻力中所占的比重不同:小尺寸结构面凸台破坏和峰值剪胀角所占比重均高于大尺寸结构面。当法向应力增大时,结构面尺寸效应将随之减小。

②前期变形历史。自然界中结构面在形成过程中和形成以后,大多经历过位移变形。结构面的抗剪强度与变形历史密切相关,即新鲜结构面的抗剪强度明显高于受过剪切作用的结构面的抗剪强度。Jaeger 的试验表明,当第一次进行新鲜结构面剪切试验时,试样具有很高的抗剪强度。沿同一方向重复进行到第七次剪切试验时,试样还保留峰值与残余值的区别,当进行到第 15 次时,已看不出峰值与残余值的区别。说明在重复剪切过程中结构面上凸台被剪断、磨损,岩粒、碎屑产生并迁移,使结构面的抗剪力学行为逐渐由凸台粗糙度和起伏度控制转化为由结构面上碎屑的力学性质所控制。

③后期充填性质。结构面在长期地质环境中,由于风化或分解,会被水带来的泥沙以及构造运动时产生的碎屑和岩溶产物充填。在岩土工程经常遇到岩体软弱夹层和断层破碎带,它的存在常导致岩体滑坡和隧道坍塌,因此也是岩土工程治理的重点。软弱夹层力学性质与其岩性矿物成分密切相关,其中以泥化物对软弱结构面的弱化程度最为显著。同时矿物粒度的大小分布也是控制变形与强度的主要因素。

已有研究表明,泥化物中有大量的亲水性黏土矿物,一般水稳定性都比较差,对岩体的力学性质有显著影响。一般说来,主要黏土矿物影响岩体力学性能的大小顺序是:蒙脱石 < 伊利石 < 高岭石。表 3.4 汇总了不同类型软弱夹层的力学性能,从表中可以看出,软弱结构面抗剪

强度随碎屑(碎岩块)成分与颗粒尺寸的增大而提高,随黏粒含量的增加而降低。

表 3.4　夹层物质成分对结构面抗剪强度的影响

软弱夹层物质成分	摩擦系数	粘聚力(MPa)	软弱夹层物质成分	摩擦系数	粘聚力(MPa)
泥化夹层和夹泥层	0.15 ~ 0.25	0.005 ~ 0.02	破碎夹层	0.5 ~ 0.6	0 ~ 0.1
破碎夹泥层	0.3 ~ 0.4	0.02 ~ 0.04	含铁锰质角砾破碎夹层	0.65 ~ 0.85	0.03 ~ 0.15

另外,泥化夹层具有时效性,在恒定荷载下会产生蠕变变形。一般认为充填结构面长期抗剪强度比瞬时强度低 15% ~ 20%,泥化夹层的长期强度与瞬时抗剪强度之比为 0.67 ~ 0.81,此比值随黏粒含量的降低和砾粒含量的增多而增大。在抗剪参数中,泥化夹层的时效主要表现在黏聚力的降低,对摩擦角的影响较小。因为软弱夹层的存在表现出时效性,必须注意岩体长期极限强度的变化和预测,保证岩体的长期稳定性。

3.3　岩体的工程分类

岩体工程分类是岩体力学中的一个重要研究课题。它既是工程岩体稳定性分析的基础,也是岩体工程地质条件定量化的一个重要途径。岩体工程分类实际上是通过岩体的一些简单和容易实测的指标,把工程地质条件和岩体力学性质参数联系起来,并借鉴已建工程设计、施工和处理等方面成功与失败的经验教训,对岩体进行归类的一种工作方法。其目的是通过分类,概括地反映各类工程岩体的质量好坏,预测可能出现的岩体力学问题。为工程设计、支护衬砌、建筑物选型和施工方法选择等提供参数和依据。

目前,国内外已提出的岩体分类方案有数十种之多,其中以考虑各种地下洞室围岩稳定性的居多。有定性的,也有定量或半定量的;有单一因素分类,也有考虑多种因素的综合分类。各种方案所考虑的原则和因素也不尽相同,但岩体的完整性和成层条件、岩块强度、结构面发育情况和地下水等因素都不同程度地考虑到了。下面主要介绍几种国内外应用较广、影响较大的分类方法。除这些分类方法外,本章第 4 节中介绍的《岩体结构分类》、铁道部提出的《铁路隧道围岩分类》、原国家建委提出的《人工岩石洞室围岩分类》等,在国内应用也很广泛,均可在实践工作中,应根据具体岩体条件和工程类型选用。

3.3.1　岩体质量指标分级

岩体质量指标(Rock Quality Designation,缩写为 RQD),是国际上通用的鉴别岩石工程性质好坏的方法,由美国伊利诺斯大学提出和发展起来。该法是利用钻孔的修正岩芯采取率来评价岩石质量的优劣。即用直径为 75 mm 的金刚石钻头和双层岩芯管在岩石中钻进,连续取芯,回次钻进所取岩芯中,长度大于 10 cm 的岩芯段长度之和与该回次进尺的比值,以百分比表示。

$$RQD = \frac{L_p(> 10 \text{ cm 的岩芯断块累计长度})}{L_t(\text{岩芯进尺总长度})} \tag{3.16}$$

显然 RQD 主要反映岩石完整程度,即裂隙在该地段地层中的发育程度。按 RQD 值的高低,将岩石质量划分为五类(见表 3.5):

表 3.5　岩石质量分类

类　别	$RQD(\%)$	岩石质量
Ⅰ 类	<25	很差
Ⅱ 类	25～50	差
Ⅲ 类	50～75	一般
Ⅳ 类	75～90	较好
Ⅴ 类	>90	好

3.3.2　岩体地质力学分类

所谓地质力学岩体分类,就是用岩体的"综合特征值"对岩体划分质量等级,是由南非科学和工业研究委员会(Council for Scientific and Industrial Research)提出的 $CSTR$ 分类指标值 RMR(Rock Muss Rating)由岩块强度、RQD 值、节理间距、节理条件及地下水 5 种指标组成。

分类时,根据各类指标的数值,按表 3.6(A)的标准评分,求和得总分 RMR 值。然后按表 3.6(B)和表 3.7 的规定对总分作适当的修正。最后用修正后的总分对照表 3.6(C)求得所研究岩体的类别及相应的无支护地下洞室的自稳时间和岩体强度指标(c,φ)值。

表 3.6(A)　岩体地质力学分类参数及其 RMR 评分值

	分类参数		数值范围					
1	完整岩石强度(MPa)	点荷载强度指标	>10	4～10	2～4	1～2	对强度较低的岩石宜用单轴抗压强度	
		单轴抗压强度	>250	100～250	50～100	25～50	5～25	1～5	<1
	评分值		15	12	7	4	2	1	0
2	岩心质量指标 $RQD(\%)$		90～100	75～90	50～75	25～50	<25	
	评分值		20	17	13	8	3	
3	节理间距(cm)		>200	60～200	20～60	6～20	<6	
	评分值		20	15	10	8	5	
4	节理条件		节理面很粗糙,节理不连续,节理宽度为零,节理面岩石坚硬	节理面稍粗糙,宽度<1 mm,节理面岩石坚硬	节理面稍粗糙,宽度<1 mm,节理面岩石软弱	节理面光滑或含厚度<5 mm 的软弱夹层,张开度 1～5 mm,节理连续	含厚度>5 mm 的软弱夹层,张开度>5 mm,节理连续	
	评分值		30	25	20	10	0	

续表

	分类参数		数值范围				
5	地下水条件	每 10 m 长的隧道涌水量(L/min)	无	<10	10～25	25～125	>125
		节理水压力/最大主应力比值	0	<0.1	0.1～0.2	0.2～0.5	>0.5
		总条件	完全干燥	潮湿	只有湿气(有裂隙水)	中等水压	水的问题严重
		评分值	15	10	7	4	0

表 3.6(B) 节理方向 *RMR* 修正值

节理走向或倾向		非常有利	有利	一般	不利	非常不利
评分值	隧道	0	-2	-5	-10	-12
	地基	0	-2	-7	-15	-25
	边坡	0	-5	-25	-50	-60

表 3.6(C) 按总 *RMR* 评分值确定的岩体级别及岩体质量评价

评分值	100～81	80～61	60～41	40～21	<20
分 级	I	II	III	IV	V
质量描述	非常好的岩体	好岩体	一般岩体	差岩体	非常差岩体
平均稳定时间	(15 m 跨度)20 a	(10 m 跨度)1 a	(5 m 跨度)7 d	(2.5 m 跨度)10 h	(1 m 跨度)30 min
岩体内聚力(kPa)	>400	300～400	200～300	100～200	<100
岩体内摩擦角(°)	>45	35～45	25～35	15～25	<15

表 3.7 节理走向和倾角对隧道开挖的影响

走向与隧道轴垂直				走向与隧道轴平行		与走向无关
沿倾向掘进		反倾向掘进				
倾角45°～90°	倾角20°～45°	倾角45°～90°	倾角20°～45°	倾角20°～45°	倾角45°～90°	倾角0°～20°
非常有利	有利	一般	不利	一般	非常不利	不利

3.3.3 巴顿岩体质量分类

巴顿岩体质量分类由巴顿(Barton,1974)等人提出,其分类指标为:

$$Q = \frac{RQD}{J_n} + \frac{J_r}{J_a} + \frac{J_w}{SRF} \tag{3.17}$$

式中　RQD——岩石质量指标,定义为大于 10 cm 的岩心累计长度与钻孔进尺长度之比的百
　　　　　分数;

　　　J_n——节理组数;

　　　J_r——节理粗糙系数;

　　　J_a——节理蚀变系数;

　　　J_w——节理水折减系数;

　　　SRF——应力折减系数。

上式中 6 个参数的组合,反映了岩体质量的三个方面,即 $\frac{RQD}{J_n}$ 为岩体的完整性;$\frac{J_r}{J_a}$ 表示结构面(节理)的形态、充填物特征及其次生变化程度;$\frac{J_w}{SRF}$ 表示水与其他应力存在时对岩体质量的影响。分类时,根据这 6 个参数的实测资料,查表(表省略)确定各自的数值。然后代入式 (3.17)求得岩体的 Q 值,以 Q 值为依据将岩体分为九类,如表 3.8 和图 3.16 所示。

表 3.8　围岩分类(GBJ 86—85)

围岩类别	主要工程地质特点							
	岩体结构	构造影响程度,结构面发育情况和组合状态	岩石强度指标		岩体声波指标		岩体强度应力比 S_m	毛洞稳定情况
			单轴饱和抗压强度 σ_{cw} (MPa)	点荷载强度(MPa)	岩体纵波速度 v_{mp} (km/s)	岩体完整性系数 K_v		
I	整体状及层间结合良好的厚层状结构	构造影响轻微,偶有小断层。结构面不发育,仅有两到三组,平均间距大于 0.8 m,以原生和构造节理为主,多数闭合,无泥质充填,不贯通。层间结合良好,一般不出现不稳定块体	>60	>2.5	>5	>0.75		毛洞跨度 5 ~ 10 m 时,长期稳定,一般无碎块掉落

续表

围岩类别	主要工程地质特点							毛洞稳定情况
	岩体结构	构造影响程度,结构面发育情况和组合状态	岩石强度指标		岩体声波指标		岩体强度应力比 S_m	
			单轴饱和抗压强度 σ_{cw}(MPa)	点荷载强度(MPa)	岩体纵波速度 v_{mp}(km/s)	岩体完整性系数 K_v		
Ⅱ	同Ⅰ类围岩结构	同Ⅰ类围岩特征	30~60	1.25~2.5	3.7~5.2	>0.75		毛洞跨度5~10m时,围岩能较长时间(数月至数年)维持稳定,仅出现局部小块掉落
	块状结构和层间结合较好的中厚层或厚层状结构	构造影响较重,有少量断层。结构面较发育,一般为三组,平均间距0.4~0.8m,以原生和构造节理为主,多数闭合,偶有泥质充填,贯通性较差,有少量软弱结构面。层间结合较好,偶有层间错动和层面张开现象	>60	>2.5	3.7~5.2	>0.5		
Ⅲ	同Ⅰ类围岩结构	同Ⅰ类围岩特征	20~30	0.85~1.25	3.0~4.5	>0.75	>2	毛洞跨度5~10m时,围岩能维持一个月以上的稳定,主要出现局部掉块、塌落
	同Ⅱ类围岩块状结构和层间结合较好的中厚层或厚层状结构	同Ⅱ类围岩块状结构和层间结合较好的中厚层或厚层状结构特征	30~60	1.25~2.5	3.0~4.5	0.5~0.75	>2	
	层间结合良好的薄层和软硬岩互层结构	构造影响较重,结构面发育,一般为三组,平均间距0.2~0.4m,以构造节理为主,节理面多数闭合,少有泥质充填。岩层为薄层或以硬岩为主的软硬岩互层,层间结合良好,少见软弱夹层、层间错动和层面张开现象	>60(软岩,>20)	>2.5	3.0~4.5	0.3~0.5	>2	
	碎裂镶嵌结构	构造影响较重;结构面发育,一般为三组以上,平均间距0.2~0.4m,以构造节理为主,节理面多数闭合,少数有泥质充填,块体间牢固咬合	>60	>2.5	3.0~4.5	0.3~0.5	>2	

围岩类别	岩体结构	主要工程地质特点						毛洞稳定情况
		构造影响程度,结构面发育情况和组合状态	岩石强度指标		岩体声波指标		岩体强度应力比 S_m	
			单轴饱和抗压强度 σ_{cw}（MPa）	点荷载强度（MPa）	岩体纵波速度 v_{mp}（km/s）	岩体完整性系数 K_v		
IV	同Ⅱ类围岩块状结构和层间结合较好的中厚层或厚层状结构	同Ⅱ类围岩块状结构和层间结合较好的中厚层或厚层状结构特征	10~30	0.42~1.25	2.0~3.5	0.5~0.75	>1	毛洞跨度5m时,围岩能维持数日到一个月的稳定,主要失稳形式为冒落或片帮
	散块状结构	构造影响严重,一般为风化卸荷带。结构面发育,一般为三组,平均间距0.4~0.8m,以构造节理、卸荷、风化裂隙为主,贯通性好,多数张开,夹泥,夹泥厚度一般大于结构面的起伏高度,咬合力弱,构成较多的不稳定块体	>30	>1.25	>2.0	>0.15	>1	
	层间结合不良的薄层、中厚层和软硬岩互层结构	构造影响严重,结构面发育,一般为三组以上,平均间距0.2~0.4m,以构造、风化节理为主,大部分微张（0.5~1.0mm）,部分张开（>1.0mm）,有泥质充填,层间结合不良,多数夹泥,层间错动明显	>30（软岩,>10）	>1.25	2.0~3.5	0.2~0.4	>1	
	碎裂状结构	构造影响严重,多数为断层影响带或强风化带。结构面发育,一般为三组以上。平均间距0.2~0.4m,大部分微张（0.5~1.0mm）,部分张开（>1.0mm）,有泥质充填,形成许多碎块体	>30	>1.25	2.0~3.5	0.2~0.4	>1	

续表

围岩类别	主要工程地质特点							
	岩体结构	构造影响程度,结构面发育情况和组合状态	岩石强度指标		岩体声波指标		岩体强度应力比 S_m	毛洞稳定情况
			单轴饱和抗压强度 σ_{cw}(MPa)	点荷载强度度(MPa)	岩体纵波度 v_{mp}（km/s）	岩体完整性系数 K_v		
V	散体状结构	构造影响很严重,多数为破碎带、全强风化带、破碎带交汇部位。构造及风化节理密集,节理面及其组合杂乱,形成大量碎块体。块体间多数为泥质充填,甚至呈石夹土状或土夹石状			<2.0			毛洞跨度 5 m 时,围岩稳定时间很短,约数小时至数日

注:1. 围岩按定性分类与定量指标分类有差别时,一般应以低者为准。

2. 本表声波指标以孔测法测试值为准。如果用其他方法测试时,可通过对比试验,进行换算。

3. 层状岩体按单层厚度可划分为:厚层,大于 0.5 m;中厚层,0.1~0.5 m;薄层,小于 0.1 m。

4. 一般条件下,确定围岩类别时,应以岩石单轴饱和抗压强度为准;当洞跨小于 5 m,服务年限小于 10 年的工程,确定围岩类别时,可采用点荷载强度指标代替岩块单轴饱和抗压强度指标,可不做岩体声波指标测试。

5. 测定岩石强度,做单轴抗压强度测定后,可不做点荷载强度测定。

6. 岩体强度应力比, $S_m = \dfrac{K_v \cdot \sigma_{cw}}{\sigma_{max}}$, σ_{max} 为垂直洞轴平面内的最大天然主应力。

Q 分类法考虑的地质因素较全面,而且把定性分析和定量评价结合起来了,因此,是目前比较好的岩体分类方法,且软、硬岩体均适用。1974 年,巴顿等人给出了无支护地下洞室最大当量尺寸 D_e 与质量指标 Q 之间的关系,如图 3.16 所示。

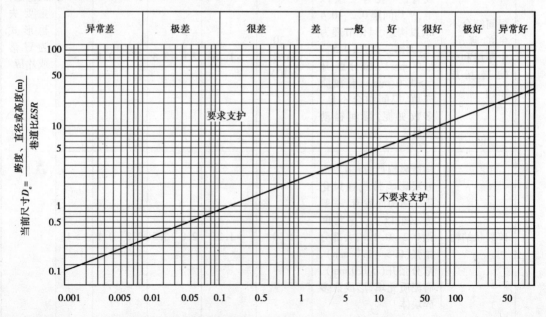

图 3.16　无支护地下洞室最大当量尺寸 D_e 与质量指标 Q 之间的关系(引自 Barton 等人,1974)

另外,Bieniawski(1976)在大量实测统计的基础上,发现 Q 值与 RMR 值间具有如下的统计关系:

$$RMR = 9 \lg Q + 44 \tag{3.18}$$

霍克和布朗(Hoek and Brown,1980)还提出用 Q 值和 RMR 值来估算的强度和变形参数,具体方法将在第 6 章中讨论。

3.3.4 岩体基本质量指标分类

国标《工程岩体分级标准》(GB 50218—94)提出采用二级分级法:首先,按岩体的基本质量指标 BQ 进行初步分级;然后,针对各类工程岩体的特点,考虑其他影响因素如天然应力、地下水和结构面方位等对 BQ 进行修正,再按修正后的 $[BQ]$ 进行详细分级。岩体基本质量指标 BQ 用下式表示:

$$BQ = 90 + 3R_{cw} + 250K_v \tag{3.19}$$

式中 R_{cw}——岩块饱和单轴抗压强度,MPa;

        K_v——岩体的完整性系数。

当 $R_{cw} > 90K_v + 30$ 时,以 $R_{cw} = 90K_v + 30$ 和 K_v 代入式(3.19)计算 BQ 值;当 $K_v > 0.04R_{cw} + 0.4$ 时,以 $K_v = 0.04R_{cw} + 0.4$ 和 R_{cw} 代入式(3.19)计算 BQ 值。K_v 可用声波试验资料按下式确定:

$$K_v = \left(\frac{v_{mp}}{v_{rp}}\right)^2 \tag{3.20}$$

式中 v_{mp}——岩体纵波速度;

        v_{rp}——岩块纵波速度。

当无声波试验资料时,也可用岩体单位体积内结构面条数 J_v,查表 3.9 求得。

表 3.9 J_v 与 K_v 对照表

J_v(条/m³)	< 3	3 ~ 10	10 ~ 20	20 ~ 35	> 35
K_v	> 0.75	0.75 ~ 0.55	0.55 ~ 0.35	0.35 ~ 0.15	< 0.15

表 3.10   岩体质量分级

基本质量级别	岩体质量的定性特征	岩体基本质量指标 BQ
I	坚硬岩,岩体完整	> 550
II	坚硬岩,岩体较完整;较坚硬岩,岩体完整	550 ~ 451
III	坚硬岩,岩体较破碎;较坚硬岩或软、硬岩互层,岩体较完整;较软岩,岩体完整	450 ~ 351
IV	坚硬岩,岩体破碎;较坚硬岩,岩体较破碎—破碎;较软岩或软硬岩互层,且以软岩为主,岩体较完整—较破碎;软岩,岩体完整—较完整	350 ~ 251
V	较软岩,岩体破碎;软岩,岩体较破碎—破碎;全部极软岩及全部极破碎岩	< 250

注:表中岩石坚硬程度按表 3.11 划分;岩体破碎程度按表 3.12 划分。

岩体的基本质量指标主要考虑了组成岩体岩石的坚硬程度和岩体完整性。按 BQ 值和岩体质量定性特征将岩体划分为 5 级,如表 3.10 所示。

当地下洞室围岩处于高天然应力区或围岩中有不利于岩体稳定的软弱结构面和地下水时,岩体 BQ 值应进行修正,修正值 $[BQ]$ 按下式计算:

$$[BQ] = BQ - 100(K_1 + K_2 + K_3) \tag{3.21}$$

式中　K_1——地下水影响修正系数,按表 3.13 确定;

　　　K_2——主要软弱面产状影响修正系数,按表 3.14 确定;

　　　K_3——天然应力影响修正系数,按表 3.15 确定。

表 3.11　岩石坚硬程度划分表

岩石饱和单轴抗压强度 R_{cw}（MPa）	>60	60~30	30~15	15~5	<5
坚硬程度	坚硬岩	较坚硬岩	较软岩	软岩	极软岩

表 3.12　岩体完整程度划分表

岩体完整性系数 K_v	>0.75	0.75~0.55	0.55~0.35	0.35~0.15	<0.15
完整程度	完整	较完整	较破碎	破碎	极破碎

根据修正值 $[BQ]$ 的工程岩体分级仍按表 3.9 进行。各级岩体的物理力学参数和围岩自稳能力可按表 3.16 确定。

另外,对于边坡岩体和地基岩体的分级,由于目前研究较少,如何修正,标准中未作硬性规定。一般来说,对边坡岩体应按坡高、地下水、结构面方位等因素进行修正,因此可参照以上地下洞室围岩分级方法进行。而对于地基岩体由于荷载较为简单,且影响深度不大,可直接用岩体基本质量指标 BQ 进行分级。

表 3.13　地下水影响修正系数 K_1 表

	K_1				
	BQ	>450	450~350	350~250	<250
地下水状态	潮湿或点滴状出水	0	0.1	0.2~0.3	0.4~0.6
	淋雨状或涌流状出水,水压≤0.1 MPa 或单位水量 <10 L/min	0.1	0.2~0.3	0.4~0.6	0.7~0.9
	淋雨状或涌流状出水,水压 >0.1 MPa 或单位水量 >10 L/min	0.2	0.4~0.6	0.7~0.9	1.0

表 3.14　主要软弱结构面产状影响修正系数 K_2 表

结构面产状及其与洞轴线的组合关系	结构面走向与洞轴线夹角 $\alpha < 30°$,倾角 $\beta = 30° \sim 75°$	结构面走向与洞轴线夹角 $\alpha > 60°$,倾角 $\beta > 75°$	其他组合
K_2	0.4~0.6	0~0.2	0.2~0.4

表 3.15　天然应力影响修正系数 K_3 表

		K_3				
BQ		>550	550～450	450～350	350～250	<250
天然应 力状态	极高应力区	1.0	1.0	1.0～1.5	1.0～1.5	1.0
	高应力区	0.5	0.5	0.5	0.5～1.0	0.5～1.0

注:1. 极高应力指 $\sigma_{cw}/\sigma_{max} < 4$。

2. 高应力指 $\sigma_{cw}/\sigma_{max} = 4～7\,\sigma_{cw}/\sigma_{max} = 4～7$。

3. σ_{max} 为垂直洞轴线方向平面内的最大天然应力。

表 3.16　各级岩体物理力学参数及围岩自稳能力表

级别	密度 ρ (g/cm³)	抗剪强度		变形模量 E(GPa)	泊松比 μ	围岩自稳能力
		φ(°)	C(MPa)			
I	>2.65	>60	>2.1	>33	0.2	跨度≤20 m,可长期稳定,偶有掉块,无塌方
II	>2.65	60～50	2.1～1.5	33～20	0.2～0.25	跨度 10～20 m,可基本稳定,局部可掉块或小塌方;跨度<10 m,可长期稳定,偶有掉块
III	2.65～ 2.45	50～39	1.5～0.7	20～6	0.25～0.3	跨度 10～20 m,可稳定数日～1 月,可发生小至中塌方;跨度 5～10 m,可稳定数月,可发生局部块体移动及小至中塌方;跨度<5 m,可基本稳定
IV	2.45～ 2.25	39～27	0.7～0.2	6～1.3	0.3～0.35	跨度>5 m,一般无自稳能力,数日至数月内可发生松动、小塌方,进而发展为中至大塌方。埋深小时,以拱部松动为主,埋深大时,有明显塑性流动和挤压破坏;跨度≤5 m,可稳定数日至 1 月
V	<2.25	<27	<0.2	<1.3	>0.35	无自稳能力

注:1. 小塌方:塌方高<3 m,或塌方体积<30 m³;

2. 中塌方:塌方高度 3～6 m,或塌方体积 30～100 m³;

3. 大塌方:塌方高度>6 m,或塌方体积>100 m³。

3.4　岩体现场力学试验

3.4.1　岩体现场试验的分类

在岩体表面或内部进行任何工程活动,都必须符合安全、经济和正常运营的原则。以露天采矿边坡坡角选择为例,坡角选择过大,会使边坡不稳定,无法正常采矿作业,坡角选择过缓,又会加大其剥采量,增加其采矿成本。因此,要使岩体工程既安全稳定又经济合理,必须通过准确地预测工程岩体的变形与稳定性、正确的工程设计和良好的施工质量等来保证。其中,准确地预测岩体在各种应力场作用下的变形与稳定性,进而从岩体力学观点出发,选择相对优良的工程场址,防止重大事故,为合理的工程设计提供岩体力学依据,是工程岩体力学研究的根本目的和任务。

岩体力学的研究内容决定了在岩体力学研究中必须采用试验法。科学试验是岩体力学研究中一种非常重要的方法,是岩体力学发展的基础。岩体力学性质是岩体力学最基本的研究内容。内容包括:

①岩体的变形与强度特征及其原位测试技术与方法。

②岩体力学参数的弱化处理与经验估算。

③荷载条件、时间等因素对岩体变形与强度的影响。

④岩体中地下水的赋存、运移规律及岩体的水力学特征。

岩体现场试验的目的主要是为岩体变形和岩体强度计算提供必要的物理力学参数。同时,还可以用某些试验成果(如模拟试验及原位监测成果等)直接评价岩体的变形和稳定性,以及探讨某些岩体力学理论问题,因此应当高度重视并大力开展岩体力学试验研究。

传统的岩体力学试验方法往往是按岩石的成因,取小块试件在室内进行矿物成分、结构构造及物理力学性质的测定,以评价其对工程建筑的适宜性。大量的工程实践表明,用岩块性质来代表原位工程岩体的性质是不合适的。只有进行岩体现场力学试验,才能得到更准确,更贴近工程地得到岩体变形和岩体强度计算提供必要的物理力学参数。

根据工程岩体试验方法标准(GB\T 50266—99),岩体现场试验可分为岩体变形试验和岩体强度试验。

3.4.2　岩体现场变形试验方法

岩体变形试验按施加荷载作用方向,可分为:

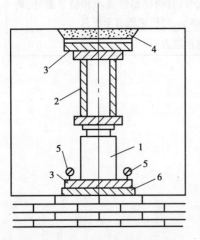

图 3.17　承压板变形试验装置示意图
1—千斤顶;2—传力柱;3—钢板;
4—混凝土顶板;5—百分表;6—承压板

①法向变形试验:包括承压板法、狭缝法、单双轴三压缩试验、环形试验。

②切向变形试验:包括倾斜剪切仪、挖试洞等。

岩体变形试验按其原理和方法不同可分为静力法和动力法两种。静力法是在选定的岩体表面、槽壁或钻孔壁面上施加法向荷载,并测定其岩体的变形值,然后绘制出压力-变形关系曲线,计算出岩体的变形参数。

根据试验方法不同,静力法又可分为承压板法、钻孔变形法、狭缝法、水压洞室法及单(双)轴压缩试验法等。动力法是用人工方法对岩体发射弹性波(声波或地震波),并测定其在岩体中的传播速度,然后根据波动理论求岩体的变形参数。根据弹性波激发方式的不同,又分为声波法和地震波法两种。

①承压板法。按承压板的刚度不同,可分为刚性承压

板法和柔性承压板法两种。刚性承压法试验通常是在平巷中进行,其装置如图 3.17 所示。先在选择好的具代表性的岩面上清除浮石,平整岩面。然后依次装上承压板、千斤顶、传力柱和变形量表等。将洞顶作为反力装置,通过油压千斤顶对岩面施加荷载,并用百分表测记岩体的变形值。

试验点的选择应具有代表性,并避开大的断层及破碎带。受荷面积可视岩体裂隙发育情况及加荷设备的供力大小而定,一般以 0.25 ~ 1.0 m^2 为宜。承压板尺寸与受荷面积相同并具有足够的刚度。试验时,先将预定的最大荷载分为若干级,采用逐级一次循环法加压。在加压过程中,同时测记各级压力(F)下的岩体变形值(W)、绘制 p-W 曲线(见图 3.18)。通过某级压力下的变形值,用布西涅斯克(J. Boussineq)公式计算岩体的变形模量 E_m(MPa)和弹性模量 E_{me}(MPa)。

$$E_m = \frac{pD(1 - \mu_m^2)\omega}{W} \tag{3.22}$$

$$E_{me} = \frac{pD(1 - \mu_m^2)\omega}{W_e} \tag{3.23}$$

式中　P——承压板单位面积上的压力,MPa;

　　　　D——承压板的直径或边长,cm;

　　　　W, W_e——分别为相应于 P 下的岩体总变形和弹性变形,cm;

　　　　ω——与承压板形状与刚度有关的系数,对圆形板 $\omega = 0.785$,方形板 = 0.886;

　　　　μ_m——岩体的泊松比。

试验中如用柔性承压板,则岩体的变形模量应按柔性承压板法公式进行计算。

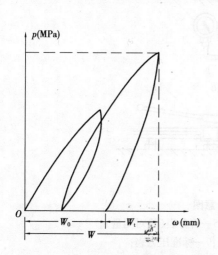

图 3.18　岩体变形值(W)绘制 p-W 曲线

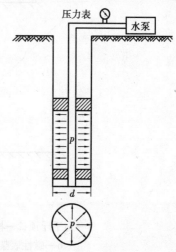

图 3.19　钻孔变形试验装置示意图

②钻孔变形法。钻孔变形法是利用钻孔膨胀计等设备,通过水泵对一定长度的钻孔壁施加均匀的径向荷载(见图 3.19),同时测记各级压力下的径向变形 U。利用厚壁筒理论,可推导出岩体的变形模量 E_m(MPa)与 U 的关系为:

$$E_m = \frac{dp(1 - \mu_m)}{U} \tag{3.24}$$

式中　d——钻孔孔径,cm;

P——计算压力,MPa。

与承压板法相比较,钻孔变形试验有如下优点:

a. 对岩体扰动小。

b. 可以在地下水位以下和相当深的部位进行。

c. 试验方向基本上不受限制,而且试验压力可以达到很大。

d. 在一次试验中可以同时量测几个方向的变形,便于研究岩体的各向异性。其主要缺点在于试验涉及的岩体体积小,代表性受到局限。

③狭缝法。狭缝法又称狭缝扁千斤顶法,它是在选定的岩体表面刻槽,然后在槽内安装扁千斤顶(压力枕)进行试验(见图 3.20)。试验时,利用油泵和扁千斤顶对槽壁岩体分级施加法向压力,同时利用百分表测记相应压力下的变形值 W_R。岩体的变形模量 E_m(MPa)按下式计算:

$$E_m = \frac{lp}{2W_R} \left[(1 - \mu_m)(\tan\theta_1 - \tan\theta_2) + (1 + \mu_m)(\sin2\theta_1 - \sin2\theta_2) \right] \tag{3.25}$$

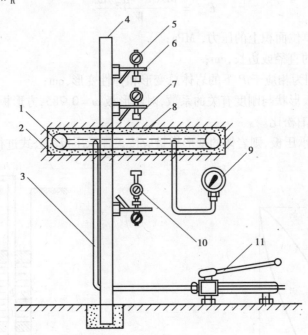

图 3.20 狭缝法装置示意图

1—扁千斤顶;2—槽壁;3—油管;4—测杆;5—百分表(绝对测量);
6—磁性表架;7—测量标点;8—砂浆;9—标准压力表;
10—千分表(相对测量);11—油泵

式中 p——作用于槽壁上的压力,MPa;

W_R——量测点 A_1,A_2 的相对位移值,cm,$W_R = y_2 - y_1$。

常见岩体的弹性模量和变形模量如表 3.17 所示。由表可知,岩体的变形模量都比岩块小,而且受结构面发育程度及风化程度等因素影响十分明显。因此,不同地质条件下的同一岩体,其变形模量相差较大。所以,在实际工作中,应密切结合岩体的地质条件,选择合理的模量值。此外,试验方法不同,岩体的弹性模量也有差异(见表 3.18)。

表3.17 岩体的变形模量

岩体名称	承压面积(cm)	应力(MPa)	试验方法	弹性模量 E_{me} (10^3 MPa)	变形模量 E_m (10^3 MPa)	地质简述	备注
煤	45×45	4.03~18.0	单轴压缩	4.07			南非
页岩		3.5	承压板	2.8	1.93	泥质页岩与砂岩互层,较软	隔河岩,垂直岩层
		3.5	承压板	5.24	4.23	较完整,垂直于岩层,裂隙较发育	隔河岩,垂直岩层
		3.5	承压板	7.5	4.18	岩层受水浸,页岩泥化变松软	隔河岩,平行岩层
		0.7	承压板	19	14.6	薄层的黑色页岩	库洛哥,平行岩层
		0.7	承压板	7.3	6.6	薄层的黑色页岩	库洛哥,平行岩层
砂质页岩			承压板	17.26	8.09	二叠纪-三叠纪砂质页岩	
			承压板	6.64	5.48	二叠纪-三叠纪砂质页岩	
砂岩	2 000		承压板	19.2	16.4	新鲜,完整,致密	万安
	2 000		承压板	3.0~6.3	1.4~3.4	弱风化,较破碎	万安
	2 000		承压板	0.95	0.36	断层影响带	万安
石灰岩			承压板	35.4	23.4	新鲜,完整,局部有微风化	隔河岩
			承压板	22.1	15.6	薄层,泥质条带,部分风化	隔河岩
			狭缝法	24.7	20.4	较新鲜完整	隔河岩
			狭缝法	9.15	5.63	薄层,微裂隙发育	隔河岩
	2 500		承压板	57.0	46	新鲜完整	乌江渡
	2 500		承压板	23	15	断层影响带,黏土充填	乌江渡
	2 500		承压板		104	微晶条带,坚硬,完整	
			承压板		1.44	节理发育	乌江渡

续表

岩体名称	承压面积(cm)	应力(MPa)	试验方法	弹性模量 E_{me} (10^3MPa)	变形模量 E_m (10^3MPa)	地质简述	备 注
白云岩				7 ~ 12			鲁布格
		承压板	11.5 ~ 32				德国
片麻岩		4.0	狭缝法	30 ~ 40		密实	意大利
		2.5 ~ 3.0	承压板	13 ~ 13.4	6.9 ~ 8.5	风化	德国
花岗岩		2.5 ~ 3.0	承压板	40 ~ 50			丹江口
		2.0	承压板		12.5	裂隙发育	
			承压板	3.7 ~ 4.7	1.1 ~ 3.4	新鲜微裂隙至风化强裂隙	日本
			大型三轴				Kurobe 坝
玄武岩		5.95	承压板	38.2	11.2	坚硬,致密,完整	以礼河三级
		5.95	承压板	9.75 ~ 15.68	3.35 ~ 3.86	破碎,节理多,计坚硬	以礼河三级
		5.11	承压板	3.75	1.21	断层影响带,且坚硬	以礼河三级
辉绿岩				83	36	变质,完整,致密,裂隙为岩脉充填	丹江口
					9.2	有裂隙	德国
闪长岩		5.6	承压板		62	新鲜,完整	太平溪
		5.6	承压板		16	弱风化,局部较破碎	
石英岩			承压板	40 ~ 45		密实	库洛哥

表3.18 几种岩体用不同试验方法测定的弹性模量

岩体类型	弹性模量(MPa)				备 注
	无侧限受压法（实验室平均）	承压板法（现场）	狭缝法（现场）	钻孔（现场）	
裂隙和成层的闪长片麻岩	80	3.72~5.84	—	4.29~7.25	Tehacapi 隧道
大到中等节理的花岗片麻岩	53	3.5~35	—	10.8~19	Dworshak 坝
大块的大理岩	48.5	12.2~19.1	12.6−21	9.5~12	Crestmore 矿

3.4.3 岩体现场强度试验

确定岩体强度的试验是指在现场原位切割较大尺寸试件进行单轴压缩、三轴压缩和抗剪强度试验。为了保持岩体的原有力学条件,在试块附近不能爆破,只能使用钻机、风镐等机械破岩,根据设计的尺寸,凿出所需规格的试体。一般的试体为边长 0.5~1.5 m 的立方体,加载设备用千斤顶和液压枕(扁千斤顶)。

(1)岩体单轴抗压强度的测定

切割成的试件如图 3.21 所示。在拟加压的试件表面(图 3.21 中为试件的上端)抹一层水泥砂浆,将表面抹平,并在其上放置方木和工字钢组成的垫层,以便把千斤顶施加的荷载经垫层均匀传给试体。根据试体破坏时千斤顶施加的最大荷载及试体受载面积,计算岩体的单轴抗压强度。

(2)岩体抗剪强度的测定

一般采用双千斤顶法,使用一个垂直千斤顶施加正压力,另一个千斤顶施加横推力,如图 3.22 所示。为使剪切面上不产生力矩效应,合力通过剪切面中心,使其接近于纯剪切破坏,另一个千斤顶成倾斜布置。一般采取倾角 $\alpha = 15°$。试验时,每组试体应有 5 个以上,剪断面上应力按式(3.27)计算。然后根据 τ、σ 绘制岩体强度曲线。

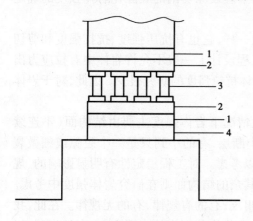

图 3.21 岩体单轴抗压强度测定
1—方木;2—工字钢;
3—千斤顶;4—水泥砂浆

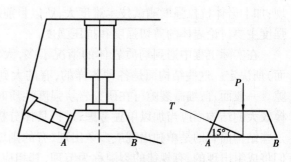

图 3.22 岩体抗剪试验

$$\sigma = \frac{P + T\sin\alpha}{F} \tag{3.26}$$

$$\tau = \frac{T}{F}\cos\alpha \tag{3.27}$$

式中 P,T——垂直及横向千斤顶施加的荷载；

F——试体受剪截面积。

（3）岩体三轴压缩强度试验

地下工程的受力状态是三维的,所以做三轴力学试验非常重要。但由于现场原位三轴力学试验在技术上很复杂,所以只在非常必要时才进行。现场岩体三轴试验装置如图3.23所示:用千斤顶施加轴向荷载,用压力枕施加围压荷载。

根据围压情况,可分为等围压三轴试验($\sigma_2 = \sigma_3$)和真三轴试验($\sigma_1 > \sigma_2 > \sigma_3$)研究表明,中间主应力在岩体强度中起重要作用,在多节理的岩体中尤其重要,因此,真三轴试验越来越受重视,而等围压三轴试验的实用性更强。

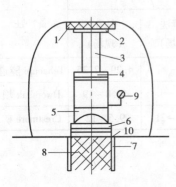

图 3.23　原位岩体三轴试验

1—混凝土顶座;2,4,6—垫板;
3—顶柱;5—球面垫;7—压力枕;
8—试件;9—液压表;10—液压枕

3.5　岩体的强度

3.5.1　节理岩体强度分析

岩体是由各种形状的岩石块体和结构面组成的复杂地质体,因此其强度必然受到岩块和结构面强度及其组合方式(岩体结构)的控制。一般情况下,岩体的强度既不同于岩块的强度,也不同于结构面的强度。但是,如果岩体中结构面不发育,呈整体或完整结构时,则岩体的强度大致与岩块强度接近;或者如果岩体沿某一特定结构面滑动破坏时,则其强度将取决于该结构面的强度。这是两种极端的情况,比较好处理,难办的是节理裂隙切割的裂隙化岩体强度的确定问题,其强度介于岩块与结构面强度之间。

岩体强度是指岩体抵抗外力破坏的能力。和岩块一样,它也有抗压强度、抗拉强度和剪切强度之分。但对于裂隙岩体来说,其抗拉强度很小,工程设计上一般不允许岩体中有拉应力出现;加上岩体抗拉强度测试技术难度大,所以目前对岩体抗拉强度的研究很少。因此,对于岩体强度主要讨论岩体的剪切强度和抗压强度。

在实际工程中遇到均质岩体的情况不多,大多数情况下岩体强度主要由结构面(不连续面)所决定。这些结构面是各种各样的,有的大到一个断层,有的小到只是一个裂隙或细微裂隙。一般而言,细微裂隙可在研究岩块强度性质时加以考虑。对工程稳定性有明显影响的、规模较大的结构面应当加以单独考虑,进行具体分析。其余的结构面则在研究岩体强度中考虑。这些结构面有的是单独出现或多条出现,有的则成组出现;有的有规律,有的无规律。在此,我们将成组出现的、有规律的裂隙称为节理,其相应的岩体称为节理岩体。图3.24表示岩基、岩坡及地下洞室围岩中的结构面的典型分布情况,借以表明它们对岩体稳定的影响。

节理或其他结构面的强度指标都可以通过室内外的抗剪试验求得。目前,室内外用得较多的还是直剪试验。试验方法与一般岩石的试验没有什么不同。只是要求剪切面必须是节理面,

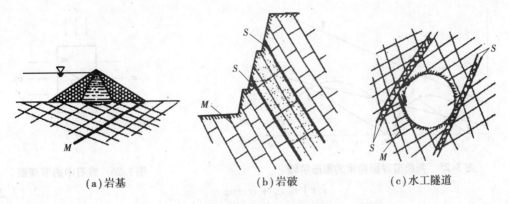

（a）岩基　　　　　　　　（b）岩破　　　　　　　　（c）水工隧道

图 3.24　节理和其他结构面对岩体稳定性的影响

试验结果的整理也与一般岩石强度试验结果的相同，要求得出节理面的内摩擦角 φ_j 以及粘聚力 c_j。求出节理面的强度指标后，就可根据节理面的产状来分析岩体的稳定性。

在均质岩体内岩体的破坏面与主应力面总是有一定的关系。剪切时通常破裂面与大主应力面（法线）成 $\alpha = 45° + \dfrac{\varphi}{2}$ 角。受拉断裂时，其破裂面就是主应力面，可是当有软弱结构面时，情况就不同了。当剪切破坏时，破裂面可能是 $45° + \dfrac{\varphi}{2}$ 的面，但绝大多数情况下破裂面就是节理面。在后一情况中，破裂面与主应力面的夹角就是软弱结构面与主应力面的夹角。在实践中，可能会遇到两种类型产状的节理面：一种是节理面与一个主应力面的法线相平行的；另一种是节理面与主应力面的法线斜交的。第一种情况属于平面问题，在进行应力分析时比较简单，第二种情况属于三维空间问题，应力分析比较复杂，应当结合具体情况作具体分析。不管是哪种类型的节理面，它们都可用莫尔-库仑强度条件来判定节理面上的稳定情况。当节理面上的剪应力 τ 达到节理面的抗剪强度 τ_f 时，节理面处于极限平衡状态。

$$\tau = \tau_f = c_j + \sigma \tan\varphi_j \tag{3.28}$$

式中　σ——节理面上的正应力，MPa。

节理面的抗剪强度一般总是低于岩石的抗剪强度，如图 3.25 所示（直线 2 低于直线 1）。但需注意，当岩体内代表某点应力状态的应力圆与节理面强度线相切或甚至相割时，岩体是否破坏还要看应力圆代表该节理面上应力的点是在哪一段圆周上。设岩体内有一节理面 mm，其倾角为 β（亦即节理面法线与大主应力成 β 角），如图 3.26 所示。根据该处岩体的应力状态 σ_1 和 σ_3 可以绘一应力圆，如图 3.25 中的 O_1 所示。从该圆的 m_1 点（圆与横轴的交点）作 mm（见图 3.26）的平行线交圆周于 A 点，则 A 点就代表节理面上的应力。由于 A 点在节理面强度线的上方，说明节理面上的应力已大于节理面的抗剪强度，即 $\tau > \tau_f$，节理面早已滑动了，是不稳定的。而根据 σ_1 和 σ_3 绘出的莫尔应力圆 O_2，从该圆的 m_2 点作 mm 线的平行线交圆周于 B 点，B 点就代表节理面上的应力。由于 B 点在节理面强度线的下方，说明节理面上的剪应力小于节理面的强度，即 $\tau < \tau_f$。尽管莫尔应力圆已与节理面强度线相割，节理面还是稳定的。显然，如果代表节理面应力的点刚好落在 B' 点，则节理面上就处于极限平衡状态。利用这种图解方法很容易判定结构面的稳定性。下面将导出判断节理面稳定与否的具体判别式。

如图 3.25 上以 O_1 圆代表的应力状态，当节理面处于稳定状态和极限平衡状态时节理面上的剪应力 τ 应当满足下列条件

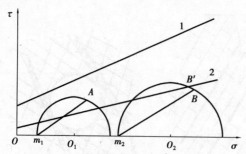

图 3.25　判断节理面稳定的图形解释

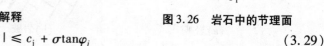

图 3.26　岩石中的节理面

$$|\tau| \leqslant c_j + \sigma \tan\varphi_j \qquad (3.29)$$

式中　等号表示极限平衡状态。

从材料力学可知：

$$\tau = \frac{1}{2}(\sigma_1 - \sigma_3)\sin2\beta = (\sigma_1 - \sigma_3)\sin\beta\cos\beta$$

$$\sigma = \frac{1}{2}(\sigma_1 + \sigma_3) + \frac{1}{2}(\sigma_1 - \sigma_3)\cos2\beta = \sigma_1\cos^2\beta + \sigma_3\sin^2\beta \qquad (3.30)$$

将上式中的 τ 和 σ 代入式(3.29)得到：

$$(\sigma_1 - \sigma_3)\sin\beta\cos\beta \leqslant (\sigma_1\cos^2\beta + \sigma_3\sin^2\beta)\tan\varphi_j + c_j \qquad (3.31)$$

移项整理后可得：

$$\sigma_1\cos\beta(\cos\beta\tan\varphi_j - \sin\beta) + \sigma_3\sin\beta(\cos\beta + \sin\beta\tan\varphi_j) + c_j \geqslant 0 \qquad (3.32)$$

通过三角运算,得出：

$$\sigma_1\cos\beta\sin(\varphi_j - \beta) + \sigma_3\sin\beta\cos(\varphi_j - \beta) + c_j\cos\varphi_j \geqslant 0 \qquad (3.33)$$

这就是判断节理面稳定情况的判别式(式中等号表示极限平衡状态)。如果式(3.33)的左端小于零,则节理面处于不稳定状态。

式(3.33)常常可用来估算节理岩体内地下洞室边墙的稳定性。如图 3.27 所示,假定在层状(节理)岩体中开挖一个隧洞,岩体中节理的倾角为 β,现在考虑边墙处岩体的稳定情况。从图 3.27 可知,开挖后洞壁上的水平应力 $\sigma_x = \sigma_z = 0$, $\sigma_y = \sigma_1$。因此式(3.33)成为：

$$\sigma_y\cos\beta\sin(\varphi_j - \beta) + c_j\cos\varphi_j \geqslant 0 \qquad (3.34)$$

边墙岩体是否处于平衡状态可分以下几种情况来讨论：

① $\beta < \varphi_j$ 的情况。当 $\beta < \varphi_j$ 时, $\sin(\varphi_j - \beta) > 0$。因此,式(3.34)左边两项均为正,不等式(3.34)显然能满足,这就说明边墙岩块 abc 处于平衡状态。

② $\beta = \varphi_j$ 的情况。当 $\beta = \varphi_j$ 时,式(3.34)显然能够成立。因此,岩块处于平衡状态。

③ $\beta > \varphi_j$ 的情况。当 $\beta > \varphi_j$ 时, $\sin(\varphi_j - \beta) < 0$。因而式(3.34)左边第一项为负,但第二项却为正值。因此,

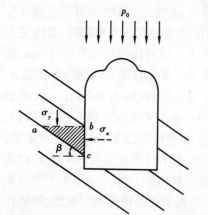

图 3.27　节理岩体边墙稳定性算例

在此情况下不等式(3.34)是否能被满足就取决于式(3.34)中第一项的绝对值是否小于第二项,须视具体情况而定。

④ $\beta = 45° + \varphi_j/2$ 的情况。当 $\beta = 45° + \varphi_j/2$，即节理的倾角与一般均质岩体中所产生的破裂面方向相同，这时将 $\beta = 45° + \varphi_j/2$ 代入式(3.34)，则有：

$$\sigma_y \cos(45° + \varphi_j/2) \sin[\varphi_j - (45° + \phi_j/2)] + c_j \cos\varphi_j \geq 0 \tag{3.35a}$$

或者：

$$\sigma_y \leqslant \frac{2c_j \cos\varphi_j}{1 - \sin\varphi_j} \tag{3.35b}$$

3.5.2 结构面对岩体强度的影响

事实上，岩体的强度在很大程度上取决于结构面的强度，这主要是因为结构面的自然特征与力学性质对裂隙岩体强度具有控制性影响。

(1)结构面的方位对岩体强度的影响

试验发现，当结构面处于某种方位时(用倾角 β 表示)，在某些应力条件下，破坏不沿结构面发生，而仍然在岩石材料内发生。也可通过理论证明结构面方位对强度的影响。下面讨论这一问题。

将式(3.35)取等号，经过三角运算，可得结构面破坏准则(极限平衡)以另一种形式表示的公式：

$$\sigma_1 - \sigma_3 = \frac{2c_j + 2\sigma_3 \tan\varphi_j}{(1 - \tan\varphi_j \cot\beta)\sin2\beta} \tag{3.36}$$

上式(3.36)中的 c_j 和 φ_j 均为常数，假如 σ_3 固定不变，则上式的 $\sigma_1 - \sigma_3$ (或者说 σ_1)随 β 变化而变化。所以，式(3.36)可以视为，当 σ_3 固定时造成破坏的应力差 $\sigma_1 - \sigma_3$ 力随 β 而变化的方程式。当 $\beta \to 90°$ 以及当 $\beta \to \varphi_j$ 时，$\sigma_1 - \sigma_3 \to \infty$，或者 $\sigma_1 \to \infty$。这就表明，当结构面平行于 σ_1 时以及结构面法线与 σ_1 成 φ_j 角时，在 σ_3 固定的条件下，σ_1 可无限增大，结构面不致破坏。当然，实际的 σ_1 是不会无限大的，当 σ_1 达到岩石的抗压强度时岩石材料就破坏了。由此得知，只有当结构面的倾角 β 满足 $\varphi_j < \beta < 90°$ 的条件时，才可能沿着结构面发生破坏，并且发生式(3.36)给出的 $\sigma_1 - \sigma_3$ 的情况。当 β 不满足上述条件时，破坏沿着岩石材料内部发生。

将式(3.36)对 β 求导，并令导数 $\dfrac{d(\sigma_1 - \sigma_3)}{d\beta} = 0$，可以求得当 $\beta = 45° + \dfrac{\varphi_j}{2}$ 时，$\sigma_1 - \sigma_3$ 有最小值，相应的 σ_1 的最小值 $\sigma_{1,min}$ 为：

$$\sigma_{1,min} = \sigma_3 N_{\varphi j} + 2c_j \sqrt{N_{\varphi j}} \tag{3.37}$$

式中，$N_{\varphi j} = \tan^2\left(45° + \dfrac{\varphi_j}{2}\right)$。

图 3.28 给出了当 σ_3 不变时 σ_1 随倾角 β 变化的情况，说明了岩石强度的各向异性。

(2)结构面的粗糙度对岩体强度的影响

结构面的粗糙程度影响结构面的强度，再进一步影响岩体的强度。过去所讨论的发生滑动破坏的面是平行于剪力方向的。实际上，绝大多数结构面既不光滑也不是平面，是凹凸起伏的，也就是相当粗糙的，在剪应力作用下滑动时，并不各处平行于作用剪应力的方向。因此，结构面凹凸起伏的程度或粗糙度必然影响到结构面的强度。下面用模型来讨论这一情况。

图 3.29(a)表示直剪试验时水平剪力与结构面方向一致的情况下达到极限平衡状态。设滑动面的摩擦角为 φ_j，粘聚力 c_j 为零，则：

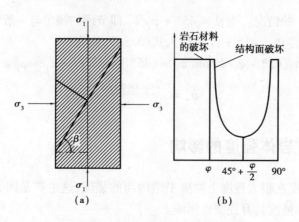

图3.28 轴向压力 σ_1 随 β 角的变化

$$\frac{T}{P} = \tan\varphi_j \tag{3.38}$$

如果结构面不是水平的,而是有一倾角 i 的,如图3.29(b)所示,则结构面发生滑动时其上的剪力 T 与法向力 P 之间的关系为:

$$\frac{T^*}{P^*} = \tan\varphi_j \tag{3.39}$$

将 T 和 P 在结构面方向内分解,得:

$$T^* = T\cos i - P\sin i \tag{3.40}$$

$$P^* = P\cos i - T\sin i \tag{3.41}$$

将以上两式代入方程式(3.39)并加以简化整理,得到滑动条件为:

$$\frac{T}{P} = \tan(\varphi_j + i) \tag{3.42}$$

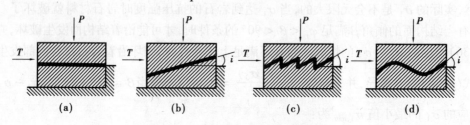

图3.29 粗糙度模型的理想面

因此,倾斜结构面具有"表现"摩擦角($\varphi_j + i$)。帕顿(Patton)把这个模型推广到呈锯齿状的结构面,如图3.29(c)、(d)所示。他通过一系列模型试验发现,当 P 较小时,结构面的滑动遵循式(3.42)。随着剪切,试样在垂直方向不断增大体积(扩容)。当 P 值增加到某种临界值时,滑动不沿倾斜面产生,而是穿过锯齿底面,破坏不发生扩容性垂直运动。因此,抗剪强度包络线成为双线型,如图3.30所示。

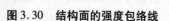

图3.30 结构面的强度包络线

具体应用时,结构面的抗剪强度应当写为:

①当低的正应力时, $\tau_f = \sigma\tan(\varphi_j + i)$ 。

②当高的正应力时，$\tau_f = c_j + \sigma \tan\varphi_j$。

其中，i 称为起伏角，φ_j 应当用平面型面所作试验求取。φ_j 的值大多在 $21° \sim 40°$ 范围内变化，一般为30°。当结构面上存在云母、滑石、绿泥石或其他片状硅酸盐矿物时，或者当有黏土质断层时，φ_j 可降低很多。结构面内饱和黏土中的孔隙水一般不易排除，充填有蒙脱质黏土的结构面的 φ_j 可低到6°。结构面的起伏角 i 变化范围很大，可从 $0° \sim 40°$。

在没有试验资料可用时，φ_j 可参见表3.19。

表 3.19　各种岩石结构面基本摩擦角 φ_j 的近似值表

岩 类	$\varphi_j(°)$	岩 类	$\varphi_j(°)$
闪岩	32	花岗岩（粗粒）	$31 - 35$
玄武岩	$31 \sim 38$	石灰岩	$33 \sim 40$
灰岩	35	斑岩	31
白垩	30	砂岩	$25 \sim 35$
白云岩	$27 \sim 31$	页岩	27
片麻岩（片状的）	$23 \sim 29$	粉砂岩	$27 \sim 31$
花岗岩（细粒）	$29 \sim 35$	板岩	$25 \sim 30$

（3）结构面内充水对岩体强度的影响

如果结构面内有水压力，那么由于这种水压力使有效正应力降低，结构面强度也相应降低。有意义的是计算引起结构面滑动所需的水压力，这时必须确定从代表结构面原来应力状态的莫尔圆到代表极限状态的莫尔圆向左移动的距离（见图3.31）。这个计算比无结构面的岩石稍复杂些，因为现在除了初始应力和强度参数之外，还需考虑结构面的方位（结构面法线与大主应力成 β 角）。如果初始应力状态为 σ_1 和 σ_3，则根据推导，造成结构面开始破坏的水压力用下式表示：

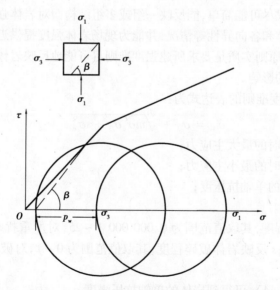

图 3.31　结构面在水压力下开始破坏的莫尔圆

$$p_w = \frac{c_j}{\tan\varphi_j} + \sigma_3 + (\sigma_1 - \sigma_3)\left(\cos^2\beta - \frac{\sin\beta\cos\beta}{\tan\varphi_j}\right) \tag{3.43}$$

计算时,可以先用 $c_j = 0$ 和 $\varphi_j = \varphi + i$ 代入式(3.43)求得一个 p_w,再用 $c_j \neq 0$ 和 $\varphi_j = \varphi$ 代入上式计算另一个 p_w,从中取较小的一个 p_w。

由有效应力定律导得的这个公式,曾经用来解释美国卡罗来纳州登维尔(Denvr)附近由于水注入深污水井引起的地震等,并获得成功。这个公式可以用来预估在靠近活动断层地区修建水库时诱发地震的可能性。然而,必须先知道地壳内的初始应力场以及断层的摩擦特性。

3.5.3 岩体强度准则(霍克-布朗准则)

第 2 章介绍的 Mohr-Coulomb 强度准则在 σ-τ 直角坐标系中呈线性相关关系,而岩体由于结构面的存在,其破坏包线为抛物线形状,使岩体破坏时的极限强度 σ-τ 呈现出非线性破坏特征。这种非线性破坏强度,尤其在拉应力区、低应力区和高应力区的破坏强度,是线性的 Mohr-Coulomb 强度准则所不能表述的。针对 Mohr-Coulomb 强度准则的缺陷,许多学者以试验为手段,探求以经验强度准则作为研究岩体破坏特征的新途径。在已提出多个经验强度准则中,尤以 E. Hoek 和 E. T. Brow 提出的最为著名,称为 Hoek-Brown 强度准则。

(1)狭义 Hoek-Brown 强度准则的内容

1980 年,E. Hoek 和 E. T. Brown 在分析 Griffith 理论和修正的 Griffith 理论的基础上,通过对大量岩石三轴试验资料和岩体现场试验成果的统计分析,用试验法导出的岩块和岩体破坏时极限主应力之间的关系式(3.36),即为 Hoek-Brown 强度准则,也称为狭义 Hoek-Brown 强度准则。其在研究岩体破坏的经验判据时,遵循以下三个原则:

①强度准则要与试验的强度值高度吻合,能说明岩体从单轴拉伸到三轴压缩等各种应力条件下的强度特性。

②准则的数学表达式尽可能简单,能反映一组或多组结构面对岩体强度特性的影响。

③可沿用到节理岩体和各向异性等情况,并能为现场岩体强度提供近似的预测公式。

可以看出,上述三点原则实质是要求所建强度准则尽可能地反映岩体强度、结构面组数、所处应力状态对岩体强度的影响。

狭义 Hoek-Brown 强度准则的表达式为:

$$\sigma_1 = \sigma_3 + \sqrt{m\sigma_c\sigma_3 + s\sigma_c^2} \tag{3.44}$$

式中　σ_1——岩体破坏时的最大主应力;

　　　σ_3——岩体破坏时的最小主应力;

　　　σ_c——完整岩块的单轴抗压度;

　　　m,s——经验系数。

m 反映岩石的软硬程度,其取值范围为 0.000 000 1 ~ 25,对严重扰动岩体取 0.000 000 1,对完整的坚硬岩取 25;s 反映岩体破碎程度,其取值范围为 0 ~ 1,对破碎岩体取 0,完整岩体取 1。

将 $\sigma_3 = 0$ 代入式(3.44),可得到岩体的单轴抗压强度 σ_{cmass} 为:

$$\sigma_{cmass} = \sqrt{s}\sigma_c \tag{3.45}$$

对于完整岩体，$s=1$；对于有破损的岩体，$s<1$。

当 $\sigma_1=0$ 时，可得到岩体的单轴抗拉强度 σ_{tmass} 为：

$$\sigma_{tmass} = \frac{1}{2}\sigma_c(m - \sqrt{m^2 + 4s})\tag{3.46}$$

Hoek-Brown 强度准则在 $\sigma_1 \sim \sigma_3$ 直角坐标系中的强度包络线如图 3.32 所示，为抛物线形状，可描述岩体的非线性破坏特征。

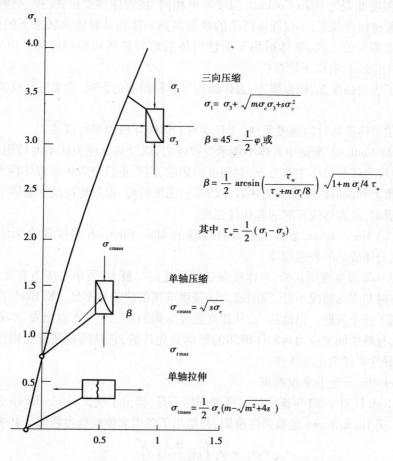

图 3.32 $\sigma_1 \sim \sigma_3$ 直角坐标系表示的 Hoek-Brown 强度包络线

（2）狭义 Hoek-Brown 强度准则对岩体破坏的表述

Hoek-Brown 强度准则整体适合于完整岩体或破碎的节理岩体，以及穿切结构面在岩体中产生的破坏，其具体适用条件将在后面阐述。然而，该强度准则忽略结构面对岩体破坏的影响及其对岩体强度的控制作用，仅将岩体破坏分为拉伸破坏和剪切破坏两种机制，不能描述岩体沿结构面的剪切滑移。它对单向受压下岩体破坏的描述与经典岩体力学稍有区别。当岩体中某点产生上述两点破坏时，基于狭义 Hoek-Brown 强度准则的破坏判据如下：

①拉伸破坏判据。当 $\sigma_3 \leqslant \sigma_{tmass}$ 且满足下式时，该点拉伸破坏。

$$\sigma_3 \leqslant \sigma_{tmass} = \frac{1}{2}\sigma_c(m - \sqrt{m^2 + 4s})\tag{3.47}$$

此时，破坏角 $\beta=0$，张裂缝将在平行于最大主应力 σ_1 的方向扩展。

②剪切破坏判据。当 $\sigma_3 > \sigma_{tmass}$ 且满足下式时,该点剪切破坏。

$$\sigma_1 \geq \sigma_3 + \sqrt{m\sigma_c\sigma_3 + s\sigma_c^2} \tag{3.48}$$

上式的含义在于:当某点的实际最大主应力 σ_1 超过 σ_3 作用下破坏所需的最大主应力时,该点即剪切破坏。因此,式(3.48)可作为岩体中某点剪切破坏的判据。

(3)对 Hoek-Brown 经验强度准则的评述

Hoek-Brown 强度准则与 Mohr-Coulomb 强度准则相同,将岩体的受压、受拉、受剪应力状态与岩体强度条件紧密结合起来,不仅能以简洁的判据判别岩体在某种应力状态下的破坏情况,而且能近似确定破坏面的方向,整体适用于脆性岩体的剪切破坏和拉伸破坏。但它与 Mohr-Coulomb 强度准则相比,具有以下优点:

①综合考虑了岩块强度、结构面强度、岩体结构等多种因素的影响,能更好地反映岩体的非线性破坏特征。

②不仅能提供岩体破坏时的强度条件,而且能对岩体破坏机理进行描述。

③弥补了 Mohr-Coulomb 准则中岩体不能承受拉应力,以及对低应力区不太适用的不足,能解释低应力区、拉应力区及最小主应力 σ_3 对强度的影响,因而更符合岩体的破坏特点。

④以瞬时粘聚力和瞬时内摩擦角描述岩体的抗剪强度特性,很好地反映了岩体中或潜在破坏面上正应力的影响,及岩体破坏时的非线性强度。

可见,非线性的 Hoek-Brown 强度准则具有线性的 Mohr-Coulomb 强度理论无法比拟的优点,能更好地阐明岩体破坏的普遍规律。

另外,Hoek-Brown 强度准则认为,岩体极限破坏强度只与最大、最小主应力有关,而与中间主应力无关,这有时与实际情况不符,因而成为该强度准则的缺陷和不足。E. Hoek 在建立该准则之初,也注意到了这个问题。但他认为,从建立强度准则的第二个基本点出发,本着尽量简化强度准则的原则,忽略中间主应力对岩体破坏的影响是允许的,它是所建强度准则能够推广到节理岩体和各向异性岩体的先决条件。

(4)广义 Hoek-Brown 经验强度准则

1992 年,E. Hoek 针对 1980 年提出的强度准则的不足,提出了狭义 Hoek-Brown 强度准则的修改形式,称为广义 Hoek-Brown 经验强度准则,并给出了各类岩体经验参数值。其表达式为:

$$\sigma_1 = \sigma_3 + \sigma_c \left(m_b \frac{\sigma_3}{\sigma_c} + s \right)^\alpha \tag{3.49}$$

式中　m_b——经验参数 m 的值;

　　　s, α——与岩体特征有关的常数;

　　　σ_c——岩块单轴抗压强度,MPa;

　　　σ_1, σ_3——分别为最大、最小主应力,MPa。

同时,E. Hoek 认为:

①对质量好的岩体,由于岩石颗粒紧密嵌固,因而其强度特性主要由岩石颗粒强度所控制,此时,狭义 Hoek-Brown 经验强度准则较适合,可取 $\alpha = 0.5$。

②对质量较差的岩体,由于剪切作用或风化作用使岩体碎块间的嵌固松散,导致岩体抗拉强度丧失,即粘聚力 $c = 0$,若无围压限制,岩体将塌落。对此类岩体,修正后的广义 Hoek-Brown 经验强度准则比较适合,具体参数 s、α 的取值可参照表 3.20。

表 3.20　广义 H-B 准则未扰动岩体 m_b/m_i, s, α 取值

广义 Hoek-Brown 强度准则 $\sigma_1 = \sigma_3 + \sigma_c\left(m_b\dfrac{\sigma_3}{\sigma_c} + s\right)^\alpha$	岩体参数	岩体质量及结构面性状描述				
		岩体质量较好,结构面粗糙,未风化	岩体质量较好,结构面粗糙,轻微风化,常为铁锈色	岩体质量一般,结构面光滑,中等风化或发生蚀变	岩体质量差,结构面强风化,上有擦痕,被致密的矿物薄膜覆盖或角砾状岩屑充填	岩体质量较差,结构面强风化,上有擦痕,被黏土矿物薄膜覆盖或充填
块状岩体—由三组正交结构面切割或嵌固紧密,未受扰动的立方体状岩块	m_b/m_i s α	0.6 0.19 0.5	0.4 0.062 0.5	0.26 0.015 0.5	0.16 0.003 0.5	0.08 0.004 0.5
碎块状岩体—四组或四组以上结构面切割或嵌固紧密,部分扰动的角砾状岩块	m_b/m_i s α	0.4 0.062 0.5	0.29 0.021 0.5	0.16 0.003 0.5	0.11 0.001 0.5	0.07 0.00 0.53
块状、层状岩体—褶皱了或断裂的岩体,受多组结构面切割而形成的角砾状岩块	m_b/m_i s α	0.24 0.012 0.5	0.17 0.004 0.5	0.12 0.001 0.5	0.08 0.00 0.5	0.06 0.00 0.55
破碎岩体—由角砾岩或磨圆度较好的岩块组成的极度破碎岩体,岩块间嵌固松散	m_b/m_i s α	0.17 0.004 0.5	0.12 0.001 0.5	0.08 0.00 0.5	0.06 0.00 0.55	0.04 0.00 0.6
备　注	m_b 为均质岩块的经验参数 m 的值, m_i 为均质岩块的经验参数 m 的值					

对完全破碎岩体,将 $s = 0$ 代入式(3.49),有:

$$\sigma_1 = \sigma_3 + \sigma_c\left(m_b\frac{\sigma_3}{\sigma_c}\right)^\alpha \tag{3.50}$$

可见,广义 Hoek-Brown 强度准则的提出,不仅是对狭义 Hoek-Brown 强度准则的完善,而且使该经验强度准则的应用范围更全面、更具体,因而能更好地描述各类岩体的非线性破坏特征。

(5)Hoek-Brown 经验强度准则适用的应力条件

需说明的是,当应力增大时,多数岩体会发生由脆性向塑性的转变。茂木清夫(Mogi)经研究,揭示了岩体由脆性向塑性转变时的应力关系,并通过三轴试验得出了均质岩块性质转变系

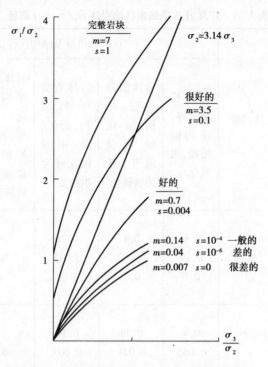

图 3.33　白云岩、大理岩、石灰岩的强度曲线

数为 $\alpha = \alpha_1/\sigma_3 = 3.4$。图 3.33 中的直线即为白云岩、石灰岩和大理岩脆、塑性破坏的分界线。直线左侧为脆性破坏,右侧为塑性破坏。可见,只有完整岩体和质量很好的岩体才产生脆性破坏。

上述成果表明,岩体中的应力条件对岩体破坏特征有显著影响,可以岩体由脆性向塑性转变时的应力条件 $\sigma_1 = \alpha\sigma_3$ 为分界线,将岩体所处状态划分为"高应力状态"和"低应力状态"。若 $\sigma_1 < \alpha\sigma_3$,表明岩体处于低应力状态,将产生脆性破坏;若 $\sigma_1 \geqslant \alpha\sigma_3$,表明岩体处于高应力状态,将产生塑性破坏。

显然,岩体由脆性向塑性转变时的应力条件,实质上限定了 Hoek-Brown 经验强度准则的适用的应力条件。该准则仅适于描述低应力状态下岩体的脆性破坏,而对高应力状态并不适用。

因此,为明确反映应力状态对岩体破坏特征的影响,可将 Hoek-Brown 经验强度准则的含义扩展,并完整表述如下:

①在低应力状态:岩体表现为脆性破坏特征,破坏时的极限应力满足式(3.44)和式(3.49),即狭义和广义 Hoek-Brown 经验强度。

②在高应力状态:多数岩体发生由脆性向塑性的转变,性质转变时的应力关系为:

$$\sigma_1 = \alpha\sigma_3 \tag{3.51}$$

式中　σ_1,σ_3——分别为最大、最小主应力,MPa;

　　　α——岩体性质转变系数,取决于岩体固有特性。

据 E. Hoek 和 E. T. Brown 建议,在缺乏具体测试数据情况下,可将 $\alpha = 2$ 代入上式,并作为式(3.44)和式(3.49)的应用极限。

为说明岩体由脆性破坏向塑性破坏转变时的强度包线,1983 年,E. Hoek 基于 Schwartz 对印度灰岩进行的三轴试验数据,分别在 $\sigma_1 - \sigma_3$ 直角坐标系和 $\sigma - \tau$ 直角坐标系绘出了该岩体的

Hoek-Brown 强度包线(见图3.34),其岩体性质转变 $\alpha = 4.3$。

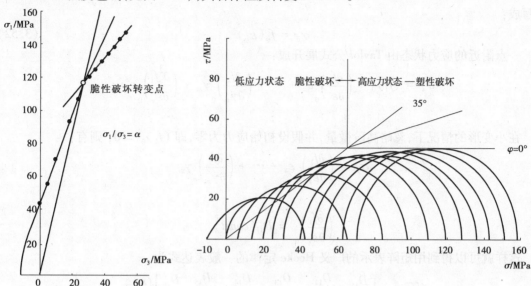

图 3.34　印度灰岩由脆性向塑形转变时的强度包线

可见,当岩体处于高应力状态时,以坐标系表示的 Hoek-Brown 强度包线将由抛物线形状转变为一条直线。它表明,当岩体发生塑性破坏时,其瞬时粘聚力 c_i 等于应力转变点的相应值,并保持不变,而瞬时内摩擦角 $\varphi_i = 0$。

3.6　岩体的变形

　　岩体变形是评价工程岩体稳定性的重要指标,也是岩体工程设计的基本准则之一。例如在修建拱坝和有压隧洞时,除研究岩体的强度外,还必须研究岩体的变形性能。当岩体中各部分岩体的变形性能差别较大时,将会在建筑物结构中引起附加应力;或者虽然各部分岩体变形性质差别不大,但如果岩体软弱抗变形性能差时,将会使建筑物产生过量的变形等。这些都会导致工程建筑物破坏或无法使用。

　　由于岩体中存在大量的结构面,结构面中还往往有各种充填物。因此,在受力条件改变时岩体的变形是岩块材料变形和结构变形的总和,而结构变形通常包括结构面闭合、充填物压密及结构体转动和滑动等变形。在一般情况下,岩体的结构变形起着控制作用。

3.6.1　虎克定律

　　尽管岩体的变形特性很复杂,但是在岩体工程初步分析中,一般仍可将完整岩体或某些具体条件下的裂隙岩体作为弹性介质来处理,所以在许多情况下都主要以弹性理论为基础对完整岩体或某些具体条件下的裂隙岩体进行研究。由弹性力学知识可知,弹性体的应力应变之间的关系可用下列函数表示为:

$$\sigma_x = f_1(\varepsilon_x, \varepsilon_y, \varepsilon_z, \gamma_{xy}, \gamma_{yz}, \gamma_{zx})$$
$$\vdots$$

$$\tau_{zx} = f_6(\varepsilon_x, \varepsilon_y, \varepsilon_z, \gamma_{xy}, \gamma_{yz}, \gamma_{zx})$$

或写成：

$$\sigma_{ij} = f_{ij}(\varepsilon_{ij}) \tag{3.52}$$

一点附近的应力状态由 Taylor 公式展开成：

$$\sigma_x = (f_1)_0 + \left(\frac{\partial f_1}{\partial \varepsilon_x}\right)_0 \varepsilon_x + \cdots + \left(\frac{\partial f_1}{\partial \gamma_{zx}}\right)_0 \gamma_{zx} + \left(\frac{\partial^2 f_1}{\partial \varepsilon_x^2}\right)_0 \varepsilon_x^2 \cdots$$

$$\vdots$$

在小变形的情况下，忽略高阶微量，并假设初始应力为零，即 $(f_1)_0 = 0$，则有：

$$\sigma_x = \left(\frac{\partial f_1}{\partial \varepsilon_x}\right)_0 \varepsilon_x + \cdots + \left(\frac{\partial f_1}{\partial \gamma_{zx}}\right)_0 \gamma_{zx}$$

记：

$$\left(\frac{\partial f_1}{\partial \varepsilon_{ij}}\right)_0 = D_{1j}(const)$$

这样就可以得到用矩阵表示的广义 Hooke 定律的一般表达式为

$$\begin{Bmatrix} \sigma_x \\ \sigma_y \\ \sigma_z \\ \tau_{xy} \\ \tau_{yz} \\ \tau_{zx} \end{Bmatrix} = \begin{bmatrix} D_{11} & D_{12} & D_{13} & D_{14} & D_{15} & D_{16} \\ D_{21} & D_{22} & D_{23} & D_{24} & D_{25} & D_{26} \\ D_{31} & D_{32} & D_{33} & D_{34} & D_{35} & D_{36} \\ D_{41} & D_{42} & D_{43} & D_{44} & D_{45} & D_{46} \\ D_{51} & D_{52} & D_{53} & D_{54} & D_{55} & D_{56} \\ D_{61} & D_{62} & D_{63} & D_{64} & D_{65} & D_{66} \end{bmatrix} \begin{Bmatrix} \varepsilon_x \\ \varepsilon_y \\ \varepsilon_z \\ \gamma_{xy} \\ \gamma_{yz} \\ \gamma_{zx} \end{Bmatrix} \tag{3.53}$$

可简写为：

$$\{\sigma\} = [D]\{\varepsilon\} \tag{3.53a}$$

若用应力表示应变，则可变换为：

$$\{\varepsilon\} = [C]\{\sigma\} \tag{3.53b}$$

其中，$[D]$ 和 $[C]$ 分别称为刚度矩阵和柔度矩阵，而 D_{ij} 和 C_{ij} 分别称为刚度系数（弹性系数）和柔度系数，各为 36 个。两者之间的关系为：

$$[C][D] = I \tag{3.54}$$

其中 I 为 6 阶单位矩阵。应用应能原理可以证明刚度矩阵 $[D]$ 和柔度矩阵 $[C]$ 是对称矩阵，即独立的弹性系数仅有 21 个。

若岩体中的任意一点，沿各个方向的弹性性质均相同，即将岩体视为各向同性体，则广义 Hooke 定律式（3.53）变为

$$\begin{Bmatrix} \sigma_x \\ \sigma_y \\ \sigma_z \\ \tau_{xy} \\ \tau_{yz} \\ \tau_{zx} \end{Bmatrix} = \begin{bmatrix} \lambda+2G & \lambda & \lambda & 0 & 0 & 0 \\ & \lambda+2G & \lambda & 0 & 0 & 0 \\ & & \lambda+2G & 0 & 0 & 0 \\ & & & G & 0 & 0 \\ & Sym. & & & G & 0 \\ & & & & & G \end{bmatrix} \begin{Bmatrix} \varepsilon_x \\ \varepsilon_y \\ \varepsilon_z \\ \gamma_{xy} \\ \gamma_{yz} \\ \gamma_{zx} \end{Bmatrix} \tag{3.55}$$

也可以写成下列形式：

$$\begin{cases} \sigma_x = \lambda e + 2G\varepsilon_x & \tau_{xy} = G\gamma_{xy} \\ \sigma_y = \lambda e + 2G\varepsilon_y & \tau_{yz} = G\gamma_{yz} \\ \sigma_z = \lambda e + 2G\varepsilon_z & \tau_{zx} = G\gamma_{zx} \end{cases} \tag{3.55a}$$

其中，$e = \varepsilon_x + \varepsilon_y + \varepsilon_z$，为体应变。

用应力表示应变的广义 Hooke 定律，其表达式为：

$$\begin{cases} \varepsilon_x = \dfrac{1}{E}\left[\sigma_x - \nu(\sigma_y + \sigma_z)\right] & \gamma_{xy} = \dfrac{2(1+\nu)}{E}\tau_{xy} \\[2mm] \varepsilon_y = \dfrac{1}{E}\left[\sigma_y - \nu(\sigma_z + \sigma_x)\right] & \gamma_{yz} = \dfrac{2(1+\nu)}{E}\tau_{yz} \\[2mm] \varepsilon_z = \dfrac{1}{E}\left[\sigma_z - \nu(\sigma_x + \sigma_y)\right] & \gamma_{zx} = \dfrac{2(1+\nu)}{E}\tau_{zx} \end{cases} \tag{3.56}$$

式中　E, ν ——分别为杨氏模量和泊松比，可通过实验测定；

　　　G ——剪切模量，$G = E/2(1+\nu)$；

　　　λ ——Lame 系数，$\lambda = \dfrac{E\nu}{(1+\nu)(1-2\nu)}$。

若将式(3.56)用矩阵表示，则有：

$$\begin{Bmatrix} \varepsilon_x \\ \varepsilon_y \\ \varepsilon_z \\ \gamma_{xy} \\ \gamma_{yz} \\ \gamma_{zx} \end{Bmatrix} = \begin{bmatrix} \dfrac{1}{E} & -\dfrac{\nu}{E} & -\dfrac{\nu}{E} & 0 & 0 & 0 \\[2mm] & \dfrac{1}{E} & -\dfrac{\nu}{E} & 0 & 0 & 0 \\[2mm] & & \dfrac{1}{E} & 0 & 0 & 0 \\[2mm] & & & \dfrac{2(1+\nu)}{E} & 0 & 0 \\[2mm] & Sym. & & & \dfrac{2(1+\nu)}{E} & 0 \\[2mm] & & & & & \dfrac{2(1+\nu)}{E} \end{bmatrix} \begin{Bmatrix} \sigma_x \\ \sigma_y \\ \sigma_z \\ \tau_{xy} \\ \tau_{yz} \\ \tau_{zx} \end{Bmatrix} \tag{3.56a}$$

若将式(3.56)中的前三式相加，则有：

$$e = \frac{1-2\nu}{E}\Theta = \frac{\Theta}{3K} = \frac{\sigma_m}{k} \tag{3.57}$$

式中　Θ —— 体应力，$\Theta = \sigma_x + \sigma_y + \sigma_z$；

　　　σ_m ——平均应力，$\sigma_m = \dfrac{1}{3}(\sigma_x + \sigma_y + \sigma_z)$；

　　　K ——体应变系数，$K = \dfrac{E}{3(1-2\nu)}$。

3.6.2　岩体变形参数估算

岩体变形参数主要包括岩体的变形模量和岩体的泊松比两个参数。岩体泊松比在岩体变形分析中相对变形模量并不是很敏感,一般可根据岩体优劣,在 0.2(硬岩)~0.4(软岩)间选取适当值。由于岩体变形试验费用昂贵,周期长,一般只在重要的或大型工程中进行。因此,人们企图用一些简单易行的方法来估算岩体的变形参数。目前,已提出的岩体变形参数估算方法有两种:一是在现场地质调查的基础上,建立适当的岩体地质力学模型,利用室内小试件试验资料来估算;二是在岩体质量评价和大量试验资料的基础上,建立岩体分类指标与变形参数之间的经验关系,并用于变形参数估算,现简要介绍如下:

(1)层状岩体变形参数估算

层状岩体可概括为如图 3.35(a)所示的地质力学模型。假设各岩层厚度相等为 S,且性质相同,层面的张开度可忽略不计。根据室内试验成果,设岩块的弹性模量为 E,泊松比为 μ,剪切模量为 G,层面的法向刚度为 K_n,切向刚度为 K_s。取 $n—t$ 坐标系(n 垂直层面,t 平行层面)。在以上假定条件下取一由岩块和层面组成的单元体(见图 3.35)来考察岩体的变形,分几种情况讨论如下:

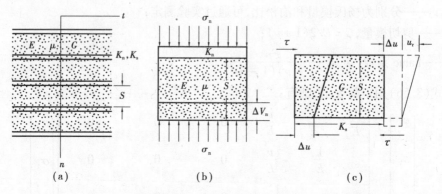

图 3.35 层状岩体地质力学模型及变形参数估算示意图

①法向应力作用下的岩体变形参数。根据荷载作用方向,又可分为沿 n 方向和 t 方向加 σ_n 的两种情况:

a. 沿 n 方向加荷时,如图 3.35(b)所示,在 σ_n 作用下,岩块产生的法向变形 ΔV_r 和层面产生的法向变形 ΔV_j 分别为:

$$\Delta V_r = \frac{\sigma_n}{E}S$$

$$\Delta V_j = \frac{\sigma_n}{K_n} \tag{3.58}$$

则岩体的总变形 ΔV_n 为:

$$\Delta V_n = \Delta V_r + \Delta V_j = \frac{\sigma_n}{E}S + \frac{\sigma_n}{K_n} = \frac{\sigma_n}{E_{mn}}S \tag{3.59}$$

简化后层状岩体垂直层面方向的变形模量 E_{mn} 为:

$$E_{mn} = \frac{1}{E} + \frac{1}{K_n S} \tag{3.60}$$

假设岩块本身是各向同性的,n 方向加载时,由 t 方向的应变可求出岩体的泊松比 μ_{nt} 为:

$$\mu_{nt} = \frac{E_{mn}}{E}\mu \tag{3.61}$$

b. 沿 t 方向加载时,岩体的变形主要是岩块引起的,因此岩体的变形模量 E_{mn} 和泊松比

μ_{tn} 为：

$$E_{mr} = E$$
$$\mu_{tn} = \mu \tag{3.62}$$

②剪力作用下的岩体变形参数。如图 3.35(c)所示，对岩体施加剪应力 τ 时，则岩体剪切变形由岩层面滑动变形 $\Delta\mu$ 和岩块的剪切变形组成 $\Delta\mu_r$ 组成，分别为：

$$\Delta\mu_r = \frac{\tau}{G}S$$
$$\Delta\mu = \frac{\tau}{K_s} \tag{3.63}$$

岩体的剪切变形 $\Delta\mu_j$ 为：

$$\Delta\mu_j = \Delta\mu + \Delta\mu_r = \frac{\tau}{K_s} + \frac{\tau}{G}S = \frac{\tau}{G_{mr}}S \tag{3.64}$$

简化后得岩体的剪切模量 G_{mr} 为：

$$G_{mr} = \frac{1}{G} + \frac{1}{K_s S} \tag{3.65}$$

由式(3.60)、式(3.61)、式(3.62)和式(3.65)，可求出表征层状岩体变形性质的 5 个参数。

应当指出，以上估算方法是在岩块和结构面的变形参数及个岩层厚度都为常数的情况下得出的。当各层岩块和结构面变形参数 E、μ、G、K_s、K_n 及厚度 S 都不相同时，岩体变形参数的估算比较复杂。例如，对式(3.60)，各层 K_n，E，S 都不相同时，可采用当量变形模量的办法来处理。方法是先按式(3.60)求出每一层岩体的变形模量 E_{mni}，然后再按下式求层状岩体的当量变形模量 E'_{mn}：

$$\frac{1}{E'_{mn}} = \sum_{i=1}^{n} \frac{S_i}{E_{mni}} S \tag{3.66}$$

式中　S_i——岩层的单层厚度；

　　　S——岩体总厚度。

其他参数也可以用类似的方法进行处理，具体可参考有关文献，在此不详细讨论。

(2)裂隙岩体变形参数的估算

对于裂隙岩体，国内外都特别重视建立岩体分类指标与变形模量之间的经验关系，并用于推求岩体的变形模量。下面介绍常用的几种：

①比尼卫斯基(Bieniawski，1978)研究了大量岩体变形模量实测资料，建立了分类指标 RMR 值和变形模量 E_m(GPa)间的统计关系如下：

$$E_m = 2RMR - 100 \tag{3.67}$$

上式只适用于 $RMR > 55$ 的岩体。为弥补这一不足，Serafim 和 Pereira(1983)根据收集到的资料以及 Bieniawski 的数据，拟合出如下方程，以用于 $RMR \leq 55$ 的岩体：

$$E_m = 10^{\frac{RMR-10}{40}} \tag{3.68}$$

②挪威的 Bhasin 和 Barton 等人(1993)研究了岩体分类指标 Q 值、纵波速度 v_{mp}(m/s)和岩体平均变形模量 E_{mean}(GPa)间的关系，提出了如下的经验关系：

$$v_{mp} = 10\,000 \log Q + 3\,500$$
$$E_{mean} = \frac{v_{mp} - 3\,500}{40} \tag{3.69}$$

利用(3.69)式,已知 Q 值或 v_{mp} 时,可求出岩体的变形模量 E_{mean}。式(3.69)只适用于 $Q>1$ 的岩体。

除以上方法外,还有人提出用声波测试资料来估算岩体的变形模量,我国也有一些地区根据岩体质量情况有岩块参数直接折减成岩体参数。

3.6.3 岩体变形曲线

(1)岩体压缩变形

岩体变形试验中,可对岩体进行逐级循环加载,并对每级加载变形稳定时的变形量与荷载进行记录,得到如图3.36所示的现场岩体循环加载压力-变形全过程曲线(p-W 曲线)。由于岩体内部的结构调整、结构压密与闭合,使得 p-W 曲线通常呈上凸型。同时,由于岩体压缩过程结构面的闭合、滑移与错动,加载过程中卸载回弹变形有滞后现象,并出现不可恢复的残余变形(永久变形)。随着荷载的增加,残余变形量的增长速度变小,累计残余变形增大。岩体内结构面数量越多、岩体越破碎,岩体的弹性越差,卸载变形曲线滞后变形量越大。岩体弹性变形差的原因是结构面非弹性变形部分消耗能量所致,该部分能量主要用于岩体结构的调整、结构面的压密以及结构体相互滑移与错动。当加载达到岩体峰值压力后,岩体开始出现破坏,压力随之下降,岩体的破坏过程一般呈柔性特征,由于岩体的结构效应,破坏后岩体仍存在一定的强度。岩体破坏后的压力下降与岩体完整性密切相关,通常,岩体完整性越差,岩体越破碎,应力下降就越小,岩体脆性越差。

循环荷载作用下岩体卸载段曲线与下一级加载曲线形成回滞环,卸载荷载不降至零时(见图3.36),随着荷载加大或循环次数的增多,回滞环逐级向后移动,究其原因主要是岩体裂隙结构面逐级被压密与闭合。循环加、卸载次数越多,结构体与结构面压密程度越高,回滞环上的滞后变形量越小,甚至回滞环会逐渐演变成一条线,岩体变形也由结构控制转变为结构效应的消失。外荷载降至零且持续一段时间后,岩体产生较大的回弹变形,即岩体弹性变形能释放(见图3.37)。岩体变形由弹性变形 W_e 与残余变形 W_p(或称塑形变形)组成,那么岩体总变形量 W_o 可以表示为 $W_o = W_e + W_p$。

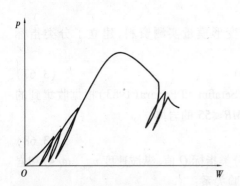

图3.36 岩体循环加载 p-W 曲线

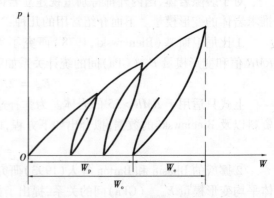

图3.37 岩体塑形变形与弹性变形

如果岩体的总变形量 W_o 与荷载压力 p 确定,可针对不同的岩体变形试验用相应的计算公式确定岩体变形模量 E_m。岩体的弹性模量 E_{me} 亦可由岩体弹性变形值 W_e 与相应的荷载压力 p 来确定。岩体的弹性模量是指无侧限压缩条件下的应力与弹性应变的比。

（2）岩体剪切变形

岩体的剪切变形是许多岩体工程特别是边坡工程中最常见的一种变形模式，如隧道与地下工程拱肩失稳、边坡滑移以及坝基底部剪滑等。实际岩体变形具有单因素性或几种变形兼而有之。沿某一组结构面剪切滑移或沿岩体内部薄弱部位剪断则体现岩体变形的单因素性。

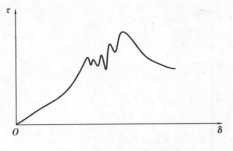

图 3.38　岩体原位抗剪试验曲线

图 3.38 为岩体剪切变形曲线，未达到屈服点时，剪切变形曲线与压缩变形相似。屈服点以后，岩体内某个结构体或结构面可能首先被剪坏，随之依次出现应降，未达到峰值切应力时甚至会有多次应力降，应力下降程度与被剪坏的结构体或结构面有关。当切应力增加到一定值时，岩体剪切变形已积累到一定程度，未剪坏部位瞬间破坏，并伴有大的应力降，随后可能产生稳定滑移。

（3）法向变形曲线

由于岩石力学性质、结构面几何特征与力学特征以及结构面组合方式等方面的不同，岩体的法向变形曲线各异。按 $p—W$ 曲线的形状和变形特征可将其分为如图 3.39 所示的四类：

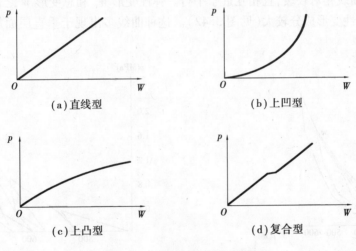

（a）直线型　　　　　　　　　　（b）上凹型

（c）上凸型　　　　　　　　　　（d）复合型

图 3.39　岩体变形曲线示意图

①直线型。此类为一通过原点的直线［见图 3.39（a）］，其方程为 $p=f(W)=KW$，$\mathrm{d}^2p/\mathrm{d}W^2=K$（即岩体的刚度为常数），且 $\mathrm{d}^2p/\mathrm{d}W^2=0$。反映岩体在加压过程中 W 随 p 成正比增加。岩性均匀且结构面不发育或结构面分布均匀的岩体多呈这类曲线。根据 p-W 曲线的斜率大小及卸压曲线特征，这类曲线又可分为如下两类：

a. 陡直线型（见图 3.40），特点是 p-W 曲线的斜率较陡，呈陡直线。说明岩体刚度大，不易变形。卸压后变形几乎恢复到原点，以弹性变形为主，反映出岩体接近于均质弹性体。较坚硬、完整、致密均匀、少裂隙的岩体，多具这类曲线特征。

b. 曲线斜率较缓，呈缓直线型，反映出岩体刚度低、易变形。卸压后岩体变形只能部分恢复，有明显的塑性变形和回滞环（见图 3.41）。这类曲线虽是直线，但不是弹性。出现这类曲线的岩体主要有：由多组结构面切割，且分布较均匀的岩体及岩性较软弱而较均质的岩体；另外，平行层面加压的层状岩体，也多为缓直线型。

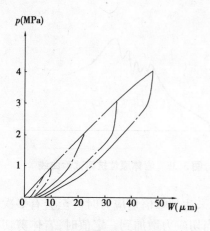

图 3.40　陡直线型曲线

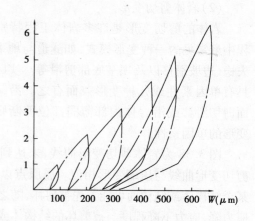

图 3.41　缓直线型曲线

②上凹型。曲线方程为 $p = f(W)$，dp/dW 随 p 增大而递增，$dp/dW > 0$ 呈上凹型曲线[见图 3.39(b)]。层状及节理岩体多呈这类曲线。据其加卸压曲线又可分为两种：

a.每次加压曲线的斜率随加、卸压循环次数的增加而增大，即岩体刚度随循环次数增加而增大。各次卸压曲线相对较缓，且相互近于平行。弹性变形 W_e 和总变形 W 之比随 p 的增大而增大，说明岩体弹性变形成分较大(见图 3.42)。这种曲线多出现于垂直层面加压的较坚硬层状岩体中。

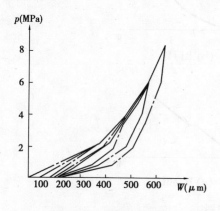

图 3.42　上凹型曲线①

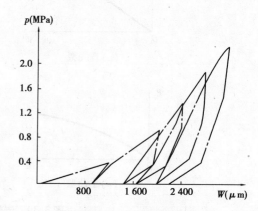

图 3.43　上凹型曲线②

b.加压曲线的变化情况与①相同，但卸压曲线较陡，说明卸压后变形大部分不能恢复，为塑性变形(见图 3.43)。存在软弱夹层的层状岩体及裂隙岩体常呈这类曲线；另外，垂直层面加压的层状岩体也可出现这类曲线。

③上凸型。这类曲线的方程为 $p = f(W)$，dp/dW 随 p 增加而递减，$d^2p/dW^2 < 0$，呈上凸型曲线[见图 3.39(c)]。结构面发育且有泥质充填的岩体；较深处埋藏有软弱夹层或岩性软弱的岩体(黏土岩、风化岩)等常呈这类曲线。

④复合型。p-W 曲线呈阶梯或"S"型[见图 3.39(d)]。结构面发育不均或岩性不均匀的岩体，常呈此类曲线。

上述四类曲线，有人顺次称为弹性、弹-塑性、塑-弹性及塑-弹-塑性岩体。但岩体受压时的力学行为是十分复杂的，它包括岩块压密、结构面闭合、岩块沿结构面滑移或转动等；同时，受压边界条件又随压力增大而改变。因此，实际岩体的 p-W 曲线也是比较复杂的，应注意结合实际岩体地质条件加以分析。

(4)剪切变形曲线

原位岩体剪切试验研究表明:岩体的剪切变形曲线十分复杂。沿结构面剪切和剪断岩体的剪切曲线明显不同;沿平直光滑结构面和粗糙结构面剪切的剪切曲线也有差异。根据τ-u曲线的形状及残余强度(τ_r)与峰值强度(τ_p)的比值,可将岩体剪切变形曲线分为如图3.44所示的三类。

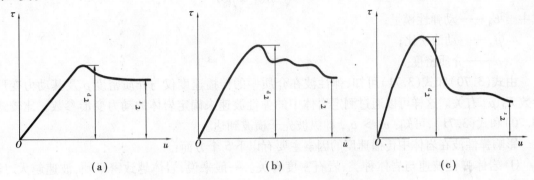

图3.44　岩体剪切变形曲线类型示意图

a.峰值前变形曲线的平均斜率小,破坏位移大,一般可达2~10 mm;峰值后随位移增大强度损失很小或不变,$\tau_r/\tau_p \approx 0.6$~$1.0$。沿软弱结构面剪切时,常呈这类曲线[见图3.44(a)]。

b.峰值前变形曲线平均斜率较大,峰值强度较高。峰值后随剪位移增大强度损失较大,有较明显的应力降。$\tau_r/\tau_p \approx 0.6$~$0.8$。沿粗糙结构面、软弱岩体及剧风化岩体剪切时,多属这类曲线[见图3.44(b)]。

c.峰值前变形曲线斜率大,曲线具有较清楚的线性段和非线性段。比例极限和屈服极限较易确定。峰值强度高,破坏位移小,一般约为1 mm。峰值后随位移增大强度迅速降低,残余强度较低,$\tau_r/\tau_p \approx 0.3$~$0.8$。剪断坚硬岩体时的变形曲线多属此类,如图3.44(c)所示。

3.6.4　岩体动力变形特性及影响因素

岩体的动力学性质是岩体在动荷载作用下所表现出来的性质,包括岩体中弹性波的传播规律及岩体动力变形性质与强度性质。岩体的动力学性质在岩体工程动力稳定性评价中具有重要意义,同时也为岩体各种物理力学参数动测法提供理论依据。

(1)岩体中弹性波的传播规律

当岩体受到振动、冲击或爆破作用时,各种不同动力特性的应力波将在岩体中传播。当应力值较高(相对岩体强度而言)时,岩体中可能出现塑性波和冲击波;而当应力值较低时,则只产生弹性波。这些波在岩体内传播的过程中,弹性波的传播速度比塑性波大,且传播的距离远,而塑性波和冲击波传播慢,且只在振源附近才能观察到。弹性波的传播也称为声波的传播。在岩体内部传播的弹性波称为体波,而沿着岩体表面或内部不连续面传播的弹性波称为面波。体波又分为纵波(P波)和横波(S波)。纵波又称为压缩波,波的传播方向与质点振动方向一致;横波又称为剪切波,其传播方向与质点振动方向垂直。面波又有瑞利波(R波)和勒夫波(Q波)等。

根据波动理论,传播于连续、均匀、各向同性弹性介质中的纵波速度 v_p 和横波速度 v_s 可表示为:

$$v_p = \sqrt{\frac{E_d(1 - \mu_d)}{\rho(1 + \mu_d)(1 - 2\mu_d)}} \tag{3.70}$$

$$v_s = \sqrt{\frac{E_d}{2\rho(1 + \mu_d)}} \tag{3.71}$$

式中　E_d——动弹性模量;

　　　μ_d——动泊松比;

　　　ρ——介质密度。

由式(3.70)和式(3.71)可知,弹性波在介质中的传播速度仅与介质密度 ρ 及其动力变形参数 E_d、μ_d 有关。这样可以通过测定岩体中的弹性波速来确定岩体的动力变形参数。比较式(3.70)和式(3.71),可知:$v_p > v_s$,即纵波先于横波到达。

影响弹性波在岩体中传播速度的因素主要有以下 5 个方面:

① 岩体弹性波速与岩体种类、岩石密度有关。一般来说,岩体越致密坚硬,波速越大,反之,则越小,岩石的密度和完整性越高,波速越大,岩石密度越大,弹性波的速度也相应增加。

②岩体波速与岩体中裂隙或夹层的关系。弹性波在岩体中传播时,遇到裂隙,则视充填物而异。若裂隙中充填物为空气,则弹性波不能通过,而是绕过裂隙断点传播。在裂隙充水的情况下,声能有 5% 可以通过,若充填物为其他液体或固体物质,则弹性波可部分或完全通过。弹性波跨越裂隙宽度的能力与弹性波的频率和振幅有关。频率越低,跨越裂隙宽度越大,反之越小;裂隙数目越多,则纵波速度越小;岩体的风化程度越高,弹性波的速度越小;夹层厚度越大,弹性波纵波速度越小。

③岩体波速与岩体的有效孔隙率及吸水率有关。随着有效孔隙率和吸水率的增加,纵波波速则急剧下降。

④岩体波速与岩体的各向异性性质有关。岩体因成岩条件、结构面和地应力等原因而具有各向异性,因而弹性波在岩体中的传播、岩体动弹性模量等也具有各向异性。

a. 平行层面纵波波速大于垂直层面波速。平行层面波速/垂直岩层波速 = 各向异性系数 C。C 为 1.08 ~ 2.28;多数 C 为 1.67;相当一部分 C 为 1.10。

b. 平行岩层面的动弹模量大于垂直岩层的动弹模量。各向异性系数数值为 1.01 ~ 2.72;绝大部分小于 1.30。

c. 压力越大,纵波波速各向异性系数越小。

⑤岩体应力状态对弹性波传播的影响。一般来说,在压应力作用下,波速随应力增加而增加,衰减减少;反之,在拉应力作用下,则波速降低,衰减增大。

此外,地下水及地温等地质环境因素对弹性波的传播也有明显的影响。由于在水中的弹性波速是在空气中的 5 倍,因此,岩体中含水量的增加也将导致弹性波速增加。温度的影响则比较复杂,一般来说,岩体处于正温时,波速随温度增高而降低,处于负温时则相反。

(2)岩体中弹性波速度的测定

在现场通常用声波法和地震法实测岩体的弹性波速度。声波法也可用于室内测定岩块试件的纵、横波速度。其方法原理与现场测试一致,都是把发射换能器和接收换能器紧贴在试件两端。由于试件距离短,为提高测量精度,应使用高频换能器,其频率范围可采用 50 kHz ~

1.5 MHz。

测试时,通过声波发射仪的触发电路发生正弦脉冲,经发射换能器向岩体内发射声波。声波在岩体中传播并被接收换能器接收,经放大器放大后由计时系统所记录,测得纵、横波在岩体中传播的时间 Δt_p,Δt_s。由下式计算纵波速度 v_{mp} 和横波速度 v_{ms}:

$$v_{mp} = \frac{D}{\Delta t_p} \tag{3.72}$$

$$v_{ms} = \frac{D}{\Delta t_s} \tag{3.73}$$

式中　D——声波发射点与接收点之间的距离。

（3）岩体的动力变形参数

反映岩体动力变形性质的参数通常有动弹性模量、动泊松比及动剪切模量,这些参数均可通过声波测试资料求得:

$$E_d = v_{mp}^2 \rho \frac{(1 + \mu_d)(1 - 2\mu_d)}{(1 - \mu_d)} \tag{3.74}$$

或:

$$E_d = 2v_{mp}^2 \rho (1 + \mu_d) \tag{3.75}$$

$$\mu_d = \frac{v_{mp}^2 - 2v_{ms}^2}{2(v_{mp}^2 - v_{ms}^2)} \tag{3.76}$$

$$G_d = \frac{E_d}{2(1 + \mu_d)} = v_{mp}^2 \rho \tag{3.77}$$

式中　G_d,E_d——分别为岩体的动弹性模量和动剪切模量,GPa;

　　　μ_d——动泊松比;

　　　ρ——岩体密度,g/cm^3;

　　　v_{mp},v_{ms}——分别为岩体纵波速度和横波速度,km/s。

利用声波法测定岩体动力学参数的优点是不扰动被测岩体的自然结构和应力状态,测定方法简便,省时省力,且能在岩体中各个部位进行测试。

从大量的试验资料可知:不论是岩体还是岩块,其动弹性模都普遍大于静弹性模量。两者的比值 E_d/E_{me},对于坚硬完整岩体为 1.2 ~ 2.0;而对风化、裂隙发育的岩体和软弱岩体,E_d/E_{me} 较大,一般为 1.5 ~ 10.0,大者可超过 20.0。造成这种现象的原因可能有以下几方面:

①静力法采用的最大应力大部分在 1.0 ~ 10.0 MPa,少数则更大,变形量常以 mm 计,而动力法的作用应力则约为 10^{-4} MPa 量级,引起的变形量微小。因此静力法必然会测得较大的不可逆变形,而动力法则测不到这种变形。

②静力法持续的时间较长。

③静力法扰动了岩体的天然结构和应力状态。

然而,由于静力法试验时岩体的受力情况接近于工程岩体的实际受力状态,故实践应用中,除某些特殊情况外,多数工程仍以静力变形参数为主要设计依据。由于原位变形试验费时、费钱,这时可通过动、静弹性模量间关系的研究,来确定岩体的静弹性模量。如有人提出用以下经验公式来求 E_{me}:

$$E_{me} = jE_d \tag{3.78}$$

式中　j——折减系数,可据岩体完整性系数 K_v 查表 3.21 求得;

E_{me} ——岩体静弹性模量。

表 3.21　K_v 与 j 的关系

K_v	1.0 ~ 0.9	0.9 ~ 0.8	0.8 ~ 0.7	0.7 ~ 0.65	< 0.65
j	1.0 ~ 0.75	0.75 ~ 0.45	0.45 ~ 0.25	0.25 ~ 0.2	0.2 ~ 0.1

3.7　岩体的水力学特性

　　岩体的水力学性质是岩体力学性质的一个重要方面,它是指岩体的渗透特性及在渗流作用所表现出来的性质。岩体的水力学性质主要通过渗透水流起作用。在渗透水流作用下,岩体的物理力学性质等都会产生变化,进而影响工程岩体的稳定性。

　　水在岩体中的作用包括两个方面:一方面是水对岩石的物理化学作用,在工程上常用软化系数来表示;另一方面是水与岩体相互耦合作用下的力学效应,包括空隙水压力与渗流动水压力等的力学作用效应。在空隙水压力的作用下,首先是减少了岩体内的有效应力,从而降低了岩体的剪切强度。另外,岩体渗流与应力之间的相互作用强烈,对工程稳定性具有重要的影响,如法国的马尔帕塞(Malpasset)拱坝溃决就是一个明显的例子。

3.7.1　裂隙岩体的水力特性

　　(1)单个结构面的水力特性

　　岩体是由岩块与结构面组成的,相对结构面来说,岩块的透水性很弱,常可忽略。因此,岩体的水力学特性主要与岩体中结构面的组数、方向、粗糙起伏度、张开度及胶结充填特征等因素直接相关;同时,还受到岩体应力状态及水流特征的影响。在研究裂隙岩体水力学性质时,以上诸多因素不可能全部考虑到,往往先从最简单的单个结构面开始研究,而且只考虑平直光滑无充填时的情况,然后根据结构面的连通性、粗糙起伏程度及充填等情况进行适当的修正。

　　对于通过单一平直光滑无充填贯通裂隙面的水力渗透系数为:

$$K_f = \frac{ge^2}{12v} \tag{3.79}$$

式中　K_f ——渗透系数,m/s;

　　　g ——重力加速度,m/s^2;

　　　e ——裂隙张开度,m;

　　　v ——水的运动粘滞系数,m^2/s。

　　但实际上岩体中的裂隙面往往是粗糙起伏且非贯通的,并常有物质充填阻塞。为此,路易斯(Louis,1974)提出了如下的修正式:

$$K_f = \frac{K_2 ge^2}{12vc} \tag{3.80}$$

式中　K_2 ——裂隙面的连续性系数,指裂隙面连通面积与总面积之比;

　　　c ——裂隙面的相对粗糙修正系数,可用下式进行计算:

$$c = 1 + 8.8 \left(\frac{h}{2e} \right)^{1.5}$$

式中 h——裂隙面起伏差。

（2）裂隙岩体的水力特性

对于含多组裂隙面的岩体，其水力学特征则比较复杂。目前研究这一问题的趋势有以下两种：

一是用等效连续介质模型来研究，认为裂隙岩体是由空隙性差而导水性强的裂隙面系统和透水弱的岩块孔隙系统构成的双重连续介质，裂隙孔隙的大小和位置的差别均不予考虑；

二是忽略岩块的孔隙系统，把岩体看成为单纯的按几何规律分布的裂隙介质，用裂隙水力学参数成几何参数（结构面方位、密度和张开度等）来表征裂隙岩体的渗透空间结构，所有裂隙大小、形状和位置都在考虑之列。

目前，针对这两种模型都进行了一定程度的研究，提出了相应的渗流方程及水力学参数的计算方法。在研究中还引进了张量法、线索法、有限单元法及水电模拟等方法。

当水流服从达西定律时，裂隙介质作为连续介质内各向异性的渗透特性可用渗透张量描述。渗透张量的表达式为：

$$[K] = K_{ij} = \frac{g}{12v} \sum_{i=1}^{n} \frac{e_i^3}{l_i}$$

$$\begin{bmatrix} 1 - \cos^2\beta_i \sin^2\gamma_i & -\sin\beta_i \sin^2\gamma_i \cos\beta_i & -\cos\beta_i \sin\gamma_i \cos\gamma_i \\ -\sin\beta_i \sin^2\gamma_i \cos\beta_i & 1 - \sin^2\beta_i \sin^2\gamma_i & -\sin\beta_i \sin\gamma_i \cos\gamma_i \\ -\cos\beta_i \sin\gamma_i \cos\gamma_i & -\sin\beta_i \sin\gamma_i \cos\gamma_i & 1 - \cos^2\gamma_i \end{bmatrix} \tag{3.81}$$

式中 $e_i, l_i, \beta_i, \gamma_i$——分别为第 i 组裂隙的宽度、间距、裂隙面的倾向和倾角，此四者又称为裂隙系统的几何参数。

由式（3.81）可知，只要知道裂隙系统的几何参数（即各组裂隙的宽度、间距及裂隙面的倾向、倾角），就可推出渗透张量。而岩体裂隙系统的分组和优势方位的确定可以应用极点图、玫瑰花图和聚类法等。

（3）岩体渗透系数的测试

岩体渗透系数是反映岩体水力学特性的核心参数，渗透系数的确定一方面可用上述给出的理论公式进行计算，另一方面对用现场水文地质试验测定。现场试验主要有压水试验和抽水试验等方法。一般认为，抽水试验是测定岩体渗透系数比较理想的方法，但它只能用于地下水位以下的情况，地下水位以上的岩体可用压水试验来测定其渗透系数。

①压水试验。钻孔压水试验是测定裂隙岩体的单位吸水量，以其换算求出渗透系数，并用以说明裂隙岩体的透水性及其随深度的变化情况。可分为单孔压水试验、三段压水试验、注水试验等方法。单孔压水试验如图3.45所示，试验时在钻孔中安置止水塞，将试验段与钻孔其余部分隔开。隔开试验段的方法有单塞法和双塞法两种，通常采用单塞法，这时止水塞与孔底之间为试验段。然后再用水泵向试验段压水，迫使水流进入岩体内。当试验压力达到指定值 p 时，并保持 $5 \sim 10$ min 后，测得耗水量 Q（L/min）。设试验段长度为 L（m），则岩体的单位吸水量 ω [L/(min·m·m)] 为：

$$\omega = Q/Lp \tag{3.82}$$

岩体的渗透系数按巴布什金经验公式为：

$$K = 0.528\omega \lg \frac{aL}{r_0} \qquad (3.83)$$

式中　p ——试验压力,用压力水头表示;

　　　r_0 ——钻孔半径;

　　　a ——与试验段位置有关的系数,当试验段底至隔水层的距离大于 L 时取 0.66,反之取
　　　　　1.32。

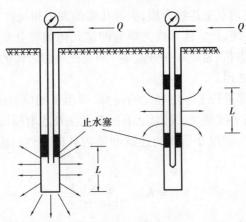

图 3.45　单孔压水试验装置示意图

　　单孔压水试验的主要缺点在于:确定钻孔方向时未考虑结构面方位,也就无法考虑渗透性的各向异性。因此,有人建议采用改进后的单孔法及三段试验法等方法进行。

　　②抽水试验。抽水试验是在现场打钻孔并下抽水管,自孔中抽水,使地下水位下降,并在一定范围内形成降落漏斗,当孔中水位稳定不变后,降落漏斗渐趋稳定。此时漏斗所达到的范围,即为抽水影响范围,井壁至影响范围边界的距离称为影响半径。根据抽水试验所观察到的水位与水量等数据,按地下水动力学公式即可计算含水岩土体的渗透系数。抽水试验适应于求取地下水位以下含水层渗透系数的情况,不适应于地下水位以上和不含水岩土体的情况。具体试验方法及渗透系数的确定请参考《地下水动力学》及有关文献。

3.7.2　应力对岩体渗透性能的影响

　　岩体中的水流通过结构面流动,而结构面对变形是极为敏感的。法国马尔帕塞拱坝的溃决事件给人们留下了深刻的教训。该拱坝建于片麻岩上,岩体的高强度使人们一开始就未想到水与应力之间的相互作用和影响会带来什么麻烦。而问题就恰恰出在这里。事后曾有人对该片麻岩进行了渗透系数与应力关系的试验(见图 3.46),表明当应力变化范围为 5MPa 时,岩体渗透系数相差 100 倍。渗透系数的降低,反过来又极大地改变了岩体中的应力分布,使岩体中结构面上的水压力陡增,坝基岩体在过高的水压力作用下沿一个倾斜的软弱结构面产生滑动,导致溃坝。

　　野外和室内试验研究表明:孔隙水压力的变化明显地改变了结构面的张开度和流速,以及流体压力在结构面中的分布。如图 3.47 所示,结构面中的水流通量随其所受到的正应力增加而降低很快。进一步研究发现应力-渗流关系具有回滞现象,随着加、卸载次数的增加,岩体的

渗透能力降低,但经历三四个循环后,渗透基本稳定,这是由于结构面受力闭合的结果。

为了研究应力对岩体渗透性的影响,有不少学者提出了不同的经验关系式。

斯诺(snow,1966)提出:

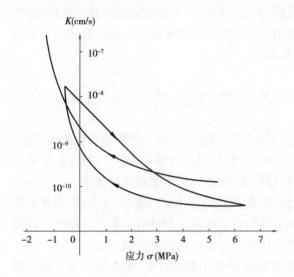

图 3.46　片麻岩渗透系数与应力关系

(据 Bernaix,1978)

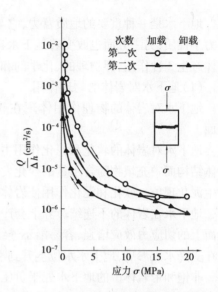

图 3.47　循环加载对结构面渗透性影响图

(据徐光黎,1993)

$$K = K_0 + (K_n e^2 / S)(p_0 - p) \tag{3.84}$$

式中　K_0——初始应力下的渗透系数;

　　　K_n——结构面的法向刚度;

　　　e,S——分别为结构面的张开度和间距;

　　　p——法向应力。

路易斯(Louis,1974)在试验的基础上得出:

$$K = K_0 e^{-\alpha \sigma_0} \tag{3.85}$$

式中　α——系数;

　　　σ_0——有效应力。

孙广忠等人(1983)也提出了与式(3.85)类似的公式:

$$K = K_0 e^{\frac{2\sigma}{K_n}} \tag{3.86}$$

式中　K_0——附加应力 σ =0 时的渗透系数;

　　　K_n——结构面的法向刚度。

从以上式子可知,岩体的渗透系数是随应力增加而降低的。由于随着岩体埋藏深度的增加,结构面发育的密度和张开度都相应减小,所以岩体的渗透性也是随深度增加而减小的。另外,人类工程活动对岩体渗透性也有很大影响,如地下洞室和边坡的开挖改变了岩体中的应力状态,原来岩体中结构面的张开度因应力释放而增大,岩体的渗透性能也增大;又如水库的修建,改变了结构面中的应力水平,也就影响到岩体的渗透性能。

3.7.3　地下水对岩体力学性质的影响

地下水是一种重要的地质营力,它与岩体之间的相互作用,一方面改善着岩体的物理、化学及力学性质,另一方面也改变着地下水自身的物理、力学性质及化学成分。运动着的地下水对岩体产生3种作用,即物理的、化学的和力学的作用。

(1)地下水对岩体的物理作用

地下水对岩体的物理作用体现在软化和泥化作用、润滑作用、结合水的强化作用等三个方面。

地下水对岩体的软化和泥化作用主要表现在对岩体结构面中充填物的物理形状的改变上。岩体结构面中充填物随含水量的变化发生由固态向塑态甚至液态的弱化效应,一般在断层带易发生泥化现象。软化和泥化作用使岩体的力学性能降低,内聚力和内摩擦角值减小。

地下水在岩体的不连续边界上会产生润滑作用,使不连续面上的摩阻力减少,作用在不连续面上的切应力效应增强,容易沿不连续面诱发岩体的剪切运动。如具有一定滑动面的岩石边坡在受降水入渗后,地下水水位上升到滑动面时就极易发生沿滑动面的剪切运动。

非饱和带岩体中的地下水处于负压状态,此时的地下水并非重力水,而是结合水。根据有效应力原理,非饱和岩体中的有效应力大于岩体中的总应力,地下水的作用强化了岩体的力学性能,即增加了岩体的强度。

(2)地下水对岩体的化学作用

地下水对岩体的化学作用主要是指地下水与岩体之间的离子交换、溶解作用、水化作用、水解作用、溶蚀作用、氧化还原作用、沉淀作用以及渗透作用等,通常是多种化学作用同时进行,但进程缓慢。化学作用主要是改变岩体的矿物组成与结构,进而影响岩体的力学性能。

地下水与岩体之间的离子交换是由物理力和化学力吸附到岩体颗粒上的离子和分子与地下水的一种交换过程。地下水与岩体之间的离子交换使得岩体的结构改变。能够进行离子交换的物资是黏土矿物,如高岭土、蒙脱石、伊利石、绿泥石、沸石、氧化铁及有机物等。通常,富含钙、镁离子的地下水流经富含钠离子的岩体时,钙、镁离子会置换钠离子,新形成的富含钙、镁离子的黏土增加了岩体的孔隙度及渗透性能。

溶解和溶蚀作用在地下水水化学的演化中起着重要作用,地下水中的各种离子大多是由溶解和溶蚀作用产生的。大气降水经土层饱气带或渗滤带渗入地层时,溶解了大量的二氧化碳、氮气、二氧化硫等气体,使地下水的弱酸性与侵蚀性增强,并对可溶性岩产生溶蚀作用,进而使岩体产生溶蚀裂隙、空隙与溶洞等,增大了岩体的空隙率及渗透性。

水化作用使水渗透到岩体的矿物结晶体或附着到可溶性岩石的离子上,使岩石结构发生改变,岩体黏着力减小。

水解作用改变了地下水的pH值与岩体的物质组成。水解作用实质上是地下水与岩体离子发生的一种反应,阳离子与地下水发生水解作用时,地下水中的氢离子含量增加,水的酸度增大;阴离子与地下水发生水解作用时,地下水中的氢氧离子含量增加,水的碱度增大。

氧化还原作用改变了岩体中的矿物组成以及地下水的化学组分与侵蚀性。氧化作用发生在潜水面以上的饱气带,氧可从空气和二氧化碳中源源不断地获得。潜水面以下的饱水带氧已耗尽,同时氧在水中的溶解度比在空气中小得多。因此,氧化作用随着深度而逐渐减弱,而还原作用随深度而逐渐增强。

（3）地下水对岩体产生的力学作用

地下水对岩体产生的力学作用,主要通过空隙静水压力和空隙动水压力作用对岩体的力学性质施加影响。前者减小了岩体的有效应力,从而降低岩体的强度,在裂隙岩体中的空隙静水压力可使裂隙产生扩容变形;后者对岩体产生切向的推力,以降低岩体的抗剪强度。地下水在松散土体、松散破碎岩体及软弱夹层中运动时,空隙动水压力作用下岩体中的细颗粒物质会产生移动,甚至被携带出岩体之外,产生潜蚀。

习题与思考题

3.1　结构面按其成因通常分为哪几种类型?

3.2　简述结构面的自然特征。

3.3　结构面的剪切变形、法向变形与结构面的哪些因素有关?

3.4　为什么结构面的力学性质具有尺寸效应?其尺寸效应体现在哪几个方面?

3.5　在 CSIR 分类法、Q 分类法和 BQ 分类法中各考虑了岩体的哪些因素?

3.6　如何进行 CSIR 分类?

3.7　如何通过岩体分级确定岩体的有关力学参数?

3.8　在岩体的变形试验中,承压板法、钻孔变形法和狭缝法各有哪些优缺点?

3.9　岩体的变形性质与岩块相比有什么区别?

3.10　结构面是如何影响岩体强度的?

3.11　简述 Hoek-Brown 岩体强度估算方法。

3.12　岩体的变形参数确定方法有哪些?

3.13　岩体变形曲线可分为几类?各类岩体变形曲线有何特点?

3.14　岩体的动弹性模量与静弹性模量相比如何?为什么?

3.15　在一次岩体地震波试验中,测得压缩波与剪切波的波速分别为 4 500 m/s, 2 500 m/s,假定岩体的重力密度为 25.6 kN/m^3,试计算 E_d 和 μ_d。

3.16　应力是如何影响地下水渗流特性的?

3.17　地下水对岩体力学性质的影响表现在哪些方面?

4 岩体地应力及其测量方法

4.1 概述

　　自然界的岩体总是处于一定的地质环境中,是地球岩石圈的一部分,必然受到大陆漂移、板块挤压、大地构造运动和重力场的作用而处于复杂应力状态。引起岩体产生这种应力状态的因素很多,除了上面所述的构造作用和重力作用外,还有温度、地震、结晶、变质、沉积、固结、脱水等。而这种应力状态往往是岩体稳定性和工程运营必须考虑的一个重要因素,这也是岩体区别于其他工程介质的一个重要特性。就岩体工程而言,若不考虑地应力这一因素,就无法进行合理的分析和得出符合实际的结论。如20世纪70年代我国兴建葛洲坝工程时,基岩开挖引起的地应力释放造成岩体沿软弱结构面的错位达十几厘米,从而使得工程技术人员开始认识到地应力的重要性;1997年贵州某煤矿二采区煤与瓦斯延期突出,死亡18人,轻伤8人,造成经济损失170多万元,事故分析表明,开采面上覆岩体中因自重作用而积累了较高的弹性能,且突出区域地质构造复杂,残存了较高构造应力,使得瓦斯易于聚集而造成了此次事故;2005年,拉西瓦水电站2#尾水洞发生一次岩爆塌方,岩爆掉块达几十吨,事故分析表明,该地区为高地应力区,最大主应力达14.6～29.7 MPa,最小主应力3.7～13.1 MPa,洞室经多次开挖,应力多次调整,围岩卸荷回弹,导致结构面张开且局部造成应力集中,积累大量弹性能而发生岩爆。

　　由此可以看出,了解岩体地应力场是确定工程岩体力学属性、进行岩体稳定性分析、实现岩土工程开挖设计和决策科学化的必要前提。例如对地下洞室设计来说,只有掌握了具体工程区域的地应力条件,才能合理确定洞室总体布置,选取适当的开挖方法,确定洞室的最佳断面形状、断面尺寸、开挖步骤、支护形式、支护结构参数、支护时间等,从而在围岩稳定的前提下,保证洞室的安全建设及长期运行。此外,地应力状态对地震预报、区域地壳稳定性、评价油田油井稳定性、核废料储存、岩爆、煤和瓦斯突出的研究以及地球动力学的研究也具有重要意义。

　　在水利水电工程的勘察、设计和施工阶段,许多工程技术人员逐渐重视岩体中初始应力状态的研究。岩石力学之所以能发展成为力学的独立分支,一方面由于岩体结构的复杂性,另一方面是岩体具有地应力,这是它区别于一般人工材料的重要标志之一。不了解岩体中的应力状态,岩体工程就只能是一门技术,而不是一门科学。实际上,除几乎所有的岩石力学学术会议都要讨论这个问题外,还召开过不少专门的国际学术会议,都充分说明地应力的重要性已为广大岩石力学工作者所认同。

4.2 岩体中的地应力

一般来说,把未经人类活动扰动与影响且仍处于自然平衡状态的岩体成为原岩,把赋存于原岩中的、由各种地质作用、构造运动、岩体自重、水、温度、地震等引起的应力场称为岩体中的天然应力(Natural Stress)或原岩应力或初始应力(Initial Stress)或地应力(Geostress);当人类岩体表面或岩体内进行工程活动时,如开挖、填方、上部建筑物的修建等,必然对原岩中一定范围内的天然应力产生扰动,这种因人类活动而改变的应力称为重分布应力或二次应力或次生应力。无论地应力或是二次应力,它们在岩体空间中有规律的分布形态称为应力场。

国外最早研究地应力的是瑞士地质学家海姆(Heim),他通过观察横穿阿尔卑斯山大型越岭隧道围岩的工作性态,于1912年提出了地应力的概念;1925年,苏联学者金尼克(А. Н. ДИНИК)根据弹性理论推导了岩体地应力的简化计算公式;1932年,在美国胡佛大坝坝底的泄水隧洞首次采用岩体表面应力解除测量法开展岩体地应力测量,获得可喜的资料,从而开辟了现场实测地应力的新纪元;1958年,哈斯特(N. Hast)首次公布于1952—1953年在瑞典拉依斯瓦尔铅矿和斯勘的纳维亚半岛4个矿区钻孔应力测试结果,引起了人们的震惊;此后,包括塞拉芬(Serafim J. L.)、Leeman(1963)、Rocha(1968)、赫尔特希等(1976)、Seheidegger(1962)、Kehle(1964)、Haimson&Fairhust(1970)等学者又进一步丰富和完善了这方面的知识。在我国,岩体地应力的研究起步于20世纪50年代后期,李四光和陈宗基两位教授分别领导地质力学研究所和三峡岩基专题研究组;20世纪60年代邢台大地震后,由国家地震局组织专题攻关钻孔应力测量;1966年,长江科学院在乌江渡水电站坝址开始尝试浅孔应力测试。20世纪80年代以来,随着我国水电、交通等基础设施建设的蓬勃发展,许多大工程陆续开展了地应力测试工作,许多新的测试理论及方法被提出。在地应力的分析方面,早期工程设计采用不同侧压比(地应力水平应力分量与铅直应力分量之比)来模拟地应力场,即以点代场设计阶段;此后,研究人员采用数值计算试图与单个实测值相拟合来获取区域应力场,如石田毅等在歧阜县北部兴建抽水蓄能电站时采用埋设法和孔底法在现场进行了多组地应力测试。随着计算机技术的发展,科技工作者陆续提出了边界荷载调整法、地应力位移反分析法、有限元数学模型回归分析法、应力函数趋势分析法、位移图谱反分析法、有限元反演分析法、神经网络位移反分析法、基于灰色理论的地应力反分析法、遗传算法与有限元联合反演法、随机反分析模型等,这些方法对于岩体地应力研究均起到显著的推动作用。

然而由于受到多种地质因素的控制和影响,岩体地应力仍然是一个极其复杂的问题,其大小及空间分布规律尚缺乏完整系统的理论成果。一般认为,在岩体形状规律、表面平整、产状平缓、均匀性强、岩体本身未受构造作用的情况下,可认为岩体中的铅直应力与上覆岩体的质量成正比,水平应力可按铅直应力乘以侧压力系数而计算(一般约为铅直应力的30%)。事实上,自然界中的岩体很少具备上述理想条件,尽管大量学者和工程技术人员对地应力的现场量测和理论研究都做了大量工作,也取得了一定的进展,但要达到能够确切掌握岩体中地应力大小及其分布规律,尚还有相当大的困难。

4.2.1　地应力的成因

据陈宗基教授分析,地应力的来源包括 5 个方面,即:岩体自重、构造运动、地形、剥蚀作用和封闭应力。其中:自重应力是地心对岩体的引力作用;构造应力是地质构造运动引起的应力,包括古构造运动残留于岩体中的构造残余应力和现在正在形成的新构造运动的应力;地形与剥蚀作用形成的应力是指受重力影响,局部改变的应力场,如高山峡谷或深切河谷底部的应力集中;地形剥蚀是地表岩体初始应力垂直分量降低,而水平应力略有降低;封闭应力是指受岩体受高温高压时,因岩石颗粒的晶体之间的摩擦作用,部分岩体变形受阻而将应力积累封闭在岩体中。

总体来看,岩体地应力的形成主要与地球的各种动力运动过程有关,包括地心引力、板块边界受压、地幔热对流、岩浆侵入、地壳非均匀扩容,温度应力、地震力,以及由于结晶作用、变质作用、沉积作用、固结作用、脱水作用等。实测和理论分析表明:如今地应力场主要由岩体自重应力和构造应力两部分组成,但其他某些因素的存在,使得地应力更为复杂多变,主要包括以下方面。

(1)地质构造

地质构造对地应力的影响,主要表现在影响应力分布和应力传递。

①在均匀应力场中,地质构造对地应力量值和方向的影响是局部的。

②在同一地质构造单元中,被断层或其他大结构面切割的各个大块体中的地应力量值和方向较一致,而靠近断层或其他结构面附近,尤其是拐弯、交叉处或两端,易产生应力集中,地应力量值和方向均有较大变化。如图 4.1(a)所示为背斜褶皱,其两翼自重应力大,中部自重应力低,表现为承载拱的受力特点;对于向斜褶皱,则两翼自重应力较中部要低。如图 4.1(b)所示为断层组合对地应力的影响,因断层两侧的岩块形成应力传递,使得上大下小的楔体产生卸荷作用,自重应力较低,而下大上小的楔体产生加载作用,使得自重应力升高。

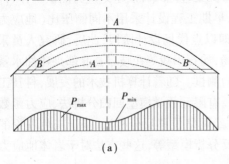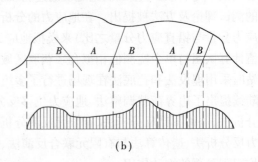

图 4.1　地质构造对岩体地应力的影响

③在活动断层附近或地震地区,地应力量值和方向也有较大变化,因此可在构造断层的端点或交叉处监测应力的变化来对地震进行预报。

(2)地形地貌和剥蚀作用

地形地貌对岩体地应力的影响较为复杂。如图 4.2 所示为在地表水平的情况下的主应力分布,其中一个主应力为水平,另一个为铅直。而在斜坡沟谷地形情况下,坡面附近的最大主应力方向与斜坡坡面大致平行,最小主应力往往与斜坡坡面垂直,甚至出现拉应力,产生显著卸荷现象;谷底的最大主应力转为水平方向,量值受坡高的影响较大,易形成明显的应力集中区。因此,从谷坡表面至山体内部一般分为三个不同的应力带,即靠近谷坡的应力降低带(或应力卸荷区),中间为应力升高带,山体内部的应力平衡带(见图4.3)。例如,在苏联托克托尔坝址河谷地区左右岸地应力完全不同,左岸铅直应力和水平应力分别为2.0~12.0 MPa和5.7~13.3 MPa,而右岸为2.8~7.2 MPa和3.0~5.6 MPa。

剥蚀作用对岩体地应力的影响也较为显著。剥蚀前,岩体内存在一定量值的铅直应力和水平应力;剥蚀后,铅直应力显著降低,但仍有部分来不及释放而残留下来,水平应力释放较少,基本保持原有量值。由此造成岩体内部存在应力量值比现有地层厚度所引起的自重应力要大得多,水平应力尤其如此。

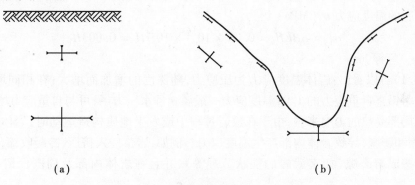

(a)   (b)

图4.2   地形地貌对岩体地应力的影响

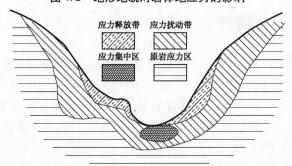

图4.3   雅砻江锦屏坝区河谷应力分带(王士天等,1998)

(3)岩体的力学性质

从能量积累的观点来看,岩体地应力是能量积累与释放的结果,岩体力学性质将影响地应力的累积程度。英国人耶格(J. C. Jaeger)曾提出地应力与岩石抗压强度成正比的概念,但若以弹性模量 E 来探求两者的关系则更具实际意义;据李光煜、白世伟等人的统计资料,当 E 分别为2 GPa 和100 GPa 时,地应力分别为3 MPa和30 MPa,即弹性模量相差50倍,地应力则相差近10倍。

一般来说,坚硬而完整的岩体有利于积累大量的能量,从而产生高地应力。例如,在弹性模量较大的岩体中容易发生地震和岩爆现象;软弱或破碎的岩体由于易于变形,积累的应变能小,地应力水平往往较低,如风化较深或第四纪侵蚀水平以上20~40 m都使应力释放,成为低应力区;软硬相交和互层的地质结构因变形不均匀而易于产生附加应力。

(4)水或渗流

水或渗流对地应力的影响是显而易见的。自然界中的岩体往往含有各种结构面,如节理、裂隙等。存在于这些结构面的水,静止时呈现静水压力,因浮力作用减轻岩体的质量,水位的升降同样引起岩体质量的减少或增加,从而减少或增加岩体自重应力;而流动时则形成渗流产生动水压力,在周围岩体表面产生动水摩擦力和动水流向应力。

例如,三峡工程库区茅坪镇 800 m 深孔孔隙水压力测量结果显示,孔隙水压力大致等于静水压力,若钻孔深 120 m,地下水位比孔口高程低 20 m,则孔底的孔隙压力近似为 1 MPa。

(5)温度

温度对岩体地应力的影响主要表现在两方面:地温梯度和岩体局部受热影响。

从地温梯度的影响来看,各地区地温梯度 α 随埋深的不同有所差异,但一般 $\alpha = 3\ ℃/100\ m$,岩体的体膨胀系数约为 $5 \sim 10$,一般岩体的弹性模量 E 为 10 GPa,则在埋深为 H 处地温梯度引起的温度应力 $\sigma_t(MPa)$ 约为:

$$\sigma_t = \alpha\beta EH = 0.03 \times 10^{-5} \times 10^{-4}H = 0.003H \tag{4.1}$$

式中 H——埋深,m。

从式(4.1)可以看出:岩体温度应力为压应力,随深度的增加而增大;在相同埋深情况下,温度应力约为铅直自重应力的 1/9;温度应力一般属于静水压力场,可与自重应力场代数叠加。

从岩体局部受热的影响来看,由于在成岩过程中或发生地质构造运动时,岩体局部冷热不均,产生收缩和膨胀,导致岩体内部产生温度应力。例如,岩浆侵入挤压、冷凝收缩,从而在岩体内部造成一些成岩裂隙(如玄武岩的柱状节理等),并且在岩体内部及周围保留部分残余热应力。

4.2.2　地应力的变化规律

早期由于实测地应力资料少,对地应力的认识不全面,许多学者曾提出一些与一般情况不符的假设,如海姆假说和金尼克侧压系数假设。1958 年,Hast 在现场试验中发现水平应力显著大于垂直主应力,W. R. McCutchen 通过理论分析证明了地壳浅层水平应力大于铅直应力,但是,由于地应力分布的非均匀性,以及地质、地形、构造和岩石力学性质等方面的影响,使得在概括地应力状态及其变化规律方面,建立一种可反映上述全部因素的模型相当困难。

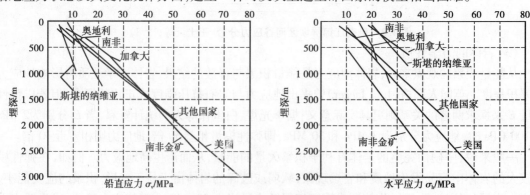

图 4.4　水平、铅直岩体地应力与埋深的关系曲线

然而,由于地应力场是一个相对稳定的非稳定场,一定区域内地应力分布规律大体一致,因此,利用统计手段来研究地应力场的分布特性是可行的。自 20 世纪 50 年代初期起,许多国家先后开展了岩体地应力绝对值的实测研究,至今已经累积了大量的地应力实测资料,目前世界

上测定原岩应力最深的测点已达 5 000 m,但多数测点的深度在 3 000 m 内,根据收集到的地应力实测资料,对地壳浅部初始地应力的变化规律进行讨论,大致可归纳如下几点:

(1)岩体地应力是时间和空间的函数

一般情况下,除深埋地层外,岩体地应力场是一个三向不等压的空间应力场,三个主应力的量值与方向是随空间和时间变化的,是一种非稳定的"四维"应力场。就空间变化而言,在小范围内的地应力变化是非常明显的,如在一个水利枢纽区,从某一段到另外相距几十米的区段,地应力在大小和方向上很可能存在差异,又如一个规模不大的地质构造带(断层等)的存在,都可能导致构造带两侧地应力场产生巨大差异;但就某个区域的整体而言,地应力的变化时不大的,如我国的华北地区,地应力场的主导方向为西北到近于东西的主压应力。

表 4.1 σ_{hav}/σ_v 或 σ_h/σ_v 统计百分率　　　　单位:%

国　家	σ_{hav}/σ_v			σ_h/σ_v
	<0.8	0.8~1.2	>1.2	
中国	32	40	28	2.09
澳大利亚	0	22	78	2.95
加拿大	0	0	100	2.56
美国	18	41	41	3.29
挪威	17	17	66	5.56
瑞典	0		100	4.99
南非	41	24	35	2.50
苏联	51	29	20	4.30
其他	37.5	37.5	25	1.96

地应力量值和方向在时间上的变化,就人类工程活动所延续的时间而言是缓慢的,可以不予考虑,如瑞典北部的梅尔贝格矿区,如今地应力场与 20 亿年前的应力方向完全相同。但在地震活动区,地应力的变化还是相当大的,在地震前处于应力累计阶段,应力值不断升高,而地震时使集中的地应力得到释放,应力值突然大幅度下降。以 1976 年 7 月 28 日唐山地区 7.8 级地震为例,顺义吴雄寺测点,震前的 1971 年到 1973 年, $\tau_{max} = (\sigma_1 - \sigma_2)/2$ 由 0.65 MPa 积累到 1.10 MPa;震后的 1976 年 9 月到 1977 年 7 月, $\tau_{max} = (\sigma_1 - \sigma_2)/2$ 由 0.95 MPa 释放到 0.30 MPa。

(2)铅直地应力的分布特征

霍克(E. Hoek)和布朗(E. T. Brown)通过对世界主要地区的地应力实测资料的分析,得出:在深度 25~2 700 m 范围内,绝大部分地区的铅直应力 σ_v 呈线性增长,大致相当于按岩体平均容重 $\gamma = 27$ kN/m^3 计算出来的自重应力 γH(H 为测点距地面的深度),除少数(如地层浅表)偏离较远外,一般分散度不大于 5%。

但是除测量误差外,受板块移动、岩浆对流和侵入、扩容、不均匀膨胀等因素的影响,某些地区的铅直应力测量结果存在较大的偏差。例如,位于法国和意大利之间的勃朗峰、乌克兰的顿涅茨盆地,实测 σ_v 均显著大于上覆岩体自重($\sigma_v/\gamma H \approx 1.2 \sim 7.0$);根据苏联资料(A. B. 裴伟整理),$\sigma_v/\gamma H < 0.8$ 的占 4%,$\sigma_v/\gamma H = 0.8 \sim 1.2$ 的占 23%,$\sigma_v/\gamma H > 1.2$ 的占 73%;在我国,$\sigma_v/\gamma H = 0.8 \sim 1.2$ 的占 5%,$\sigma_v/\gamma H < 0.8$ 的占 16%,$\sigma_v/\gamma H > 1.2$ 的占 79%,个别部位 $\sigma_v/\gamma H > 20$,即在埋深小于 1 000 m 时,多数实测铅直应力大于上覆岩体质量。这些情况大都与目前正在进行的构造运动有关。

一般情况下,铅直应力 σ_v 是岩体中的主应力之一,但与单一自重应力场不同,在岩体地应力场中,σ_v 往往都是最小主应力,少数情况下为最大或中间主应力。例如,在斯堪的纳维亚半岛的前寒武纪岩体、北美地区的加拿大地盾、乌克兰的希宾地块以及其他地区的结晶基底岩体中,σ_v 基本为最小主应力;而在斯堪的纳维亚岩体中测得的 σ_v 值大都为最大主应力;在河谷谷坡附近及单薄的山体部分,由于侧向侵蚀卸荷作用,常可测得 σ_v 为最大主应力。这些情况表明,岩体地应力主要受到自重和地质构造的影响,且多数情况下地质构造运动往往成为主导作用。

(3)水平地应力的分布特征

相对于铅直地应力,岩体中水平地应力的分布和变化规律则相对比较复杂。根据全世界已有的地应力实测结果分析,岩体中水平地应力主要受现代构造应力场的控制,同时,还受到岩体自重、侵蚀所导致的天然卸荷作用、现代构造断裂运动、应力调整和释放以及岩体力学性质等因素的影响。根据世界各地的天然应力量测成果,岩体中天然水平应力可以概括为如下特点:

①岩体水平地应力一般以压应力为主,甚少出现拉应力,且多具局部特征。例如,在通常被视为现代地壳张力带的大西洋中脊轴线附近的冰岛,Hast 在距地表 4 ~ 65 m 深处所测得的水平地应力均为压应力(见表 4.2),且在绝大多数地区均有两个主应力位于水平或接近水平的平面内,其与水平面的夹角一般不大于 30°。

表 4.2　芬兰斯堪的纳维亚部分地区水平应力的测量结果(据 Hast,1967)

测量地点	埋深(m)	水平主应力(MPa)			σ_1 (MPa)	τ_{max} (MPa)	σ_1 方向	τ_{max} 方向	岩性	年份
		σ_1	σ_2	$\sigma_1 + \sigma_2$						
Crargesberg	410	34.5	23.0	57.5	0.66	5.8	NW43°	NE2°	麻粒岩	1951—1954 1958
Strallberg	690	56.0	32.0	88.0	0.57	12.0	NW45°	NS	麻粒岩	1957
Strallberg	880	56.0	16.0	102.0	0.82	5.0			麻粒岩	1957
Vingesbacke	410	70.0	37.0	107.0	0.53	16.5	NW45°	NE2°	花岗岩	1962
Vingesbacke	410	90	60.0	150.0	0.66	15.0			花岗岩	
Malmnerget	290	38.0	13.0	51.0	0.34	12.5	NW73°	NW38°	花岗岩	1957
Laisvall	225	33.5	12.0	45.5	0.36	10.8	NW16°	NW29°	花岗岩	1952—1953 1960
Laisvall	115	23.5	13.5	37.0	0.57	5.0	NE24°	NW21°	石英岩	1960
Laisvall	180	46.0	33.5	79.5	0.73	6.3	NW61°	NE16°		1960
Nyang	657	50.0	35.0	85.0	0.70	7.5	NE28°	NW17°	花岗岩	1959
Nyang	477	46.0	26.0	723.0	0.56	10.0	NE52°	NE7°	花岗岩	1959
Kirure	90	14.5	10.5	25.0	0.72	2.0	NE3°	NE32°	麻粒岩	1958
Kirure	120	14.0	10.5	24.5	0.75	1.8	NW11°	NE34°	麻粒岩	1958
Solhem	100	19.0	10.5	29.5	0.55	4.3	NE49°	NE4°	灰岩	1962

续表

测量地点	埋深(m)	水平主应力(MPa)			σ_1 (MPa)	τ_{max} (MPa)	σ_1 方向	τ_{max} 方向	岩性	年份
		σ_1	σ_2	$\sigma_1 + \sigma_2$						
Lidiugo	32	13.0	7.0	20.0	0.54	3.0	NE6°	NW39°	花岗岩	1961
Sibbo	45	14.5	11.5	26.0	0.79	1.5	NW45°	E－W	灰岩	1961
Sibbo	100	15.0	13.0	28.0	0.87	1.1			灰岩	1961
Jussaro	145	21.0	13.0	34.0	0.62	4.0	NE51°	NE6°	花岗岩	1962
Slite	45	13.0	10.5	23.5	0.81	1.3	NW47°	NW2°	灰岩	1964
Messaure	100	16.5	12.0	28.5	0.73	2.3	NW10°	NE35°	花岗岩	1964
Kirkenas	50	12.0	8.5	20.5	0.71	1.8	NE23°	NW22°	花岗岩	1963
Karlshamn	10	12.0	7.5	19.5	0.62	2.3	NW65°	NW20°	花岗岩	1963
Sondrum	14.5	40.0	13.0	53.0	0.32	3.5	NW7.5°	NW52.5°	花岗岩	1964
Rixo	9	12.0	6.5	18.5	0.54	2.9	NW24°	NW69°	花岗岩	1965
Transs	8	10.5	6.0	16.5	0.57	2.4	NE47°	NE2°	花岗岩	1964
Gol	50	20.5	10.5	31.0	0.51	5.0	NW33°	NE12°	花岗岩	1964
Wassbo(Idre)	31	13.5	6.5	20.0	0.48	3.5	NW9°	NW54°	石英岩	1964
Bierlov	6	14.5	10.0	24.5	0.69	2.5	NW26°	NW71°	花岗岩	1966
Bornholm	17	6.0	4.0	10.0	0.67	0.67	NW30°	NE15°	花岗岩	1966
Merrang	260	26.0	18.5	44.5	0.71	0.71	NW43°	NS2°	花岗岩	1966
Kistinealtad	15	16.0	6.5	16.5	0.65	0.65	NE24°	NW21°	花岗岩	1966

表4.3 华北地区地应力绝对值测量结果(据李铁汉,潘别洞,1980)

地点	时间	岩性及时代	大水平主应力(MPa)	小水平主应力(MPa)	最大主应力方向	$\dfrac{\sigma_{h\,min}}{\sigma_{h\,max}}$
隆尧茅山	1966.10	寒武系鲕状灰岩	7.7	4.2	NW54°	0.55
顺义吴雄寺	1971.06	奥陶系灰岩	3.1	1.8	NW75°	0.58
顺义庞山	1973.11	奥陶系灰岩	0.4	0.2	NW58°	0.50
顺义吴雄寺	1973.11	奥陶系灰岩	2.6	0.4	NW73°	0.15
北京温泉	1974.08	奥陶系灰岩	3.6	2.2	NW65°	0.67
北京昌平	1974.10	奥陶系灰岩	1.2	0.8	NW75°	0.67
北京大灰厂	1974.11	奥陶系灰岩	2.1	0.9	NW35°	0.43
辽宁海域	1975.07	前震旦系菱镁矿	0.3	5.9	NE87°	0.63
辽宁营口	1975.10	前震旦系白云岩	16.6	10.4	NW84°	0.61
隆尧茅山	1976.06	寒武系灰岩	3.2	2,1	NE87°	0.66
滦县一孔	1976.08	奥陶系灰岩	5.8	3.0	NE84°	0.52
滦县二孔	1976.09	奥陶系灰岩	6.6	3.2	NW89°	0.48
顺义吴雄寺	1976.09	奥陶系灰岩	3.6	1.7	NW83°	0.47
唐山凤凰山	1976.10	奥陶系灰岩	2.5	1.7	NW47°	0.68

续表

地点	时间	岩性及时代	大水平主应力（MPa）	小水平主应力（MPa）	最大主应力方向	$\dfrac{\sigma_{h\,min}}{\sigma_{h\,max}}$
三河孤山	1976.10	奥陶系灰岩	2.1	0.5	NW69°	0.24
怀柔坟头山	1976.11	奥陶系灰岩	4.1	1.1	NW83°	0.27
河北赤城	1977.07	前寒武系超基性岩	3.3	2.1	NE82°	0.64
顺义吴雄寺	1977.07	奥陶系灰岩	2.7	2.1	NW83°	0.47

②岩体水平地应力普遍大于铅直地应力，尤其在前寒武纪结晶岩体以及山麓附近和河谷谷底的岩体中更为突出。根据实测资料，在古老结晶岩体中，总体呈现最大水平主应力 $\sigma_{h\,max}$ >最小水平主应力 $\sigma_{h\,min}$ >铅直地应力 σ_v 的规律，$\sigma_{h\,max}$ 与 σ_v 的比值，即侧压系数 λ 一般为 0.5 ~ 0.55，在多数情况下大于2.0（见表4.3）。最大水平主应力 $\sigma_{h\,max}$ 与最小水平主应力 $\sigma_{h\,min}$ 的算数平均值 $\sigma_{h,av}$ [$\sigma_{h,av} = (\sigma_{h\,max} + \sigma_{h\,min})/2$]与 σ_v 的比值一般为 0.5 ~ 5.0，且多数为 0.8 ~ 1.5（见表4.4），表明地壳浅部岩体的平均水平应力普遍大于铅直应力，后者多数情况下为最小主应力，少数情况下为中主应力，个别情况下为大主应力，这主要是由于构造应力以水平方向为主，如板块移动、碰撞等。

表4.4 世界各国水平主应力与铅直应力的比值统计表

国家	σ_{hav}/σ_v （%）			$\sigma_{h\,max}/\sigma_v$	国家	σ_{hav}/σ_v （%）			$\sigma_{h\,max}/\sigma_v$
	<0.8	0.8 ~ 1.2	>1.2			<0.8	0.8 ~ 1.2	>1.2	
中国	32	40	28	2.09	瑞典	0	0	100	4.99
澳大利亚	0	22	78	2.95	南非	41	24	35	2.5
加拿大	0	0	100	2.56	苏联	51	29	20	4.3
美国	18	41	41	3.29	其他地区	37.5	37.5	25	1.96
挪威	17	17	66	3.56					

③岩体中的最大水平主应力 $\sigma_{h\,max}$ 与最小水平主应力 $\sigma_{h\,min}$ 量值一般相差很大。一般来说 $\sigma_{h\,max}/\sigma_{h\,min}$ 比值随地区不同而变化于 0.2 ~ 0.8 之间，多数情况下为 0.4 ~ 0.8（见表4.5）。斯堪的纳维亚大陆的前寒武纪岩体中，$\sigma_{h\,max}/\sigma_{h\,min}$ 比值为 0.3 ~ 0.75。又如，我国华北地区不同时代岩体中应力量测结果（见表4.5）表明，最小水平应力与最大水平应力比值的变化范围在 0.15 ~ 0.78 之间，说明岩体中水平应力具有强烈的方向性和各向异性。

表4.5 世界部分国家和地区大小水平主应力的比值统计表

国家及地区	统计数目	$\sigma_{h\,min}/\sigma_{h\,max}$ （%）				
		1.0 ~ 0.75	0.75 ~ 0.50	0.50 ~ 0.25	0.25 ~ 0	合计
斯堪的纳维亚等地区	51	14	97	13	6	100
北美	222	22	46	23	9	100
中国	25	12	56	24	8	100
中国华北地区	18	6	61	22	11	100

④最大水平主应力与最小水平主应力随埋深呈线性增长关系。与铅直地应力不同,在水平地应力回归方程中的常数项数值要大一些,反映了在某些地区近地表处仍存在显著水平应力的特征。斯蒂芬森(O. Stephansson)等人根据实测结果给出了芬兰斯堪的亚古陆最大水平主应力$\sigma_{h\,max}$和最小水平主应力$\sigma_{h\,min}$随深度变化的线性方程:

$$\left.\begin{array}{l}\sigma_{h\,max} = 6.7 + 0.044\,4H\\ \sigma_{h\,min} = 0.8 + 0.032\,9H\end{array}\right\} \tag{4.2}$$

式中　　H——深度,m。

⑤在单薄的山体、谷坡附近以及未受构造变动的岩体中,水平地应力均小于铅直地应力;在很单薄的山体中,甚至可出现水平应力为零的极端情况。

⑥现代岩体中最大水平主应力的方向主要取决于现代地质构造应力场,与历史上曾经出现的地质构造应力场不存在必然的联系,它们之间的关系较为复杂,必须通过对地质结构面力学性质及其组合关系和地质关系进行分析,才可以初步判断地质构造应力场的主压应力方向。

(4)水平地应力与铅直地应力比值的特征

在地应力场中,将平均水平应力与铅直应力的比值λ称为侧压力系数,它是表征区域地应力分布特征的指标之一。霍克(E. Hoek)和布朗(E. T. Brown)对世界主要地区的实测地应力资料进行分析,结果表明λ值可由以下经验回归公式获得:

$$\frac{100}{H} + 0.30 \leqslant \lambda \leqslant \frac{1\,500}{H} + 0.5 \tag{4.3}$$

式中　　H——实测应力点的埋深,m。

图4.5中的阴影面积就是由式(4.3)所确定的λ值的变化范围。从图可知:λ值的变化幅度为0.5~5.5,且随埋深H的增大而减小;在埋深不大的条件下,λ值较为分散且量值较大;随着埋深的增加,λ值的分散度逐渐变小且逐渐趋于1,即在地壳深部,水平地应力与铅直应力大致相等且均接近自重应力,岩体地应力接近于海姆假说的静水压力状态。

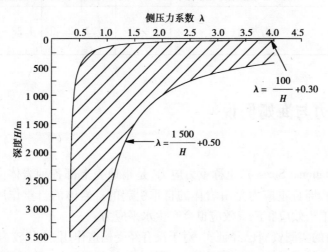

图4.5　侧压力系数与深度的关系

我国某些工程地区的水平应力与铅直应力实测资料如表4.6所示。

表4.6 我国某些工程地区的水平应力与铅直应力实测资料

量测地点	岩　性	深度/m	水平应力/MPa	铅直应力/MPa	水平/垂直
511工程二号厂房	厚状厚层砂岩	98	3.86	2.57	1.50
映秀湾地下厂房	花岗及花岗闪长岩	200	12.36	9.92	1.25
羊卓雍湖电站厂房	泥质页岩及砂岩		0.53	1.54	0.34
二滩电站厂房	花岗岩	100	9.0	21.60	0.41
511工程	花岗岩	50~60	12	40.00	0.30
三峡某坝区	薄层中厚层微结晶泥质条岩	128	15.75	6.93	2.30
三峡某坝区	龙洞灰岩	100	9.98	4.38	2.05
太平坝二号洞	黄陵花岗岩、闪长岩		20.50	10.70	1.98
白山工程	混合岩	60	45.60	17.80	2.50
以礼河三级电站	破碎玄武岩	60	1.98	2.22	0.98
	火山角砾岩	60	0.82	0.95	0.86
	玄武岩	175	1.99	2.38	0.87
	火山角砾岩	220	8.87	7.97	1.12
西洱河一级电站	片麻岩及石英云母片岩、夹片麻岩	60	8.13	6.67	1.30
云南第四电厂	石灰岩	0~70	1.72~2.40	1.28~1.46	1.36

4.2.3　自重应力与海姆假说

（1）自重应力

自重应力（Gravitational Stress），也称重力应力，是指地壳上部各种岩体由于受到地心应力的作用而产生的应力，即自重应力是由岩体的自重引起的。岩体的自重作用不仅产生铅直应力，而且由于岩体的泊松效应和流变效应也会产生水平应力。

根据大量地应力的实测资料已经证实，对于没有经受构造作用、产状较为平缓的岩层，在研究其自重应力场时，一般把岩体视为均匀、连续且各向同性的弹性体，故可采用连续介质力学原理来研究岩体自重应力问题，并在此基础上辅以必要的修正系数。

假定岩体简化为均值半无限弹性体，忽略构造和地形变化对地应力的影响，在距地表深度为 H 处有一单元（见图4.6），铅直应力 σ_z 为上覆岩层的质量，即：

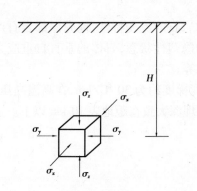

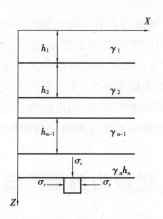

图 4.6　地层垂直自重应力及侧向应力　　　　图 4.7　多层岩体铅直应力计算

$$\sigma_z = \gamma H \tag{4.4}$$

式中　γ——上覆岩层的平均容重，kN/m^3；

H——单元体的埋深，m。

若岩体由不同容重的岩层组成（见图 4.7），则：

$$\sigma_z = \sum_{i=1}^{n} \gamma_i h_i \tag{4.5}$$

式中　γ_i——从地表算起第 i 层岩层的容重，kN/m^3；

h_i——从地表算起第 i 层岩层的厚度，m。

单元体在铅直应力 σ_z 的作用下，因泊松效应而产生横向变形的趋势，但由于岩体单元在各个方向都受到与相邻岩体的约束，不可能产生横向变形，即 $\varepsilon_x = \varepsilon_y = 0$，而相邻岩体的约束相当于对单元体施加了侧向应力 σ_x 以及 σ_y，根据广义胡克定律有：

$$\varepsilon_x = \frac{1}{E}[\sigma_x - \mu(\sigma_y + \sigma_z)] = 0 \tag{4.6}$$

$$\varepsilon_y = \frac{1}{E}[\sigma_y - \mu(\sigma_z + \sigma_x)] = 0 \tag{4.7}$$

由此可得：

$$\sigma_x = \sigma_y = \frac{\mu}{1-\mu}\sigma_z = \frac{\mu}{1-\mu}\gamma H \tag{4.8}$$

式中　E——岩体的弹性模量；

μ——岩体的泊松比。

令 $\lambda = \mu/(1-\mu)$，则：

$$\sigma_x = \sigma_y = \lambda\sigma_z = \gamma H \tag{4.9}$$

式中　λ——侧压力系数，其数值上等于某点的水平应力与该点铅直应力的比值。

一般岩体的泊松比 μ 为 $0.2 \sim 0.35$，故侧压力系数 λ 通常小于 1，因此在岩体自重应力场中，铅直应力 σ_z 和水平应力 σ_x，σ_y 都是主应力，σ_x 为 σ_z 的 $25\% \sim 54\%$。只有岩石处于塑性状态时，λ 值才增大。侧压力系数 λ 的大小是同岩体所处的力学状态紧密相关的。

（2）海姆假说

从式（4.9）和式（4.10）可以看出，当 $\mu = 0.5$ 时，$\lambda = 1$，即式（4.9）是式（4.8）在 $\mu = 0.5$ 时的一个特例，表明侧向水平地应力与铅直地应力相等（$\sigma_x = \sigma_y = \sigma_z$），即岩体应力处于静水压

力状态,这就是著名的海姆假说(Heim Hypothesis)。

海姆假说的基本思想是:由于长期的地质作用和岩石的流变特性,地壳深部岩石产生塑性变形,甚至在深度不大时也会发展成各向应力相等的隐塑性状态,岩体的垂直自重应力与其上覆岩层的质量成正比,而水平应力大致与铅直应力相等。

在地球地壳深部,温度随埋深的增加而增大,温度梯度约为 30 ℃/km,在高温高压条件下,坚硬的岩体也可能逐渐转化为塑性状态。据估算,该埋深大致在距地表 10 km 以下。

4.3 地应力测量方法

4.3.1 地应力测量的基本原理

在工程的设计与施工阶段,必须了解地应力的大小和分布状态,从而为岩体工程的设计与施工提供可靠的依据;即使在工程运营阶段,也需要对岩体中的应力变化和活动以及对理论分析进行校核;岩体应力测量还是预报岩体失稳破坏以及预报岩爆的有力工具。由于人们无法通过理论计算获得地应力的精确值,因此岩体地应力测量就成为人们获取地应力大小的最有效手段之一。

地应力测量就是确定岩体中的三维应力状态。岩体中一点的三维应力状态可由选定坐标系中的 6 个分量(σ_x, σ_y, σ_z, τ_{xy}, τ_{yz}, τ_{zx})来表示。该坐标系是可根据需要和方便进行任意选择,但一般取地球坐标系作为测量坐标系。由 6 个应力分量可求得该点唯一的 3 个主应力的大小和方向。在实际地应力测量中,每一测点所涉及的岩体可能从几立方厘米到几千立方米,这取决于所采用的测量方法。但无论多大,对于整个岩体而言,仍可视为一点。虽然也有测量大范围岩体内的平均应力的方法,如超声波等地球物理方法,但这些方法很不准确,故远没有"点"测量方法普及。由于地应力状态的复杂性和多样性,要比较准确的测定某一地区的地应力,就必须进行充足数量的"点"测量,在此基础上借助数值分析和数理统计、灰色建模、人工智能等分析方法,进一步确定该区域的全部地应力场状态。

由于地应力是一个非可测的物理量,它只能通过测量应力变化而引起的诸如位移、应变或电阻、电感、波速等可测物理量的变化值,然后基于某种假设反算出地应力量值。因此,目前国内外采用的所有地应力测量方法,基本均为在钻孔、地下开挖或露头上刻槽引起岩体中应力的扰动,然后用各种探头量测由于应力扰动而产生的各种物理量变化的方法来实现。总体上分为直接测量法和间接测量法两大类。

直接测量法是测量仪器直接记录补偿应力、恢复应力、平衡应力或其他应力量,并由这些应力值与地应力的相互关系,通过计算获得地应力值,其优点是无需事先知道岩体的物理力学性质及应力应变关系,不涉及物理量之间的换算即可决定岩体地应力,如扁千斤顶法、水压致裂法、刚性圆筒应力法以及声发射法(Kaiser 效应)等。间接测量法不是直接测量应力值,而是借助某些传感元件或介质,测量和记录某些与应力有关的间接物理量的变化,如变形、应变、弹性波波动参数、岩体密度、渗透性、吸水性、电阻电容、放射性参数等,然后根据已知或假设的公式来计算地应力值,如,应力解除法、局部应力解除法、应变解除法、应用地球物理方法等。国内外常用的地应力测量方法见表4.7。

表 4.7　常用的地应力测量方法及评述

测量原理	测量方法	解除方法	使用条件	可靠度
测量变形	钢环变形计	套孔解除	要求不严	较高
	钢弦应力计	套孔解除	要求不严	较高
	压磁应力计	套孔解除	岩石完整	较高
	液压计	套孔解除	要求较高	参考
测量应变	孔底应变丛	孔底解除	岩石完整	较低
	光弹双向应变计	孔底解除	岩石完整	参考
	孔壁轴应变丛	套孔解除	岩石完整	较低
包体变形	光弹柱塞	套孔解除	适用于软岩	参考
	罗恰光弹应力计	套孔解除	适用于软岩	参考
破　裂	水压致裂	不用解除	要求不严	较高
	压裂声发射	不用解除	要求较高	较低

下面重点介绍工程上最常用的几种方法:水压致裂法、应力解除法、应力恢复法和声发射法。

4.3.2　水压致裂法

水压致裂法地应力测量是深孔地应力测量中最主要的一种方法,尤其在地壳深层的地应力场研究中必不可少,是地震及其破坏机理研究的重要依据。水压致裂法在 20 世纪 50 年代被广泛用于油田工程,通过在钻井中制造人工裂隙来提高石油产量。美国哈伯特(M. K. Hubbert)和威利斯(D. G. Willis)在实践中发现了水压致裂和地应力之间的关系,这一发现被费尔赫斯(C. Fairhurst)和海姆森(B. C. Haimson)用于地应力测量中。

(1)测量原理

水压致裂法是借助于一对可膨胀的橡胶封隔器,在需要测量应力的深度上封闭隔离一段钻孔,然后泵入液体对试段钻孔施加压力,根据压裂过程曲线上压力特征值以及橡胶塞套上压痕的方位,确定岩体中地应力的大小和方向。

水压致裂法的原理以弹性力学平面问题为基础,并引入三个基本假设,即:

①岩体是线性、均匀、各向同性的弹性体。

②岩体为多孔介质时,注入的液体按达西定律在岩体孔隙中流动。

③岩体地应力的一个主方向是垂直方向,与垂直向钻孔轴线一致,大小等于上覆岩层的质量。也就是说水压致裂法地应力测量是对钻孔横截面上的二维地应力状态的测量。

从弹性力学理论可知,当一个位于无限体中的钻孔受到无穷远处的二维应力(σ_1,σ_3)作用时,离开钻孔端部一定距离的部位处于平面应变状态,在这些部位,钻孔周边的应力为:

$$\left.\begin{array}{l} \sigma_\theta = \sigma_1 + \sigma_3 - 2(\sigma_1 - \sigma_3)\cos\theta \\ \sigma_r = 0 \end{array}\right\} \tag{4.10}$$

式中 σ_θ, σ_r——钻孔周边的切向应力和径向应力;

θ——钻孔周边一点与 σ_1 轴的夹角,当 $\theta = 0$ 时,σ_θ 取极小值,$\sigma_\theta = 3\sigma_3 - \sigma_1$。

在试验过程中,当高压水泵入到由栓塞隔开的钻孔试验段中,水试段压升高,钻孔孔壁的环向压应力降低,并在某些点出现拉应力;当泵入的水压力超过 $3\sigma_3 - \sigma_1$ 和岩石抗拉强度 σ_t 后,就在 $\theta = 0$ 处(即 σ_1 所在方位)发生孔壁开裂。设钻孔孔壁产生初始开裂时的水压力为 P_{c1},则有:

$$p_{c1} = 3\sigma_3 - \sigma_1 + \sigma_t \tag{4.11}$$

若继续向封闭段注水,则裂隙进一步扩展,当裂隙深度达到 3 倍钻孔孔径时,此处已接近初始地应力状态,停止加压,保持压力恒定,则该恒定压力称为关闭压力或封井压力 p_s,其应与初始地应力 σ_3 相平衡,即:

$$p_s = \sigma_3 \tag{4.12}$$

式中 σ_3 的方向与裂隙方向垂直。

联立式(4.11)和式(4.12),则可求得初始水平地应力:

$$\left.\begin{array}{l} \sigma_1 = 3\sigma_3 - p_{c1} + \sigma_t \\ \sigma_3 = p_s \end{array}\right\} \tag{4.13}$$

式中 σ_t——岩体抗拉强度,可由试验本身确定。

因为使张裂隙再次开启时,有:

$$3\sigma_3 - \sigma_1 - p_{c2} = 0 \tag{4.14}$$

联立式(4.12) ~ 式(4.14),则得:

$$\sigma_t = p_{c1} - p_{c2} \tag{4.15}$$

若钻孔中存在裂隙水,且封隔段的裂隙水压力为 p_0,同样根据式(4.12) ~ 式(4.15),可得:

$$\left.\begin{array}{l} \sigma_1 = 3\sigma_3 - p_{c1} + \sigma_t - p_0 \\ \sigma_3 = p_s - p_0 \end{array}\right\} \tag{4.16}$$

中主应力 σ_2 则由岩体自重应力来确定,即 $\sigma_2 = \sigma_z = \gamma H$。

(2)测量步骤

水压致裂法地应力测量程序如图 4.8 所示,相应的压裂过程曲线如图 4.9 所示。在进行正式水压致裂试验前,应首先对钻孔的透水率、钻孔倾斜度进行检查,同时根据工程需要选择合理的测试段,并对每根加压钻杆进行密封检查。水压致裂法地应力测量包括以下步骤:

①密封孔段。打钻孔到测试部位,通过钻杆将一对可膨胀的橡胶封隔器放置到选定测试段,加压使其膨胀,座封于孔壁上,形成压裂段。此时,尚未对压裂段注入液体,压裂段钻孔横截面上未承受液压作用,地面泵压显示为零。

②注水加压。通过钻杆推动转换阀,向压裂段注高压水流,不断加大水压,直至孔壁出现裂隙,记下此时的初始开裂压力 p_{c1};然后继续施加压力是裂隙扩展,当水压增至 2 ~ 3 倍开裂压力时,裂隙扩展至 10 倍钻孔孔径,关闭高水压系统,泵压急速下降,之后随着破裂面的闭合,转变为缓慢下降,此时便得到了破裂面处于临界闭合时的关闭压力 p_s;最后,泄压使裂隙闭合,泵压记录将为零。

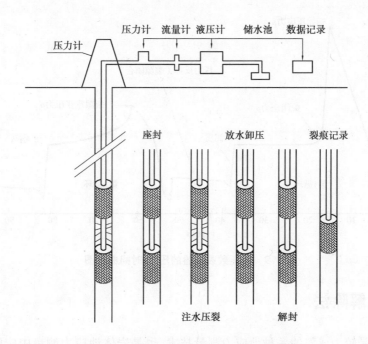

压力计　流量计　液压计　储水池　数据记录

压力计

座封　　　　放水卸压　　　裂痕记录

注水压裂　　　解封

图 4.8　钻孔水压致裂应力测量系统示意图

③重张裂隙。重新向压裂段注水,使裂隙重新张开,并记下裂隙重开时的压力 p_{r2} 和随后恒定关闭压力 p_s。这种重新加压过程一般要重复 2~3 次,以便取得合理的压裂参数,判断岩石破裂和裂隙扩展过程,以提高测试数据的准确性。

④解封。压裂完毕后,通过钻杆拉动转换阀,使隔离器内的液体通过钻杆排出,隔离器收缩恢复原状,即封隔器解封。

⑤记录。将特殊橡皮包裹的印模器送入压裂段并加压,使水压致裂裂隙的形状、大小、方位及原来孔壁存在的节理、裂隙均由橡皮印模器记录下来。

⑥数据处理。根据记录数据绘制压力-时间曲线图,并计算主应力的大小和确定主应力的方向。

与其他的地应力测量方法相比,钻孔水压致裂法具有以下独特优点:

①测量深度大,目前已见报道的测试深度达 5 000 m。

②资料整理时无需岩石弹性参数参与计算,可避免因岩石参数取值不准而引起误差。

③岩壁受力范围大(压力段可达 1~2 m),可避免"点"应力状态的局限性和地质条件不均匀性的影响。

④操作简单,测试周期短。

然而,水压致裂法也存在一定的不足。首先,采用水压致裂法测量地应力时,只有假定钻孔方向与一个主应力方向重合,且该主应力的值也已知,才能根据在一个钻孔测得的结果确定三维地应力状态,否则就必须打交汇于测点的互不平行的 3 个钻孔;在测试中,通常假定自重应力是一个主应力,因而将钻孔打在垂直方向,但是在很多情况下,垂直方向并不是主应力方向,而且垂直应力也不等于自重应力;同时,这种方法认为初始开裂在垂直于最小主应力的方向发生,可是如果岩石本来就有层理、节理等弱面存在,那么初始裂隙就由可能沿着弱面发生。因此,水压致裂法只能用于比较完整的岩体中。

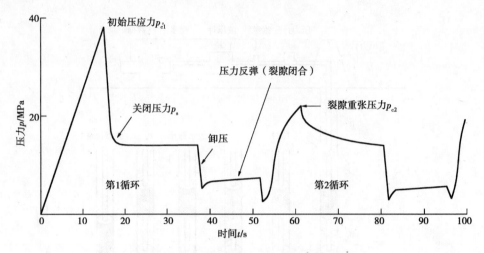

图 4.9　水压致裂试验的压力-时间曲线图

4.3.3　应力解除法

应力解除法是较为成熟的一种地应力测量技术,也是岩体地应力测量中应用较广的方法。该方法既可测量洞室周围较浅部分的岩体应力,也可测量深部岩体的应力。

(1)应力解除法的基本原理

应力解除法的基本原理:当需要测定岩体中某点的应力状态时,首先人为地将该处岩体与周围岩体分离,此时岩体单元所受的应力被解除,同时该单元的几何形状也发生弹性恢复;应用特定的仪器,测定这种弹性恢复的应变值或变形值,借助弹性理论来计算岩体的地应力。

应力解除法是建立在弹性理论基础上的原位实测方法,其基本假定为:

①岩体是线性、均匀、各向同性的弹性体。

②岩体加载、卸载过程中具有同样的应力路径或应力-应变关系。

③解除孔径≥3倍测孔直径,可近似处理为厚壁圆筒问题。

以测定洞室边墙岩体地应力为例,说明应力解除法的测量步骤及应力求解方法(见图4.10)。

①为了测量距边墙表面深度为 z 处的应力,在边墙钻一深度为 z 的钻孔,然后用嵌有细粒金刚石的钻头将孔底磨平、磨光;假定钻孔方向与该处岩体的某一主应力方向重合(如,与第三主应力重合),此时钻孔底面即为应力的主平面。

②为了确定该主应力,在钻孔底面贴三个互成120°的电阻应变花,通过电阻应变仪读出相应的三个初始读数。

③再用与钻孔直径相同的套钻钻头,在钻孔底部的四周套钻掏槽(槽深余约5 cm),从而在钻孔地步形成一个与周围岩体相脱离的独立岩柱——岩芯,则掏槽前作用于岩芯上的应力被解除,岩芯发生相应的变形。

④通过电阻应变仪读出掏槽后的读数,它们与掏槽前的三个相应初始读数之差即为岩芯分别沿1、2、3 三个方向的应变值 ε_1、ε_2、ε_3。

⑤利用材料力学原理,由测得的应变值,确定沿孔底平面内的两个主应力大小和方向(沿孔轴线方向的主应力无法求得)。

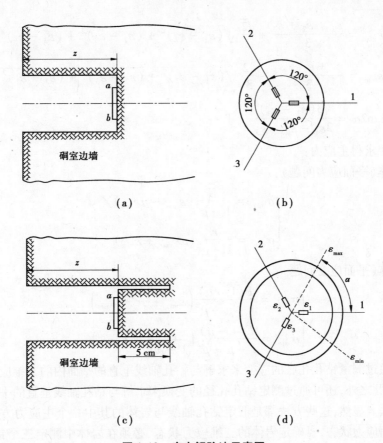

图 4.10　应力解除法示意图

令该点的应变分量分别为 ε_x、ε_y、γ_{xy}，则通过该点的任一方向的正应变为：

$$\varepsilon_\alpha = \cos^2\alpha \cdot \varepsilon_x + \sin^2\alpha \cdot \varepsilon_y + \sin\alpha\cos\alpha \cdot \gamma_{xy} \tag{4.17}$$

求得：

$$\begin{cases} \varepsilon_x = \varepsilon_1 \\[2mm] \varepsilon_y = \dfrac{2}{3}\varepsilon_2 + \dfrac{2}{3}\varepsilon_3 - \dfrac{1}{3}\varepsilon_1 \\[2mm] \gamma_{xy} = \dfrac{2}{3}\sqrt{3}(\varepsilon_3 - \varepsilon_2) \end{cases} \tag{4.18}$$

则通过应变分量可得主应变：

$$\begin{cases} \varepsilon_{max} = \dfrac{\varepsilon_x + \varepsilon_y}{2} + \sqrt{\left(\dfrac{\varepsilon_x - \varepsilon_y}{2}\right)^2 + \left(\dfrac{\gamma_{xy}}{2}\right)^2} \\[4mm] \varepsilon_{min} = \dfrac{\varepsilon_x + \varepsilon_y}{2} - \sqrt{\left(\dfrac{\varepsilon_x - \varepsilon_y}{2}\right)^2 + \left(\dfrac{\gamma_{xy}}{2}\right)^2} \\[4mm] \tan2\alpha = \dfrac{\gamma_{xy}}{\varepsilon_x - \varepsilon_y} \end{cases} \tag{4.19}$$

将式(4.18)代入式(4.19)，则

$$
\begin{cases}
\varepsilon_{\max} = \dfrac{\varepsilon_1 + \varepsilon_2 + \varepsilon_3}{3} + \dfrac{\sqrt{2}}{3}\sqrt{(\varepsilon_1 - \varepsilon_2)^2 + (\varepsilon_2 - \varepsilon_3)^2 + (\varepsilon_3 - \varepsilon_1)^2} \\[3mm]
\varepsilon_{\min} = \dfrac{\varepsilon_1 + \varepsilon_2 + \varepsilon_3}{3} - \dfrac{\sqrt{2}}{3}\sqrt{(\varepsilon_1 - \varepsilon_2)^2 + (\varepsilon_2 - \varepsilon_3)^2 + (\varepsilon_3 - \varepsilon_1)^2} \\[3mm]
\tan 2\alpha = \dfrac{\sqrt{3}(\varepsilon_2 - \varepsilon_3)}{2\varepsilon_1 - \varepsilon_2 - \varepsilon_3}
\end{cases}
\tag{4.20}
$$

再由主应变求得主应力：

①浅部岩体（平面应力问题）：

$$
\begin{cases}
\sigma_{\max} = \dfrac{E}{1-\mu^2}(\varepsilon_{\max} - \mu\varepsilon_{\min}) \\[3mm]
\sigma_{\min} = \dfrac{E}{1-\mu^2}(\mu\varepsilon_{\max} + \varepsilon_{\min})
\end{cases}
\tag{4.21}
$$

②深部岩体（平面应变问题）：

$$
\begin{cases}
\sigma_{\max} = \dfrac{E(1-\mu)}{1-\mu-\mu^2}\left(\varepsilon_{\max} - \dfrac{\mu}{1-\mu}\varepsilon_{\min}\right) \\[3mm]
\sigma_{\min} = \dfrac{E(1-\mu)}{1-\mu-\mu^2}\left(\dfrac{\mu}{1-\mu}\varepsilon_{\max} + \varepsilon_{\min}\right)
\end{cases}
\tag{4.22}
$$

上述方法通过测量钻孔孔底的应变来求解与钻孔轴线垂直的平面内的二维应力状态，称为孔底应力法，除此之外，还可通过测定钻孔孔径的变换来求解与钻孔轴线垂直的平面二维应力，称为孔径变形法。显然，这些方法都是假定钻孔轴线与岩体的其中一个主应力方向平行，所测得的应力为平面应力状态，要确定岩体的三维应力状态，必须在岩体中测定三个钻孔的平面应力分量，然后根据实测数据来确定岩体的空间应力。

（2）岩体的三向应力量测

上述地应力测量中，仅能获得应变片花所贴平面上的两个主应力，另一个主应力必须平行于钻孔底部。但实际工程中若无法确定主应力的方向，则必须测定一点的 6 个应力分量 σ_x，σ_y，σ_z，τ_{xy}，τ_{yz}，τ_{zx}，故需要通过三个钻孔的量测资料才能确定。下面介绍两种按应力解除法原理来确定岩体三向应力状态的方法。

①采用共面三钻孔法确定三维应力状态。

为了测定如图 4.11 所示的三向应力，可在 xz 平面中分别打三个钻孔①、②和③，为了方便起见，使钻孔①与 z 轴重合，其余两钻孔与 z 轴的夹角分别为 δ_2 与 δ_3。各钻孔底面的平面应力状态，如图 4.11 所示；各钻孔底面中的坐标分别以 x_i、y_i 表示（$i=1,2,3$），其中 y_i 与 y 平行。由弹性理论可知，图 4.11 中坐标系为 $x_i \sim y_i$ 的平面应力分量 σ_{xi}，σ_{yi}，σ_{xyi} 与 6 个待求的空间应力分量（σ_x，σ_y，σ_z，τ_{xy}，τ_{yz}，τ_{zx}）之间具有以下关系。

对于钻孔①，测得平面应力 σ_{x1}、σ_{y1} 和 τ_{x1y1}。坐标系 x_1y_1 对坐标系 xyz 的方向余弦为：

$$
\begin{cases}
x_1(1,0,0) = (l_{1x}, m_{1x}, n_{1x}) \\[2mm]
y_1(0,1,0) = (l_{1y}, m_{1y}, n_{1y})
\end{cases}
\tag{4.23}
$$

将 xyz 坐标系旋转到 $x_1y_1z_1$ 中后，在 $x_1y_1z_1$ 坐标系中的应变量为：

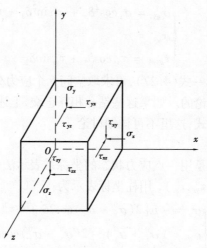

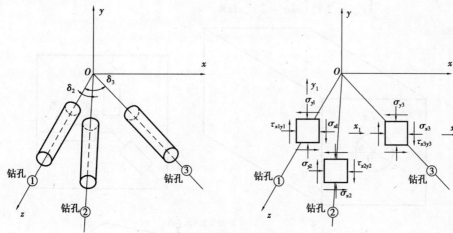

图 4.11 岩体三维应力量测

$$
\begin{cases}
\sigma_{x1} = \sigma_x = \sigma_x l_{1x}^2 + \sigma_y m_{1x}^2 + \sigma_z n_{1x}^2 + 2\tau_{xy}l_{1x}m_{1x} + 2\tau_{yz}m_{1x}n_{1x} + 2\tau_{zx}n_{1x}l_{1x} \\
\sigma_{y1} = \sigma_y = \sigma_x l_{1y}^2 + \sigma_y m_{1y}^2 + \sigma_z n_{1y}^2 + 2\tau_{xy}l_{1y}m_{1y} + 2\tau_{yz}m_{1y}n_{1y} + 2\tau_{zx}n_{1y}l_{1y} \\
\tau_{x1y1} = \tau_{xy} = \sigma_x l_{1x}l_{1y} + \sigma_y m_{1y}n_{1x} + \sigma_z n_{1x}n_{1y} + \tau_{zx}(n_{1x}l_{1y} + n_{1y}l_{1x}) + \\
\qquad\qquad\qquad \tau_{xy}(l_{1x}m_{1y} + l_{1y}m_{1x}) + \tau_{yz}(m_{1x}n_{1y} + m_{1y}n_{1x})
\end{cases} \tag{4.24}
$$

对于钻孔②,测得 σ_{x2}、σ_{y2} 和 τ_{x2y2}。坐标系 $x_2 y_2$ 对坐标系 xyz 的方向余弦为:

$$
\begin{cases}
x_2(l_{2x}, m_{2x}, n_{2x}) = (\cos\delta_2, 0, \sin\delta_2) \\
y_2(l_{2y}, m_{2y}, n_{2y}) = (0, 1, 0)
\end{cases} \tag{4.25}
$$

同理,坐标变换后有:

$$
\begin{cases}
\sigma_{x2} = \sigma_x \cos^2\delta_2 + \sigma_z \sin^2\delta_2 + \tau_{zx}\sin^2\delta_2 \\
\sigma_{y2} = \sigma_y \\
\tau_{x2y2} = \tau_{xy}\cos\delta_2 + \tau_{yz}\sin\delta_2
\end{cases} \tag{4.26}
$$

对于钻孔③同理可得:

$$\begin{cases} \sigma_{x3} = \sigma_x \cos^2 \delta_3 + \sigma_z \sin^2 \delta_3 + \tau_{zx} \sin^2 \delta_3 \\ \sigma_{y3} = \sigma_y \\ \tau_{x3y3} = \tau_{xy} \cos \delta_3 + \tau_{yz} \sin \delta_3 \end{cases} \qquad (4.27)$$

联立求解式(4.24)—式(4.27),可求取空间 6 个应力分量。值得指出的是,这里是对共面三钻孔①、②、③进行讨论的。如果这些钻孔相互正交,上述所介绍的方法也同样完全适用。有关这种正交钻孔法的公式,这里不再详细讨论。

②孔壁应变测试法

孔壁应变测试法即是用一点应力状态的坐标系表示法(见图4.12)。已知岩体中一点的应力状态 $(\sigma_x^0, \sigma_y^0, \sigma_z^0, \tau_{xy}^0, \tau_{yz}^0, \tau_{zx}^0)$,用柱坐标表示为:

$$\begin{cases} \sigma_z = -\mu \left[2(\sigma_x^0 - \sigma_y^0) \cos 2\theta + 4\tau_{xy}^0 \sin 2\theta \right] + \sigma_z^0 \\ \sigma_\theta = (\sigma_x^0 + \sigma_y^0) - 2(\sigma_x^0 - \sigma_y^0) \cos \theta - 4\tau_{xy}^0 \sin 2\theta \\ \tau_{\theta z} = 2\tau_{yz}^0 \cos \theta - 2\tau_{xz}^0 \sin \theta \end{cases} \qquad (4.28)$$

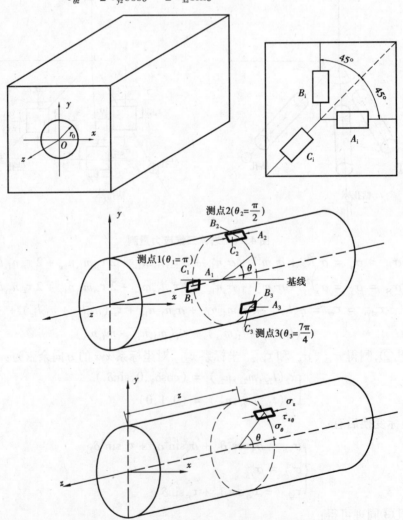

图 4.12　孔壁应变测试法测试原理示意图

在钻孔壁上选择任意三个应力测点。为了方便起见,三个测点可选在同一圆周上,且设定其角度分别为 $\theta_1 = \pi, \theta_2 = \dfrac{\pi}{2}, \theta_3 = \dfrac{7\pi}{4}$。每个测点可测出应力分量 $\sigma_{z(i)}$、$\sigma_{\theta(i)}$、$\tau_{\theta z(i)}$,分别代入上述方程:

测点 1:
$$\begin{cases} \sigma_{z(1)} = -2\mu(\sigma_x^0 - \sigma_y^0) + \sigma_z^0 \\ \sigma_{\theta(1)} = -\sigma_x^0 + 3\sigma_y^0 \\ \tau_{\theta z(1)} = -2\tau_{yz}^0 \end{cases} \tag{4.29a}$$

测点 2:
$$\begin{cases} \sigma_{z(2)} = 2\mu(\sigma_x^0 - \sigma_y^0) + \sigma_z^0 \\ \sigma_{\theta(2)} = 3\sigma_x^0 - \sigma_y^0 \\ \tau_{\theta z(2)} = -2\tau_{zx}^0 \end{cases} \tag{4.29b}$$

测点 3:
$$\begin{cases} \sigma_{z(3)} = 4\mu\tau_{xy}^0 + \sigma_z^0 \\ \sigma_{\theta(3)} = (\sigma_x^0 + \sigma_y^0) + 4\tau_{xy}^0 \\ \tau_{\theta z(3)} = \sqrt{2}(\tau_{yz}^0 + \tau_{zx}^0) \end{cases} \tag{4.29c}$$

每个测点的应力分量的测试和计算。应变片 A_i 与 z 方向一致,应变片 B_i 与 θ 方向(切向)一致,应变片 A_i 与 B_i 应垂直,应变片 C_i 放置于 $A_i B_i$ 的角平分线上。通过坐标轴旋转,可求得实测应变 ε_{Ai}、ε_{Bi}、γ_{Ci} 与柱坐标下的应变分量 ε_z、ε_θ、$\gamma_{z\theta}$ 之间的关系:

$$\begin{Bmatrix} \varepsilon_z \\ \varepsilon_\theta \\ \gamma_{z\theta} \end{Bmatrix} \begin{bmatrix} 1 & 0 & 0 \\ 0 & 1 & 0 \\ \dfrac{1}{2} & \dfrac{1}{2} & \dfrac{1}{2} \end{bmatrix} = \begin{Bmatrix} \varepsilon_{Ai} \\ \varepsilon_{Bi} \\ \varepsilon_{Ci} \end{Bmatrix} \tag{4.30}$$

即:
$$\begin{cases} \varepsilon_z = \varepsilon_{Ai} \\ \varepsilon_\theta = \varepsilon_{Bi} \\ \gamma_{z\theta} = 2\varepsilon_{Ci} - \varepsilon_{Ai} - \varepsilon_{Bi} \end{cases} \tag{4.31}$$

在平面应力下的本构方程:
$$\begin{cases} \varepsilon_\theta = \dfrac{1}{E}[\sigma_\theta - \mu x \sigma_z] \\ \varepsilon_z = \dfrac{1}{E}[\sigma_t - \mu x \sigma_\theta] \\ \gamma_{z\theta} = \dfrac{\tau_{z\theta}}{G} = \dfrac{2(1+\mu)}{E}\tau_{\theta z} \end{cases} \tag{4..32}$$

由此可得出:
$$\begin{cases} \sigma_\theta = \dfrac{E}{1-\mu^2}(\mu\varepsilon_z + \varepsilon_\theta) \\ \sigma_z = \dfrac{E}{1-\mu^2}(\varepsilon_z + \mu\varepsilon_\theta) \\ \tau_{z\theta} = \dfrac{E}{2(1-\mu)}\gamma_{\theta z} \end{cases} \tag{4.33}$$

将式(4.31)代入式(4.33)得各测点确定的平面应力分量:

$$\begin{cases} \sigma_{\theta(i)} = \dfrac{E}{1-\mu^2}(\varepsilon_{Bi} + \mu\varepsilon_{Ai}) \\[2mm] \sigma_{z(i)} = \dfrac{E}{1-\mu^2}(\varepsilon_{Ai} + \mu\varepsilon_{Bi}) \\[2mm] \tau_{z\theta(i)} = \dfrac{E}{2(1-\mu)}(2\varepsilon_{Ci} - \varepsilon_{Ai} - \varepsilon_{Bi})\ (i=1,2,3) \end{cases} \tag{4.34}$$

三维应力分量的计算。将式(4.34)分别代入式(4.29)中可直接求解出 6 个应力分量:

$$\begin{cases} \sigma_x^0 = \dfrac{1}{8}[3\sigma_{\theta(2)} + \sigma_{\theta(1)}] \\[2mm] \sigma_y^0 = \dfrac{1}{8}[3\sigma_{\theta(1)} + \sigma_{\theta(2)}] \\[2mm] \sigma_z^0 = \sigma_{\theta(1)} + \dfrac{\mu}{2}[\sigma_{\theta(2)} - \sigma_{\theta(1)}] \\[2mm] \tau_{yz}^0 = \dfrac{1}{8}[\sigma_{\theta(1)} + \sigma_{\theta(2)} - 2\sigma_{\theta(3)}] \\[2mm] \tau_{yz}^0 = -\dfrac{1}{2}\tau_{\theta z(1)} \\[2mm] \tau_{zx}^0 = -\dfrac{1}{2}\tau_{\theta z(2)} \end{cases} \tag{4.35}$$

采用孔壁应变测试方法测定岩石的三向应力时,可用到套芯应力解除法,即:用钻机钻孔至需测定应力的深度[见图 4.13(a)];钻孔底面应用金刚石钻头磨平,然后用较小的钻头自钻孔底面沿孔轴方向钻一深度约 45 cm 的小钻孔[见图 4.13(b)];在小钻孔的中部孔壁上选定三个测点,并在每一测点按前述选定的方向上安置 3 个应变元件[见图 4.13(c)],此时读出各测点应变计的初始读数,并将应变计的量测导线引出孔外,然后封住小钻孔的空口,以防止随后进行套取岩芯时的冷却水流入小钻孔而损坏孔内的应变元件;最后,选用适当大小的钻头在小钻孔外围进行套钻并取出岩芯[见图 4.13(d)和图 4.13(e)],读出完全解除了应力之后的岩芯中各应变元件的读数,然后用套取岩芯前后应变元件读数之差 ε_{Ai}、ε_{Bi}、ε_{Ci},按式(4.35)来计算所求的岩石应力 σ_x^0、σ_y^0、σ_z^0、τ_{xy}^0、τ_{yz}^0、τ_{zx}^0。

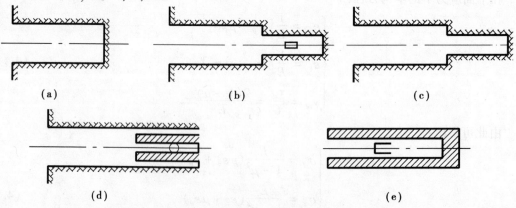

图 4.13　孔壁应变法的测试方法

4.3.4 应力恢复法

应力恢复法是用来直接测量岩体应力大小的一种测试方法,其原理和应力解除法几乎相反。目前此法仅用于岩体表层,当已知某岩体的主应力方向时,采用本方法较为方便。其中,扁千斤顶法是应力恢复法中应用最早、最常用的一种。

如图 4.14 所示,当洞室某侧墙上的表层围岩应力的主应力为 σ_1、σ_3 的方向各为垂直和水平方向时,就可用应力恢复法测得 σ_1 的大小。基本原理:在侧墙上沿测点 O,在水平方向(垂直所测的应力方向)开一个解除槽,则在槽上下附近围岩的应力得到部分解除,应力状态 p 重新分布。

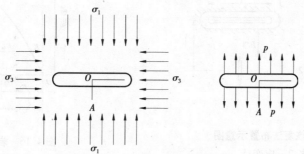

图 4.14 应力恢复法原理图

在槽的中垂线 OA 上的应力状态,根据苏联 H. И. 穆斯海里什维里的复应力函数理论,可把槽看作一条缝,得到:

$$\begin{cases} \sigma_{1x} = 2\sigma_1 \dfrac{\rho^4 - 4\rho^2 - 1}{(\rho^2 + 1)^3} + \sigma_3 \\ \sigma_{1y} = \sigma_1 \dfrac{\rho^6 - 3\rho^4 + 3\rho^2 - 1}{(\rho^2 + 1)^3} + \sigma_3 \end{cases} \tag{4.36}$$

式中 σ_{1x}, σ_{1y} ——分别为 OA 线上某点 B 的应力分量;

     ρ ——B 点离槽中心 O 的距离的倒数。

当在槽中埋设压力枕,并由压力枕对槽施压,若施加压力为 p,则在 OA 线上 B 点产生的应力分量为:

$$\begin{cases} \sigma_{2x} = -2p \dfrac{\rho^4 - 4\rho^2 - 1}{(\rho^2 + 1)^3} \\ \sigma_{2y} = 2p \dfrac{3\rho^4 + 1}{(\rho^2 + 1)^3} \end{cases} \tag{4.37}$$

当压力枕所施加的力 $p = \sigma_1$ 时,这时 B 点的总应力分量为:

$$\begin{cases} \sigma_x = \sigma_{1x} + \sigma_{2x} = \sigma_3 \\ \sigma_y = \sigma_{1y} + \sigma_{2y} = \sigma_1 \end{cases} \tag{4.38}$$

可见,当压力枕所施加的力 p 等于 σ_1 时,则岩体中的应力状态已完全恢复,所求的应力 σ_1 即由 p 值而得知,这就是应力恢复法的基本原理。

应力恢复法的主要试验步骤如下:

①在选定的试验点上,沿解除槽的中垂线上安装好测量元件。测量元件可以是千分表、钢

弦应变计或电阻应变片等(见图4.15),若开槽长度为 B,则应变计中心 一般距槽 $B/3$,槽的方向与预定所需测定的应力方向垂直。槽的尺寸根据所使用的压力枕大小而定。槽的深度要求大于 $B/2$。

②记录测量元件～应变计的初始读数。

③开凿解除槽。岩体产生变形并记录应变计上的读数。

④在开挖好的解除槽中埋设压力枕,应用水泥砂浆充填孔隙。

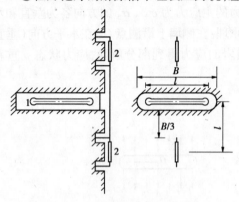

图4.15 应力恢复法布置示意图
1—压力枕;2—应变计

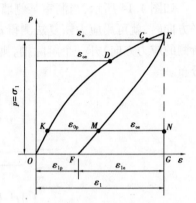

图4.16 岩体应力—应变曲线

⑤待充填水泥浆达到一定强度后,即将压力枕连接油泵,通过压力枕对岩体施压。随着压力枕所施加的力 p 的增加,岩体变形逐步恢复。逐点记录压力 p 与恢复变形(应变)的关系。

⑥当假设岩体为理想弹性体时,则当应变计恢复到初始读数时,此时压力枕对岩体所施加的压力 p 即为所求岩体的主应力。

如图4.16所示,$OKDC$ 为压力枕加荷曲线,图中 D 点对应的 ε_{oe} 为可恢复的弹性应变;继续加压到 E 点,可得到全应变 ε_1;由压力枕逐步卸荷,得卸荷曲线 EMF,并得知 $\varepsilon_1 = GF + FO = \varepsilon_{1e} + \varepsilon_{1p}$。这样,就可以求得产生全应变 ε_1 所相应的弹性应变 ε_{1e} 与残余塑性应变 ε_{1p} 之值。为了求得产生 ε_{oe} 相应的全应变量,可以做一条水平线 KN 与压力枕的 OE 和 EF 线相交,并使 $MN = \varepsilon_{oe}$,则此时 KM 就为残余塑性应变 ε_{op}。相应的全应变量 $\varepsilon_o = \varepsilon_{oe} + \varepsilon_{op} = KM + MN$。由 ε_o 值就可在 OE 线上求得 C 点,并求得与 C 点相对应的 p 值,此即所求的 σ_1 值。

4.3.5 声发射法

1)测试原理

材料在受到外荷载作用时,其内部储存的应变能快速释放产生弹性波,从而发出声响,称为声发射(Acoustic Emission)。1950年,德国人凯塞(J. Kaiser)发现多晶金属的应力从其历史最高水平释放后,再重新加载,当应力未达到先前最大应力值时,声发射现象很少发生;当应力达到和超过历史最高水平后,将产生大量的声发射现象,这种现象称作 Kaiser 效应。从很少发生声发射到大量产生声发射的转折点称为 Kaiser 点,该点所对应的应力即为材料先前受到的最大应力。后来,国外很多学者证实了在岩石压缩试验中也存在 Kaiser 效应(如花岗岩、大理岩、石英岩、砂岩、辉长岩、闪长岩、片麻岩、辉绿岩、灰岩、砾岩等),从而为应用 Kaiser 效应测试岩体地应力奠定了基础。

地壳内岩石在长期应力作用下达到稳定应变状态,达到稳定状态时的微裂结构与所受应力同时被"记忆"在岩石中。如果把这部分岩石用钻孔法取出岩芯,则该岩芯应力解除,此时岩芯中张开的裂隙将会闭合,但不会"愈合"。由于声发射与岩石中裂隙发展有关,当该岩芯被再次加载并且岩芯内应力超过其原先在地壳内所受的应力时,岩芯内开始产生新的裂隙,并伴有声发射出现,因此可根据试验时声发射事件数及岩芯所受荷载大小,确定其在地壳内(曾经)所受的应力大小。

Kaiser 效应为测量岩石应力提供了一个途径,即:从原岩中取回岩石试件并在实验室加工的不同方向,对分组试件进行加载声发射试验,通过测定 Kaiser 点确定每个岩石试件以前所受的最大应力,并进而求出取样点的原始(历史)三维应力状态,这种利用 Kaiser 效应测定地应力的方法称为声发射法,也称 AE 法(Acoustic Emission Method)。

2)测试步骤

(1)试件制备

从现场钻孔提取岩样,试件在原环境状态下的方向必须确定。将试件加工成圆柱体试件,径高比为 1:2 ~ 1:3。为了确定测点三维应力状态,必须在该点的岩样中沿六个不同方向制备试件,假如该点局部坐标系为 $Oxyz$,则三个方向选为坐标轴方向,另三个方向选为 Oxy、Oyz、Ozx 平面内的轴角平分线方向。为了获得测试数据的统计规律,每个方向的试件为 15 ~ 25 块。

为了消除由于试件端部与压力试验机上、下压头之间摩擦所产生的噪声和试件端部应力集中,试件两端浇铸由环氧树脂或其他复合材料制成的端帽。

(2)声发射测试

图 4.17 是一组典型的监测系统框图。将试件放在单轴压缩试验机上加压,并同时监测加压过程中从试件中产生的声发射现象。在该系统中,两个压电换能器(声发射接受探头)固定在试件上、下部,用以将岩石试件在受压过程中产生的弹性波转换成电信号。该信号经放大、鉴别之后送入定区检测单元,定区检测是检测两个探头之间特定区域里的声发射信号,区域外的信号被认为是噪声而不被接受。定区检测单元输出的信号送入计数控制单元,计数控制单元将规定的采样时间间隔内的声发射模拟量和数字量(事件数和振铃数)分别送到记录仪或显示器绘图、显示或打印。

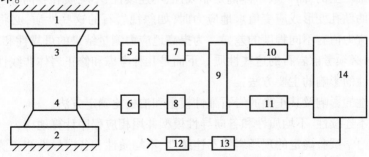

图 4.17　声发射监测系统框图

1,2—上、下压头;3,4—转换能 A、B;5,6—前置发大器 A、B;

7,8—输入鉴别单元 A、B;9—定区监测单元;10,11—技术控制单元 A、B;

12—压机油路压力传感器;13—压力电信号转换仪器;14—三笔函数记录仪

Kaiser 效应一般发生在加载初期,故加载系统应选用小吨位的应力控制系统,并保持加载速率恒定,尽可能避免用人工控制加载速率,如用手动加载则应采用声发射事件数或振铃总数曲线判定 Kaiser 点,而不应根据声发射事件速率曲线判定 Kaiser 点,这是因为声发射速率和加载速率有关。在加载初期,人工操作很难保证加载速率恒定,在声发射事件速率曲线上可能出现多个峰值,故难于判定真正的 Kaiser 点。

(3)计算地应力

由声发射监测所获得的应力-声发射事件数(速率)曲线(见图 4.18),即可确定每次试验的 Kaiser 点,并进而确定该试件轴线方向先前受到的最大的应力值。15~25 个试件获得一个方向的统计结果,六个方向的应力值即可确定取样点的历史最大三维应力大小和方向。

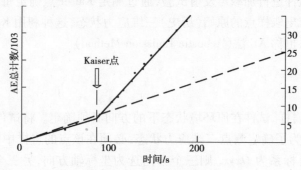

图 4.18 应力-声发射事件试验曲线图

根据 Kaiser 效应的定义,用声发射法测得的是取样点的先存最大应力,而非现今地应力。但是也有一些人对此持相反意见,并提出了"视 Kaiser 效应"的概念,认为声发射可获得两个 Kaiser 点,一个对应于引起岩石饱和残余应变的应力,它与现今应力场一致,比历史最高应力值低,因此称为视 Kaiser 点。在视 Kaiser 点之后,还可获得另一个真正的 Kaiser 点,它对应于历史最高应力。

由于声发射与弹性波传播有关,所以高强度的脆性岩石有较明显的声发射 Kaiser 效应出现,而多孔隙低强度及塑性岩体的 Kaiser 效应不明显,所以不能用声发射法测定比较软弱疏松岩体中的应力。

需要指出的是,传统的地应力测量和计算理论是建立在岩石为线弹性、连续、均质和各向同性的理论假设基础之上的,而一般岩体都是非线性、不连续性、不均质和各向异性的。在由应力解除过程中获得的钻孔变形或应变值求地应力时,如忽视岩石的这些性质,必将导致计算出来的地应力与实际应力值有不同程度的差异。为提高地应力测量结果的可靠性和准确性,在进行结果计算、分析时必须考虑岩石的这些性质。下面是几种考虑和修正岩体非线性、不连续性、不均质性和各向异性的影响的主要方法:

①岩石非线性的影响及其正确的岩石弹性模量和泊松比确定方法。

②建立岩体不连续性、不均质性和各向异性模型并用相应程序计算地应力。

③根据岩石力学试验确定的现场岩体不连续性、不均质性和各向异性修正测量应变值。

④用数值分析方法修正岩石不连续性、不均质性、各向异性和非线性弹性的影响。

4.4 工程岩体弹性波测试

4.4.1 概述

工程岩体弹性波测试是通过测定穿透岩体的弹性波波速和衰减系数,了解岩体物理力学特性及结构特征的一种现代物理技术。与静力法相比,弹性波测试技术具有简便、快捷、可靠、经济及无破损等特点。目前已经成功用于岩体动弹性参数测试、简单岩体结构模型参数和岩体质量评价等方面,因而这种测试技术已得到国内外岩土工程界的高度重视。

岩体受到振动或冲击作用时,各种不同特性的应力波将在岩体中传播。当应力值较高(相对岩体强度而言)时,岩体中可能出现塑性波和冲击波;而当应力值较低时,则只产生弹性波。这些波在岩体中传播时,弹性波的传播速度比塑性波大,且传播距离远;塑性波和冲击波则传播较慢,且仅在振源附近才能观测到。弹性波传播也称为声波传播。在岩体内部传播的弹性波称为体波,而沿着岩体表面或内部不连续面传播的弹性波称为面波。体波又可分为纵波(P 波)和横波(S 波),其中:纵波又称为压缩波,波的传播方向与质点振动方向一致;横波又称为剪切波,其传播方向与质点振动方向垂直。面波又有瑞利波(R 波)和勒夫波(Q 波)等。

根据波动理论,在均匀、连续、各向同性弹性介质中的传播的纵波速度和横波速度可表示为:

$$\begin{cases} V_P = \sqrt{\dfrac{E_d g (1 - \mu_d)}{\rho(1 + \mu_d)(1 - 2\mu_d)}} \\ V_S = \sqrt{\dfrac{E_d g}{\rho(1 + \mu_d)}} \end{cases} \tag{4.39}$$

式中　E_d——动弹性模量,Pa;

　　　μ_d——动泊松比;

　　　ρ——介质密度,km/m^3;

　　　g——重力加速度,9.80 m/s^2。

从式(4.39)可知,弹性波在介质中的传播速度仅与介质密度及其动力变形参数有关。因此,可通过测定岩体中的弹性波速来确定岩体的动力变形参数。

一般情况下,岩体弹性波速受到岩体岩性、结构面发育特征以及岩体应力等因素的影响。不同岩性岩体中的弹性波速不同,一般来说,岩体越致密坚硬,弹性波波速越大,反之,则越小。对于岩性相同的岩体,弹性波穿透结构面时,一方面引起波动能量的耗散,特别穿过软弱结构面时,由于其塑性变形能量容易被吸收,弹性波衰减较快;另一方面,在结构面附近产生能量弥散现象。因此,结构面对弹性波的传播起隔波或导波作用,致使沿结构面传播速度大于垂直结构面传播的速度,造成波速及波动特性的各向异性。此外,地下水、温度等地质环境也会引起岩体弹性波波速的变化。

岩体弹性波速是反映岩体结构的特征定理参数,除了波速参数外,还可提供动力学参数,如频率、振幅、谱面积(能量)等。岩体弹性波测试技术就是通过测定波动参数,间接分析岩体的强度、变形及受力状态等。岩体弹性波速测定方法按照波的传播方式可分为反射波法、折射波法和透射波法。目前工程岩体波动测试常常采用声波单孔测井法、跨孔测试以及 CT 层析成像技术。

4.4.2　声波单孔测井法

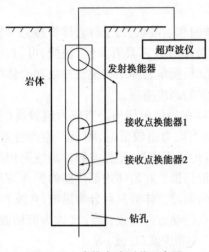

图 4.19　岩体声波测井示意图

声波单孔测井法是在钻孔中放置一发双收探头,测试钻孔壁一定厚度的岩体的声波波速(纵波速度),这种测试通常可对岩体完整性、风化程度进行评价,也可对岩体进行分类。典型声波测井的装置示意图如图 4.19 所示,其中一发双收探头含有 3 个换能器,一个发射声波,其余两个接收声波。调试时要求钻孔中灌水作为偶合介质,由于水的声速小于岩体的声速,因此发射的声波经过孔壁岩体形成滑行波(又称折射波或首波),滑行波被接收换能器所接收,利用接收换能器的距离和所接收到的声波的到达时差,便可以计算出测试位置的岩体波速:

$$V_p = D/\Delta t \qquad\qquad (4.40)$$

式中　D ——接收换能器之间的距离,m;

　　　Δt ——两接收换能器接收到的声波时差,s。

4.4.3　跨孔测试法

单孔声波测井只能了解钻孔壁局部的岩体波速,在岩体工程中常常需要了解某一区域的岩体波速,跨孔法便能解决这一问题。跨孔测试法是在两个不同的钻孔中进行,在一个钻孔中激发弹性波,而在另一个钻孔中接收弹性波(见图 4.20)。根据两个钻孔的距离和接收到的弹性波的旅行时间可以计算出震源与接收点之间岩体的平均波速。通过移动震源和接收探头可以获得两钻孔间岩体弹性波速随深度的变化情况。

4.4.4　CT 层析成像技术

层析成像(Tomography)技术,是利用在物体外部观测得到的物理场量,通过特殊的数字处理技术,重现物体内部物性或状态参数的分布图像,从而解决有关的工程技术问题。它是地球物理勘探技术、数字计算技术、计算机图形技术相结合的产物,一经产生便得到快速发展,在工程技术界得到广泛应用。

早在 1917 年,奥地利数学家就提出了层析成像的思想。1972 年,第一台医学 X 射线 CT 装置问世,并于 1979 年获诺贝尔医学奖。目前,层析成像技术的应用领域已从医学推广到光学、地球物理勘探、物质内部结构探测等,所利用的场源也已从 X 射线扩展到光波、地震波、电磁波、声波及超声波。由于国内各类声波仪器的开发与应用,为工程技术人员利用层析成像技术在野外及室内研究各类岩石的声速,进而研究岩体各种动力学参数提供了便利。

CT 层析成像技术的基本原理。典型的声波成像模型如图 4.21 所示,其中 S_{ik} 为第 i 个声波

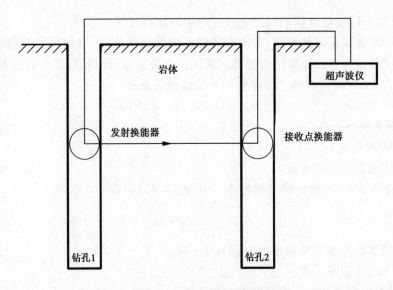

图 4.20　跨孔测试法示意图

发射点到第 k 个接收点的超声波传播路径,声波沿着该传播路径传播的时间可表示为

$$t_{ik} = \int_{S_{ik}} \frac{1}{V(\vec{r})} \mathrm{d}s \tag{4.41}$$

为了求解上式,将测试区域采用等间距网格离散,对于每一个网格单元内的超声波速度分布设为

$$V(\vec{r}) = a_0 + \nabla V \cdot \vec{r} \tag{4.42}$$

式中　$\vec{r}$ ——矢径;

　　　∇V ——速度梯度;

　　　a_0 ——参数。

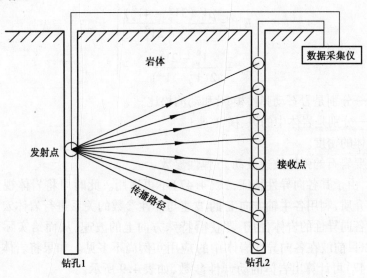

图 4.21　超声波成像离散模型

由式(4.41)和式(4.42)采用高精度射线追踪可求解正演问题,即给定网格单元内的超声

波速度分布,计算不同发射点到不同接收点的超声波旅行时间。

为了求得被测区域岩体的波速,必须求解层析成像反演问题,即根据实测超声波的旅行时间反求被测区域波速分布。如果假设被测区实测超声波的旅行时间数据个数为 K,被测区岩体离散模型参数 N 个,时间与模型之间存在如下非线性关系:

$$T_i(M) = T_i(V_1, V_2, \ldots, V_N) \tag{4.43}$$

式中　M——真实模型;

　　T_i——声时向量;

　　V_i——模型离散波速参数。

按照线性化反演理论,给一参考模型 M_R,由式(4.43)可得

$$\delta T_i = \sum_{j=1}^{N} A_{ij} \cdot \delta V_j \tag{4.44}$$

式中　δT_i——真实模型和参考模型的时间残差,$\delta T_i = T_i - T_i^{(R)}$;

　　A_{ij}——Jacobi 矩阵元素;

　　δV_j——真实模型和参考模型的波速修正值。

式(4.44)可写成如下矩阵形式:

$$\delta T = A \cdot \delta V \tag{4.45}$$

在给定参考模型 M_R 后,求解上式得到 δV,被测区域岩体波速分布为

$$V = V^{(R)} + \delta V \tag{4.46}$$

式中　V——被测区域岩体的波速分布向量;

　　$V^{(R)}$——参考模型的波速分布向量。

目前岩体弹性测试成果主要应用于以下几个方面:

(1)利用弹性波测试测得岩石(体)的纵、横波速

对于各向同性岩石介质,可以计算其动弹参数:

$$\left. \begin{aligned} E_d &:= \frac{\rho V_s^2 (3V_p^2 - 4V_s^2)}{V_p^2 - 2V_s^2} \\ u_d &= \frac{V_p^2 - 2V_s^2}{2(V_p^2 - V_s^2)} \end{aligned} \right\} \tag{4.47}$$

式中　E_d, u_d——分别是岩石动弹性模量和动泊松比;

　　V_p, V_s——分别是岩体中的纵、横波速;

　　ρ——岩体的密度。

表 4.8 为主要岩石的弹性波速及动力弹性参数。

对裂隙岩体,由于其各向异性特征,式(4.47)不再适用。此时可将岩体视为正交各向异性或横向各向同性介质,利用各主轴方向上的波速与弹性参数的关系进行岩体宏观力学参数的弹性波测定。对于各向异性的岩体,由于要获得特殊方向上的波速,从而给实际工程中的波动测试带来困难,所以目前波在各向异性岩体中的应用实例尚不多见。如果将岩体仍然视为各向同性介质,由式(4.47)可计算出岩体的动弹性参数,如表 4.9 所示。

表 4.8　常见岩石的弹性波速及动力弹性参数

岩石名称	密度（g/cm³）	纵波速度（m/s¹）	横波速度（m/s¹）	动弹性模量（GPa）	动泊松比
玄武岩	2.60 ~ 3.30	4 570 ~ 7 500	3 050 ~ 4 500	53.1 ~ 162.8	0.1 ~ 0.22
安山岩	2.70 ~ 3.10	4 200 ~ 5 600	2 500 ~ 3 300	41.4 ~ 83.3	0.22 ~ 0.23
闪长岩	2.52 ~ 2.70	5 700 ~ 6 450	2 793 ~ 3 800	52.8 ~ 96.2	0.23 ~ 0.34
花岗岩	2.52 ~ 2.96	4 500 ~ 6 500	2 370 ~ 3 800	37.0 ~ 106.0	0.24 ~ 0.31
辉长岩	2.55 ~ 2.98	5 500 ~ 6 560	3 200 ~ 4 000	63.4 ~ 114.8	0.20 ~ 0.21
纯橄榄岩	3.28	6 500 ~ 7 980	4 080 ~ 4 800	128.3 ~ 183.8	0.17 ~ 0.22
石英粗面岩	2.30 ~ 2.77	3 000 ~ 5 300	1 800 ~ 3 100	18.2 ~ 66.0	0.22 ~ 0.24
辉绿岩	2.53 ~ 2.97	5 200 ~ 5 800	3 100 ~ 3 500	59.5 ~ 88.3	0.21 ~ 0.22
流纹岩	1.97 ~ 2.61	4 800 ~ 5 900	2 900 ~ 4 100	40.2 ~ 107.7	0.21 ~ 0.23
石英岩	2.56 ~ 2.96	3 030 ~ 5 610	1 800 ~ 3 200	20.4 ~ 76.3	0.23 ~ 0.26
片岩	2.65 ~ 3.00	5 800 ~ 6 420	3 500 ~ 3 800	78.8 ~ 106.6	0.21 ~ 0.23
片麻岩	2.50 ~ 3.30	6 000 ~ 6 700	3 500 ~ 4 000	76.0 ~ 129.1	0.22 ~ 0.24
板岩	2.55 ~ 2.60	3 650 ~ 4 450	2 160 ~ 2 860	29.3 ~ 48.8	0.15 ~ 0.23
千枚岩	2.71 ~ 2.86	2 800 ~ 5 200	1 800 ~ 3 200	20.2 ~ 70.0	0.15 ~ 0.20
砂岩	2.61 ~ 2.70	1 500 ~ 4 000	915 ~ 2 400	5.3 ~ 37.9	0.20 ~ 0.22
大理岩	2.68 ~ 2.72	5 800 ~ 7 300	3 500 ~ 4 700	79.7 ~ 137.7	0.15 ~ 0.21
页岩	2.30 ~ 2.65	1 330 ~ 3 970	780 ~ 2 300	3.4 ~ 35.0	0.23 ~ 0.25
石灰岩	2.30 ~ 2.90	2 500 ~ 6 000	1 450 ~ 3 500	12.1 ~ 88.3	0.24 ~ 0.25
硅质灰岩	2.81 ~ 2.90	4 400 ~ 4 800	2 600 ~ 3 000	46.8 ~ 61.7	0.18 ~ 0.23
泥质灰岩	2.25 ~ 2.35	2 000 ~ 3 500	1 200 ~ 2 200	7.9 ~ 26.6	0.17 ~ 0.22
白云岩	2.80 ~ 3.00	2 500 ~ 6 000	1 500 ~ 3 600	15.4 ~ 94.8	0.22
砂岩	1.70 ~ 2.90	1 500 ~ 2 500	900 ~ 1 500	3.4 ~ 16.0	0.19 ~ 0.22
混凝土	2.40 ~ 2.70	2 000 ~ 4 560	1 250 ~ 2 760	8.85 ~ 49.8	0.18 ~ 0.21

表 4.9　常见岩体的动弹性参数值

岩体名称	特征	动弹性模量（10³ MPa）	动泊松比	岩体名称	特征	动弹性模量（10³ MPa）	动泊松比
花岗岩	新鲜	33.0 ~ 65.0	0.20 ~ 0.33	页岩	砂质、裂隙发育	0.81 ~ 7.14	0.17 ~ 0.36
	半风化	7.0 ~ 21.8	0.18 ~ 0.33		岩体破碎	0.51 ~ 2.50	0.24 ~ 0.45
	全风化	1.0 ~ 11.0	0.35 ~ 0.40		碳质	3.2 ~ 15.0	0.38 ~ 0.43

续表

岩体名称	特 征	动弹性模量 （10^3 MPa）	动泊松比	岩体名称	特 征	动弹性模量 （10^3 MPa）	动泊松比
石英闪长岩	新鲜	55.0 ~ 88.0	0.28 ~ 0.33	石灰岩	新鲜、微风化	25.8 ~ 34.8	0.20 ~ 0.39
	微风化	38.0 ~ 64.0	0.24 ~ 0.28		半风化	9.0 ~ 28.0	0.21 ~ 0.41
	全风化	4.5 ~ 11.0	0.23 ~ 0.33		全风化	1.48 ~ 7.30	0.27 ~ 0.35
玢岩	新鲜	34.7 ~ 39.7	0.28 ~ 0.29	泥质灰岩	新鲜、微风化	8.6 ~ 52.5	0.18 ~ 0.39
	半风化	3.5 ~ 20.0	0.24 ~ 0.4		半风化	13.1 ~ 24.8	0.27 ~ 0.37
	全风化	2.4	0.39		全风化	7.2	0.29
玄武岩	新鲜	34.0 ~ 38.0	0.25 ~ 0.30	片麻岩	新鲜、微风化	22.0 ~ 35.4	0.24 ~ 0.35
	半风化	6.1 ~ 7.6	0.27 ~ 0.33		片麻理发育	11.5 ~ 15.0	0.33
	全风化	2.6	0.27		全风化	0.3 ~ 0.85	0.46
砂岩	新鲜	20.6 ~ 44.0	0.18 ~ 0.28	板岩		12.6 ~ 23.2	0.27 ~ 0.33
	半风化至全风化	1.1 ~ 4.5	0.27 ~ 0.36		硅质	3.7 ~ 9.7	0.25 ~ 0.36
	裂隙发育	12.5 ~ 19.5	0.26 ~ 0.4			5.0 ~ 5.5	0.25 ~ 0.29
安山岩	新鲜	12.0 ~ 19.0	0.28 ~ 0.33	大理岩	新鲜坚硬	47.2 ~ 66.9	0.28 ~ 0.35
	半风化	3.6 ~ 9.7	0.26 ~ 0.44		半风化、裂隙发育	14.4 ~ 35.0	0.28 ~ 0.35
角闪片岩	新鲜致密坚硬	45.0 ~ 65.0	0.18 ~ 0.26	石英岩	裂隙发育	18.9 ~ 23.4	0.21 ~ 0.26
	裂隙发育	9.8 ~ 11.6	0.29 ~ 0.31				

从大量的试验资料可知，无论是岩体还是岩块，其动弹性模量都普遍大于静弹性模量，两者的比值 E_d / E，对于坚硬完整岩体为 1.2 ~ 2.0；而对风化、裂隙发育的岩体和软弱岩体，E_d / E 较大，一般为 1.5 ~ 10.0，甚至超过 20.0，表 4.10 给出了常见岩体的 E_d / E。造成这种现象的原因可能有以下几方面：

①静力法采用的最大应力大部分为 1.0 ~ 10.0 MPa，少数则更大，变形量常以 mm 计，而动力法的作用应力则约为 10^{-4} MPa 量级，引起的变形量微小。因此静力法必然会测得较大的不可逆变形，而动力法则测不到这种变形。

②静力法持续的时间较长。

③静力法扰动了岩体的天然结构和应力状态。

然而，由于静力法试验时，岩体受力情况接近于工程岩体的实际受力状态，故实践应用中，除某些特殊情况外，多数工程仍以静力变形参数为主要设计依据。

表 4.10　常见岩体动、静弹性模量的比较

岩石名称	静弹性模量(GPa)	动弹性模量(GPa)	E_d/E	岩石名称	静弹性模量(GPa)	动弹性模量(GPa)	E_d/E
花岗岩	25.0~40.0	33.0~65.0	1.32~1.63	大理岩	26.6	47.2~66.9	1.77~2.59
玄武岩	3.7~38.0	6.1~38.0	1.0~1.65	石灰岩	3.93~39.6	31.6~54.8	1.38~8.04
安山岩	4.8~10.0	6.11~45.8	1.27~4.58	砂岩	0.95~19.2	20.6~44.0	2.29~21.7
辉绿岩	14.8	49.0~74.0	3.31~5.00	中粒砂岩	1.0~2.8	2.3~14.0	2.3~5.0
闪长岩	1.5~60.0	8.0~76.0	1.27~5.33	细粒砂岩	1.3~3.6	20.9~36.5	10.0~16.1
页岩	0.66~5.00	6.75~7.14	1.43~10.2	石英片岩	24.0~47.0	66.0~89.0	1.89~2.75
片麻岩	13.0~14.0	22.0~35.4	0.89~1.69	干仗岩	9.80~14.5	28.0~47.0	2.86~3.2

（2）用弹性波进行岩体分类

弹性波法已成为岩体工程分类中必不可少的手段之一。用弹性波进行岩体分类的主要参数有：波速、完整性系数、风化系数、裂隙系数。一般而言，岩体中波传播速度快，表明岩体致密、坚硬、完整、风化轻；反之波速低，表明岩体疏松、软弱、破碎、结构面发育、风化严重。中国科学院地质研究所的分类法：波速小于 2 m/ms，为散体结构；位于 2~3.5 m/ms，为整体结构。除此之外，国内外还有许多不同的标准，如岩体完整性系数、风化系数、裂隙系数等。

岩体完整性系数由岩体波速与岩石波速的平方比确定，即 $K_w = (V_{岩体}/V_{岩石})^2$。当 $K_w < 0.2$ 时为散体结构；当 $0.1 < K_w < 0.3$ 时为碎裂结构；当 $0.3 < K_w < 0.6$ 时为层状结构；当 $K_w > 0.6$ 时为整体块状结构。岩体的裂隙系数 $L_m = (V_{岩石} - V_{岩体})/V_{岩石}$，其反映了岩体的裂隙化程度；风化系数 $K_f = (V_{新鲜} - V_{风化})/V_{新鲜}$，用于反映岩体的风化程度；同时，亦可用纵横波速比来反映岩体完整性，如，当 $V_p/V_s = 1.732$ 时，岩体为完全弹性介质；当 $V_p/V_s > 2.5$ 时，为破碎岩体；当 $2.0 < V_p/V_s < 2.5$ 时，为中等岩体。

（3）岩体松动层厚度及岩体稳定性中的应用

在岩体开挖过程中，扰动了初始地应力状态，使岩体临空面的应力释放，从而在岩体表面附近出现一个由松弛到集中的层状分布，工程中称为松散层。对于地下工程则称为围岩松动圈，其厚度直接影响到岩体的稳定性。弹性波测试方法主要测试弹性波波速随深度的变化，取岩体原始状态（未扰动）的波速为划分标准。凡低于此值均为松动圈或松散层，由此圈定出松散岩体的范围，为岩体的稳定性评价及其支护设计提供依据。

（4）岩体加固质量检测中的应用

为提高岩体弹性模量，降低渗透率，提高隔水性能及岩体完整性和稳定性，常对工程岩体进行灌浆、充填等加固处理，为了解这种加固处理的效果，超弹性波测试技术成为一种行之有效的方法，目前已广泛应用于水电工程施工中。

（5）围岩压力及地应力测试中的应用

由于应力与波速的关系，到目前为止，仍无一个完善的理论模型，因而在地应力测试中的应用实例尚不多见。一些学者通过现场弹性波测试岩体中的破碎区、塑性区及弹性区来确定岩体的应力松弛区和应力集中区，从而定性分析出岩体所处的应力状态，这种分析不能给出定量结果；另一些学者则首先对现场岩芯试件进行实验标定，取得波速与应力的拟合关系，然后对现场

进行弹性波测试,运用测试曲线与标定曲线反求围岩压力或岩体地应力,这种方法可以给出地应力测量的定量结果。

4.5 高地应力判别及防治

地应力是岩体力学研究中不可缺少的重要部分。岩体力学与其他力学学科最根本的区别就在于岩体中具有初始地应力,几乎所有岩体力学现象几乎都与地应力有关。因此,研究高地应力问题是岩体力学的基本任务之一。

岩体的本构关系、破坏准则以及岩体中应力传播规律均随地应力的变化而变化。在低地应力和低偏压条件下,岩体脆性特性以及受节理面控制的各向异性和非连续性非常显著,岩体破坏时,峰值强度与残余强度之间相差较大;在高地应力条件下,岩体的脆性表现不太明显,而塑性特征则表现明显,节理面的存在所引起的各向异性也会明显减弱,表现出连续介质的特性,且呈现出高地应力的特殊现象。

伴随着我国中、西部的开发(尤其是水电工程建设),在高地应力地区出现特殊的地压现象,给岩体工程稳定性问题提出了新课题。然而由于相关研究较少,对高地应力地区出现的岩体力学问题缺乏有力的对策和措施,有必要对高地应力问题进行深入研究。

4.5.1 高地应力现象

(1)岩芯饼化现象

在中等强度以下的岩体中进行勘探时,常常发现岩芯饼化现象。美国 L. Obert 和 D. E. Stophensson(1965)用试验方法同样获得了饼状岩芯,据此判断饼状岩芯是高地应力产物。从岩石力学破裂成因来分析,岩芯饼化是剪张破裂产物。除此以外,还能发生钻孔缩径现象。

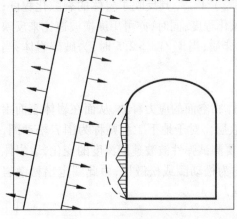

图 4.22 洞室岩爆现象

(2)洞壁剥离

在高地应力区,地下厂房、探洞、地下隧洞的洞壁容易发生剥离,岩体锤击为嘶哑声并有较大变形;在中等强度以下岩体中开挖探洞或隧洞,高地应力状况不会像岩爆那样剧烈,洞壁岩体产生剥离现象,有时裂缝一直延伸到岩体浅层内部,锤击时有破哑声;在软质岩体中洞体则产生较大的变形,位移显著,持续时间长,洞径明显缩小(见图4.22)。

(3)岩爆

在岩性坚硬完整或较完整的区域,往往存在高地应力情况,在地下厂房、隧洞、探洞等地下工程的施工过程中常常出现岩爆现象。岩爆是岩石被挤压到弹性限度,岩体内积聚的能量突然释放所造成的一种岩石破坏现象。而岩爆后,由于高地应力释放,产生一定的围岩松动区,从而造成声波测试中岩体波速的显著降低(见图4.23)。

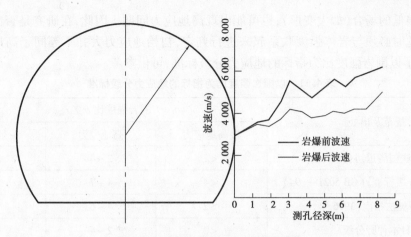

图 4.23　岩爆后的岩体波速衰减现象

（4）岩体回弹

在坚硬岩体中开挖基坑或槽,表面易出现突然隆起、剥离以及回弹错动现象,并伴有响声。岩体中如有软弱夹层,则会在基坑边坡出现明显的回弹错动现象（见图 4.24）。

（5）动参数指标

由于高地应力的存在,野外原位测试测得的岩体物理力学指标比实验室岩块试验结果高,如岩体的声波波速、弹性模量等,甚至比实验室无应力状态岩块测得的参数高。野外原位变形测试曲线的形状也会变化,在 σ 轴上有截距（见图 4.25）。

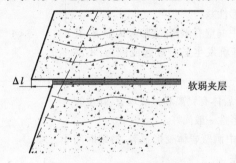

图 4.24　基坑边坡回弹错动

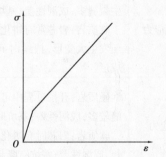

图 4.25　高应力条件下岩体变形曲线

4.5.2　高地应力判别准则

高地应力是一个相对的概念,由于不同岩石具有不同的弹性模量,岩石的储能性能也不同。一般来说,初始地应力大小与区域岩体的变形特性有关,岩质坚硬,则储存弹性能多、地应力也大。因此高地应力是相对于岩体强度而言的,也就是说,当岩体内部的最大地应力 σ_{max} 与岩体强度 σ_c 的比值达到某一水平时,才能称为高地应力或极高地应力。一般将岩体强度与岩体内最大地应力的比值称为围岩强度比,即:

$$围岩强度比 = \frac{\sigma_c}{\sigma_{max}} \tag{4.48}$$

目前在地下工程的设计施工中,通常把围岩强度比成判断围岩稳定性的重要指标,有的还作为围岩分级的重要指标。因此,应该认识到埋深大,不一定就存在高地应力情况,而在埋深小但岩体强度很低的场合(如大变形),也可能出现高地应力问题。因此,在研究是否出现高或极高地应力问题时必须与岩体强度联系起来进行判定,初始地应力大并不等同于高地应力。表4.11 中给出了以围岩强度比为指标的地应力分级标准,可供参考。

表4.11　以围岩强度比为指标的地应力分级标准

规范及出处	围岩强度比 σ_c/σ_{max}		
	极高地应力	高地应力	一般地应力
法国隧道协会	<2	2~4	>4
《工程岩体分级标准》(GB 50218—94)	<4	4~7	>7
日本新奥法指南(1996年)	>2	4~6	>6
日本仲野分级	<2	2~4	>4

围岩强度比与岩体开挖后的破坏现象密切相关,特别是与岩爆、大变形相关。前者是在坚硬完整的岩体中可能发生的现象,而后者是在软弱岩体或土质地层中可能发生的现象。表4.12 给出了在极高和高地应力两种情况下岩体开挖过程中出现的主要现象。

表4.12　高地应力岩体在开挖中出现的主要情况

应力情况	主要现象	σ_c/σ_{max}
极高应力	硬质岩:开挖过程中时有岩爆发生,有岩块弹出,洞室岩体发生剥离,新生裂缝多,成洞性差;基坑有剥离现象,成形性差。 软质岩:岩芯常有饼化现象。开挖过程中洞壁有剥离,变形极为显著,甚至发生大变形,持续时间长,不易成洞;基坑发生显著隆起或剥离,不易成形	<4
高应力	硬质岩:开挖过程中可能出现岩爆,洞壁岩体有剥离和掉块现象,新生裂缝较多,成洞性差;基坑时有剥离现象,成形性一般尚好。 软质岩:岩芯时有饼化现象。开挖过程中洞壁岩体变形显著,持续时间长,成洞性差;基坑有隆起现象,成形性较差	4~7

4.5.3　岩爆的防治

围岩处于高应力场条件下所产生的岩片(块)飞射抛洒,以及洞壁片状剥落等现象称为岩爆。在岩体内开挖地下厂房、隧道、矿山地下巷道、采场的等地下工程,引起开挖区围岩应力重新分布和集中,当应力集中到一定程度后就有可能产生岩爆。在地下工程开挖过程中,岩爆是各种失稳现象中反应最强烈的一种,也是地下工程施工中的重大地质灾害之一。由于岩爆具有突发性,故对施工人员和施工设备威胁最严重,一旦处理不当,就会给施工安全、岩体及建筑物的稳定带来很多困难,甚至会造成重大工程事故。

据不完全统计,从1949年到1985年5月,在我国的32个重要煤矿中,至少曾发生过1 842起煤爆和岩爆,发生地点一般在200~1 000 m深处、地质构造复杂、煤层突然变化、水平煤层突然弯曲成陡倾的部位。在严重的岩爆发生区,曾有数以吨计的岩块、岩片和岩板被抛出。一些水电工程的地下洞室中也曾发生过岩爆,地点大多在高地应力区的结晶盐和灰岩中,或位于河谷近地表处。另外,在高地应力区开挖隧洞,如果岩层比较完整、坚硬,也常发生岩爆现象。

由于岩爆是极为复杂的动力现象,至今对岩爆的形成条件及机理尚未形成统一的认识。有的学者认为岩爆是受剪破裂;也有的学者根据自己的观察和试验结果得出张破裂的结论;还有一种观点把产生岩爆的岩体破坏过程分为劈裂成板条、剪(折)断成块、块片弹射三个阶段式破坏。

1)岩爆的类型

岩爆特征可从多个角度去描述,目前主要是根据现场调查所得到的岩爆特征,考虑岩爆危害方式、危害程度以及对其防治对策等因素,分为破裂松脱型、爆裂弹射型、爆炸抛射型。

①破裂松脱型。岩体成块状、板状、鳞片状,爆裂声响微弱,弹射距离很小,岩壁上形成破裂坑,破裂坑的深度主要受围岩应力和强度的控制。

②爆裂弹射型。岩片弹射及岩粉喷射,岩爆声响如同枪声,弹射岩片、体积一般不超过$0.33\ m^3$,直径 5~10 cm。洞室开凿后,一般出现片状岩石弹射、崩落或成笋片状的薄片剥落,岩片的弹射距离一般为 2~5 m。岩块多为中间厚,周边薄的菱形岩片。

③爆炸抛射型。岩爆发生时巨石抛射,其声响如同炮弹爆炸,抛射岩块的体积数立方米到数十立方米,抛射距离几米到十几米。

有时也把岩爆分为应变型、屈服型及岩块突出型。其中:应变型指洞室周边坚硬岩体产生应力集中,在脆性岩体中发生激烈的破坏,是最一般的岩爆现象;屈服型指在有互相平行的裂隙的坑道中,洞壁岩体屈服,发生突然破坏,常常是由爆破震动所诱发的;岩块突出型是因被裂隙或节理等分离的岩块突然突出的现象,也是因爆破或地震等而诱发的。

按岩爆所形成的松弛破坏区的范围划分岩爆的规模,可分为小规模、中等规模和大规模三种岩爆。其中:小规模岩爆是指在壁面附近浅层部分(厚度小于 25 cm)的破坏,破坏区域仍然是弹性的,岩块的质量通常在 1 t 以下;中等规模岩爆的指形成厚度 0.25~0.75 m 的环状松弛区域的破坏,但空洞本身仍然是稳定的;大规模岩爆指超过 0.75 m 以上的岩体显著突出,很大的岩块弹射出来,这种情况采用一般的支护是不能防止的。

2)岩爆的基本特征

根据已有的地下工程经验,岩爆具有以下一些基本特性:

①从爆裂声方面来看,有强有弱,有的沉闷,有的清脆。一般来讲,声响如闪雷的岩爆规模较大,而声响清脆的规模较小,有的伴随声响,在破裂处可见冒岩灰。岩爆时声发射现象非常普遍,绝大部分伴随着声响而发生。

②从弹射程度上来看,岩爆基本上属于弱弹射和无弹射两类。一般洞室靠河侧上部岩爆属于弱弹射类,其弹射距离不大于 2.0 m,一般为 0.8~2.0 m;洞室靠山侧下部的岩爆属于无弹射类,仅仅是将岩面劈裂形成层次错落的小块,或脱离母岩滑落的大块岩石,且可明显观察到围岩内部已形成空隙或空洞。

③从爆落的岩体来看,岩体主要有体积较大的块体或体积较小的薄片。岩体薄片的形状呈中间厚,四周薄的贝壳状,其长与宽方向的尺寸相差并不悬殊,周边厚度则参差不齐;岩块的形状多为一对两组平行裂面,其余的一组破裂面呈刀刃状。前者几何尺寸均较小,一般在 4.5~

20 cm 范围内,后者从数十厘米到数米不等。

④从岩爆坑的形态来看,有直角形、阶梯形和窝状形。爆坑为直角形的岩爆,其规模较大,爆坑较深,且伴随有沉闷的爆裂声;阶梯形岩爆的规模最小,时常伴随着多次爆裂声发生,爆落的岩体多为片状或板状;窝状形爆坑的岩爆规模有大有小,基本上为一次爆裂长窝状,破坏和声响基本同步。

⑤从同一部位发生岩爆的次数来看,有一次性和重复性。前者发生一次岩爆后,即使不施作支护也不会再发生岩爆;后者则在同一部位重复发生岩爆,有的甚至达十多次,在施作锚杆支护情况下,可明显观察到爆裂的岩块悬挂在锚杆上,形状主要为板状和片状。

⑥从岩爆的声响到岩石爆落的时间间隔方面,可分为速爆型和滞后型。前者一般紧随着声响后产生岩石爆落,其时间间隔一般不会超过 10 s,且破坏的规模较小;后者表现为只闻其声,不见其动,岩爆可滞后声响半小时甚至数月不等。也有少量只有声响而不发生岩石脱离母岩的现象,即只有围岩内部裂纹的扩展而不产生破坏性岩石爆落。

⑦从岩爆坑沿洞轴方向分布来看,有三种类型,即连续型、断续型和零星型。连续型表现为岩爆坑沿洞轴方向连续分布长达 20 ~ 100 m;断续型表现为岩爆坑以几十厘米至 2 m 为间隔成片分布,其沿洞轴分布长度一般为 10 ~ 100 m,且洞壁上有明显可见的鳞片纹线现象;零星型则表现为小规模的单个岩爆出现。

3)岩爆发生的条件

岩爆产生的原因很多,其中主要原因是由于在岩体中洞室的开挖形成了临空面,改变了岩体赋存的空间环境,最直观的结果是为岩爆产生提供了释放能量的空间条件。同时,地下开挖岩体或其他扰动改变了岩体初始地应力,在开挖区周围的岩体发生应力重分布和应力集中现象,这种应力有时会达到或超过岩块的单轴抗压强度,从而为岩爆产生形成必不可少的能量积累动力条件。在具备上述两个条件的前提下,尚需从岩性和结构特性上去分析岩体的变形和破坏方式,最终要看岩体在宏观大破裂之前还储存有多少剩余弹性应变能。当岩体由初期逐渐积累弹性能,到伴随岩体变形和微破裂开始产生、发展,使岩体储存弹性能的方式转入边积累边消耗,再过渡到岩体破裂程度加大,导致积累弹性变形量条件完全消失,弹性能全部消耗掉。当岩石矿物颗粒致密度低、坚硬程度比较弱、隐微裂隙发育程度较高时,围岩出现局部或大范围解体,无弹射现象,仅属静态下的脆性破坏。而当岩石矿物结构致密度、坚硬度较高且在隐微裂隙不发育的情况下,岩体在变形破坏过程中所储存的弹性能不仅能满足岩体变形和破裂所消耗的能量,满足变形破坏过程中发生热能、声能的要求,而且还有足够的剩余能量转换为动能,使逐渐被剥离的岩块(片)瞬间脱离母岩弹射出去。这是岩体产生岩爆弹射极为重要的一个条件。

岩体能否产生岩爆还与岩体积累和释放弹性变性能的时间有关。当岩体自身的条件相同,围岩应力集中速度就越快,积累弹性应性能越多,瞬间释放的弹性变性能也越多,岩体产生岩爆程度就越强烈。因此岩爆产生的条件可归纳为:

①地下工程开挖、洞室空间形成是诱发岩爆的几何条件。

②围岩应力重分布和应力集中将导致围岩积累大量弹性变形能,这是诱发岩爆的动力条件。

③岩体承受极限应力产生初始破裂后剩余弹性变形能的集中释放量决定岩爆的弹射程度。

④岩爆通过何种方式出现,取决于围岩岩性、岩体结构特征、弹性变性能的积累和释放时间的长短。

4) 岩爆发生的判据

从一些国家的规范及研究成果来看,岩爆发生的判据大同小异。这种根据所揭露的地质条件来判断是否发生岩爆,对于工程勘测设计阶段是有参考价值的。我国《工程岩体分级标准》中采用的岩爆判据如下:

① 当 $\sigma_c/\sigma_{max} > 7$ 时,无岩爆。

② 当 $\sigma_c/\sigma_{max} = 4 \sim 7$ 时,可能发生轻微岩爆或中等岩爆。

③ 当 $\sigma_c/\sigma_{max} < 4$ 时,可能会发生严重岩爆。

岩体强度指标可通过各种试验予以确定,岩体内最大地应力通常是通过现场实测手段获取。但并不是所有的工程都能进行地应力测试,因此就不得不借助一些经验数据或直接采用围岩自重应力场中的垂直压力分量作为最大地应力值。

5) 岩爆的防治

通过大量的工程实践及经验的积累,目前已有许多行之有效的治理岩爆的措施,归纳起来有加固围岩、改善围岩应力条件、改变围岩性质、完善施工方法等。

(1)围岩加固措施

围岩加固措施是指对已开挖洞室周边的及时加固和对掌子面前方的超前加固,这些措施一方面可改善掌子面本身以及 $1 \sim 2$ 倍洞室直径范围内围岩的应力状态,另一方面具有防护作用,可防止弹射、坍落等。

(2)改善围岩应力条件

从设计与施工的角度,可采用以下几种办法:

①在布置地下结构时,应使其长轴方向与最大主应力方向平行,可减少洞室周边围岩的切向应力。

②设计时选择合理的开挖断面形状,以改善围岩的应力状态。

③施工过程中,爆破开挖采用短进尺、多循环,也可改善围岩应力状态。

④应力解除法,即在围岩内部造成一个破碎带,形成一个低弹性区,从而使掌子面及洞室周边应力降低,使高应力转移到围岩深部。为达到这一目的,可采取施作超前钻孔或在超前钻孔中进行松动爆破,该方法也称为超应力解除法。

(3)改变围岩性质

喷水可使岩体软化、刚度减小、变形增大,岩体中积累的弹性应变能可缓慢释放,从而减少因高地应力引起的破坏现象。如在掌子面和洞壁喷水,一定程度上可降低围岩的强度;采用超前钻孔向岩体高压均匀注水,除钻孔能提前释放弹性应变能外,高压注水的楔劈作用可软化和降低岩体的强度,而且高压注水还可产生新的张裂隙并使原有裂隙继续扩展,从而降低岩体储存弹性应变能的能力。

(4)施工安全措施

施工安全措施主要是躲避及清除浮石两种方法。岩爆一般在爆破后 $1\ h$ 左右比较激烈,以后则逐渐趋于缓和;爆破多数发生在 $1 \sim 2$ 倍洞室直径的范围内,故躲避也是一种行之有效的方法,即每次爆破循环之后,施工人员躲避在安全处,待激烈的岩爆平息之后再进行施工。当然,这样做要延缓工程的进度,是一种消极的方法。同时,在拱顶部位因岩爆所产生的松动石块必须清除,以保证施工的安全。而对于破裂松脱型岩爆,弹射危害不大,可采用清除浮石的方法来确保施工安全。

习题与思考题

4.1　何谓岩体地应力？岩体地应力的来源主要有哪些？影响地应力的因素主要有哪些？

4.2　简述地壳浅部初始地应力分布的基本规律。

4.3　什么是侧压力系数？侧压力系数能否大于1？从侧压力系数值的大小如何说明岩体所处的应力状态？

4.4　简述水压致裂法、应力解除法、应力恢复法、声发射法的测量原理以及主要优缺点。

4.5　某花岗岩埋深 1 000 m，其上覆岩层的平均重度为 $\gamma = 24$ kN/m³，花岗岩处于弹性状态，泊松比 $\mu = 0.25$，计算花岗岩在自重作用下的初始铅直应力以及水平应力。

4.6　简述弹性波测试在岩体工程中的作用。常用的弹性波测试方法及其原理。

4.7　高地应力现象有哪些？其判别准则是什么？

4.8　岩爆的类型和发生条件是什么？工程上如何防治岩爆问题？

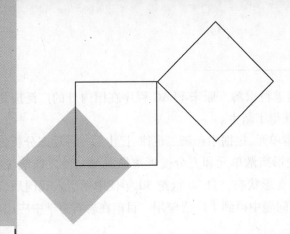

5 岩石力学数值分析方法

5.1 概述

岩石作为自然界中一种复杂的工程介质,广泛覆盖于地球表面,与人类的生存和发展息息相关。对于实际岩石工程问题来说,岩体的性状呈非均质性;岩体的本构关系是非线性的或数学表达式还不够简单;岩体结构面的存在使岩体成为非连续介质;问题的边界条件常常不能表示为简单的数学函数;起控制作用的偏微分方程呈非线性性质;现场应力条件的空间和时间变化及在问题域范围内形状的任意性,使得只有少数的岩石力学计算问题可以得到解析解。数值分析方法是随着计算机技术发展而形成的一种计算分析方法,具有较广泛的适用性,它不仅能模拟岩体的复杂力学与结构特性,也可很方便地分析各种边值问题和施工过程,并能对工程进行预测和预报,已成为解决岩土工程问题的有效工具之一。

在岩石力学有关领域的数值分析方法应用中,主要使用的方法为有限元法、边界元法、有限差分法、加权余量法、离散元法、不连续变形分析法、流形方法等,其中前四种方法是基于连续介质力学的方法,随后的两种方法则是基于非连续介质力学的方法,而最后一种方法具有这两大类方法的共性。

有限单元法的理论基础是依据于最小势能原理。有限单元法将计算的连续体对象离散化,成为由若干较小的单元组成的连续体,称为有限元。有限元将计算对象视为连续体,该连续体可以是岩土材料,也可以是某些结构材料,以位移作为它们的未知量。因其能方便地处理各种非线性问题,能灵活地模拟岩土工程中复杂的施工过程,当前在岩石力学中应用较为广泛的有ANSYS 程序有限元程序、ABQUSE 非线性有限元程序、ADINA 以及 PLAXSI 等有限元程序。

边界元法根据边界积分原理,建立求解域内的未知函数与边界值之间的关系,将求解域内微分方程的求解变换成求解边界积分方程,将边界离散为有限大小的边界单元,并在边界单元上求解积分方,可以把积分方程变换成求解关于边界节点未知量的代数方程组,然后,由边界上的值可求域内任一点的函数值。

有限差分法是将问题的求解域划分成网格,在网格的节点上定义求解的未知量,然后用差分近似微分,把微分方程变换成差分方程进行求解。原来 FLAC 程序在国内外的广泛应用,使得有限差分法在解决岩石力学问题时又获得了新生。

离散单元法是以刚性离散单元为基本单元,根据牛顿第二定律,提出的一种动态分析方法。随后又将其发展为变形离散单元(简单变形离散单元和充分变形离散单元),使之既能模拟块体受力后的运动,又能模拟块体本身受力变形状态。自 20 世纪 80 年代中期引入我国后,离散元法在边坡、危岩和矿井稳定等岩石力学问题中得到了广泛应用。目前在岩石力学中应用较为广泛的有 UDEC、3DEC 等离散元程序。

非连续变形分析法(DDA)的主要优势是适合于求解具有节理的非连续性岩体的非连续大变形问题,它是在不连续体位移分析法的基础上推广而来的一种正分析方法,可以从块体结构的几何参数、力学参数、外荷载约束情况计算出块体的位移、变形、应力、应变以及块体间离合情况。非连续变形分析法视岩块为简单变形体,既有刚体运动还有应变,无需保持节点处力的平衡与变形协调,可以在一定的约束下只单独满足每个块体的平衡并有自己的位移和变形。DDA法可求得块体系统最终达到平衡时的应力场及位移场等情况,以及运动过程中各块体的相对位置及接触关系;可以模拟出岩石块体之间在界面上的运动,包括移动、转动、张开、闭合等全部过程,据此可以判定出岩体的破坏程度、破坏范围,从而对岩体的整体和局部的稳定性作出正确的评价。DDA 法在隧洞和矿井稳定等岩石力学问题中已得到广泛应用。

岩石力学问题本身是一个高度复杂的不确定和不确知系统,其物性参数、本构模型、计算边界条件等通常无法准确确定。而从量测信息(位移、应力、温度等)出发,用反分析的方法来确定各类计算模型参数的反分析方法得到了迅速的发展,目前已成为解决复杂岩土力学问题的重要方法,在岩石坝基、高速公路路基、基坑、高边坡、地下洞室围岩和支护等诸多领域都有广泛应用。

鉴于篇幅所限,本章仅简要介绍连续介质微分法(有限元法、有限差分本、边界元)、非连续介质法(离散元)和位移反分析法的基本内容,并对当前岩石力学应用较为广泛的数值分析软件以及数值分析的一般步骤作简单介绍。

5.2　数值分析计算基本方法

5.2.1　连续介质法

1)有限元法

经过四十多年的发展,有限单元法已经成为解决岩石力学问题中必不可少的工具,而且成为现象分析的一种手段。其应用已由弹性力学平面问题扩展到空间问题、板壳问题,由静力平衡问题扩展到稳定问题、动力问题和波动问题,分析的对象从弹性材料扩展到塑性、粘弹性、粘塑性和复合材料等,从固体力学扩展到流体力学、渗流与固结理论、热传导与热应力问题、磁场问题以及建筑声学与噪声问题。它不仅涉及稳态场问题,还涵盖材料非线性、几何非线性、时间维问题和断裂力学等。

有限元法作为一种离散化的数值解法,也已成为应用数学的一个新的分支。本节以平面三节点三角形单元为例,简单介绍位移型有限元法的基本方程。

(1)单元位移函数及插值函数

如图5.1所示的典型三节点三角形单元,其三个节点的总体编号为 i,j,k。为了使推导出的计算公式具有一般性,现引入节点的局部编号为1,2,3。在总体坐标系中,各节点的位置坐标分别是 (x_1,y_1),(x_2,y_2) 和 (x_3,y_3)。规定在节点1处沿 x 轴方向的位移分量是 u_1,沿 y 轴方向的唯一分量是 v_1。同理,节点2的唯一分量是 u_2,v_2,节点3的唯一分量是 u_3,v_3。

根据单元位移模式应具有完备性和协调性的要求,

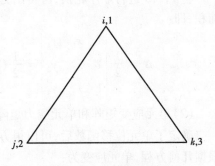

图5.1　三角形单元

即要求单元的位移函数必须能够满足刚体位移和常应变状态,在单元内部及相邻单元的边界上位移必须连续,则作为三节点三角形单元的近似位移函数 $u(x,y)$,$v(x,y)$,可写为:

$$\left.\begin{array}{l} u(x,y) = a_1 + a_2 x + a_3 y \\ v(x,y) = a_4 + a_5 x + a_6 y \end{array}\right\} \tag{5.1}$$

将三个节点的坐标值和位移值代入(5.1)式,得到6个方程,联立求解获得系数 a_1,a_2,a_3,a_4,a_5,a_6,将它们再代入(5.1)式得到:

$$\left.\begin{array}{l} u(x,y) = N_1(x,y)u_1 + N_2(x,y)u_2 + N_3(x,y)u_3 \\ v(x,y) = N_1(x,y)v_1 + N_2(x,y)v_2 + N_3(x,y)v_3 \end{array}\right\} \tag{5.2}$$

或写为:

$$\left\{\begin{array}{l} u(x,y) \\ v(x,y) \end{array}\right\} = [N]\{\delta\} \tag{5.3}$$

式中:

$$\{\delta\} = \begin{bmatrix} u_1 & v_1 & u_2 & v_2 & u_3 & v_3 \end{bmatrix}^{\mathrm{T}} \tag{5.4}$$

为单元节点位移列阵:

$$[N] = \begin{bmatrix} N_1 & 0 & N_2 & 0 & N_3 & 0 \\ 0 & N_1 & 0 & N_2 & 0 & N_3 \end{bmatrix} \tag{5.5}$$

称为形状函数矩阵,其中:

$$N_i(x,y) = \frac{a_i + b_i x + c_i y}{2\Delta},\ i = 1,2,3 \tag{5.6}$$

称为形状函数或插值函数,其有以下两个特性:

① $N_i(x,y)$ 在 i 节点处的值为1,在其他 j 节点处的值为0,即:

$$\left\{\begin{array}{l} N_i(x_i,y_i) = 1, i = 1,2,3 \\ N_i(x_j,y_j) = 0, j = 1,2,3 \end{array}\right., j \neq i \tag{5.7}$$

②全部形状函数之和等于1,即:

$$\sum_{i=1}^{3} N_i(x,y) = 1 \tag{5.8}$$

系数 a_1, b_1, c_1 分别为：

$$a_1 = x_2 y_3 - x_3 y_2 \quad b_1 = y_2 - y_3 \quad c_1 = x_3 - x_2 \tag{5.9}$$

将 1,2,3 进行顺序轮换,可得出另外两组系数 a_2, b_2, c_2 和 a_3, b_3, c_3 的值。Δ 为三角形单元的面积,即：

$$\Delta = \frac{1}{2} \begin{vmatrix} 1 & x_1 & y_1 \\ 1 & x_2 & y_2 \\ 1 & x_3 & y_3 \end{vmatrix} = \frac{1}{2}(x_1 y_2 + x_2 y_3 + x_3 y_1) - \frac{1}{2}(x_2 y_1 + x_3 y_2 + x_1 y_3)$$

(2)单元应变矩阵和单元应力矩阵

确定了单元位移函数后,可以很方便地利用几何方程和物理方程求得单元的应变和应力。根据几何方程,单元应变为：

$$\{\boldsymbol{\varepsilon}\} = \begin{Bmatrix} \varepsilon_x \\ \varepsilon_y \\ \gamma_{xy} \end{Bmatrix} = \begin{bmatrix} \dfrac{\partial}{\partial x} & 0 \\ 0 & \dfrac{\partial}{\partial y} \\ \dfrac{\partial}{\partial y} & \dfrac{\partial}{\partial x} \end{bmatrix} \begin{Bmatrix} u \\ v \end{Bmatrix} = (\boldsymbol{L})\{\boldsymbol{u}\} = (\boldsymbol{L})(\boldsymbol{N})\{\boldsymbol{\delta}\}$$

记 $(\boldsymbol{B}) = (\boldsymbol{L})(\boldsymbol{N})$,则： $\qquad \{\boldsymbol{\varepsilon}\} = (\boldsymbol{B})\{\boldsymbol{\delta}\}$ $\tag{5.10}$

式中 $(\boldsymbol{B})$——单元应变矩阵即几何矩阵,几何矩阵 $(\boldsymbol{B})$ 可写为分块形式,即：

$$(\boldsymbol{B}) = \begin{bmatrix} \dfrac{\partial N_1}{\partial x} & 0 & \dfrac{\partial N_2}{\partial x} & 0 & \dfrac{\partial N_3}{\partial x} & 0 \\ 0 & \dfrac{\partial N_1}{\partial y} & 0 & \dfrac{\partial N_2}{\partial y} & 0 & \dfrac{\partial N_3}{\partial y} \\ \dfrac{\partial N_1}{\partial y} & \dfrac{\partial N_1}{\partial x} & \dfrac{\partial N_2}{\partial y} & \dfrac{\partial N_2}{\partial x} & \dfrac{\partial N_3}{\partial y} & \dfrac{\partial N_3}{\partial x} \end{bmatrix} = (\boldsymbol{B}_1 \quad \boldsymbol{B}_2 \quad \boldsymbol{B}_3) \tag{5.11}$$

式中：

$$(\boldsymbol{B}_i) = \begin{bmatrix} \dfrac{\partial N_i}{\partial x} & 0 \\ 0 & \dfrac{\partial N_i}{\partial y} \\ \dfrac{\partial N_i}{\partial y} & \dfrac{\partial N_i}{\partial x} \end{bmatrix} = \frac{1}{2\Delta} \begin{bmatrix} b_i & 0 \\ 0 & c_i \\ c_i & b_i \end{bmatrix}, i = 1,2,3 \tag{5.12}$$

$(\boldsymbol{B}_i)$ 为一常数矩阵。

由 $\{\boldsymbol{\varepsilon}\} = (\boldsymbol{B})\{\boldsymbol{\delta}\}$ 可知,三角形平面单元内应变列阵是常数列阵,通常称这种单元是常应变单元。由此可见,用该单元分析问题时,在该问题应变梯度较大(也即应力梯度较大)的部位,单元划分应适当密集,否则将不能反映应变的真实变化而导致较大的误差。

将式(5.10)及式(5.11)代入物理方程,可得单元应力为：

$$\{\boldsymbol{\sigma}\} = \begin{Bmatrix} \sigma_x \\ \sigma_y \\ \sigma_{xy} \end{Bmatrix} = [\boldsymbol{D}]\{\boldsymbol{\varepsilon}\} = [\boldsymbol{D}][\boldsymbol{B}]\{\boldsymbol{\delta}\} = [\boldsymbol{S}]\{\boldsymbol{\delta}\} \tag{5.13}$$

式中:

$$[S] = [D][B] = [D][B_1 \quad B_2 \quad B_3] = [S_1 \quad S_2 \quad S_3] \qquad (5.14)$$

称为应力矩阵,其中 $[D]$ 为弹性矩阵, $[S]$ 为分块矩阵,可表示为:

$$[S_i] = [D][B_i] = \frac{E_0}{2(1 - v_0^2)\Delta} \begin{bmatrix} b_i & v_0 c_i \\ v_0 b_i & c_i \\ \dfrac{1 - v_0}{2} c_i & \dfrac{1 - v_0}{2} b_i \end{bmatrix} (i,j,m) \qquad (5.15)$$

式中　E_0, v_0——材料常数。

(3)单元刚度方程及总体刚度方程

设岩体或结构物发生虚位移,单元节点的虚位移为 $\{\boldsymbol{\delta}^*\}$,相应的虚应变为 $\{\boldsymbol{\varepsilon}^*\}$,则根据虚功原理有:

$$\iint_{A_n} \{\boldsymbol{\delta}^*\}^{\mathrm{T}} [N]^{\mathrm{T}} [\overline{F}] t \mathrm{d}A + \int_{\partial A_n} \{\boldsymbol{\delta}^*\}^{\mathrm{T}} [N]^{\mathrm{T}} \{\overline{P}\} t \mathrm{d}s = \iint_{A_n} \{\boldsymbol{\varepsilon}^*\}^{\mathrm{T}} \{\boldsymbol{\sigma}\} t \mathrm{d}A \qquad (5.16)$$

式中　A_n——单元 n 的面积;

　　　t——单元厚度。

左边第一项积分是体力在虚位移上所作的虚功,第二项积分是面力在虚位移上所作的虚功,如果计算单元 n 不是边界单元或在边界上没有面力的作用,则第二项积分为零。

将上式化简得:

$$\{\boldsymbol{\delta}^*\}^{\mathrm{T}} \{F\} = \{\boldsymbol{\delta}^*\}^{\mathrm{T}} \Big[\iint_{A_n} [B]^{\mathrm{T}} [D][B] t \mathrm{d}A \Big] \{\boldsymbol{\delta}\} = \{\boldsymbol{\delta}^*\}^{\mathrm{T}} [k] \{\boldsymbol{\delta}\} \qquad (5.17)$$

式中

$$[k] = \iint_{A_n} [B]^{\mathrm{T}} [D][B] t \mathrm{d}A = [B]^{\mathrm{T}} [D][B] t A \qquad (5.18)$$

上式中,$[k]$ 称为单元刚度矩阵。

由于 $\{\boldsymbol{\delta}^*\}$ 的任意性,等式两边与其相乘的矩阵相等则有:

$$\{F\} = [k] \{\boldsymbol{\delta}\} \qquad (5.19)$$

设弹性体剖分成 n 个单元,总应变能等于各单元应变能之和;总外力虚功应于单元外力虚功之和。根据虚功方程:

$$\sum_{i=1}^{n} (\{\boldsymbol{\delta}^*\}^{\mathrm{T}} \{F\}) = \sum_{i=1}^{n} (\{\boldsymbol{\delta}^*\}^{\mathrm{T}} [k] \{\boldsymbol{\delta}\}) \qquad (5.20)$$

改写上式,并令等式两边与虚位移相乘的矩阵相等,得到:

$$[K] \{U\} = \{P\} \qquad (5.21)$$

式中　$\{U\}$——总体位移列阵 $\{U\} = [u_1 \quad v_1 \quad u_2 \quad v_2 \quad \cdots \quad u_{n2} \quad v_{n2}]^{\mathrm{T}}$;

　　　$[K]$——总体刚度矩阵,由各单元的单元刚度矩阵 $[K]$ 组集而成;

　　　$\{P\}$——总体荷载列阵,由各单元的单元荷载列阵组集而成;

　　　n_2——结点的总数目。

式(5.21)称为总体刚度方程引入边界约束条件对总体刚度方程进行修正后,求解得到总

体位移列阵 $\{U\}$，然后由几何方程和本构关系计算各单元的应变和应力分量。

2）边界元法

边界元法是在 20 世纪 60 年代发展起来的求解边值问题的一种数值方法。它是把边值问题归结为求解边界积分方程问题，在边界上划分单元，求边界积分方程的数值解，进而可求出区域内任意点的场变量，故又称其为边界积分方程法。由于它与有限元法相比，具有降低维数（将三维问题降为二维问题，将二维问题降为一维问题），输入数据准备简单，计算工作量少，精度较高等优点，故已在许多领域内得到了具体应用，尤其是对均质或等效均质围岩的地下工程问题的分析更为方便，但其不足之处是对于非连续多介质、非线性问题，边界元法不比有限元法灵活、有效。

边界元法有直接法和间接法两种，直接边界元法是以互等功原理为基础建立起来的，而间接边界元法是以叠加原理为基础建立基本方程。本节主要对直接法作简略介绍。

考虑同一结构在两种不同荷载情况下的弹性变形状态。设第一种情况下的边界力、体力与位移场分别为 t^*,b^*,u^*，第二种情况下的边界力、体力与位移场分别为 t,b,u，则根据功的互等定理知，第一种状态的力在第二种状态的相应位移上所做的功，等于第二种状态的力在第一种状态的相应位移上所做的功，可表示为：

$$\int_\Gamma t^* u\,\mathrm{d}s + \int_n b^* u\,\mathrm{d}\Omega = \int_\Gamma tu^*\,\mathrm{d}s + \int_n bu^*\,\mathrm{d}\Omega$$

将功互等定理用于无线弹性体，取两种荷载情况，如图 5.2 所示，

第一种情况，在无限域 Ω 的 i 点，沿 l 方向施加单位集中力，用 Δ_l^i 表示，相应地在轮廓线 Γ 任一点，k 方向的应力为 P_{kl}^*；在 Ω 内及 Γ 上，任一点在 k 方向的位移为 u_{kl}^*，即所谓开尔文（Kelvin）解。

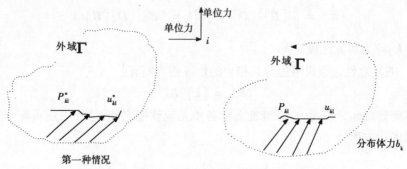

图5.2 两种荷载状况

第二种情况，在无限域 Ω 内沿 k 方向有分布体力 b_k，在轮廓 Γ 上沿 k 方向有表面荷载 P_k，在 Ω 内及 Γ 上，任一点 k 方向由 b_k 和 P_k 引起的位移为 u_k，而在 i 点 l 方向（当 i 点在 Ω 内时）的位移为 u_l^i，则根据功互等原理，可写出：

$$\int_\Omega \Delta_l^i u_k\,\mathrm{d}\Omega + \int_\Gamma P_{kl}^* u_k\,\mathrm{d}s = \int_\Gamma u_{kl}^* P_k\,\mathrm{d}s + \int_\Omega u_{kl}^* b_k\,\mathrm{d}\Omega \tag{5.22}$$

式中 Δ_l^i——在 i 点沿 l 方向施加的单位集中力，称为 Dirac Delta 函数，其性质为：

$$\int_\Omega f(x)\Delta_l^i \mathrm{d}\Omega = \begin{cases} 0, & i\ \text{点在}\ \Omega\ \text{外} \\ \dfrac{1}{2}f(x), & i\ \text{点在}\ \Gamma\ \text{外} \\ f(x), & i\ \text{点在}\ \Omega\ \text{内} \end{cases}$$

根据 *Dirac Delta* 函数的性质,式(5.22)左边第 1 项可表为:

$$\int_\Omega \Delta_l^i u_k \mathrm{d}\Omega = C^i u_l^i \tag{5.23}$$

式中:

$$C^i = \begin{cases} \dfrac{1}{2}, & i\ \text{点在边界}\ \Gamma\ \text{上} \\ 1, & i\ \text{点在区域}\ \Omega\ \text{内} \end{cases}$$

若不考虑体力,则方程式(5.23)变为:

$$C^i u_l^i + \int_\Gamma P_{kl}^* u_k \mathrm{d}s = \int_\Gamma u_{kl}^* P_k \mathrm{d}s \qquad (k=1,2;l=1,2) \tag{5.24}$$

该式即是开挖问题需要满足的支配方程,也是直接边界元法的基础方程。

应该指出的是,在式(5.24)中,当 $l=1$ 时,表示单位力作用于 i 点的 x 方向;当 $l=2$ 时,表示单位力作用于 i 点的 y 方向。方程式(5.24)实际上表示两个方程。

将边界划分成 n 个线段单元,在单元内将边界值 u_k 与 P_k 简化为均匀分布函数,于是,式(5.24)变成:

$$C^i u_l^i + \sum_{j=1}^n \left(\int_{\Gamma_j} P_{kl}^* \mathrm{d}s\right) u_k^j = \sum_{j=1}^n \left(\int_{\Gamma_j} u_{kl}^* \mathrm{d}s\right) P_k^j \tag{5.25}$$

写成矩阵形式为:

$$C^i[\boldsymbol{I}]\{\boldsymbol{u}\}^i + \sum_{j=1}^n [\boldsymbol{P}]_j^i \{\boldsymbol{u}\}^j = \sum_{j=1}^n [\boldsymbol{U}]_j^i \{\boldsymbol{P}\}^j \tag{5.26}$$

式中　$[\boldsymbol{I}]$——二阶单位矩阵:

$$[\boldsymbol{P}]_j^i = \int_{\Gamma_j} [\boldsymbol{P}^*]^{\mathrm{T}} \mathrm{d}s \tag{5.27}$$

$$[\boldsymbol{U}]_j^i = \int_{\Gamma_j} [\boldsymbol{u}^*]^{\mathrm{T}} \mathrm{d}s \tag{5.28}$$

而且:

$$[\boldsymbol{P}^*]^{\mathrm{T}} = \begin{bmatrix} P_{11}^* & P_{12}^* \\ P_{21}^* & P_{22}^* \end{bmatrix}, [\boldsymbol{u}^*]^{\mathrm{T}} = \begin{bmatrix} u_{11}^* & u_{12}^* \\ u_{21}^* & u_{22}^* \end{bmatrix}$$

为计算方便,将 $[\boldsymbol{P}^*]$,$[\boldsymbol{u}^*]$ 的开尔文解代入式(5.27)和式(5.28),先在各单元的局部坐标系中进行上述积分,积分结果分别记为 $[\boldsymbol{P}']_j^i$ 和 $[\boldsymbol{U}']_j^i$。

$[\boldsymbol{U}']_j^i$ 中各元素的表达式为:

$$\left. \begin{aligned} U_{11}' &= -A(3-4v)\big[(a_i-x')\ln r_1 + (a_i+x')\ln r_2\big] + \\ &\quad 4(1-v)\cdot y'\cdot(\theta_1-\theta_2) \\ U_{12}' &= U_{21}' = -A\cdot y'\cdot(\ln r_1 - \ln r_2) \\ U_{22}' &= -A(3-4v)\big[(a_i-x')\ln r_1 + (a_i+x')\ln r_2\big] + \\ &\quad 2(1-2v)\cdot y'\cdot(\theta_1-\theta_2) \end{aligned} \right\} (i\neq j) \tag{5.29}$$

$$\left.\begin{aligned}U'_{11}=U'_{22}&=-2A(3-4v)a_i\ln a_i\\U'_{12}=U'_{21}&=0\end{aligned}\right\}(i=j)\tag{5.30}$$

式(5.29)中：$A=\dfrac{1}{8\pi G(1-v)}$，v 为泊松比，$G=\dfrac{E_0}{2(1+v)}$，$\theta_1=\arctan\dfrac{y'}{x'-a_i}$，$\theta_2=\arctan\dfrac{y'}{x'+a_i}$，$r_1=\sqrt{(a_i-x')^2+y'^2}$，$r_2=\sqrt{(a_i+x')^2+y'^2}$，$x'$ 和 y' 为第 i 个单元局部坐标中 j 点的坐标，a_i 为第 i 个单元半长，上述各量的几何关系如图 5.3 所示。

$[\boldsymbol{P}']_j^i$ 中各元素的表达式为：

$$\left.\begin{aligned}P'_{11}&=B[2(1-v)(\theta_1-\theta_2)+(\cos\theta_1\sin\theta_1-\cos\theta_2\sin\theta_2)]\\P'_{12}&=B[(1-2v)(\ln r_1-\ln r_2)+(\sin^2\theta_1-\sin^2\theta_2)]\\P'_{21}&=B[-(1-2v)(\ln r_1-\ln r_2)+(\sin^2\theta_1-\sin^2\theta_2)]\\P'_{22}&=B[2(1-v)(\theta_1-\theta_2)+(\cos\theta_1\sin\theta_1-\cos\theta_2\sin\theta_2)]\end{aligned}\right\}(i\neq j)\tag{5.31}$$

$$\left.\begin{aligned}P'_{11}=P'_{22}&=-\frac{1}{2}\\P'_{12}=P'_{21}&=0\end{aligned}\right\}(i=j)\tag{5.32}$$

式(5.31)中：$B=\dfrac{-1}{4\pi G(1-v)}$，$\cos\theta_1=\dfrac{x'-a_i}{r_1}$，$\cos\theta_2=\dfrac{x'+a_i}{r_2}$，$\sin\theta_1=\dfrac{y'}{r_1}$，$\sin\theta_2=\dfrac{y'}{r_2}$。

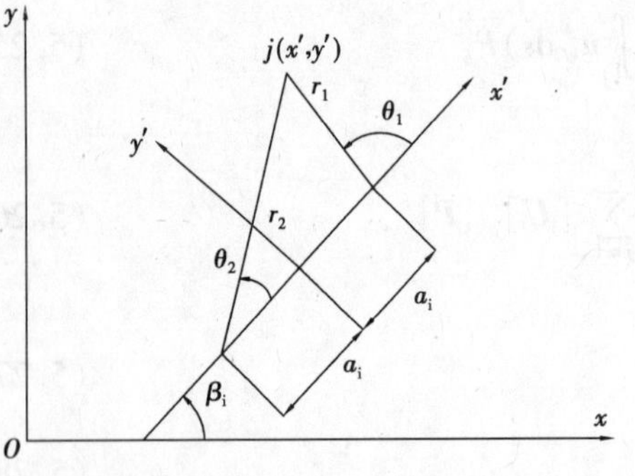

图 5.3　局部坐标系与整体坐标系关系

如图 5.3 所示，j 点在整体坐标系与局部坐标系中的坐标转换关系为：

$$\begin{Bmatrix}x'\\y'\end{Bmatrix}=\begin{Bmatrix}\cos\beta_i & \sin\beta_i\\-\sin\beta_i & \cos\beta_i\end{Bmatrix}\begin{Bmatrix}x-c_x\\y-c_y\end{Bmatrix}=[H_i]\begin{Bmatrix}x-c_x\\y-c_y\end{Bmatrix}$$

式中　c_x, c_y ——i 点在整体坐标系中的坐标值；

坐标转换矩阵。

$$[\boldsymbol{L}_i]=\begin{Bmatrix}\cos\beta_i & \sin\beta_i\\-\sin\beta_i & \cos\beta_i\end{Bmatrix}\tag{5.33}$$

将 $[\boldsymbol{P}']_j^i$ 和 $[\boldsymbol{U}']_j^i$ 变换到总体坐标系中，则有

$$[\boldsymbol{P}]_j^i=[\boldsymbol{L}_i][\boldsymbol{P}']_j^i[\boldsymbol{L}_i]^{\mathrm{T}}\tag{5.34}$$

$$[\boldsymbol{U}]_j^i=[\boldsymbol{L}_i][\boldsymbol{U}']_j^i[\boldsymbol{L}_i]^{\mathrm{T}}\tag{5.35}$$

若设 i 点位第 i 个边界元的中点，则方程式(5.24)即为第 i 个单元的中点方程式。罗列每个边界单元中点的方程式，便形成方程组：

$$[\boldsymbol{H}]\{\boldsymbol{u}\}=[\boldsymbol{U}]\{\boldsymbol{P}\}\tag{5.36}$$

式中　$\{\boldsymbol{u}\}$ ——边界位移列阵；

$\{\boldsymbol{P}\}$ ——边界应力列阵；

$[\boldsymbol{H}]$ ——边界应力影响系数矩阵；

$[\boldsymbol{U}]$ ——边界位移影响系数矩阵。

$$[\mathbf{H}] = \begin{bmatrix} c_1 & & & & & 0 \\ & c_1 & & & & \\ & & c_2 & & & \\ & & & c_2 & & \\ & & & & \ddots & \\ & & & & & c_n \\ 0 & & & & & c_n \end{bmatrix} + \begin{bmatrix} [\mathbf{P}]_1^1 & [\mathbf{P}]_2^1 & \cdots & [\mathbf{P}]_n^1 \\ [\mathbf{P}]_1^2 & [\mathbf{P}]_2^2 & \cdots & [\mathbf{P}]_n^2 \\ \vdots & \vdots & & \vdots \\ [\mathbf{P}]_1^n & [\mathbf{P}]_2^n & \cdots & [\mathbf{P}]_n^n \end{bmatrix}$$

$$[\mathbf{U}] = \begin{bmatrix} [\mathbf{U}]_1^1 & [\mathbf{U}]_2^1 & \cdots & [\mathbf{U}]_n^1 \\ [\mathbf{U}]_1^2 & [\mathbf{U}]_2^2 & \cdots & [\mathbf{U}]_n^2 \\ \vdots & \vdots & & \vdots \\ [\mathbf{U}]_1^n & [\mathbf{U}]_2^n & \cdots & [\mathbf{U}]_n^n \end{bmatrix} \tag{5.37}$$

式(5.31)即为直接边界元法边界支配方程。

3）有限差分法

有限差分法是求解给定初值和（或）边值问题的较早的数值方法之一。随着计算机技术的飞速发展，有限差分法以其独行的计算格式和计算流程也显示出了它的优势与特点。有限差分法主要思想是将待解决问题的基本方程组和边界条件（一般均为微分方程），近似地改用差分方程代数方程来表示，即由有一定规则的空间离散点处的场变量（应力，位移）的代数表达式代替。这些变量在单元内是非确定的，从而把求解微分方程的问题转化成求解代数方程的问题。

有限差分法和有限元法都产生一组待解方程组，尽管这些方程是通过非常不同方式推导出来的，但两者产生的方程是一致的。在有限元法中，常采用隐式、矩阵解算方法，而有限差分法则通常采用"显式"、时间递步法解算代数方程。"显式"是针对一个物理系统进行数值计算时所用的代数方程式的性质而言。在用显式法计算时，所有方程式一侧的量都是已知的，而另一侧的量只用简单的代入法就可求得。另外，在用显式法时，假定在每一迭代时步内，每个单元仅对其相邻的单元产生力的影响，而且时步应取得足够小。下面分别介绍平面问题有限差分基本原理及显式有限差分算法。

（1）平面问题有限差分方程

对于平面问题，将具体的计算对象用四边形单元划分为有限差分网格，每个单元可以用两种方式再划成四个常应变三角形单元，如图5.4所示。先对每个三角形单元做计算，叠加平均后获得该四边形单元的平均应力或应变值。三角形单元的有限差分公式从高斯发散量定理的广义形式推导得出（Malvern，1969）：

$$\int_s n_i f \mathrm{d}s = \int_A \frac{\partial f}{\partial x_i} \mathrm{d}A \tag{5.38}$$

式中 $\int_s$ ——绕闭合面积边界积分；

n_i ——对应表面 s 的单元法向量；

f ——标量、矢量或者张量；

x_i——单位矢量；

ds——增量弧长；

$\int_A$——对整个面积 A 的积分。

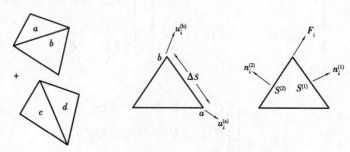

图 5.4　有限差分单元划分示意图

在面积 A 上，定义 f 的梯度平均值为：

$$< \frac{\partial f}{\partial x_i} > = \frac{1}{A} \int_A \frac{\partial f}{\partial x_i} dA \tag{5.39}$$

将式(5.38)代入式(5.39)，得：

$$< \frac{\partial f}{\partial x_i} > = \int_s n_i f ds \tag{5.40}$$

对一个三角形子单元，式(5.40)的有限差分形式为：

$$< \frac{\partial f}{\partial x_i} > = \frac{1}{A} \sum_S < f > n_i V_s \tag{5.41}$$

式(5.41)中：V_s 是三角形的边长，求和是对该三角形的三个边进行；$< f >$ 的值取该边的平均值。

平面问题的有限差分法基于物体运动与平衡基本的规律。最简单的例子是物体质量 m、加速度 du/dt 与施加的力 F 的关系，这种关系随时间而变化。牛顿定律描述的运动方程为

$$m \frac{d\dot{u}}{dt} = F \tag{5.42}$$

当几个力同时作用于物体上时，如果加速度趋于零，即 $\sum F = 0$（对所有作用力求和），式(5.42)也表示该系统处于静力平衡状态。对于连续介质，式(5.42)可以写成以下广义形式：

$$\rho \frac{d\dot{u}}{dt} = \frac{d\sigma_{ij}}{dx_i} + \rho g_i \tag{5.43}$$

式中　ρ——物体的质量密度；

t——时间；

x_i——坐标矢量分量；

g_i——重力加速度分量；

σ_{ij}——应力张量分量。

该式中，下标 i 表示笛卡尔坐标系中的分量，复标意为求和。

利用式(5.41)，将 f 替换成单元每边平均速度矢量，这样单元的应变速率 $\dot{e}_{ij}$ 可以用结点速度的形式表示：

$$\frac{\partial \dot{u}_i}{\partial x_j} \approx \frac{1}{2A} \sum_S (u_i^a + u_i^b) n_j \Delta s \tag{5.44}$$

$$\dot{e}_{ij} = \frac{1}{2}\left[\frac{\partial \dot{u}_i}{\partial x_j} + \frac{\partial \dot{u}_j}{\partial x_i}\right] \tag{5.45}$$

式中，(a) 和 (b) 是三角形边界上两个连续的结点。注意到，如果结点间速度按线性变化，式(5.43)平均值与精确积分是一致的。通过式(5.43)和式(5.44)，可以求出应变张量的所有分量。

根据力学本构定律，可以由应变速率张量获得新的应力张量：

$$\sigma_{ij} := M(\sigma_{ij}, \dot{e}_{ij}, k) \tag{5.46}$$

式中　$M(\ )$——本构定律的函数形式；

　　　k——历史参数，取决于特殊本构关系；

　　　$:=$——表示"由…替换"。

通常，非线性本构定律以增量的形式出现，因为在应力和应变之间有单一的对应关系。当已知单元的旧应力张量和应变速率(应变增量)时，可以通过式(5.46)确定新的应力张量。如，各向同性线弹性材料本构定律为：

$$\sigma_{ij} := \sigma_{ij} + \left\{\delta_{ij}\left[K - \frac{2}{3}G\right]\dot{e}_{kk} + 2G\dot{e}_{ij}\right\}\Delta t \tag{5.47}$$

式中　δ_{ij}——Kronecker 记号；

　　　Δt——时间步；

　　　G, K——剪切模量与体积模量。

在一个时间步内，单元的有限转动对单元应力张量有一定的影响，对于固定参照系，此转动使应力分量有如下变化：

$$\sigma_{ij} := \sigma_{ij} + (\omega_{ik}\sigma_{kj} - \omega_{kj}\sigma_{ik})\Delta t \tag{5.48}$$

式中：

$$\omega_{ij} = \frac{1}{2}\left[\frac{\partial \dot{u}_i}{\partial x_j} - \frac{\partial \dot{u}_j}{\partial x_i}\right] \tag{5.49}$$

在大变形计算过程中，先通过式(5.47)进行应力校正，然后利用式(5.48)(或本构定律)和式(5.46)计算当前时间步的应力。

计算出单元应力后，可以确定作用到每个结点上的等价力。在每个三角形子单元中的应力如同在三角形边上的作用力，每个作用力等价于作用在相应边端点上的两个相等的力。每个角点受到两个力的作用，分别来自各相邻的边(见图5.4)。因此：

$$F_i = \frac{1}{2}\sigma_{ij}[n_j^{(1)}S^{(1)} + n_j^{(2)}S^{(2)}] \tag{5.50}$$

由于每个四边形单元有两组两个三角形，在每组中对每个角点处相遇的三角形结点力求和，然后将来自这两组的力进行平均，得到作用在该四边形结点上的力。

在每个结点处，对所有围绕该结点四边形的力求和 $\sum F_i$，得到作用于该结点的纯粹结点力矢量。该矢量包括所有施加的荷载作用以及重力引起的体力 $F_i^{(g)}$：

$$F_i{}^{(g)} = g_i m_g \tag{5.51}$$

式中　m_g——聚在结点处的重力质量,定义为连接该结点的所有三角形质量和的三分之一。

如果四边形区域不存在(如空单元),则忽略对 $\sum F_i$ 的作用;如果物体处于平衡状态,或处于稳定的流动(如塑性流动)状态,在该结点处的 $\sum F_i$ 将视为零。否则,根据牛顿第二定律的有限差分形式,该结点将被加速:

$$\dot{u}_i{}^{(t+\Delta t)} = \dot{u}_i{}^{(t-\Delta t/2)} + \sum F_i{}^{(t)} \frac{\Delta t}{m} \tag{5.52}$$

式中,上标表示确定相应变量的时刻,对于大变形问题,将式(5.52)再次积分,可确定出新的结点坐标:

$$\lambda_i{}^{(t+\Delta t)} = \lambda_i{}^{(t)} + \dot{u}_i{}^{(t+\Delta t/2)} \Delta t \tag{5.53}$$

注意到式(5.52)与式(5.53)都是在时段中间,所以中间差分公式的一阶误差项消失。速度产生的时刻,与结点位移和结点力在时间上错开半个时间步。

(2)显式有限差分算法——时间递步法

在有限差分公式中包含有运动的动力方程,这样,可以保证在被模拟的物理系统本身是非稳定的情况下,有限差分数值计算仍有稳定解。对于非线性材料,物理不稳定的可能性总是存在的,例如边坡的突然失稳。在实际问题中,系统的某些应变能转变为动能,并从力源向周围扩散。有限差分方法可以直接模拟这个过程,因为惯性项包括在其中——动能产生与耗散。相反,不含有惯性项的算法必须采取某些数值手段来处理物理不稳定。尽管这种做法可有效防止数值解的不稳定性,但所取的路径可能并不真实。

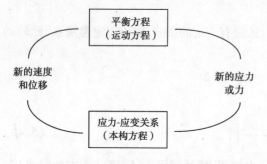

图 5.5 显式有限差分法计算流程图

图 5.5 是显式有限差分计算流程图。计算过程首先调用运动方程,由初始应力和边界力计算出新的速度和位移。然后,由速度计算出应变率,进而获得新的应力或力。每个循环为一个时步,图 5.5 中的图框是通过那些因定的已知值,对所有单元和结点变量进行计算更新。例如,从已计算出的一组速度,计算出每个单元的新的应力。该组速度被假设为"冻结"在框图中,即新计算出的应力不影响这些速度。这样似乎不尽合理,因为,如果应力发生某些变化,将对相邻单元产生影响并使它们的速度发生改变。然而,如果选取的时步非常小,乃至在此时步间隔内实际信息不能从一个单元传递到另一个单元(事实上,所有材料都有传播信息的某种最大速度),因为每个循环只占一个时步,对"冻结"速度的假设得到验证——相邻单元在计算过程中的确互不影响。当然,经过几个循环后,扰动可能传播到若干单元,正如现实中产生的传播一样。

显式算法的核心概念是计算"波速"总是超前于实际波速,因此,在计算过程中的方程总是处在已知值为固定的状态。这样,尽管本构关系具有高度非线性。显式有限差分数值法从单元应变计算应力过程中无须迭代过程,这比通常用于有限元程序中的隐式算法有着明显的优越性,因为隐式有限元在一个解算步中,单元的变量信息彼此沟通,在获得相对平衡状态前,需要若干迭代循环。显式算法的缺点是时步很小,这就意味着要有大量的时步。因此,对于病态系统——高度非线性例题、大变形、物理不稳定等,显式算法是最好的。而在模拟线性、小变形例题时,效率不高。

由于显式有限差分法无需形成总体刚度矩阵,可在每个时步通过更新结点坐标的方式,将位移增量加到结点坐标上,以材料网格的移动和变形模拟大变形。这种处理方式称之为"拉格郎日算法"。即,在每步过程中,本构方程仍是小变形理论模式,但在经过许多步计算后,网格移动和变形结果等价于大变形模式。

用运动方程求解静力问题,还必须采取机械衰减方法来获得非惯性静态或准静态解,通常采用动力松弛法,在概念上等价于在每个结点上联结一个固定的"粘性活塞",施加的衰减力大小与结点速度成正比。

前已述及,显式算法的稳定是有条件的,即"计算波速"必须大于变量信息传播的最大速度。因此,时间步选取必须小于某一个临界时步。若用单元尺寸为 Δx 的网格划分弹性体,满足稳定解算条件的时间步 Δt 为:

$$\Delta t < \frac{\Delta x}{C} \tag{5.54}$$

式中 C ——波传播的最大速度,典型的是 P 波 C_P:

$$C_P = \sqrt{\frac{K + 4G/3}{\rho}} \tag{5.55}$$

对于单个质量—弹簧单元,稳定解的条件为:

$$\Delta t < 2\sqrt{\frac{m}{k}} \tag{5.56}$$

式中 m——质量;

　　　　k——弹簧刚度。

在一般系统中,包括有各种材料和质量—弹簧联结成的任意网格,临界时步与系统的最小自然周期 T_{min} 有关:

$$\Delta t < \frac{T_{min}}{\pi} \tag{5.57}$$

5.2.2   非连续介质法

离散元法是从 20 世纪 70 年代初开始兴起的一种数值计算方法,特别适用于节理岩体的应力分析。

离散元法也像有限元法那样,将区域划分成单元。但是,单元因受节理等不连续面的控制,在以后的运动过程中,单元节点可以分离,即一个单元与其邻近单元可以接触,也可以分开。单元之间相互作用的力可以根据力和位移的关系求出,而个别单元的运动则完全根据该单元所受的不平衡力和不平衡力矩的大小按牛顿运动定律确定。

离散元法是一种显式求解的数值方法。该方法与在时域中进行的其他显式计算相似,例如与解抛物线形偏微分方程的显式差分格式相似。由于用显式法时不需要形成矩阵,因此,可以考虑大的位移和非线性,而不用花费额外的计算时间。

1)离散元法的基本方程

在解决连续介质力学问题时,除了边界条条件外,还有 3 个方程必须满足,即平衡方程、变形协调方程和本构方程。变形协调方程保证介质变形的连续性,对于离散元法而言,由于介质一开始就被假设为离散的块体集合,故块与块之间没有变形协调的约束,所以不需要满足变形协调方程。本构方程即物理方程,它表征介质应力和应变之间的物理关系。另外,相对于每一块体的平衡方程是应该满足的。

例如对于某一块体 A,其上有邻近块体通过边、角作用于它的一组力,这一组力以及重力对块体的重心会产生合力 F 和合力矩 M(见图5.6)。如果合力和合力矩不等于零,则不平衡力和不平衡力矩使块体根据牛顿第二定律 $F = ma$ 和 $M = I\theta$ 的规律运动。块体的运动不是自由的,它会遇到邻接块体的阻力。这种位移和力的作用规律就相当于物理方程,它可以是线性的,也可以是非线性的。计算按照整个时步迭代并遍历整个块体集合,直到对每一块体都不出现不平衡力和不平衡力矩为止。

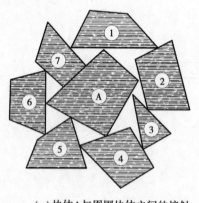 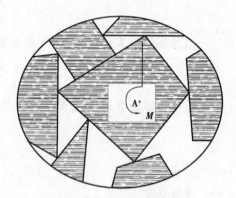

(a)块体A与周围块体之间的接触　　　　　　(b)作用于块体A上的力

图5.6　离散元块体受力示意图

(1)物理方程——力和位移的关系

假定块体之间的法向力 F_n 正比于它们之间唯一的"叠合" U_n,即:

$$F_n = K_n U_n \qquad (5.58)$$

式中　K_n——法向刚度系数。

如图 5.7(a)所示。如果两个离散元的边界相互"叠合",则有两个角点与界面接触,可用界面两端点的作用力来代替该界面上的力。图 5.7(b)即表示最为简单的两个角点相接触的"界面叠合"模式。

由于块体所受的剪力与块体运动和加载的历史或途径有关,所以对于剪力要用增量:

$$\Delta F_S = K_S \Delta U_S \qquad (5.59)$$

式中　K_S——节理的剪切刚度系数。

(2)运动方程——牛顿第二运动定律

根据岩块的几何形状及其与邻近岩块的关系,可以计算出作用在某一特定岩体上的一组力,由这一组力不难计算出它们的合力和合力矩,并可以根据牛顿第二定律确定块体质心的加速度和角加速度。进而可以确定在时步 Δt 内的速度和角速度以及位移和转动量。在块体形心上应满足(见图5.7)。

$$
\left.\begin{array}{l}
F_i = \sum F_i \\
M = \sum e_{ij} x_j F_j \\
\ddot{u}_i = F_i/m \\
\ddot{\theta} = M/I
\end{array}\right\} \tag{5.60}
$$

式中　m——岩块的质量,其重心坐标为 (x,y);

　　　I——岩块绕其重心的转动惯量;

　　　M——岩块的力矩。

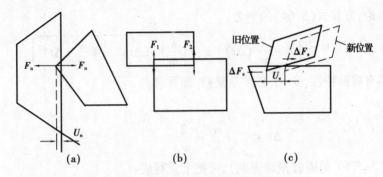

图5.7　离散元之间的作用力

例如:对于 x 方向的加速度:

$$
\ddot{U}_x = \frac{F_x}{m} \tag{5.61}
$$

式中　F_x——x 方向的合力;

　　　m——岩块的质量。

对于上式用向前差分格式进行数值积分,可得到岩块质心沿的速度和位移:

$$
\dot{U}_x(t_1) = \dot{U}_x(t_0) + \ddot{U}_x \Delta t
$$
$$
U_x(t_1) = U_x(t_0) + \dot{U}_x \Delta t \tag{5.62}
$$

式中　t_0——起始时间;

　　　Δt——时间步长。

$t_1 = t_0 + \Delta t$,对于块体沿 y 方向运动及转动,有类似的算式。

2)参数的选择和本构模型

离散元法计算时,能否选择合理的计算参数和本构关系,对于解的正确与否是至关重要的。离散元法一般采用动态松弛法求解,而用此方法求解所应有的困难是选择阻尼和时步。

(1)阻尼

岩块在运动中,一般不发生弹跳,这是由于运动时其动能转化成热能而耗散掉的缘故。因此,岩块的运动是不可逆的过程,否则,如果一个弹性系统中有了动能,就会在平衡位置附近作简谐振动。为了避免这一点,就要采用加阻尼的办法来耗散系统在振动过程中的动能,以使系统达到稳定的状态。

阻尼可分为粘性阻尼、自适应阻尼和库仑阻尼。

(2)时步

对于具有集中质量 m 和刚度 k 的单自由度弹性振动系统,其运动方程为:

$$m\ddot{u} + ku = 0 \qquad (5.63)$$

式中 u ——位移;

$\ddot{u}$ ——加速度。

根据中心差分公式,有:

$$m[u(t+1) - 2u(t) + u(t-1)]/(\Delta t)^2 + ku(t) = 0 \qquad (5.64)$$

根据差分理论,方程式(5.64)的解为:

$$u(t) = \frac{1}{2}\left[2 - \frac{k}{m}(\Delta t)^2 \pm \sqrt{\left(\frac{k}{m}\right)^2(\Delta t)^4 - 4\frac{k}{m}(\Delta t)^2}\right] \qquad (5.65)$$

为了使解具有震荡特性,$u(t)$ 必须是复数,即要求:

$$\Delta t < 2\sqrt{\frac{m}{k}} = \frac{2}{\omega_n} \qquad (5.66)$$

又由 $\omega_n = 2\pi/T$(T 是固有振动周期),可把上式写成:

$$\Delta t < \frac{T}{\pi} \qquad (5.67)$$

理论证明,系统的最小固有振动周期总是大于其中任何一个单元的最小固有振动周期 T_{min},将后者用于时步计算,其结果是稳定的。因此,在离散元法计算中通常取时步为:

$$\Delta t \leqslant T_{min}/10 \qquad (5.68)$$

式中,T_{min} 可由下式确定:

$$T_{min} = 2\pi \cdot \min_{1 \leqslant i \leqslant n}\left(\sqrt{\frac{m_i}{k_i}}\right) \qquad (5.69)$$

式中 n ——单元数;

m_i ——第 i 单元的集中质量;

k_i ——第 i 单元的弹性刚度系数。

以上时步计算公式中没有考虑阻尼的影响。在应用显式中心差分求解微分方程时,阻尼会降低稳定解的时步值。一般认为通常结构大多是欠阻尼系统,中心差分法的稳定计算时步为:

$$\Delta t \leqslant \frac{2}{\omega_{max}}\left(\sqrt{1 + \zeta^2} - \zeta\right)$$

式中 ζ ——系统振动圆频率取最大值 ω_{max} 时的阻尼比。

最大圆频率为:

$$\omega_{max} = \sqrt{\lambda}$$

式中 λ ——系统的最大特征值。

（3）本构模型

现介绍两种二维离散元本构模型,这两种本构模型都属于与速度无关的弹塑性无张力接触模型。

模型认为块体之间不存在拉力,且当切力 F_s 达到某一最大值时,就会发生塑性剪切滑移,并由下式确定：

$$|F_S| \leq F_n \tan\varphi + c = (F_S)_{max} \tag{5.70}$$

式中　$|F_S|$ ——允许的最大切向力；

　　　φ ——摩擦角；

　　　F_n ——法向力；

　　　$(F_S)_{max}$ ——最大切向力。

弹塑性无张力接触模型的力与位移关系如图 5.8 所示。

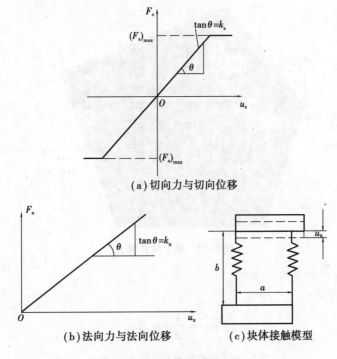

（a）切向力与切向位移

（b）法向力与法向位移　　　（c）块体接触模型

图 5.8　块体计算接触模型

如图 5.8(c)所示的两个接触块体,其长度和宽度分别为 a 和 b,其弹性模量为 E,泊松比为 v。则根据弹性力学理论有：

$$2k_n u_n / a = E u_n / b$$

从而可得到法向刚度系数为：

$$k_n = (Ea)/(2b) \tag{5.71}$$

切向刚度系数 k_s 可由法向刚度系数 k_n 求得：

$$k_s = k_n / [2(1 + v)] \tag{5.72}$$

①角-边接触的本构模型。这是一种最简单的接触模型,认为只存在一种接触关系,即角边接触关系。该模型认为块体之间不存在拉力,且当切向力 F_s 达到某一最大值时,就会发生期性

剪切滑移,并由下式确定:

$$| F_s | \leqslant F_n \tan\varphi + c = (F_s)_{max} \tag{5.73}$$

②边-边接触的本构模型。边-边接触模型(见图5.9)与角-边接触不同,其接触刚度单位是应力/位移,因此,接触边作用的是应力。由于应力在接触边的分布不确定,最为简便的方法是把该应力近似地表示成两个均匀分布的应力。接触面的塑性剪切破坏准则为:

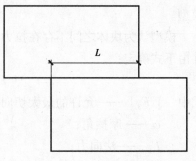

$$\sigma_s = \sigma_n \tan\varphi + c \tag{5.74}$$

式中 σ_s ——切向应力;

c ——粘聚力;

φ ——内摩擦角。

图5.9 边-边接触模型

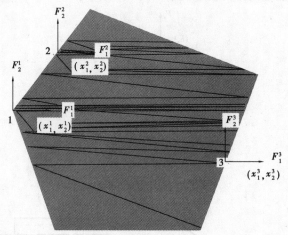

图5.10 单个块体受力

(4)块体平均应力和平均主应力

由平均应力的定义:

$$\overline{\sigma}_{ij} = \frac{1}{A} \int_A \sigma_{ij} dA$$

$$(X_i \sigma_{kj})_k = \delta_{ik} \sigma_{kj} + X_i \sigma_{kjk} = \sigma_{ij}$$

因为,$\sigma_{kjk} = 0$(平衡方程),故可得:

$$\overline{\sigma}_{ij} = \frac{1}{A} \int_A (X_i \sigma_{kj})_k dA \tag{5.75}$$

由高斯定理:

$$\int_A f_i dA = \int_S f n_i dS$$

故式(5.75)可变为:

$$\overline{\sigma}_{ij} = \frac{1}{A} \int_S X_i \sigma_{kj} \cdot n_k dS \tag{5.76}$$

其中 $\sigma_{kj} \cdot n_k \approx t$。

$$\bar{\sigma}_{ij} = \frac{1}{A} \int_S X_i t_j \mathrm{d}S = \frac{1}{A} \sum_S X_i F_j \tag{5.77}$$

若 $i = x, j = y$，式（5.77）可展开为

$$\left. \begin{array}{l} \sigma_x = \sigma_{xx} = \displaystyle\sum_{i=1}^n X^i F_x^i \\[3mm] \sigma_y = \sigma_{yy} = \displaystyle\sum_{i=1}^n Y^i F_y^i \\[3mm] \tau_{xy} = \displaystyle\sum_{i=1}^n X^i F_x^i = \sum_{i=1}^n Y^i F_y^i \end{array} \right\} \tag{5.78}$$

平面应力问题的主应力计算公式为：

主应力数值：

$$\left. \begin{array}{l} \sigma_1 \\ \sigma_2 \end{array} \right\} = \frac{1}{2}(\sigma_x + \sigma_y) \pm \sqrt{\left(\frac{\sigma_x - \sigma_y}{2}\right)^2 + \tau_{xy}^2} \tag{5.79}$$

主应力方向：

$$\tan 2\varphi_0 = \frac{2\tau_{xy}}{\sigma_x - \sigma_y} \qquad \varphi_1 = \varphi_0 + \pi/2$$

5.2.3　位移反分析法

1）概述

在力学范畴内，一般是根据表征某一系统力学属性的各项出事参数来确定系统的力学行为；而当利用反映系统力学行为的某些物理量推算该系统的各项或一些初始参数时，这种问题通常被称为反问题或逆问题。在岩土工程领域内，则被称为反分析，其中反映系统力学行为的（某些）现场观测物理量，称为反分析法的基础信息（如应变信息、位移信息、应力信息等）。

根据反分析时所利用的基础信息不同，反分析法可分为应力反分析法、位移反分析法和混合反分析法。应力反分析法是依据在工程区域内有限个少数实测应力值，建立相应的数学力学模型推求整个工程区域的初始地应力场；而位移反分析法则是利用现场量测位移来反推系统（工程区域）的力学特性及其他地质背景的初参数（即工程区域的力学特性参数、初始地应力等）；与前两种方法相对应，混合反分析法依据的基础信息既有位移量测值，又有应力（或荷载）量测值，由这两类信息反推系统的边界条件（或支护荷载）。由于位移量测比应力量测更经济、方便，且较易获取，故位移反分析法更为工程所广泛采用。混合反分析法则常用于对支护荷载的反演分析中，这里重点介绍位移反分析法。

位移反分析法按照其采用的计算方法又可分为解析法和数值法（有限元法、边界元法等）。由于解析法只适于简单几何形状和边界条件的问题反演，因此难被复杂的岩土工程所广泛采用，而数值方法具有普遍的适应性。

根据数值方法实现反分析的过程不同，又可以分为两类方法，即逆解法和直接法。

逆解法是直接利用量测位移求解由正分析方程反推得到的逆方程，从而得到待定参数（力

学特性参数和初始地应力分布参数等）。此法基于各点位移与弹性模量成反比，与荷载成正比的基本假设，仅适用于线弹性等比较简单的问题。其优点是计算速度快，占用计算机内存少，可一次解出所有的待定参数。

直接法又称直接逼近法，也可称为优化反演法。这种方法是把参数反演问题转化为一个目标函数的寻优问题。直接利用正分析的过程和格式，通过迭代最小误差函数，逐次修正未知参数的试算值，直至获得最佳值。总的来说，这类方法的特点是可用于线性及各类非线性问题的反分析，具有很宽的适用范围。其缺点是通常需给出待定参数的试探值或分布区间等。同时，计算工作量大，解的稳定性差，特别是待定参数的数目较多时，费时、费工，收敛速度缓慢。

位移反分析的主要任务均是利用较易获得的位移信息，反演岩体的力学特性参数及初始地应力或支护荷载或工程边界荷载，根据岩体所处的力学状态不同，反分析需采用不同的本构关系（应力与应变之间的关系式），同时得到不同的力学特性参数。如弹性参数（弹性模量、泊松比等）、粘弹性参数（粘弹性模量、粘弹性系数等）、弹塑性参数（弹性模量、内粘结力 C、内摩擦角 φ 等）、粘弹塑性参数（粘弹性模量、粘弹性系数、粘塑性系数、C、φ 等）。它们分别对应的分析方法称为弹性位移反分析、粘弹性位移反分析，弹塑性位移反分析和黏弹塑性位移反分析。对于初始地应力，上述任何一种分析都会遇到，它是所有反分析中均需确定的参数。

这里将侧重介绍借助于有限元法考虑工程因素的粘弹性位移反分析法的一般原理及逆解回归法和逆解优化法。

2）粘弹性位移反分析的基本方程

对于粘弹性位移反分析，目前已提出的方法有解析法、Laplace 变换法、优化法、逆解回归法、逆解优化法和两步位移反分析法等。本节主要讨论以"综合模量"为基础的粘弹性位移反分析的逆解回归法和逆解优化法，推导相应的有限元分析的基本公式。讨论粘弹性位移反分析有限元法应用的有关例题。

（1）粘弹性问题的简化

粘弹性问题是岩石材料所受应力没有达到其屈服值的条件下所发生的流变现象。它包括蠕变、松弛、弹性后效、粘性流动。在位移反分析中，欲全面考虑岩石的时例效应，建立一般的计算模型，会给反分析带来一定的困难，且得到的解答未必具有较好的稳定性和唯一性。因此，采用简单的力学模型，考虑各种地质和工程因素反算各种"等效参数"可能更为可取，这也已经被很多的工程计算实例所证实。据此，本节仍采用前节的基本假设，并根据阿尔弗雷德-默彻利（Alfrey-Mchenry）定理，即在一均质介质中，持续荷载作用下的蠕变作用并不会产生应力重新分布，而且应力分布可在弹性分析的基础上简单进行计算。因此，可以认为在每两个施工步骤之间荷载不发生变化。如图 5.11 所示，假设第 I 部分开挖的释放荷载在 $t = t_1$ 时刻释放。在第 I 部分挖去而第 II 部分开挖之前，这段时间荷载不发生新的变化，只有在第 II 部分开挖时很短时间内，荷载才发生新的变化。这样，就可把通常的粘弹性问题，简化为分段蠕变问题。如每次开挖后的反演过程中，释放荷载不随时间变化，则这时的反演可化简为蠕变位移反分析。

（2）模型选取

在进行流变位移反分析时，模型的选择应当以能够较正确地反映围岩的变形特性为前提。由于岩体性态异常复杂，人们对岩体流变特性的试验研究还相对不足。因此，目前仍无法完全

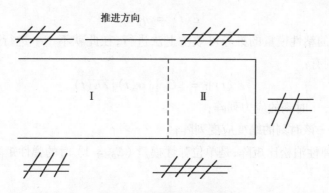

推进方向

図 5.11　荷载变化示意图

逼真地模拟岩体的流变性态,而且试图采用过分复杂的力学模拟模型来进行描述,在求解时也将会带来很大的困难,甚者不能求解。所以,通常只能选择能近似反映岩体主要流变性态的模型。一种简单而实用的选取模型的方法是根据前述各模型的流变性态及现场的观测位移-时间$(u-t)$确定。若位移-时间曲线在某个时刻后具有近似的水平切线,则选取开尔文体、广义开尔文体或鲍埃丁-汤姆逊体来模拟分析比较合适。一般来说,围岩均具有弹性变形,则开尔文体不可选用;而广义尔文体与鲍埃丁-汤姆逊体二者的流变特性完全相同,都具有弹性变形、弹性后效、应力松弛特性,而不具有粘性流动特性,它们描述的均为稳定蠕变,但鲍埃丁-汤姆逊体较广义开尔文体稍复杂些。所以,对于稳定蠕变情况,选择广义开尔文模型较佳。当位移-时间曲线在某个时刻后仍具有不可近似为零的位移速率,此时应选马克斯威尔体或伯格斯体,这两个模型均可模拟这种情况。但当这种围岩具有弹性后效的特性时,就必须选用伯格斯体作反分析。

另一种选择模型的方法是利用实测数据直接作粘弹性位移反分析。在参数回归分离过程中,对常用的五种流变模型均进行相关分析,取相关系数 R 满足:

$$R_\alpha(n-2) \leq |R| \leq 1$$

且 $|R|$ 值为最大者所对应的模型为适宜的模型,即用其能较好地近似描述围岩的流变性态。上式中 $R_\alpha(n-2)$ 为 $|R|$ 的临界值,它可以由给定的显著性水平 α 查数学手册得到;n 为实测数据的测读总次数。

(3)平面问题的本构方程

设变形体内任意一点在时刻 t 时的一维应力状态为 $\sigma(t)$,对应时刻的蠕变应变为 $\varepsilon^c(t)$,则将其表示为类似于弹性问题的统一表达式。有:

$$\varepsilon^c(t) = \sigma(t)/E(t) \tag{5.80}$$

式中　$E(t)$——粘性模量,对于不同的流变模型可由其蠕变方程获得。

如对于开尔文模型,其是由弹簧元件与牛顿体并联而成,则可导出对应粘性模量为:

$$E(t) = E_1/\left(1 - e^{-\frac{E_1}{\eta_1}t}\right)$$

又如对于麦克斯韦模型,其总应变等于由弹性元件的弹性应变和粘性元件的蠕变应变之和。则该模型的蠕变应变应为:

$$\varepsilon^c(t) = \varepsilon(t) - \varepsilon^e = \sigma_0\left(\frac{t}{\eta_1} + \frac{1}{E_0}\right) - \frac{\sigma_0}{E_0} = \sigma_0\left(\frac{t}{\eta_1}\right)$$

故麦克斯韦模型的粘性模量应为:

$$E(t) = \eta_1/t$$

关于其他模型的粘性模量的推导可效仿上法进行，在此就不一一进行介绍。将式(5.80)推广到三维情况，则有：

$$\{\boldsymbol{\varepsilon}^c(t)\} = [\boldsymbol{C}_0]\{\boldsymbol{\sigma}(t)\}/E(t) \tag{5.81}$$

式中　$\{\boldsymbol{\sigma}(t)\}$——$t$ 时刻的应力列阵；

$\{\boldsymbol{\varepsilon}^c(t)\}$——该时刻的蠕变应变列阵；

$[\boldsymbol{C}_0]$——弹性泊松比矩阵，是单位弹性模量($E_0 = 1$)时的弹性矩阵的逆矩阵，对于平面应变问题：

$$[\boldsymbol{C}_0] = \begin{pmatrix} 1 - v^2 & -v(1+v) & 0 \\ & 1 - v^2 & 0 \\ \text{sym} & & 2(1+v) \end{pmatrix} \tag{5.82}$$

考虑材料的蠕变，任一时刻 t 的应变应包含弹性应变和蠕变两部分，并可表示为：

$$\{\boldsymbol{\varepsilon}(t)\} = \{\boldsymbol{\varepsilon}^e\} + \{\boldsymbol{\varepsilon}^c(t)\} \tag{5.83}$$

式中　$\{\boldsymbol{\varepsilon}^e\} = \dfrac{1}{E_0}[\boldsymbol{C}_0]\{\boldsymbol{\sigma}\}$——弹性应变列阵；

$\{\boldsymbol{\varepsilon}^c(t)\}$——蠕变应变列阵，如式(5.81)所示。

在有限单元分析中，通常把蠕变应变视为弹性系统的初应变，即令 $\{\boldsymbol{\varepsilon}_0\} = \{\boldsymbol{\varepsilon}^c(t)\}$。对于具有初应变的弹性系统，应力-应变有如下关系：

$$\{\boldsymbol{\sigma}\} = [\boldsymbol{D}](\{\boldsymbol{\varepsilon}\} - \{\boldsymbol{\varepsilon}_0\}) \tag{5.84}$$

式中　$[\boldsymbol{D}]$——弹性矩阵，可表示为 $E_0[\boldsymbol{D}_0]$，其中 $[\boldsymbol{D}_0]$ 称为单位弹性模量的弹性矩阵。与此相对应，在任一时刻 t 时的粘弹性应力-应变关系可写为

$$\{\boldsymbol{\sigma}(t)\} = [\boldsymbol{D}](\{\boldsymbol{\varepsilon}(t)\} - \{\boldsymbol{\varepsilon}^c(t)\})$$

把式(5.81)代入上式，则有：

$$\{\boldsymbol{\sigma}(t)\} = [\boldsymbol{D}]\{\boldsymbol{\varepsilon}(t)\} - [\boldsymbol{D}]\frac{1}{E(t)}[\boldsymbol{C}_0]\{\boldsymbol{\sigma}(t)\}$$

由于 $[\boldsymbol{C}_0] = [\boldsymbol{D}_0]^{-1}$，则有：

$$\{\boldsymbol{\sigma}(t)\} = [\boldsymbol{D}]\{\boldsymbol{\varepsilon}(t)\} - \frac{E_0}{E(t)}\{\boldsymbol{\sigma}(t)\}$$

化简上式得：

$$\{\boldsymbol{\sigma}(t)\} = \frac{E(t)}{E_0 + E(t)}[\boldsymbol{D}]\{\boldsymbol{\varepsilon}(t)\} = [\boldsymbol{D}_t]\{\boldsymbol{\varepsilon}(t)\} \tag{5.85}$$

式中：

$$[\boldsymbol{D}_t] = \frac{E(t)}{E_0 + E(t)}[\boldsymbol{D}] \tag{5.86}$$

称其为"等效弹性矩阵"。

于是，以考虑粘弹性特征的"等效弹性矩阵"$[\boldsymbol{D}_t]$ 取代弹性矩阵 $[\boldsymbol{D}]$，即可得到同线弹性问题有相同形式的粘弹性问题的本构关系。

(4)粘弹性有限元位移反分析的基本方程

考虑材料流变特性,系统的应力、变形及荷载一般均随时间变化。对任一时刻 t,粘弹性问题的有限元平衡方程为

$$\sum \int_V [\boldsymbol{B}]^T \{\boldsymbol{\sigma}(t)\} \mathrm{d}V - \{\boldsymbol{P}(t)\} = 0 \qquad (5.87)$$

式中 $\sum$——对所有单元求和;

$\{\boldsymbol{P}(t)\}$——与时间有关的荷载列阵;

$[\boldsymbol{B}]$——单元的几何矩阵。在小变形的假设条件下,它仅与单元的几何特性有关,而与时例无关,并且应变与位移之间的关系仍应满足线性几何方程:

$$\{\boldsymbol{\varepsilon}(t)\} = [\boldsymbol{B}]\{\boldsymbol{\delta}(t)\} \qquad (5.88)$$

式中 $\{\boldsymbol{\varepsilon}(t)\}$——$t$ 时刻的单元应变列;

$\{\boldsymbol{\delta}(t)\}$——$t$ 时刻的单元结点位移列阵。

将式(5.85)及式(5.88)代入式(5.87)得:

$$\sum \int_V [\boldsymbol{B}]^T [\boldsymbol{D}_c] [\boldsymbol{B}] \mathrm{d}V \{\boldsymbol{U}(t)\} = \{\boldsymbol{P}(t)\} \qquad (5.89)$$

式中 $\{\boldsymbol{U}(t)\}$——由 $\{\boldsymbol{\delta}(t)\}$ 形成的总体位移列阵。

注意到式(5.85)的关系,式(5.89)可改写为常刚度的形式:

$$\frac{E(t)}{E_0 + E(t)} \sum \int_V [\boldsymbol{B}]^T [\boldsymbol{D}] [\boldsymbol{B}] \mathrm{d}V \{\boldsymbol{U}(t)\} = \{\boldsymbol{P}(t)\}$$

或:

$$E_v(t) [\boldsymbol{K}^*] \{\boldsymbol{U}(t)\} = \{\boldsymbol{P}(t)\} \qquad (5.90)$$

$$E_v(t) = \frac{E(t)E_0}{E_0 + E(t)} \qquad (5.91)$$

式(5.91)表明 $E_v(t)$ 是包含弹性模量及粘弹性参数的综合参数,故称之为综合模量。对于已知粘弹性模型,由其粘性模量 $E(t)$ 及线弹性模量 E_0,按式(5.91)可求得其相应的综合模量 $E_v(t)$。

方程式(5.90)同线弹性问题具有相同的形式。以综合模量 $E_v(t)$ 取代弹性模量 E_0,$\{\boldsymbol{P}(t)\}$ 取代与时间无关的荷载项 $\{\boldsymbol{P}\}$,则可以用与线弹性分析相同的格式实现粘弹性问题的有限单元分析及反分析。对于一般岩土工程例题,荷载项仍然是由沿开挖边界上的初始地应力 $\{\boldsymbol{\sigma}_0\}$ 形成的等效释放结点力。由于初始地应力 $\{\boldsymbol{\sigma}_0\}$ 在工程服务年限内变化甚小,可认为它不随时间而变化,则仍有:

$$\{\boldsymbol{P}(t)\} = \{\boldsymbol{P}\} = \sum \int_V [\boldsymbol{B}]^T \{\boldsymbol{\sigma}_0\} \mathrm{d}V \qquad (5.92)$$

式中 $\sum$——对开挖区域所有边界单元求和。

根据以上简化,使问题可以利与同线弹性位移反分析相同的计算格式,实现对 $E_v(t)$ 及 $\{\boldsymbol{\sigma}_0\}$ 的反演。在获得 $E_v(t)$ 后,可利用式(5.91)的关系,通过回归或优化法,从 $E_v(t)$ 中分解出弹性模量及粘弹性参数。

为进行上述的反演,仍采用上节的基本假设,初始地应力 $\{\boldsymbol{\sigma}_0\}$ 为:

$$\{\boldsymbol{\sigma}_0\} = [\boldsymbol{ae}]\{\boldsymbol{S}\}$$

式中　$[\boldsymbol{ae}]$——三阶单位矩阵;

　　$\{\boldsymbol{S}\}$——表征初始地应力分布函数的系数列阵。

式(5.92)简化为:

$$\{\boldsymbol{P}(t)\} = \{\boldsymbol{P}\} = [\boldsymbol{P}^*]\{\boldsymbol{S}\} \tag{5.93}$$

$[\boldsymbol{P}^*]$ 为释放荷载的等效节点力列阵,依照线弹性位移反分析完全相同的推导过程,把位移列 $\{\boldsymbol{U}(t)\}$ 分块为已知的量测位移 $\{\boldsymbol{U}_1(t)\}$ 和未知位移 $\{\boldsymbol{U}_2(t)\}$ 两部分,把式(5.93)代入式(5.92),并经相应推导可得到粘弹性位移反分析的逆方程:

$$\{\boldsymbol{U}_1(t)\} = [\boldsymbol{A}_1]\{\boldsymbol{S}\}/E_c(t) \tag{5.94}$$

或:

$$\{\boldsymbol{U}_1(t)\} = [\boldsymbol{A}_1]\{\bar{\boldsymbol{S}}\} \tag{5.95}$$

其中:

$$\{\bar{\boldsymbol{S}}\} = \{\boldsymbol{S}\}/E_v(t) \tag{5.96}$$

对于量测相对位移 $\{\Delta\boldsymbol{U}(t)\}$ 的情况,由式(5.95)得到粘弹性蠕变位移反分析逆方程为:

$$\{\Delta\boldsymbol{U}(t)\} = [\boldsymbol{A}^*]\{\bar{\boldsymbol{S}}\} \tag{5.97}$$

这里的 $\{\bar{S}\}$ 如式(5.96)所示。

于是,方程式(5.95)和方程式(5.97)的最小二乘解为:

$$\{\bar{\boldsymbol{S}}\} = ([\boldsymbol{A}_1]^{\mathrm{T}}[\boldsymbol{A}_1])^{-1}[\boldsymbol{A}_1]^{\mathrm{T}}\{\boldsymbol{U}(t)\} \tag{5.98}$$

和:

$$\{\bar{\boldsymbol{S}}\} = ([\boldsymbol{A}^*]^{\mathrm{T}}[\boldsymbol{A}^*])^{-1}[\boldsymbol{A}^*]^{\mathrm{T}}\{\Delta\boldsymbol{U}(t)\} \tag{5.99}$$

利用量测的各点或各测线的位移 – 时间数据序列,由上面式(5.98)或式(5.99)可反算出 $\{\bar{S}\}$。然后,可得到:

$$E_v(t) = -\gamma/(\bar{S}_6 + \bar{S}_8) \tag{5.100}$$

$$S_i = E_v(t)\bar{S}_i \qquad (i = 1,\dots,8) \tag{5.101}$$

反算获得 $S_i(i = 1,\dots,8)$ 后,可计算 $\{\sigma_0\}$ 的具体形式。然后根据综合模量 $E_c(t)$ 的序列值,采用相应的数学方法,从 $E_v(t)$ 中分离出粘弹性模型的各参数。

通过上述的推导和讨论,把粘弹性问题的反分析与一般线弹性问题的反分析方法及非均匀初始地应力与均匀初始地应力的反分析统一起来,这不仅有利于程序的实施,也使问题得以简化。

(5)考虑工程因素对反演分析的影响

为了尽可能及时掌握围岩动态,取得充分的量测数据,软岩巷道的围岩位移量测通常是在开挖之后,立即在靠近工作面端部设置测点并进行观测。因此,在设置测点并进行第一次量测之前已有一部分位移发生,这部分位移在量测数据中不能得到反映。此外,当测点设置在工作面端部空间效应的影响范围内时,量测到的位移必然要受到后继工作面推进的影响(即端部的空间效应)。考虑这些影响的一种实用方法是引入相应的释放系数。根据工程实践及三维有限元分析得知,工作面端部围岩变形规律可通过引入荷载(或位移)释放系数 α (任意时刻的实际位移与变形稳定时的最终位移的比值,此处不考虑蠕变位移)来表示。

设量测断面开挖时 ($t = 0$),荷载释放系数为 α_0,之后,时间 $t = t_0$ 时设置测点,相应的等效释放荷载为 $\alpha_0\{P_0\}$;其中 $\{P_0\}$ 为由开挖表面初始地应力所形成的等效结点力。

如果设置测点后,工作面的第一次推进的时间为 t_1,相应荷载释放系数为 α_1,则本次工作面推进所释放的等效荷载为 $(\alpha_1 - \alpha_0)\{P_0\}$;第二次推进的时间为 t_2,相应荷载释放系数为 α_2,则本次等效释放荷载为 $(\alpha_2 - \alpha_1)\{P_0\}$;如果第 j 次推进的时间为 t_j,相应的荷载释放系数为 α_j,则本次的等效释放荷载为 $(\alpha_j - \alpha_{j-1})\{P_0\}$。假设在第 j 次工作面推进后,t_0 时刻设置的量测断面距掘进端面的距离已超过 2.5 倍的巷道跨度,故可认为在 $t > t_j$ 之后工作面推进已不影响量测断面处的位移。

根据上述设定条件,在 $t = 0$ 时(开挖量测断面时),实际等效释放荷载 $\alpha_0\{P_0\}$ 所引起的位移,由式(5.100),并注意到式(5.90)有:

$$\alpha_0 E_0\{U_1(0)\} = \alpha_0[A_1]\{S\} \tag{5.102}$$

式中 E_0—— 弹性模量;

   $\{U_1(0)\}$—— 假设 $\{P_0\}$ 在 $t = 0$ 时全部释放所引起的位移。

考虑蠕变变形 $t = t_1$ 时:

$$E_c(t_i)\{U_1(t_i)\} = \alpha_0[A_1]\{S\} \tag{5.103}$$

则由式(5.102)与式(5.103)得到 $0 < t_i < t_1$ 时:

$$\{U_1(t_i)\} = \frac{E_0\alpha_0}{E_c(t_i)}\{U_1(0)\} \tag{5.104}$$

而设置测点前已发生的位移为:

$$\{U_1(t_0)\} = \frac{E_0\alpha_0}{E_c(t_0)}\{U_1(0)\} \tag{5.105}$$

类似地,$t > t_j$ 时,实际位移应由等效释放荷载 $\alpha_0\{P_0\}$,$(\alpha_1 - \alpha_0)\{P_0\}$,$(\alpha_2 - \alpha_1)\{P_0\}$,…,及 $(\alpha_j - \alpha_{j-1})\{P_0\}$ 所引起。它们分别施加的时间为 $t = 0, t_1, t_2, \cdots, t_j$,则根据博尔兹曼(Boltzmann)叠加原理,总位移为:

$$\{U_1(t)\} = \frac{E_0\alpha_0}{E_c(t_i)}\{U_1(0)\} + \frac{E_0(\alpha_1 - \alpha_0)}{E_c(t_i - t_1)}\{U_1(0)\} +$$

$$\frac{E_0(\alpha_2 - \alpha_1)}{E_c(t_i - t_2)}\{U_1(0)\} + \cdots + \frac{E_0(\alpha_j - \alpha_{j-1})}{E_c(t_i - t_j)}\{U_1(0)\} \tag{5.106}$$

$$= \left[\frac{\alpha_0}{E_c(t_i)} + \sum_{m=1}^{i}\frac{(\alpha_m - \alpha_{m-1})}{E_c(t_i - t_m)}\right] E_0\{U_1(0)\}$$

因此,实际量测到的位移 $\{\bar{U}(t_i)\}$ 为 $\{U_1(t_i)\}$ 与 $\{U_1(t_0)\}$ 之差。则由式(5.105)与式(5.106)之差有:

$$\{\bar{U}(t_i)\} = \left[\alpha_0\left(\frac{1}{E_v(t_i)} - \frac{1}{E_v(t_0)}\right) + \sum_{m=1}^{i}\frac{(\alpha_m - \alpha_{m-1})}{E_v(t_i - t_m)}\right]E_0\{U_1(0)\}$$

把式(5.102)代入上式消去 $\{U_1(0)\}$ 项后可得:

$${\overline{U}(t_i)} = [A_1]{S}/E'(t_i, a_j) \qquad (5.107)$$

式中，

$$\frac{1}{E'(t_i, a_j)} = a_0\Big(\frac{1}{E_v(t_i)} - \frac{1}{E_v(t_0)}\Big) + \sum_{m=1}^{j} \frac{a_m - a_{m-1}}{E_v(t_i - t_m)} \qquad (5.108)$$

方程式(5.107)的最小二乘解为：

$${\overline{S}} = ([A_1]^{\mathrm{T}}[A_1])^{-1}[A_1]^{\mathrm{T}}{\overline{U}(t_i)} \qquad (5.109)$$

式中：

$${\overline{S}} = {S}/E'(t_i, a_j) \qquad (5.110)$$

当测位移为相对值时，经与上述完全相同的推导过程可得：

$${\overline{S}} = ([A^*]^{\mathrm{T}}[A^*])^{-1}[A^*]^{\mathrm{T}}{\Delta\overline{U}(t_i)} \qquad (5.111)$$

式中　$E'(t_i, a_j)$ ——消除丢失位移影响并考虑了工作面空间效应影响因素的修正综合模量。

因此，式(5.109)和式(5.111)即为考虑时空效应及测点设置滞后现象影响的反演方程。

对于不考虑空间效应的情况，取 $\alpha_0 = 1, \alpha_1 = \alpha_2 = \cdots = \alpha_j = 1$，则由式(5.107)至式(5.111)，可得到相应的反演方程。

3)粘弹性参数的分离方法

由前述分析得到的修正综合模量的时例序列值 $E'(t_i, a_j)$ 是各粘弹性参数的非线性函数的离散值，其反映了各粘弹性参数的综合特性。所以，为了得到所选用模型的粘弹性系数及粘弹性模量的确切值，就必须从 $E'(t_i, a_j)$ 的时例序列值中将各参数分离出来。一种简单、省时的方法是参数回归分离方法，它是用于具有较长时期的量测资料，可由量测值确定长期模量，并能将式(5.108)线性化处理的情况。由于这种方法是先求解逆解方程式(5.109)或方程式(5.111)。再回归得到围岩参数，则称之为逆解回归法。对于围岩只有短期的观测资料，式(5.109)不能化简为非超越方程。在这种情况下，应用适当的优化方法，可求得问题的最优参数，这种方法称为逆解优化法。

现以 H/M 体(即鲍埃丁-汤姆逊模型)为例，对参数分离方法作以下简单的描述。

(1)参数回归分离法

H/M 模型的 $E_v(t)$ 表达式即蠕变柔量函数：

$$J(t) = \frac{1}{E_v(t)} = \frac{1}{E_2} - \frac{E_1}{E_0 E_2}\exp\Big(-\frac{E_1 E_2}{E_0 \eta_1}t\Big) \qquad (5.112)$$

代入式(5.108)化简得：

$$\frac{1}{E'(t_i, a_j)} = \frac{E_1 a_0}{E_0 E_2}\exp\Big(-\frac{E_1 E_2}{E_0 \eta_1}t_0\Big) + \frac{a_j - a_0}{E_2} -$$

$$\frac{E_1}{E_0 E_2}\exp\Big(-\frac{E_1 E_2}{E_0 \eta_1}t_i\Big)\Big[\sum_{m=1}^{j}(a_m - a_{m-1}) \cdot \exp\Big(-\frac{E_1 E_2}{E_0 \eta_1}t_m\Big)\Big] \qquad (5.113)$$

式中　j ——设置测点后空间效应范围内工作面推进的总次数。

E_1, E_2, η_1 如图 5.12 所示。令 $t_i \to \infty$，由式(5.113)得修正长期综合模量的表达式为：

$$\frac{1}{E'(\infty, a_j)} = \frac{E_1 a_0}{E_0 E_2} \exp\left(-\frac{E_1 E_2}{E_0 \eta_1} t_0\right) + \frac{a_j - a_0}{E_2} \tag{5.114}$$

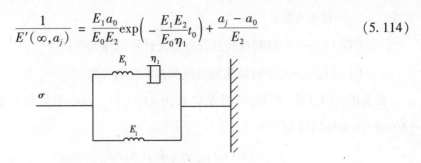

图5.12 鲍埃丁-汤娜逊模型

将式(5.114)代入式(5.113),并两边取对数进行线性化处理得

$$\ln\left(\frac{1}{E'(\infty, a_j)} - \frac{1}{E'(t_i, a_j)}\right)$$

$$= -\frac{E_1 E_2}{E_0 \eta_1} t_i + \ln\left[\frac{E_1}{E_0 E_2}\left(a_0 + \sum_{m=1}^{j}(a_m - a_{m-1}) \cdot \exp\left(\frac{E_1 E_2}{E_0 \eta_1} t_m\right)\right)\right] \tag{5.115}$$

令, $Y_i = \ln\left(\frac{1}{E'(\infty, a_j)} - \frac{1}{E'(t_i, a_j)}\right)$, $\alpha = -\frac{E_1 E_2}{E_0 \eta_1}$

$$b = \ln\left[\frac{E_1}{E_0 E_2}\left(a_0 + \sum_{m=1}^{j}(a_m - a_{m-1}) \cdot \exp\left(\frac{E_1 E_2}{E_0 \eta_1} t_m\right)\right)\right] \tag{5.116}$$

则式(5.115)变为:

$$Y_i = \alpha t_i + b \tag{5.117}$$

对于式(5.117)利用数学上的任一种线性回归分析方法,便可得到 α, b 的值。再由式(5.116),并注意到 $E_0 = E_1 + E_2$ 的关系,可得到 H/M 体各粘性参数的确定值,即:

$$E_2 = 1/(g + c), \quad E_0 = E_2/(1 - cE_2)$$

$$E_1 = E_0 - E_2, \quad \eta_1 = -\frac{E_1 E_2}{E_0 \alpha} \tag{5.118}$$

式中:

$$c = e^b/d, \quad d = a_0 + \sum_{m=1}^{j}(a_m - a_{m-1}) e^{-\alpha t_m}$$

$$g = \left(\frac{1}{E'(\infty, a_j)} - a_0 c \cdot e^{\alpha t_0}\right)/(a_j - a_0) - c$$

其他常用流变模型的参数回归分离与上述过程相似,这里不再列出。

(2)参数优化分离法

对于围岩只有较短时期的观测位移值,可以通过适当的优化方法,以待反演的参数为设计变量,以量测位移和计算位移残差平方和取最小值作为目标函数进行参数优化分离。因此,设计变量为:

$$X = (E_0, E_1, E_2, \eta_1) = (x_1, x_2, x_3, x_4) \tag{5.119}$$

目标函数为:

$$f(x) = \sum_{i=1}^{n}\left(\{\bar{U}(t_i)\}_c - \{\bar{U}(t_i)\}_m\right)^{\mathrm{T}}\left(\{\bar{U}(t_i)\}_c - \{\bar{U}(t_i)\}_m\right) \tag{5.120}$$

式中　n ——量测次数；

　　$\{\bar{U}(t_i)\}_c$ ——t_i 时刻量测点处有限元计算位移列阵；

　　$\{\bar{U}(t_i)\}_m$ ——t_i 子时刻量测点处的量测位移列阵。

由前述式(5.107)可知，对量测位移为 $\{\bar{U}(t_i)\}_m$ 和由有限单元数值解得到的位移列阵 $\{\bar{U}(t_i)\}_c$，可分别写为

$$\{\bar{U}(t_i)\}_m = [A_1]\{S\}/E'_m(t_i,a_j) \tag{5.121}$$

$$\{\bar{U}(t_i)\}_c = [A_1]\{S\}/E'_c(t_i,a_j) \tag{5.122}$$

式中　$E'_m(t_i,a_j)$ ——由量测位移 $\{\bar{U}(t_i)\}_m$ 反算得到的修正综合模量；

　　$E'_c(t_i,a_j)$ ——按给定的设计变量 X（即相应的流变模型参数）由式(5.109)计算得到的对应修正综合模量。

将式(5.121)和式(5.122)代入式(5.120)得：

$$f(x) = \sum_{i=1}^{n}\left(\frac{1}{E'_c(t_i,a_j)}[A_1]\{S\} - \frac{1}{E'_m(t_i,a_j)}[A_1]\{S\}\right)^T \times$$
$$\left(\frac{1}{E'_c(t_i,a_j)}[A_1]\{S\} - \frac{1}{E'_m(t_i,a_j)}[A_1]\{S\}\right) \tag{5.123}$$
$$= \left(\frac{1}{E'_c(t_i,a_j)} - \frac{1}{E'_m(t_i,a_j)}\right)^2 ([A_1]\{S\})^T([A_1]\{S\})$$

由于式(5.123)中的 $[A_1]$ 和 $\{S\}$ 均不含设计变量和时间 t_i，仅 $E'_c(t_i,a_j)$ 和 $E'_m(t_i,a_j)$ 是设计变量（E_0,E_1,E_2,η_1）及 t_i 的函数。故通过式(5.123)可把式(5.120)极小化问题的目标函数 $f(x)$ 化简为：

$$f(x) = \left(\frac{1}{E'_c(t_i,a_j)} - \frac{1}{E'_m(t_i,a_j)}\right)^2 \tag{5.124}$$

把式(5.108)代入式(5.124)，得目标函数为：

$$f(x) = \sum_{i=1}^{n}\left(\frac{1}{E'_m(t_i,a_j)} - a_0\left(\frac{1}{E_v(t_i)} - \frac{1}{E_v(t_0)}\right) - \sum_{m=1}^{j}\frac{a_m - a_{m-1}}{E_v(t_i - t_m)}\right)^2 \tag{5.125}$$

为了使上述优化问题得以简化，减少计算工作量，可根据同类工程岩体的有关参数及工程经验类比给出设计变量的可能上、下限估计值，从而建立约束条件：

$$a_i \leqslant X_i \leqslant b_i \quad (i = 1,2,\ldots,5) \tag{5.126}$$

式中　X_i ——第 i 个设计变量；

　　a_i,b_i ——X_i 的上、下限值。

由式(5.119)，式(5.125)与式(5.126)所建立的数学模型，可用多种优化法求解目标函数的极小化问题 $\min f(x)$，具体过程详见有关优化文献。

随着位移反分析法的发展和人们对岩土工程问题的进一步认识，基于随机数据的不确定性反分析（如贝叶斯反分析、最大似然反分析等）也引起了人们的重视。这类反分析应用概率论、数理统计、随机过程或模糊数学等不确定性数学工具来分析量测位移或量测应力值的不确定性、本构模型的非确定性，并考虑参数的先验信息（即量化的工程师经验。实验室的试验结果

以及一切关于被反演参数的已知量化信息与有关的基本定律等)及量测位移建立不同的目标函数,由此进行不确定性反分析。可以肯定,对于量测信息离散性和随机性较大,且计算本构模型事先未知而不确定的情况,这种反分析具有良好的计算效果。

5.3　工程应用软件简介

5.3.1　ANSYS系统软件介绍

1)ANSYS简介

　　1970年成立的美国ANSYS公司是世界CAE行业最著名的公司之一,长期以来一直致力于设计分析软件的开发、研制,其先进的技术及高质量的产品赢得了业界的广泛认可。在我国,ANSYS用户也越来越多,三峡工程、二滩电站、黄河下游特大型公路斜拉桥、国家大剧院、浦东国际机场、上海科技城太空城、深圳南湖路花园大厦等在土木工程设计时都采用了ANSYS作为分析工具。ANSYS的界面非常友好,有些类似于AUTOCAD,其使用方法也和AUTOCAD有相似的地方:GUI方式和命令流方式。GUI(Graphical User Interface)方式即通过点击菜单项,在弹出的对话框中输入参数并进行相应设置从而进行问题的分析和求解:命令流方式是指在ANSYS的命令流输入窗口输入求解所需的命令,通过执行这些命令来实现问题的解答。GUI方式较容易掌握,但是在熟悉了ANSYS的命令之后,使用命令流方式要比GUI方式效率高出许多。

　　目前,ANSYS软件已形成完善、成熟的三大核心体系:以结构、热力学为核心的MCAE体系,以计算流体动力学为核心的CFD体系,以计算电磁学为核心的CEM体系。这三大体系不仅提供MCAE/CFD/CEM领域的单场分析技术,各单场分析技术之间还可以形成多物理场耦合分析机制。

　　在岩石力学问题解决过程中,用ANSYS可以很好地模拟岩土的力学性能,包括对断层、夹层、节理、裂隙和褶皱等地质情况的模拟;工程结构大多建筑在土基上,土体与结构的相互作用直接影响到结构的受力和变形情况,过去限于计算方法,结构设计中对于土体与结构的相互作用以及地基或桩基的沉降过程,只能作一些粗糙的假定,使得计算结果与实际情况相差很远,而ANSYS可以考虑非线性应力-应变关系及分期施工过程,使得实际情况在计算中得到较好的反映;此外用ANSYS还可以分析岩土的应力-变形与稳定性;边坡应力及稳定性;在复杂岩基中,边坡和硐室锚固效应分析;爆破及地震应力波的传播及其对结构的破坏作用;路基、底座、深基、桩等的承载能力与沉陷分析;土壤与钢筋混凝土道路主体间的相互作用;锚固钢缆、预应力钢筋、钢支撑、隧道加强筋等钢结构与岩土和混凝土在温度和外力作用下裂隙的分布与扩展过程模拟。

2)ANSYS软件的主要功能

　　ANSYS是一个大型通用的商业有限元软件,功能完备的前后处理器使ANSYS易学易用,强大的图形处理能力及得心应手的实用工具使得用户在处理问题时得心应手,奇特的多平台解决方案使用户能够做到物尽其用,多种平台支持(NT,LINUX,UNIX)和异种异构网络浮动,各种硬件平台数据库兼容,功能一致,界面统一。

（1）前处理功能

ANSYS 具有强大的实体建模技术。与现在流行的大多数 CAD 软件类似。通过自顶向下或自底向上两种方式，以及布尔运算、坐标变换、曲线构造、蒙皮技术、拖拉、旋转、复制、镜射、倒角等多种手段，可以建立起真实地反映工程结构的复杂几何模型。

ANSYS 提供两种基本网格划分技术——智能网格和映射网格，分别适合于 ANSYS 初学者和高级使用者。智能网格、自适应、局部细分、层网格、网格随移、金字塔单元（六面体与四面体单元的过渡单元）等多种网格划分工具，帮助用户完成精确的有限元模型。

另外，ANSYS 还提供了与 CAD 软件专用的数据接口，能实现与 CAD 软件的无缝几何模型传递。这些 CAD 软件有 Pro/E, UG, CATIA, lDEAS, Solidwork, Solid edge, lnventor, MDT 等。ANSYS 还可以读取 SAT, STEP, ParaSolid, lGES 格式的图形标准文件。

此外，ANSYS 还具有近 200 种单元类型，这些丰富的单元特性能使用户方便而准确地构建出反映实际结构的仿真计算模型。

（2）强大的求解器

ANSYS 提供了对各种物理场的分析，是目前唯一能融结构、热、电磁、流场、声学等为一体的有限元软件。除了常规的线性、非线性结构静力、动力分析之外，还可以解决高度非线性结构的动力分析、结构非线性及非线性屈曲分析。提供的多种求解器分别适用于不同的问题及不同的硬件配置。

（3）后处理功能

ANSYS 的后处理用来观察 ANSYS 的分析结果。ANSYS 的后处理分为通用后处理模块和时间后处理模块两部分。后处理结果可能包括位移温度应力应变速度以及热流等，输出形式可以是图形显示和数据列表两种。ANSYS 还提供自动或手动时程计算结果处理的工具。

5.3.2 FLAC 系统软件介绍

1）FLAC 程序简介

FLAC(Fast Lagrangian Analysis of Continua, 连续介质快速拉格朗日分析)是由 Cundall 和美国 ITASCA 公司开发出的有限差分数值计算程序，主要适用地质和岩土工程的力学分析。该程序自 1986 年问世后，经不断改版，已经日趋完善。目前，FLAC 有二维和三维计算程序两个版本，二维计算程序已发展到 V7.0 版本，FLAC^{3D}是一个三维计算程序，目前已发展到 V3.1 版本。前国际岩石力学学会主席 C. Fairhurst 评价它：现在它是国际上广泛应用的可靠程序(1994)。

根据计算对象的形状用单元和区域构成相应的网格。每个单元在外载和边界约束条件下，按照约定的线性或非线性应力-应变关系产生力学响应，特别适合分析材料达到屈服极限后产生的塑性流动。由于 FLAC 程序主要是为岩土工程应用而开发的岩石力学计算程序，程序中包括了反映岩土材料力学效应的特殊计算功能，可解算岩土类材料的高度非线性(包括应变硬化/软化)、不可逆剪切破坏和压密、粘弹(蠕变)、孔隙介质的固-流耦合、热-力耦合以及动力学行为等。

另外，程序设有界面单元，可以模拟断层、节理和摩擦边界的滑动、张开和闭合行为。支护结构，如衬砌、锚杆、可缩性支架或板壳等与围岩的相互作用也可以在 FLAC 中进行模拟。此外,程序允许输入多种材料类型,亦可在计算过程中改变某个局部的材料参数,增强了程序使用的灵活性,极大地方便了在计算上的处理。同时,用户可根据需要在 FLAC 中创建自己的本构模型,进行各种特殊修正和补充。

FLAC 程序建立在拉格朗日算法基础上,特别适合模拟大变形和扭曲。FLAC 采用显式算法来获得模型全部运动方程(包括内变量)的时间步长解,从而可以追踪材料的渐进破坏和垮落,这对研究工程地质问题非常重要。FLAC^{2D}程序具有强大的后处理功能,用户可以直接在屏幕上绘制或以文件形式创建和输出打印多种形式的图形。使用者还可根据需要,将若干个变量合并在同一副图形中进行研究分析。

2)本构模型

FLAC 程序中提供了由空模型、弹性模型和塑性模型组成的十种基本的本构关系模型,所有模型都能通过相同的迭代数值计算格式得到解决:给定前一步的应力条件和当前步的整体应变增量,能够计算出对应的应变增量和新的应力条件。注意,所有的模型都是在有效应力的基础上进行计算的,在本构关系调入程序之前,将孔隙压力把整体应力转化成有效应力。下面将简要介绍FLAC 解决岩石力学问题使用较为广泛的 Mohr-Coulomb(莫尔-库伦)塑性模型的理论基础。

Mohr-Coulomb 模型通常用于描述土体和岩石的剪切破坏。模型的破坏包络线和 Mohr-Coulomb 强度准则(剪切屈服函数)以及拉破坏准则(拉屈服函数)相对应。

①增量弹性定律

FLAC 程序运行 Mohr-Coulomb 模型的过程中,用到了主应力 σ_1、σ_2 和 σ_3,以及平面外应力 σ_{zz}。主应力和主应力的方向可以通过应力张量分量得出,且排序如下(压应力为负):

$$\sigma_1 \leqslant \sigma_2 \leqslant \sigma_3 \tag{5.127}$$

对应的主应变增量 Δe_1、Δe_2 和 Δe_3 分解如下:

$$\Delta e_i = \Delta e_i^e + \Delta e_i^p \quad i = 1,3 \tag{5.128}$$

式(5.128)中,上标 e 和 p 分别指代弹性部分和塑性部分,且在弹性变形阶段,塑性应变不为零。根据主应力和主应变,胡克定律的增量表达式如下:

$$\begin{aligned}
\Delta\sigma_1 &= \alpha_1 \Delta e_1^e + \alpha_2 (\Delta e_2^e + \Delta e_3^e) \\
\Delta\sigma_2 &= \alpha_1 \Delta e_2^e + \alpha_2 (\Delta e_1^e + \Delta e_3^e) \\
\Delta\sigma_3 &= \alpha_1 \Delta e_3^e + \alpha_2 (\Delta e_1^e + \Delta e_2^e)
\end{aligned} \tag{5.129}$$

式中　$\alpha_1 = K + 4G/3$;

　　　$\alpha_2 = K - 2G/3$。

②屈服函数

根据公式(5.127)的排序,破坏准则在平面 (σ_1, σ_3) 中进行了描述,如图 5.13 所示。

由 Mohr-Coulomb 屈服函数可以得到点 A 到点 B 的破坏包络线为:

$$f^s = \sigma_1 - \sigma_3 N_\varphi - 2c \sqrt{N_\varphi} \tag{5.130}$$

B 点到 C 点的拉破坏函数如下:

$$f^t = \sigma^t - \sigma_3 \tag{5.131}$$

式中　φ——内摩擦角;

c——粘聚力；

σ^t——抗拉强度。

$$N_\varphi = \frac{1 + \sin\varphi}{1 - \sin\varphi} \tag{5.132}$$

注意到在剪切屈服函数中只有最大主应力和最小主应力起作用,中间主应力不起作用。对于内摩擦角 $\varphi \neq 0$ 的材料,它的抗拉强度不能超过 σ^t_{max},公式如下:

$$\sigma^t_{max} = \frac{c}{\tan\varphi} \tag{5.133}$$

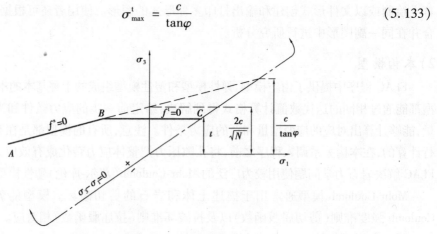

图 5.13   Mohr-Coulomb 强度准则

5.3.3   ABAQUS 系统软件介绍

ABAQUS 是一套功能强大的工程模拟的有限元软件,其解决问题的范围从相对简单的线性分析到许多复杂的非线性问题。ABAQUS 包括一个丰富的、可模拟任意几何形状的单元库。并拥有各种类型的材料模型库,可以模拟典型工程材料的性能,其中包括金属、橡胶、高分子材料、复合材料、钢筋混凝土、可压缩超弹性泡沫材料以及土壤和岩石等地质材料。作为通用的模拟工具,ABAQUS 除了能解决大量结构(应力/位移)问题,还可以模拟其他工程领域的许多问题,例如热传导、质量扩散、热电耦合分析、声学分析、岩土力学分析(流体渗透/应力耦合分析)及压电介质分析。

ABAQUS 有两个主求解器模块:ABAQUS/Standard 和 ABAQUS/Explicit。ABAQUS 还包含一个全面支持求解器的图形用户界面,即人机交互前后处理模块:ABAQUS/CAE。ABAQUS 对某些特殊问题还提供了专用模块来加以解决。

ABAQUS 被广泛地认为是功能最强的有限元软件,可以分析复杂的固体力学、结构力学系统,特别是能够驾驭非常庞大复杂的问题和模拟高度非线性问题。ABAQUS 不但可以做单一构件的力学和多物理场的分析,同时还可以作系统级的分析和研究。ABAQUS 的系统级分析的特点相对于其他的分析软件来说是独一无二的。由于 ABAQUS 优秀的分析能力和模拟复杂系统的可靠性使得 ABAQUS 被各国的工业和研究中所广泛的采用。ABAQUS 产品在大量的高科技产品研究中都发挥着巨大的作用。

相对于 ANSYS 软件,ABAQUS 软件具有:

①更多的单元种类,单元种类达 433 种,提供了更多的选择余地,并更能深入反映细微的结构现象和现象间的差别。除常规结构外,可以方便地模拟管道、接头以及纤维加强结构等实际结构的力学行为。

②更多的材料模型,包括材料的本构关系和失效准则等。除常规的金属材料外,还可以有效地模拟土工复合材料、土壤、岩石材料和高温岩体蠕变材料等特殊材料。

③更多的接触和连接类型,可以是硬接触或软接触,也可以是 Hertz 接触(小滑动接触)或有限滑动接触,还可以双面接触或自接触。接触面还可以考虑摩擦和阻尼的情况。上述选择提供了方便地模拟断层,节理,接触等岩体工程问题。

④ABAQUS 的疲劳和断裂分析功能,概括了多种断裂失效准则,对分析岩石断裂力学和裂纹扩展问题非常有效。

5.3.4　PLAXSI 系统软件介绍

PLAXIS 软件是由荷兰公共事业与水利管理委员会提议,于 1987 年在代尔夫特技术大学开始研制的。最初的目的是为了在荷兰特有的低地软土上建造河堤,开发一个易于使用的二维有限元分析程序。1998 年,第一版用于 Windows 系统的 PLAXIS 软件发布,三维 PLAXIS 隧道分析程序于 2001 年正式发布。

PLAXIS8 是当前最高版本,是一个用于岩土工程变形和稳定性分析的二维有限元软件包。为了模拟岩石的非线性、时间相关性和各向异性的行为。其软件的主要功能和特点有:

①几何模型的图形化输入:基于方便的 CAD 图形界面,土工结构的断面信息,例如,岩石层和施工过程以及荷载和边界信息等可以详细地输入。

②自动网格生成:PLAXIS 可进行非结构化的平面有限元网格的自动生成并可进行整体和局部的优化。

③高阶单元:六节点二阶和十五节点四阶三角形单元可以用来进行岩石的应力变形分析。

④板单元:特殊的梁单元被用来模拟挡土墙、隧道衬砌、壳体及其他细长构件的弯曲。这些单元的材料性质包括弯曲刚度、轴向刚度和极限弯矩。

⑤界面单元:连接单元可用来模拟岩石和结构的相互作用。

⑥锚杆:弹塑性弹簧单元被用来模拟锚杆和支撑。这些单元的行为是用一个轴向刚度和最大轴力来表示的。

⑦隧道:PLAXIS 提供了一个方便的工具以用圆弧和直线来生成圆形和非圆形的隧道断面。板和界面单元能分别用来模拟隧道衬砌和与相邻土的相互作用。完全等参数单元可用来模拟曲线边界。多种方法已被编制在程序当中用来分析由于多种隧道施工办法而引起的变形。

⑧摩尔-库仑模型:这一简单和实用的非线性模型采用工程实践中广为人知的岩石参数。这一模型也可以用来对隧道表面的实际支撑压力、基础的极限荷载等进行分析计算。在进行所谓"phi - c 折减法"时,它也可用于计算安全系数。

⑨用户自定义模型:这是 PLAXIS8 版本中的一个特殊功能。这一功能可以使用户将自己编制的岩石模型用于计算当中。

⑩自动加载步长:PLAXIS 程序是通过自适应步长运行的。这一功能就减免了用户选择适

当的荷载增量的任务,保证了有效和稳定的计算过程。

⑪弧长控制:这一特点保证了失效荷载和失效模式的准确计算。在传统的荷载控制计算当中,一旦荷载超过了峰值,迭代过程就无法继续。可用弧长控制法,实际荷载被按比例缩小,以便来捕捉峰值荷载和可能的残余荷载。

⑫分步施工:这一强大的 PLAXIS 功能通过激活和抑制各种单元组件和荷载施加以及地下水位的变化等等,来模拟实际的开挖过程和施工状况。这一功能可用于地下开挖等施工中,土中的实际应力和位移的分析。

⑬计算结果显示:PLAXIS 后处理程序加强了图形显示计算结果的功能。位移、应力、应变和杆件内力的值可以从输出表格中得到。可将图形和表格被送到输出设备或到 windows 剪贴板中运用其他软件进行进一步的后处理。

⑭应力路径:用户可使用一个特殊的工具画出荷载-位移曲线图,应力和应变路径图,应力-应变关系图和时间-沉降曲线。应力路径的图形化显示对局部土的行为提供了重要的信息,便于用户对 PLAXIS 的计算结果进行仔细地分析。

5.4　岩石力学数值计算的关键问题

岩石力学数值分析最主要是要解决岩石工程实际问题,要求学生能够掌握每种方法的基本理论,弄清其来龙去脉的主线条,每种方法都有其特点和适用范围,会熟练应用其中一两种方法,能够熟练使用相关软件或自编程序,当然加强实践和总结体会(哪怕是间接的)必不可少。

针对具体岩石力学问题,能否得到计算结果取决于计算方法的选择和方法的正确实施,包括程序的正确实现;而能否得到合理或较合理的有用结果则取决于计算模型及其参数,以及边界条件、初始条件、相互作用、耦合问题等的正确模拟,这常常是问题的核心。所谓正确模拟,首先必须定性正确,其次才能谈得上量化比较准确。

(1)学习和应用岩石力学数值分析方法时必须把握的关键问题

①弄清每种方法的数学力学原理,掌握基本假定和适用范围。

②弄清每种方法对岩土体材料模型及其参数的要求。

③弄清每种方法对岩土体材料与结构的相互作用模型及其参数的要求,包括岩石块体之间的关联和相互作用模型与参数。

④分析初始条件、边界条件和荷载特征等,确定模拟思路。

⑤分析岩土体是否存在渗流与与水的相互作用或其他耦合问题。

⑥对于反演分析,要研究和分析已知数据,明确待求未知量,选择恰当方法。

(2)应用岩石力学数值分析方法应注意并理清的主要环节

①研究分析对象,明确计算目的和拟解决的关键问题,选择数值方法,确定建模方案。

②建立计算模型,选择本构模型并参数确定。计算模型范围的选取直接关系到计算结果的正确与否,模型范围太大,白白耗费了计算机能源,模型范围太小,计算结果失真,不能给实际工程指导性的意见,因此合理地选择计算模型的范围至关重要。计算模型的尺寸一旦确定,计算网格的数目也相应确定,程序中所能容纳的计算网格数目和计算机的 CPU 以及内存有重要的关系,因此一台配置较好的计算机是非常重要的。程序中为了减少因网格划分引起的误差,网

格的长宽比应不大于5,对于重点研究区域可以进行网格加密处理。

岩石不是一种各向同性材料,不但应力水平影响它的性能,其受力过程,亦所谓应力路线,也影响它的应力-应变关系,因此,要选择一种数学模型来全面地、正确地反映这些复杂关系的所有特点,是非常困难的,并且即使找到了这种模型,也将因为它太复杂难于在各种岩石力学的分析研究中去应用。因此,在建模时,应根据实际工程确定本构关系,给模型赋以相应的力学参数,力学参数往往来源于现场或者试验。

③确定边界条件与初始条件。大多数的岩土工程问题都涉及无限域或半无限域。有限单元法是在有限的区域进行离散化,为使这种离散化不会产生较大的误差,必须取足够大的计算范围,但计算范围太大,单元不能划分得较小,又会付出很大的计算工作量,经济上的负担太大;计算范围太小,边界条件又会影响到计算误差,所以必须划定合适的计算范围。一般来说,计算范围应不小于岩体工程轮廓尺寸的 3~4 倍。有两类边界条件,位移边界与应力边界,应根据工程所处的具体条件确定边界类型及范围。

岩石力学问题,多数是在一定的初始条件下,如初始地应力等,应根据实际情况施加适当的初始条件。

④确定模拟荷载及荷载的动态变化。

⑤确定计算的收敛评判依据。

⑥考察各环节简化的合理性,否则应调整建模及有关计算模型与参数。

⑦确定后处理方法及成果整理的内容与分析方案。

5.5　岩石力学数值分析案例——三连拱地下洞室工程施工分析

岩体受到施工的影响,地下洞室围岩产生一定的变形,而这个变形包含了时间和空间历程,主要包括两方面:一是开挖面向前推进围岩应力逐步释放的时间效应,实际上为开挖面支撑的空间效应;二是围岩-结构等介质固有的蠕变特性。

本例充分考虑岩石在开挖后的蠕变特性,采用三维有限差分法对连拱地下洞室开挖产生的变形时效特征进行研究,得出连拱洞室的时效响应机制,从而指导施工控制。

5.5.1　工程概况

某地下二期泵站拟建于某市已有泵站北侧,在原泵站以北约200 m 处,厂房占地106 m^2,由新建取水隧洞、二期取水泵房、二期泵房至当地一水库的输水管线组成,取水规模70 万 m^3/d,主泵房采用半地下式厂房,由进水间、主副厂房、出水管道组成。

该泵站的前进水池底板高程为17.3 m,现状地面高程约为55.0 m,进水前池净宽26.9 m,净长23.7 m,净高15.2 m。根据结构计算,前池顶板厚1.0 m,底板厚2.0 m,隧洞侧及顺水流两侧边墙厚均1.0 m,前池隔流墩宽2.0 m,高15.2 m,前为半圆形墩头。

该水池具有跨度大,由3 个洞组成,且单洞跨度超过8 m,为充分利用蓄水空间,中洞后半段有约12.8 m 无墙体支护,荷重有两侧横墙承受。水池支护结构水平布置见图5.14,图5.15为水池后半段剖面图。

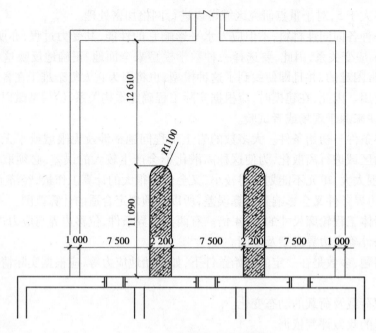

图 5.14 水池底层平面布置图

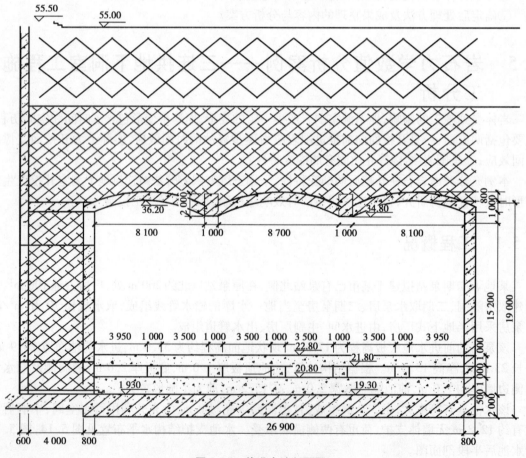

图 5.15 前进水池剖面图

从上到下岩土体以此为残积土、弱风化灰岩与弱风化石英砂岩,如图 5.15 与图 5.16(b)所示。

5.5.2 数值计算模型

本次采用 FLAC^{3D}软件对上述泵站前进水池进行三维模型施工分析计算,整个计算模型网格剖分以及支护结构模型如图 5.16 所示。模型初期喷射混凝土以及二次支护均采用实体单元,整个模型共有 54 720 个单元,节点 59 350 个。模型的左右边界水平位移被约束,模型下边界的竖向位移被约束,上边界为自由边界。

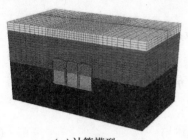
(a)计算模型

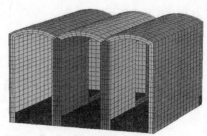
(b)洞室支护结构模型

图 5.16　三维数值计算模型

评价一个模型选用是否合理,关键在于模型能否反映岩土材料应力-应变关系的特点,因此,研究方向应该针对特殊的岩石,特殊工程对象和问题的特点,去找简单而又能说明主要问题的数学模型。依据所研究的问题,选用一个既能反映围岩附近岩石的一些主要变形时效特性,适用所研究的问题,同时模型本身不过于复杂,计算参数容易确定的模型。围岩体采用反映岩石边坡变形时效特性的非线性粘弹塑性蠕变本构模型、初衬与二衬均采用弹性本构模型。

(1)非线性粘弹塑性蠕变本构模型

非线性粘弹塑性蠕变本构模型,是在第 2 章伯格斯(Burgers)蠕变模型的基础上演化而来,该模型可以描述(见图 2.23)岩石典型完整蠕变曲线所示的初始蠕变阶段(Ⅰ)、稳定蠕变阶段(Ⅱ)、加速蠕变阶段(Ⅲ)等三个阶段,该模型的蠕变示意图如图 5.17 所示。

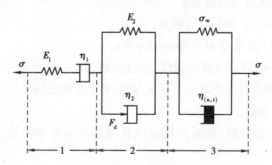

图 5.17　非线性粘弹塑性蠕变模型

一维条件下,当 $\sigma \leq \sigma_\infty$ 时,非线性非线性粘滞系数牛顿体不起作用,模型只有 1、2 部分参与蠕变,实际上为 Burgers 模型,其相应的状态方程为:

$$
\left.
\begin{aligned}
\sigma &= \sigma_1 + \sigma_2 \\
\varepsilon &= \varepsilon_1 + \varepsilon_2 \\
\dot{\varepsilon}_1 &= \dot{\sigma}_1/E_1 + \sigma_1/\eta_1 \\
\sigma_2 &= E_2\varepsilon_2 + \eta_2\dot{\varepsilon}_2
\end{aligned}
\right\}
\tag{5.134}
$$

本构方程为:

$$
\sigma + \left(\frac{\eta_1}{E_1} + \frac{\eta_1 + \eta_2}{E_2}\right)\dot{\sigma} + \frac{\eta_1\eta_2}{E_1 E_2}\ddot{\sigma} = \eta_1\dot{\varepsilon} + \frac{\eta_1\eta_2}{E_2}\ddot{\varepsilon}
\tag{5.135}
$$

但当 $\sigma > \sigma_\infty$ 时,图中 1、2 和 3 均参与蠕流变,此时蠕变方程为六元件非线性黏弹塑性模型,其相应的状态方程,如下式所示:

$$
\begin{aligned}
\sigma &= \sigma_1 + \sigma_2 + \sigma_3 \\
\varepsilon &= \varepsilon_1 + \varepsilon_2 + \varepsilon_3 \\
\dot{\varepsilon}_1 &= \dot{\sigma}_1/E_1 + \sigma_1/\eta_1 \\
\sigma_2 &= E_2\varepsilon_2 + \eta_2\dot{\varepsilon}_2 \\
\sigma_3 &= \sigma_\infty + \eta_3\dot{\varepsilon}_3/(nt^{n-1})
\end{aligned}
\tag{5.136}
$$

相应的本构方程为:

$$
\eta_1\dot{\varepsilon} + \frac{\eta_1\eta_2}{E_2}\ddot{\varepsilon} = \sigma + \left(\frac{\eta_1}{E_1} + \frac{\eta_1 + \eta_2}{E_2} + \frac{\eta_1\eta_2 nt^{n-1}}{E_2\eta_3}\right)\dot{\sigma} + \frac{\eta_1\eta_2}{E_1 E_2}\ddot{\sigma} +
$$
$$
\frac{(\sigma - \sigma_\infty)nt^{n-2}}{\eta_3}\left(\frac{E_2 t}{\eta_2} + n - 1\right)
\tag{5.137}
$$

非线性粘弹塑性蠕变方程综合式(5.135)与式(5.137)为:

$$
\begin{cases}
\varepsilon = \dfrac{\sigma_0}{E_1} + \dfrac{\sigma_0}{\eta_1}t + \dfrac{\sigma_0}{E_2}\left(1 - \exp\left(-\dfrac{E_2}{\eta_2}t\right)\right) & \sigma \leqslant \sigma_\infty \\[3mm]
\varepsilon = \dfrac{\sigma_0}{E_1} + \dfrac{\sigma_0}{\eta_1}t + \dfrac{\sigma_0}{E_2}\left(1 - \exp\left(-\dfrac{E_2}{\eta_2}t\right)\right) + \dfrac{\sigma_0 - \sigma_\infty}{\eta_3}t^n & \sigma > \sigma_\infty
\end{cases}
\tag{5.138}
$$

式中 σ, ε ——模型的总应力与总应变;

   $\sigma_1, \sigma_2, \sigma_3$ ——图中 1、2 和 3 对应部分的应力;

   $\varepsilon_1, \varepsilon_2, \varepsilon_3$ ——图中 1、2 和 3 对应部分的应变;

   $E_1, E_2, \eta_1, \eta_2, \eta_3$ ——岩石材料的弹性、粘性参数,其中 η_3 为图中对应 $\eta(n, t)$ 的初值;

   σ_∞ ——岩石在拉伸或者压缩状态下的长期强度或者屈服强度。

(2)围岩及开挖支护参数

根据地勘报告以及实验资料,该泵站所在位置围岩基本力学特性以及支护结构参数见表5.1 与表5.2 所示。

表 5.1　围岩及衬砌基本力学参数表

围岩类别	弹模 E(GPa)	泊松比 ν	粘聚力 C(Pa)	内摩擦角(°)	抗拉强度 σ_t(Pa)	密度（kg/m³）
残积土	1.8E−4	0.3	1e4	20	1e4	1 900
弱风化灰岩	10	0.32	1e6	35	1e6	2 400
弱风化石英砂岩	15	0.27	1e6	40	1e6	2 500
初期支护	25	0.22				2 300
二衬	30	0.2				2 500

表 5.2　锚杆和水泥浆力学参数值

基本参数指标	单　位	数　值
锚杆的弹性模量	GPa	200
水泥浆的黏聚力	kN/m	800
水泥浆的摩擦阻力	(°)	38
水泥浆的刚度	N/m²	6.33E+09
水泥浆的外周长	m	0.502 4
锚杆的横截面积	m²	1.20E−03
锚杆的拉伸屈服强度	MN	200

围岩蠕变计算参数根据泵站一期工程施工现场监测位移数据,应用第5.2.3节位移反分析法反演得到,具体参数见表5.3。

表 5.3　围岩蠕变计算参数

E_1(GPa)	η_1(GPa·d)	E_2(GPa)	η_2(GPa·d)	η_0(GPa·d)	n
9.626	103.179	4.96	92.13	2.13	1

（3）开挖参数

考虑洞室的对称性,计算过程中待中洞开挖完成后,左右洞同时进行施工,施工方式采用台阶法开挖中洞（这里使用3台阶）,施工工艺如图5.18与图5.19所示。开挖进尺选择2 m,各台阶之间施工依次错开6 m,且上一台阶开挖初期支护完成后再开挖下部台阶。初期支护采用30 cm的喷射混凝土以及3 m的锚杆进行初期支护,开挖完成后进行二次支护。

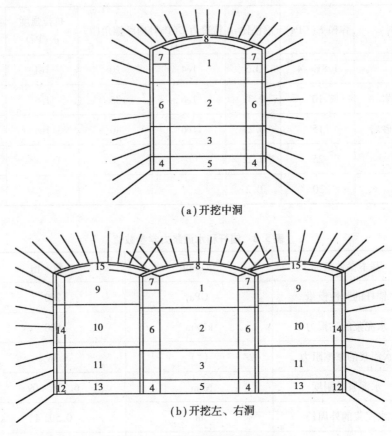

（a）开挖中洞

（b）开挖左、右洞

图 5.18　施工分部及施工步骤

图中具体工序如下：

工序 1：开挖中洞 1 部分岩土体。

工序 2：在第 1 部分岩土体围岩处架立钢拱架，挂钢筋网，打锚杆，并施作喷射混凝土，开挖中洞 2 部分岩土体。

工序 3：施作工序 2 开挖部分锚杆与喷射混凝土等初期支护，开挖中洞 3 部分岩土体。

工序 4：施作工序 3 开挖部分锚杆与喷射混凝土等初期支护，在中洞浇筑两地梁 4。

工序 5：在中洞浇筑混凝土底板 5。

工序 6：在中洞浇筑两立墙 6。

工序 7：浇筑中洞顶梁 7。

工序 8：浇筑中洞拱顶二衬。

工序 9：开挖 9 部分岩土体。

工序 10：依次开挖 10、11 部分岩土体，并拆除相应部分的临时锚杆，并施作上一工序围岩体部位锚杆与喷射混凝土等初期支护。

工序 11：浇筑地梁 12，并浇筑底板 13 与左侧墙 14。

工序 12：浇筑洞顶二衬 15。

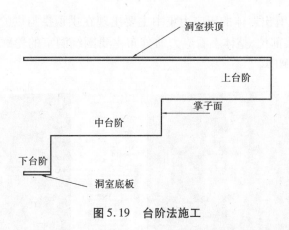

图 5.19　台阶法施工

5.5.3　洞室围岩蠕变特性分析

1)围岩体应力场分析

地下洞室的开挖卸荷会引起洞室围岩体应力场的重新分布,因此,在分析地下洞室围岩体蠕变特性随着洞室开挖掘进与时间的影响分析时,了解洞室周围应力场的分布非常重要。图 5.20 为中洞开挖完成后连拱洞室围岩体最大、最小主应力等值线分布图。可以看出洞室开挖后应力场的改变主要发生的在洞室的周围,以最大主应力来看,洞室的拱顶与洞室的底脚均发生了不同程度的应力集中,其中拱顶主要为拉应力集中,最大拉应力为 418 040 Pa,底脚主要为压应力集中;从图 5.20(b)中可得洞室在中洞开挖完成后受到的最大压应力为4.62 MPa。

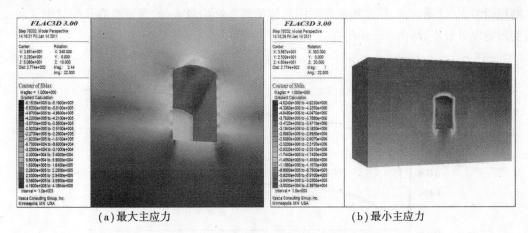

(a)最大主应力　　　　　　　　　　　　　　　(b)最小主应力

图 5.20　中洞开挖后围岩主应力等值线图

连拱洞室开挖完成后,洞周最大、最小主应力等值线分布情况如图 5.21(a)和(b)所示。从图中可以看出围岩体的主应力随着左右洞的开挖发生了明显的变化,其分布范围较中洞开挖明显增加。从图 5.21(a)最大主应力图可以看出洞室围岩拉应力区除了在中洞拱顶集中以外,在中洞的掌子面上侧以及两侧洞中部靠近侧墙的临空一侧出现了应力集中,其中侧墙部位出现拉应力集中是因为该处为两层岩体的交接处,图 5.21(a)中最大拉应力为 560 190 Pa。从图 5.21

(b)最小主应力图可以看出岩体的压应力集中主要出现在拱顶拱与拱的交接部位,两侧墙角以及洞室侧墙与拱顶交接部位,整体上看应力的分布主要围绕洞室的轮廓线分布,图5.21(b)中最大压应力值为4.11 MPa。

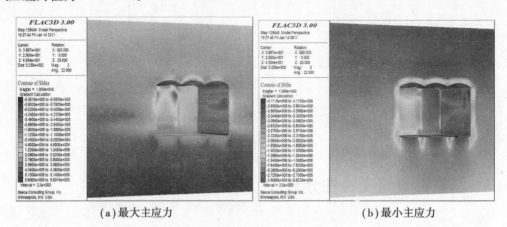

(a)最大主应力　　　　　　　　　　(b)最小主应力

图5.21　开挖完成后围岩主应力等值线图

2)蠕变特性分析

图5.22为拱顶洞门监测点蠕变曲线图,可以看出由于左右洞室的对称性,左右洞室拱顶监测点的蠕变曲线几乎重合。分析监测曲线可以得出,采用中洞法施工第一次、第二次掘进对围岩体的蠕变影响最大,相应的蠕变增量也较大;中洞的开挖使得岩体内部应力得到一定程度的释放,所以在中洞开挖时,两侧洞拱顶的蠕变亦受到影响,其变化随着中洞掘进程度的增加而累积,中洞完成后两侧洞拱顶蠕变量达到了4.2 mm。侧洞的开挖岩体的蠕变亦具有与中洞开挖初期相同的点,即第一次、第二次掘进对围岩体的蠕变影响最大,然而侧洞的开挖对中间洞室的蠕变影响现对较小,均为2 mm左右。

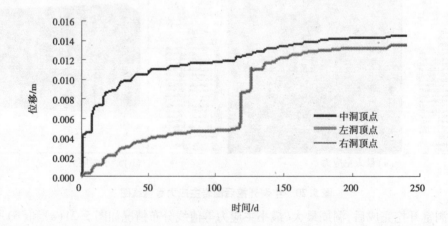

图5.22　洞室拱顶监测点蠕变曲线

采用中洞法施工,洞室围岩体位移等值线如图5.23所示,可以看出位移主要的影响范围较大,地表已存在微小的沉降,最大位移均在中洞拱顶,中洞拱顶临空一侧最大位移中洞开挖完成后为11.948 mm、开挖完成后为14.557 mm。由于三个洞室在彼此连接的地方14～

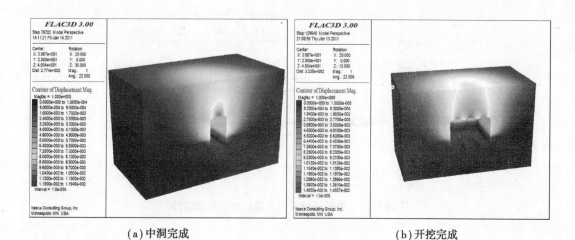

(a) 中洞完成　　　　　　　　　　　　　　(b) 开挖完成

图 5.23　位移等值线图

28 m 位置二次支护为一段进 14 m 宽的横梁,因此,这里对洞室各阶段开挖完成后轴线方向的位移进行了分析,图 5.24 为中洞开挖后洞顶轴线方向累积沉降,图 5.25 整个洞室开挖后洞顶轴线方向累积沉降。可以看出,中洞开挖完成后尽管进行了二次支护,围岩体的变形已基本上趋于稳定,在大跨横梁部位未出现较大的变形;然在侧洞开挖时,由于前半段 0 ~ 14 m 横梁下有二次浇注的混凝土作支撑,因此在 0 ~ 14 m 部位中洞拱顶轴向均无明显的变形,侧洞在施工 8 ~ 10 m,即开挖侧洞下台阶时拱顶轴线方向沉降略大一点,但 14 ~ 28 m 段无论是中洞轴线还是侧洞轴线均产生突变点,尤其是中洞拱顶在 20 m 左右位移达到了 19.2 mm。

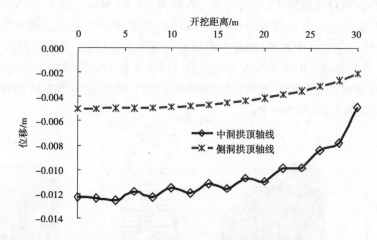

图 5.24　中洞开挖后洞顶轴线方向累积沉降

　　通过位移分析可以看出洞室开挖对围岩体产生一定的变形,且变形最大位置出现在开挖进度 20 m 左右,为 19.2 mm,此段为大跨横梁支护段,对此段进行施工需加大监视其中洞的变形量。

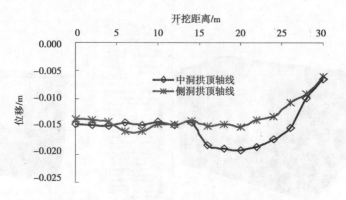

图 5.25　中洞开挖后洞顶轴线方向累积沉降

5.5.4　计算结果分析

由于洞室的特点:三连拱、跨度大且洞室连接处二次支持横梁跨度大(14 m)。因此,支护结构对洞室围岩体变形控制至关重要,为此,本节对支护结构的变形受力特征,尤其是大跨横梁的变形受力进行了数值仿真模拟分析。

1)初支受力特征

初期支护的受力特征主要考虑了 30 cm 厚喷射混凝土受力、变形以及锚杆轴力等。

图 5.26 为中洞开挖支护完成后,喷射混凝土初期支护最大、最小主应力等值线分布情况图。可以看出中洞拱顶洞口段出现拉应力最大值为 0.41 MPa,最大压应力出现在侧墙与拱不交接位置,且越靠近洞口数值越大,最大压应力的值为 -4.62 MPa。图 5.27 为开挖支护完成后喷射混凝土最大、最小主应力等值线图,从图 5.27(a)可看到最大主应力在三个洞室的顶部以及侧墙部位无明显的应力集中现象,而在大跨横梁出现最大拉应力,其最大值为 2.18 MPa。从图 5.27(b)可以得出初期支护最大压应力的数值同样出现在洞室横梁最大跨度的地方,最大值为 -6.48 MPa,在洞室左右侧洞底部第三层第一次开挖时,最小主应力在两侧洞拱顶部位出现了拉应力集中,最大值仅为 78 566 Pa。

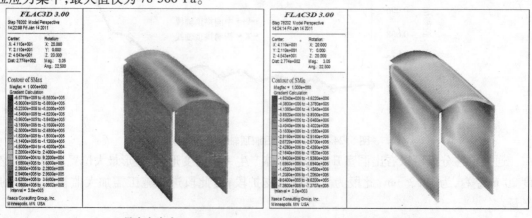

　　　　(a)最大主应力　　　　　　　　　　　　　　(b)最小主应力

图 5.26　中洞开挖完成后初支主应力等值线图

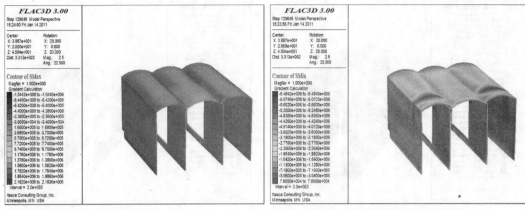

(a)最大主应力   (b)最小主应力

图5.27 开挖完成后初支主应力等值线图

图5.28为锚杆轴力图,其中锚杆受力为黑色代表锚杆受到轴向拉伸荷载,红色代表锚杆受到轴向压缩荷载。由图5.28(a)可以看出在中洞开挖后锚杆主要受到拉伸荷载,说明锚杆起到了较为充分的作用,在洞口段围岩变形位置最大的地方锚杆受到的轴力最大为18 480 N。随着中洞二次支护在侧洞开挖过程中逐渐起到抑制洞室围岩体的变形作用,因此在整个开挖完成后,中间洞室顶部锚杆的受力逐渐减小,且越靠近洞口受拉趋于越小,轴力逐渐向压缩转变,洞室开挖完成后,整个洞室锚杆受力最大位置为侧洞的洞顶,最大值为25 790 N。

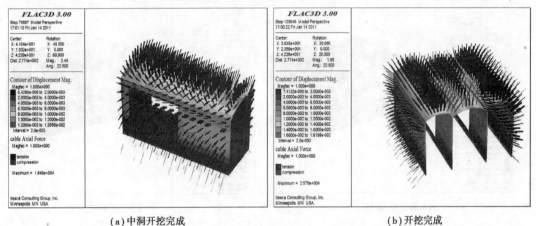

(a)中洞开挖完成   (b)开挖完成

图5.28 锚杆轴力图

2)初支变形分析

中洞开挖完成以及整个洞室开挖支护完成后初期支护的变形位移等直线图如图5.29(a)和(b)所示。洞室初期支护位移与围岩体位移协调变形,其变形规律与围岩体变形相同。中洞开挖过程中初期支护变形随着围岩体蠕变从洞口开始变形量逐渐递减,最大变形量为12.214 mm;侧洞开挖过程中两侧洞在第三层第一次开挖变形最大,侧洞的开挖导致中洞在大跨度横梁支护部位中洞顶部出现变形最大值,为16.198 mm。

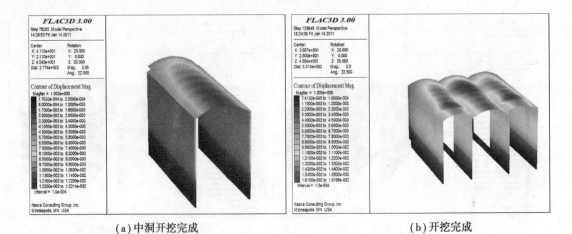

(a)中洞开挖完成   (b)开挖完成

图 5.29　开挖完成后初支位移等值线图

3)二次支护受力特性分析

图 5.30 为开挖完成后二衬结构主应力等值线图,从最大主应力分析,二衬受力最大部位为大跨横梁的中间部位,为横梁弯曲引起的间接拉应力最大值 2.55 MPa;就最小主应力等值线图分析,二次支护结构最大受力部位为大跨横梁两端下部的立柱部位,此处受到的压应力最大为 -7.36 MPa。

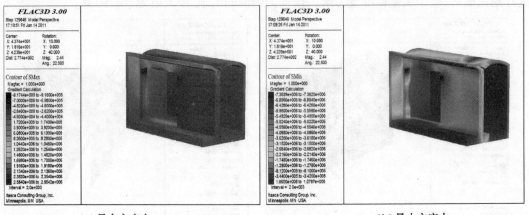

(a)最大主应力   (b)最小主应力

图 5.30　开挖完成后二衬主应力等值线图

二次支护位移变形分析如图 5.31 所示。分析可以看出二次支护位移主要在结构的表层部位,即支护结构与围岩体接触的部位较为明显,尤其是洞顶部位,且从洞口向内呈逐渐减小趋势,中洞开挖支护完成后洞室二次支护结构的最大位移量 12.558 mm,开挖完成后洞室二次支护结构的最大位移量为 16.249 mm。

4)大跨横梁受力分析

结合洞室二次支护结构的形状特征,大跨横梁以及地梁与立柱等的受力情况如图 5.32 所示。可以看出在地梁中跨部位以及横梁洞口段出现不同程度的拉应力集中,最大值为 1.28 MPa,在大跨部位地梁均出现应力集中这些部位的应加大钢筋的配筋率,同时在立柱的上

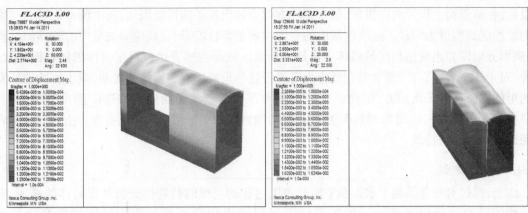

（a）中洞开挖完成　　　　　　　　　　（b）开挖完成

图5.31　开挖完成后二衬位移等值线图

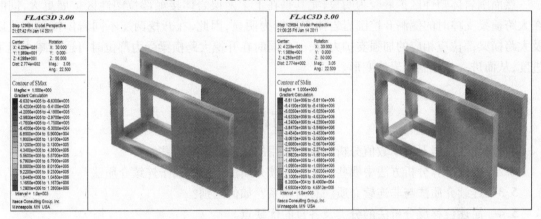

（a）最大主应力　　　　　　　　　　（b）最小主应力

图5.32　开挖完成后横梁主应力等值线图

端靠近横梁部位亦需要加大配筋。

5）塑性区分布特征

图5.33（a）给出了中洞开挖结束后围岩体的塑性区分布特征，可以发现，洞室断面开挖形

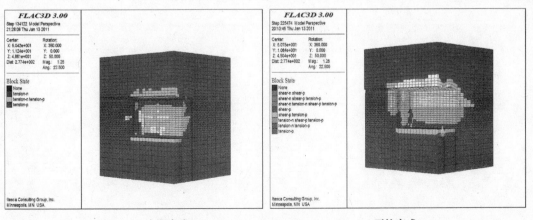

（a）中洞完成　　　　　　　　　　（b）开挖完成

图5.33　围岩塑性区扩展情况

成以后,在掌子面上以及洞室拱顶、洞室侧墙方围岩体出现了塑性屈服区,其中洞室侧墙方与拱顶的塑性区扩展最为明显。这些区域内的变形主要是塑性变形,是高应力矢量向前转移的过程中,侧墙方向围岩出现塑性区域破坏主要是由于该区域所在围岩体位两层岩体的接触面导致;另外,对于施工进度而言,通常是在低应力区进行且尽量减小对围岩体的扰动,减小脆性破坏发生的可能。而在掌子面后方,塑性屈服区范围和深度随着掌子面向前推进而逐步增加,如图5.33(b)所示。另外,由图5.33(b)也可以发现,围岩体的塑性屈服区还具有逐步由临空面向岩体深部转移扩散的特征。

6)施工控制建议

综上,通过对三连拱地下水工洞室施开挖工过程的三维时效特性分析其围岩体的蠕变、支护结构的受力特征以及塑性区的扩展情况可以得出中洞法施工期围岩体的蠕变量仅为19.2 mm,支护结构的受力值均在受力范围以内,方案较为合理。

然而围岩体塑性区扩展较为明显,尤其是在上下两层岩体接触部位塑性区扩展更大,同时在大跨横梁支撑时的侧洞开挖围岩体变形较为明显,因此,在开挖两层不同岩体接触部位以及大跨横梁部位应相应的加强支护力度,与此同时在开挖大跨横梁受力部位时可适当减小施工进度,从而进一步控制围岩体变形。

习题与思考题

5.1 什么是岩石力学数值分析? 目前常用的数值分析有哪些?

5.2 数值计算分析方法中哪些属于非连续介质法? 哪些属于连续介质法?

5.3 连续介质法与非连续介质法有何联系? 如何区别?

5.4 简述位移反分析法的分类及各自的优缺点。

5.5 当前解决岩石力学问题常用的数值分析软件有哪些? 各有哪些特点?

5.6 学习和应用数值分析方法时必须把握的关键问题有哪些?

5.7 应用岩土数值分析方法应注意并理清的主要环节有哪些?

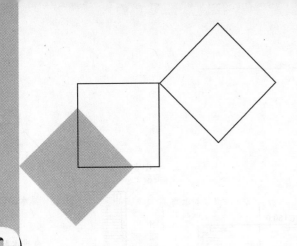

6 岩石力学在工程中的应用

6.1 概述

岩石力学在工程中的应用是与国民经济建设、国防建设有着极其密切关系。为了开发能源、防灾减灾、发展农业,要兴修大量的水利工程;为了修公路、筑铁路,要劈山越岭、开凿隧道(包括水下隧道);为了工业上的需要,要从地下索取大量的矿产资源;为了修筑大型桥梁,要解决最关键的桥墩岩基问题;为了缓解地面居住及城市交通紧张的状况,势将更大规模地开发和利用地下空间;为了国防建设的需要,要修筑地下洞(井)库工程等。这些以岩石(岩体)为对象的设计、施工和成功修建等工程活动,实际上都要依据岩石力学的理论作为原理,才能保证正确进行。

在我国,一批地质条件复杂、规模巨大的工程和矿山的实际问题在岩石力学原理的指导下和岩石工程的方法与技术的支持下得以解决,如:三峡工程永久船闸高陡边坡的锚固和排水系统的设置及变形控制(见图 6.1),天生桥、李家峡、隔河岩等高边坡的加固,二滩工程在高地应力条件下的大跨度地下洞室群的建设,二滩工程高拱坝坝基建基面的优化,金川高地应力条件下的无矿柱充填法深部采矿,秦岭等深埋长隧道的建设等。

岩石(岩体)作为地质体有三种基本工程状态:洞室、地基和边坡,其工程状态是相对于它的自然状态而言的。地质体从自然状态转变为工程状态往往总是要进行开挖,开挖必然会引起地质体发生移动、变形,甚至破坏、失稳。在土木工程中,以岩石(岩体)为对象的工程活动按其性质可分为岩石地下工程(或称洞室工程)、岩石地基工程和岩石边坡工程。

(1)岩石地下工程

岩石地下工程一般是指在成岩地质体中的洞室工程。其中,"洞"类工程是指那些作为各种通道的井、巷、隧洞、隧道等地下工程,它们的几何特点是横断面尺寸比其长度要小得多;"室"类工程是指各向尺寸都不是很小,并且大致都在同一数量级的地下工程,如地下室、地下库。岩石地下工程按用途分类有地下厂房、地下核电站、地下车站、地下体育场、污水处理站、地下油库等,如图 6.2—图 6.4 所示。

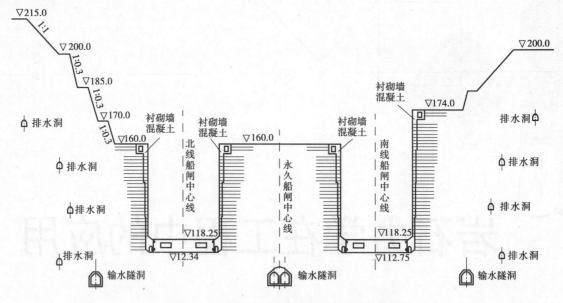

图 6.1　三峡双线五级船闸高边坡典型剖面图

近年来,人类地下工程活动呈现出的明显特点和趋势主要表现为:一是矿物资源开发由浅部转向深部,出现了与深部条件有关的特殊岩石力学现象和问题;二是随着人类的能源储备意识与开拓地下生存空间意识的增强,相应的地下工程数量、规模日渐增多、增大;三是随着人类社会经济的发展和技术水平的提高,向难度高的地下工程(如跨海隧道、大尺度地下洞室等)发起的挑战也越来越多。

图 6.2　三峡地下电站厂房全景

图 6.3　816 地下核工程

图 6.4　二滩水电站导流洞

（2）岩石地基工程

所谓岩石地基,是指建筑物(构筑物)以岩体作为持力层的地基。岩体与岩石不同,岩体可由一种或多种岩石组成,即使岩体是同一类岩石,由于长期各种地质作用和风化作用的影响,岩体具有各种不良地质结构面,包括各种断层、节理、裂隙及其填充物的复合体,同时还可能包含有洞穴或非常破碎。岩体的所有这些缺陷都有可能使表面上看起来有足够强度的岩石地基发生破坏,并导致灾难性的后果。

相对于土质地基,由于岩石具有比土体更高的抗压、抗拉和抗剪强度,通过合理设计与正确施工,可以在岩石地基上修建更多类型的建筑物或构筑物,比如会产生倾斜荷载的大坝和拱桥、需要提供抗拔力的悬索桥,以及同时具有抗压和抗拉性能的锚杆基础或嵌岩桩基础等,如图6.5—图6.7所示。

图6.5　锦屏一级水电站在建大坝
（上游围堰侧仰望大坝）

图6.6　岩石锚杆基础

（a）采用旋挖工艺钻取桩基入岩深度

（b）对应桩基入岩深度处钻取出的岩柱

图6.7　广(州)深(圳)沿江高速公路嵌岩桩成孔(2010.3)

（3）岩石边坡工程

岩石边坡工程指对岩质的自然或人工斜坡进行利用、加固与维护,使之维持其自身稳定性所采取的工程技术措施。如抗滑桩、锚索(杆)支护,喷网防护等,如图6.8和图6.9所示。

在大规模工程建设中,岩石高边坡,一方面作为工程建(构)筑物的基本环境,工程建设会在很大程度上打破原有自然边坡的平衡状态,使边坡偏离甚至远离平衡状态,控制与管理不当会带来边坡变形与失稳,形成边坡地质灾害;另一方面,它又构成工程设施的承载体,工程的荷载效应可能会影响和改变它的承载条件和承载环境,从而反过来影响岩石边坡的稳定性。因

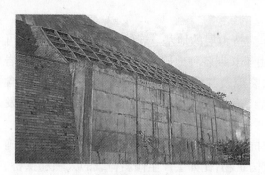

图 6.8 抗滑桩

图 6.9 锚索(杆)支护

此,岩石高边坡的稳定问题不仅涉及工程本身的安全,同时也涉及整体环境的安全;岩石高边坡的失稳破坏不仅会直接摧毁工程建设本身,而且也会通过环境灾难对工程和人居环境带来间接的影响和灾害。

正确处理好岩石力学在岩石地下工程、岩石地基工程和岩石边坡工程中的应用,需要结合工程实际,着重解决好三个方面的问题:一是岩体中重分布应力的大小与分布特征;二是岩体在重分布应力作用下的变形及破坏特征;三是工程岩体的承载力与稳定性分析与评价。

6.2 岩石地下工程及隧道

地下工程及隧道周围岩体在开挖前处于原岩应力条件下的平衡状态,开挖后这种原有应力平衡即被破坏,周围岩体因开挖卸荷在径向和切向分别发生引张及压缩变形,使得原有径向压应力降低、切向压应力升高,这种压应力降低与升高现象随着远离开挖自由面(临空面)而逐渐减弱,以至于到达一定距离后消失。通常,将这种应力重分布所波及的岩石称之为围岩,围岩中重新分布后的地应力状态称之为二次应力或围岩应力。理论与实验表明:地下工程围岩应力重分布的特点主要取决于地下工程的形状和岩体的初始应力状态。

围岩压力是指岩体开挖后作用在洞室支护结构上的压力。如何合理确定围岩压力是个复杂问题:从地下洞室的功能上看,涉及用途、重要性、使用寿命等因素;从岩石力学与岩石工程的观点看,涉及围岩体自身的物理性质、破坏机理、围岩体与支护结构的共同工作、洞室开挖的施工工艺和施工方法等。围岩压力是地下工程及隧道洞室支护结构设计的主要理论依据,洞室的支护结构既可以是洞室周边的围岩体,又可以是洞室周边的人工支护结构,最理想的情况是围岩体与支护结构共同作用以维护洞室的安全性和稳定性,因此,岩体是作为支护结构的一个组成部分而存在的。为了充分发挥岩体自身的结构作用,如何保护围岩体、发挥好岩体的承载能力,在岩石工程的设计、施工方面是一门综合的科学和艺术。

为了正确地评价岩石地下工程及隧道的稳定性,除了进行必要的地质分析(含初始地应力状态的分析计算)之外,还需对围岩应力以及围岩压力进行分析计算等。

6.2.1 围岩与应力计算

通常,由于地下洞室或隧道在岩体中的延伸长度远大于其横断面尺寸,故可以把围岩应力计算视为平面应变问题:当围岩应力低于岩体弹性极限、且岩体中节理或其他结构面间距较宽而又紧密愈合时,可近似认为这种岩体为弹性岩体,即假定岩体为均质、连续、各向同性的线弹性材料可以满足工程精度要求;当围岩应力超过岩体的屈服极限时围岩即进入塑性状态,目前,关于塑性区的应力、变形及其范围大小的计算仍以弹塑性理论所提出的基本观点作为研究和计算的依据,即应力、变形以及位移都认为是连续变化的。

围岩应力解析法是指采用数学力学的计算取得闭合解的方法来求解地下工程围岩应力问题。如图6.10所示为岩石的应力-应变曲线,当地下工程围岩能够自稳时,围岩状态一般都处于全应力-应力曲线的峰前段,可以认为这时岩体属于变形体范畴,故通常采用变形体力学的方法研究:当岩体的应力不超过弹性范围时用弹性力学方法,否则宜用弹塑性力学或损伤力学方法研究。当岩体的应力超过峰值应力时,围岩就会进入全应力-应力曲线的峰后段,岩体可能发生刚体滑移或者张裂状态,变形体力学的方法就不适用了,这时需要采取其他方法,如块体力学或者一些初等力学的方法。

解析法可以解决的实际工程问题十分有限,但是,通过对解析法及其结果的分析,往往可以获得一些规律性的认识,这是非常重要和有益的。

1)轴对称圆形洞室围岩的弹性应力状态

(1)基本假设

①围岩为均质、各向同性、线弹性,无蠕变性或粘性行为。

②原岩应力为各向等压(静水压力)状态。

③洞室断面为圆形,沿洞室纵向的无限长度上围岩的性质一致,符合平面应变条件。

④符合埋深条件,即埋深 Z 大于或等于20倍的洞室半径 R_0(或其宽、高),有:

$$Z \geq 20R_0 \tag{6.1}$$

研究表明:当埋深 $Z \geq 20R_0$ 时,忽略洞室影响范围($3 \sim 5$ 倍 R_0)内的岩石自重,如图6.11所示,与原问题的误差不超过10%。于是,水平原岩应力可以简化为均布。这样,原问题就构成荷载与结构都是轴对称的平面应变圆孔问题,如图6.12所示。

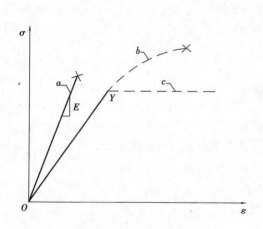

图6.10　岩石的应力-应变曲线

a——弹脆性体;b——一般弹塑性体;

c——理想弹塑性体

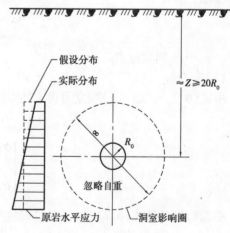

图6.11　深埋圆形洞室的力学特点

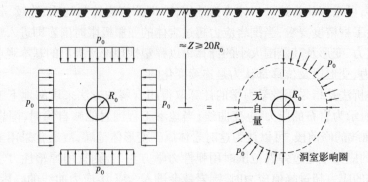

图6.12 轴对称圆形洞室的条件

（2）基本方程

①平衡方程：

$$\frac{\mathrm{d}\sigma_r}{\mathrm{d}r} + \frac{\sigma_r - \sigma_\theta}{r} = 0 \tag{6.2}$$

②几何方程：

$$\varepsilon_r = \frac{\mathrm{d}u}{\mathrm{d}r} \tag{6.3}$$

$$\varepsilon_\theta = \frac{u}{r} \tag{6.4}$$

③本构方程（平面应变）：

$$\varepsilon_r = \frac{1-\nu^2}{E}\left(\sigma_r - \frac{\nu}{1-\nu}\sigma_\theta\right) \tag{6.5}$$

$$\varepsilon_\theta = \frac{1-\nu^2}{E}\left(\sigma_\theta - \frac{\nu}{1-\nu}\sigma_r\right) \tag{6.6}$$

④边界条件：

$$r = R_0, \sigma_r = 0（不支护） \tag{6.7}$$

$$r \to \infty, \sigma_r = p_0 \tag{6.8}$$

式中 p_0——原岩应力。

（3）应力解

由式（6.2）—式（6.6）联立可得上述方程组通解为

$$\begin{cases} \sigma_\theta = A - \dfrac{B}{r^2} \\[2mm] \sigma_r = A + \dfrac{B}{r^2} \end{cases} \tag{6.9}$$

根据边界条件式（6.7）—式（6.8）确定积分常数，得

$$\begin{cases} A = p_0 \\ B = -p_0 R_0^2 \end{cases} \tag{6.10}$$

将式（6.10）的 A,B 代入式（6.9）可得围岩的切向应力与径向应力的解析表达式为

$$\begin{cases} \sigma_\theta \\ \sigma_r \end{cases} = p_0\left(1 \pm \frac{R_0^2}{r^2}\right) \tag{6.11}$$

（4）讨论

①σ_θ,σ_r的分布和角度无关,均为主应力,即径向与切向平面均为主平面,说明次生应力场仍为轴对称的。

②应力大小与弹性常数E,ν无关。

③当$r = R_0$时,$\sigma_r = 0$,$\sigma_\theta = 2p_0$,即周边切向应力为最大应力,且与洞室半径无关。这样,当最大应力超过围岩的弹性极限时,围岩将进入塑性。如把岩石看作弹脆性体(见图6.10的a线),则围岩将发生破坏。

④定义应力集中系数为:

$$K = \frac{\text{开挖后应力}}{\text{开挖前应力}} = \frac{\text{次生应力}}{\text{原岩应力}} \tag{6.12}$$

则,洞室周边的集中系数$K = \dfrac{2p_0}{p_0} = 2$,为次生应力场的最大应力集中系数。

⑤若定义σ_θ以高于$1.05\,p_0$或σ_r低于$0.95\,p_0$为洞室影响圈边界,由式(6.11)有

$$\sigma_\theta = 1.05p_0 = p_0\left(1 + \frac{R_0^2}{r^2}\right) \tag{6.13}$$

从而得影响半径$r \approx 5R_0$。工程上有时以10%作为影响边界,则同理可得影响半径$r \approx 3R_0$。

2）一般圆形洞室围岩的弹性应力状态

假设深埋圆形洞室的水平应力对称于竖轴、竖向应力对称于横轴;竖向应力为p_0、水平应力为λp_0,并设$\lambda < 1$。由于圆形洞室结构本身对称(荷载不对称),如图6.13所示,该问题可由已有的结论通过叠加原理解决。

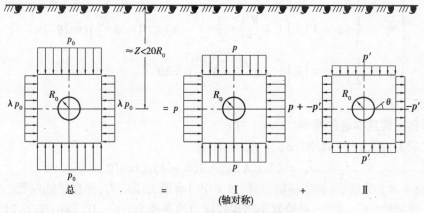

图6.13　一般圆形洞室问题

将荷载分解为:

$$\begin{cases} p_0 = p + p' \\ \lambda p_0 = p - p' \end{cases} \tag{6.14}$$

求解可得:

$$\begin{cases} p = \dfrac{1}{2}(1 + \lambda)p_0 \\ p' = \dfrac{1}{2}(1 - \lambda)p_0 \end{cases} \tag{6.15}$$

则上述一般圆形洞室的弹性应力状态为荷载分解后的两种情况的叠加。

（1）图 6.13 中情况 Ⅰ 的解

情况 Ⅰ 为轴对称，其解为

$$\begin{cases} \sigma_\theta \\ \sigma_r \end{cases} = p\left(1 \pm \frac{R_0^2}{r^2}\right) = \frac{1}{2}(1+\lambda)p_0\left(1 \pm \frac{R_0^2}{r^2}\right) \tag{6.16}$$

（2）图 6.13 中情况 Ⅱ 的解

①边界条件。

内边界：
$$r = R_0, \sigma_r = \tau_{r\theta} = 0 \tag{6.17}$$

外边界：（应用摩尔应力关系）$r \to \infty$，$\begin{cases} \sigma_r = -p'\cos2\alpha \\ \tau_{r\theta} = p'\sin2\alpha \end{cases}$ （6.18）

式（6.18）中，$\alpha = 90° - \theta$。

②应力解。采用弹性力学知识进行求解，可得：

$$\begin{cases} \sigma_r = p'\left(1 - 4\frac{R_0^2}{r^2} + 3\frac{R_0^4}{r^4}\right)\cos2\theta \\[2mm] \sigma_\theta = p'\left(1 + 3\frac{R_0^4}{r^4}\right)\cos2\theta \\[2mm] \tau_{r\theta} = p'\left(1 + 2\frac{R_0^2}{r^2} - 3\frac{R_0^4}{r^4}\right)\sin2\theta \end{cases} \tag{6.19}$$

由式（6.16）和式（6.19），可得总应力解为：

$$\begin{cases} \sigma_r = \frac{1}{2}(1+\lambda)p_0\left(1 - \frac{R_0^2}{r^2}\right) - \frac{1}{2}(1-\lambda)p_0\left(1 - 4\frac{R_0^2}{r^2} + 3\frac{R_0^4}{r^4}\right)\cos2\theta \\[2mm] \sigma_\theta = \frac{1}{2}(1+\lambda)p_0\left(1 + \frac{R_0^2}{r^2}\right) + \frac{1}{2}(1-\lambda)p_0\left(1 + 3\frac{R_0^4}{r^4}\right)\cos2\theta \\[2mm] \tau_{r\theta} = \frac{1}{2}(1-\lambda)p_0\left(1 + 2\frac{R_0^2}{r^2} - 3\frac{R_0^4}{r^4}\right)\sin2\theta \end{cases} \tag{6.20}$$

（3）讨论

①轴对称问题是本题的特例（$\lambda = 1$ 时）。

②周边应力情况。$r \approx R_0$ 时，$\sigma_r = \tau_{r\theta} = 0$，有

$$\sigma_\theta = (1+\lambda)p_0 + 2(1-\lambda)p_0\cos2\theta \tag{6.21}$$

显然，在 $\lambda < 1$ 的情况，洞室横轴位置（$\theta = 0°$）有最大压应力，而在竖轴位置（$\theta = 90°$）有最小应力。使竖轴（$\theta = 90°$）处恰好不出现拉应力的条件为 $\sigma_\theta = 0$，即由式（6.21），有：

$$\sigma_\theta = (1+\lambda)p_0 - 2(1-\lambda)p_0 = 0 \tag{6.22}$$

可得，当 $\lambda = 1/3$ 时，有：

$$\begin{cases} \theta = 0°, \quad \sigma_\theta = \frac{8}{3}p_0 \\[2mm] \theta = 45°, \quad \sigma_\theta = \frac{4}{3}p_0 \\[2mm] \theta = 90°, \quad \sigma_\theta = 0 \end{cases} \tag{6.23}$$

由式（6.21）—式（6.23）可知，在 $\lambda > 1/3$ 时，周边不出现拉应力；$\lambda < 1/3$ 时，将出现拉应

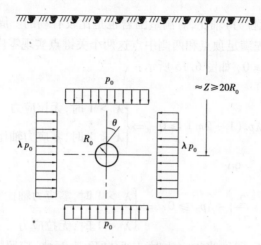

图 6.14　λ > 1 时一般圆形洞室情况

力；λ = 1/3 时，恰好不出现拉应力；λ = 0、θ = 90° 处，拉应力最大。因此，λ = 0 为最不利情况；λ = 1 为均匀受压，最有利于稳定情况。

③主应力情况。水平和垂直面为主应力面，主应力面上只有正应力，没有剪应力；其余截面都有剪应力。

④ λ > 1 的情况。将 θ 角改由铅直轴起算，如图 6.14 所示，则公式及讨论与 λ < 1 的情况完全相同。

3）椭圆洞室围岩的弹性应力状态

在一般原岩应力状态下，如图 6.15 所示，深埋椭圆洞室周边切向应力计算公式为

$$\sigma_\theta = p_0 \frac{m^2 \sin^2\theta + 2m \sin^2\theta - \cos^2\theta}{\cos^2\theta + m^2 \sin^2\theta} + \lambda p_0 \frac{\cos^2\theta + 2m \cos^2\theta - m^2 \sin^2\theta}{\cos^2\theta + m^2 \sin^2\theta} \quad (6.24)$$

（1）等应力轴比

所谓等应力轴比就是使洞室周边应力均匀分布时的椭圆长短轴之比。该轴比可通过求上式的极值而得到。

$$由 \frac{d\sigma_\theta}{d\theta} = 0, \quad 得：m = \frac{1}{\lambda} \quad (6.25)$$

将此 m 值代入式(6.24)，得：

$$\sigma_\theta = p_0 + \lambda p_0 \quad (6.26)$$

在式(6.26)中，σ_θ 与 θ 无关，即周边应力处处相等，所以上述轴比称为等应力轴比。在该轴比情况下，周边切向应力无极值，或者说周边应力是均匀相等的。显然，等应力轴比对地下工程的稳定是最有利的情况，因此又称为最优(佳)轴比。

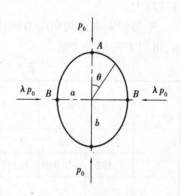

图 6.15　深埋椭圆洞

等应力轴比与原岩应力的绝对值无关，只和 λ 值有关。由 λ 值可决定最佳轴比，如：

①λ = 1 时，m = 1，a = b，最佳断面为圆形(圆是椭圆的特例)。

②λ = 1/2 时，m = 2，b = 2a，最佳断面为 b = 2a 的竖椭圆。

③λ = 2 时，m = 1/2，a = 2b，最佳断面为 a = 2b 的横(卧)椭圆。

（2）零应力(无拉力)轴比

当不能满足等应力轴比时，可以退而求其次。岩体抗拉强度最弱，若能找出满足不出现拉

应力的轴比,即零应力(无拉力)轴比,对洞室围岩也是比较有利的。周边各点对应的零应力轴比各不相同,通常应该首先满足顶点和两侧中点这两个关键点实现零应力轴比。

无拉应力条件为 $\sigma_\theta \geqslant 0$, 如图 6.15 所示:

① 对于顶点 $A, \theta = 0°$

$$\sigma_\theta = -p_0 + \lambda p_0(1 + 2m) \geqslant 0 \quad \Rightarrow \begin{cases} \lambda > 1 \text{ 时,无拉应力} \\ \lambda < 1 \text{ 时,零应力轴比 } m = \dfrac{1 - \lambda}{2\lambda} \end{cases} \quad (6.27)$$

② 对于两侧中点 $B, \theta = 90°$

$$\sigma_\theta = p_0\left(1 + \dfrac{2}{m}\right) - \lambda p_0 \geqslant 0 \quad \Rightarrow \begin{cases} \lambda > 1 \text{ 时,零应力轴比 } m = \dfrac{2}{\lambda - 1} \\ \lambda < 1 \text{ 时,无拉应力} \end{cases} \quad (6.28)$$

可见,A 点和 B 点互不矛盾,当 $\lambda < 1$ 时,应照顾顶点,反之,应照顾两侧中点。

4) 矩形和其他形状洞室周边弹性应力状态

地下工程中经常遇到一些非圆形洞室,因此,掌握洞室形状对围岩应力状态影响是非常重要的。常见的非圆形洞室主要有梯形、拱顶直墙、拱顶直墙反拱等。

(1) 基本解题方法

原则上,地下工程比较常用的单孔非圆洞室围岩的平面问题弹性应力分布都可用弹性力学的复变函数方法解决。

(2) 一般结论

和其他形状一样,在弹性应力条件下,洞室围岩中的最大应力是周边的切向应力,且周边应力大小和弹性参数无关,与断面的绝对尺寸无关,只和原岩应力场分布(及大小)、洞室的形状(竖向与横向轴比)有关。另外,在有拐角的地方往往有较大的应力集中,而在直长边则容易出现拉应力。

矩形洞室周边切向应力的计算结果如表 6.1 所示,对于其他一些典型断面周边弹性应力分布,可以查阅相关文献。

表 6.1　矩形洞室周边切向应力的部分计算结果表

$\theta/(°)$	$a:b = 5$		$a:b = 3.2$		$a:b = 1.8$		$a:b = 1$（正方形）		附　图
	λp_0	p_0	λp_0	p_0	λp_0	p_0	λp_0	p_0	
0	1.192	-0.940	1.342	-0.98	1.200	-0.801	1.472	-0.808	
45	—	—	—	—	3.352	0.821	3.000	3.000	
50	1.158	-0.644	2.392	-0.193	2.763	2.747	0.980	3.860	
65	2.692	7.030		601	-0.599	5.260	—	—	
90	-0.768	2.420	-0.770	2.152	-0.334	2.030	-0.808	1.472	

5) 复式洞室周边弹性应力状态

复式洞室是指若干相互平行的洞室所组成的洞室体系,这种洞室周围的应力分布要比前述单个洞室复杂得多,一般不易用数学表达式给出。因此,复式洞室的围岩应力往往通过用光弹试验来确定。根据对复式洞室围岩应力的研究表明:不论洞室的数量多少、形状如何,对于一排间距相等而形状相同的洞室,有如下几点结论:

①最大的边界压应力发生在洞室的边墙上,即最大的压应力出现在洞室之间的岩柱边缘,在若干相同形状洞室所组成的洞室体系中,位于中部洞室边墙上的压应力最大。

②在单向应力场的情况下,洞室顶部与底部都出现拉应力,其大小约等于施加在单向应力场中的垂直压应力。

③岩柱上的压应力随着洞室宽度与岩柱宽度之比的增大而增大。

④复式洞室的最大应力集中系数可由下式近似确定,即

$$C' = C + 0.09\left[\left(1 + \frac{B_0}{B_1}\right)^2 - 1\right] \tag{6.29}$$

式中　C'——复式洞室的最大应力集中系数;

　　　C——相同应力场中单个洞室围岩中的应力集中系;

　　　B_0——洞室宽度,m;

　　　B_1——岩柱宽度,m。

另外,可以采用复变函数等方法进行求解,具体可参考有关书籍。

6) 轴对称圆形洞室围岩的理想弹塑性分析

(1)基本假设与解题条件(见图6.16)

①深埋无限长的圆形水平洞室。

②原岩应力各向等压。

③围岩为理想弹塑性体(如图6.10中的c线)。

(2)基本方程

①弹性区,积分常数待定的弹性应力解为:

$$\begin{cases}\sigma_r = A \pm \dfrac{B}{r^2}\\ \sigma_\theta \end{cases} \tag{6.30}$$

②塑性区,轴对称问题的平衡方程为:

$$\frac{\mathrm{d}\sigma_r}{\mathrm{d}r} + \frac{\sigma_r - \sigma_\theta}{r} = 0 \tag{6.31}$$

③强度准则方程(库伦准则),由图6.17可得:

$$\sigma_\theta = \frac{1 + \sin\varphi}{1 - \sin\varphi}\sigma_r + \frac{2c\cos\varphi}{1 - \sin\varphi} \tag{6.32}$$

塑性区内有两个未知应力 σ_θ 和 σ_r,由式(6.31)和式(6.32)联立可解,故不必借用几何方程。这类方程又称刚塑性或极限平衡方程。

(3)边界条件

如图6.16所示,图中 R_p 为塑性区半径,在弹性区与塑性区的交界面位置。

①弹性区。

$$外边界:r \to \infty, \sigma_r = \sigma_\theta = p_0 \tag{6.33}$$

$$内边界:r = R_p,\quad \begin{cases}\sigma_r^e = A \pm \dfrac{B}{R_p^2}\\ \sigma_\theta^e \end{cases} \tag{6.34}$$

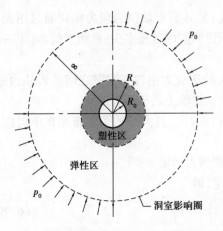

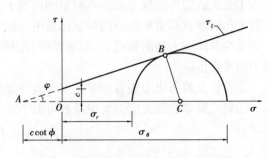

图 6.16 深埋圆形洞室的理想弹塑性分析简图   图 6.17 塑性区内应力圆与强度曲线的关系

②塑性区。

$$外边界:r = R_p,\begin{cases} \sigma_r^p = \sigma_r^e \\ \sigma_\theta^p = \sigma_\theta^e \end{cases} \tag{6.35}$$

$$内边界:r = R_0,\begin{cases} \sigma_r = 0(不支护) \\ \sigma_r = p_1(p_1 为支护反力) \end{cases} \tag{6.36}$$

上述式(6.34)和式(6.35)中的上角标"e"和"p"分别表示弹、塑性区的变量。

(4)应力求解

通过对上述基本方程分别应用相应的边界条件,可以得到如下结果(推导略):

①弹性区应力。

$$\begin{cases} \sigma_r^e \\ \sigma_\theta^e \end{cases} = p_0 \pm (c\cos\varphi + p_0\sin\varphi)\left[\frac{(p_0 + c\cot\varphi)(1 - \sin\varphi)}{p_1 + c\cot\varphi}\right]^{\frac{1-\sin\varphi}{2\sin\varphi}}\left(\frac{R_0}{r}\right)^2 \tag{6.37}$$

②塑性区应力。

$$\begin{cases} \sigma_r^p = (p_1 + c\cot\varphi)\left[\left(\frac{r}{R_0}\right)^{\frac{2\sin\varphi}{1-\sin\varphi}} - 1\right] \\ \\ \sigma_\theta^p = (p_1 + c\cot\varphi)\left[\frac{1 + \sin\varphi}{1 - \sin\varphi}\left(\frac{r}{R_0}\right)^{\frac{2\sin\varphi}{1-\sin\varphi}} - 1\right] \end{cases} \tag{6.38}$$

③塑性区半径。

$$R_p = R_0\left[\frac{(p_0 + c\cot\varphi)(1 - \sin\varphi)}{(p_1 + c\cot\varphi)}\right]^{\frac{1-\sin\varphi}{2\sin\varphi}} \tag{6.39}$$

对于上述式(6.37)—式(6.39),当取支护反力 $P_1 = 0$ 时,即是无支护条件下的应力计算结果。

④支护反力。

由式(6.39),可得

$$p_1 = (p_0 + c\cot\varphi)(1 - \sin\varphi)\left(\frac{R_0}{R_p}\right)^{\frac{2\sin\varphi}{1-\sin\varphi}} - c\cot\varphi \tag{6.40}$$

式(6.39)和式(6.40)即为著名的卡斯特纳(H. Kastner,1951)方程,或称修正芬纳

（Fenner）方程。

（5）讨论

①R_p 与 R_0 成正比，与 p_0 成正变关系，与 c,φ 和 p_1 成反变关系。

②塑性区内各点应力与原岩应力 p_0 无关，且应力圆均与强度曲线相切（此为极限平衡问题的特点之一）。

③支护反力 $p_1 = 0$ 时，R_p 最大。

④指数 $(1 - \sin\varphi)/(2\sin\varphi)$ 的物理意义，依据库仑准则，可近似理解为"拉压强度比"。

7）一般圆形洞室围岩的弹塑性分析

根据塑性区内各点应力与原岩应力无关的结论，同样可以从塑性区应力与弹性区应力相等的条件，获得一般圆形洞室问题的解答。此时，塑性半径可以表达为：

$$r_p = R_p + R_p f(\theta) \tag{6.41}$$

式中　r_p——总塑性区半径；

　　　R_p——轴对称塑性区半径；

　　　$R_p f(\theta)$——与 θ 有关的塑性区半径。

基于不同强度准则的一般圆形洞室的塑性半径具体计算，可查阅有关书籍。

6.2.2 围岩破坏与支护

地下工程及隧道开挖后，在岩体中形成一个自由变形空间，使原来处于挤压状态的围岩因失去了支撑而发生向洞内松胀变形，如果这种变形超过了围岩本身所能承受的能力，则围岩就会发生破坏并从母岩中脱落形成坍塌、滑动或岩爆，前者称为变形，后者称为破坏。有关研究表明：围岩变形破坏形式常取决于围岩应力状态、岩体结构及洞室断面形状等因素。针对围岩的具体变形破坏特点，必须进行有针对性的支护设计和实施，以阻止围岩的过大变形，确保地下工程及隧道在施工期及设计使用期内的稳定与安全。

1）围岩变形破坏与位移计算

（1）围岩的变形破坏

根据围岩体的结构类型及其变形特征和破坏机理不同，围岩的变形破坏特点也各不相同，现分述如下：

①整体状和块状岩体围岩。这类岩体本身具有很高的力学强度和抗变形能力，其主要结构面是节理，很少有断层，含有少量的裂隙水。在力学属性上可视为均质、各向同性、连续的线弹性介质，应力应变呈近似直线关系。这类围岩具有很好的自稳能力，其变形破坏形式主要有岩爆、脆性开裂及块体滑移等。

a.岩爆。在高地应力地区，由于洞壁围岩中应力高度集中，使围岩产生突发性变形破坏的现象。伴随岩爆产生，常有岩块弹射、声响及冲击波产生，对地下洞室开挖与安全造成极大的危害。

b.脆性开裂。常出现在拉应力集中部位。如洞顶或岩柱中，当原岩应力比值系数 $\lambda < 1/3$ 时，洞顶常出现拉应力，容易产生拉裂破坏。尤其是当岩体中发育有近铅直的结构面时，即使拉应力小也可产生纵向张裂隙，在水平向裂隙交切作用下，易形成不稳定块体而塌落，形成洞顶

塌方。

c.块体滑移。是块状岩体常见的破坏形成。它是以结构面切割而成的不稳定块体滑出的形式出现。其破坏规模与形态受结构面的分布、组合形式及其与开挖面的相对关系控制。典型的块体滑移形式如图6.18所示。这类围岩的整体变形破坏可用弹性理论分析,局部块体滑移可用块体极限平衡理论来分析。

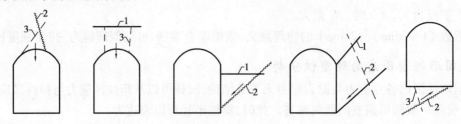

图6.18 坚硬块状岩体中的块体滑移形式示意图
1—层面;2—断裂;3—裂隙

②层状岩体围岩。这类岩体常呈软硬岩层相间的互层形式出现。岩体中的结构面以层理面为主,并有层间错动及泥化夹层等软弱结构面发育。层状岩体围岩的变形破坏主要受岩层产状及岩层组合等因素控制,其破坏形式主要有:沿层面张裂、折断塌落、弯曲内鼓等。不同产状围岩的变形破坏形式如图6.19所示:

a.在水平层状围岩中,洞顶岩层可视为两端固定的板梁,在顶板压力下,将产生下沉弯曲、开裂。当岩层较薄时,如不及时支撑,任其发展,则将逐层折断塌落,最终形成如图6.19(a)所示的三角形塌落体。

b.在倾斜层状围岩中,常表现为沿倾斜方向一侧岩层弯曲塌落。另一侧边墙岩块滑移等破坏形式,形成不对称的塌落拱。这时将出现偏压现象,如图6.19(b)所示。

c.在直立层状围岩中,当原岩应力比值系数 λ <1/3 时,洞顶由于受拉应力作用,使之发生沿层面纵向拉裂,在自重作用下岩柱易被拉断塌落。侧墙则因压力平行于层面,常发生纵向弯折内鼓,进而危及洞顶安全,如图6.19(c)所示。但当洞轴线与岩层走向有一交角时,围岩稳定性会大大改善。经验表明,当这一交角大于20°时,洞室边墙不易失稳。这类岩体围岩的变形破坏常可用弹性梁、弹性板或材料力学中的压杆平衡理论来分析。

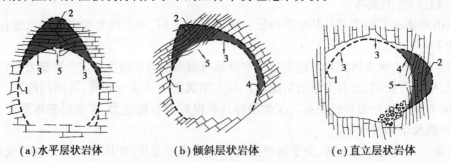

(a)水平层状岩体　　**(b)倾斜层状岩体**　　**(c)直立层状岩体**

图6.19 层状围岩变形破坏特征示意图
1—设计断面轮廓线;2—破坏区;3—崩塌;4—滑动;5—弯曲、张裂及折断

③碎裂状岩体围岩。碎裂岩体是指断层、褶曲、岩脉穿插挤压和风化破碎加次生夹泥的岩体。这类围岩的变形破坏形式常表现为如图6.20所示的塌方和滑动。破坏规模和特征主要取决于岩体的破碎程度和含泥多少。在夹泥少、以岩块刚性接触为主的碎裂围岩中,由于变形时

岩块相互镶合挤压,错动时产生较大阻力,因而不易大规模塌方。相反,当围岩中含泥量很高时,由于岩块间不是刚性接触,则易产生大规模塌方或塑性挤入,如不及时支护,将愈演愈烈。这类围岩的变形破坏,可用松散介质极限平衡理论来分析。

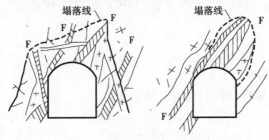

图 6.20 碎裂围岩塌方示意图

④散体状岩体围岩。散体状岩体是指强烈构造破碎、强烈风化的岩体或新近堆积的土体。这类围岩常表现为弹塑性、塑性或流变性,其变形破坏形式以拱形冒落为主。当围岩结构均匀时,冒落拱形状较为规则如图 6.21(a)所示。但当围岩结构不均匀或松动岩体仅构成局部围岩时,则常表现为局部塌方、塑性挤入及滑动等变形破坏形式,如图 6.21(b)~(d)所示。这类围岩的变形破坏,可用松散介质极限平衡理论配合流变理论来分析。

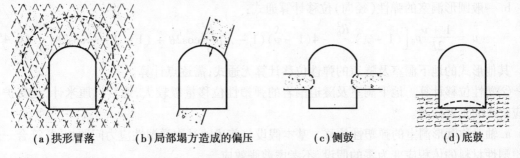

(a)拱形冒落 (b)局部塌方造成的偏压 (c)侧鼓 (d)底鼓

图 6.21 散体状围岩变形破坏特征示意图

应当指出,任何一类围岩的变形破坏都是渐进式逐次发展的。其逐次变形破坏过程常表现为侧向与垂向变形相互交替发生、互为因果,形成连锁反应。分析围岩变形破坏时,应抓住其变形破坏的始发点和发生连锁反应的关键点,预测变形破坏逐次发展及迁移的规律。在围岩变形破坏的早期就加以处理,这样才能有效地控制围岩变形,确保围岩的稳定性。

(2)围岩位移计算

①弹性位移计算。在坚硬完整的岩体中开挖地下洞室,当原岩应力不大的情况下,围岩常处于弹性状态。这时洞壁围岩的位移可用弹性理论进行计算。此种条件下的弹性位移具有周边径向位移最大、但量级小(以毫米计),位移完成速度快(以声速计),一般不危及断面使用与洞室稳定。对于深埋的地下洞室工程,应考虑到开挖后的位移是由于开挖后的应力增量所造成的,而原岩应力部分并不引起新的位移;或者说,原岩应力所引起的位移部分在过去的地质年代中已经完成。因此,只有采用其应力增量(即应减去其相应的原岩应力分量)来计算才能获得正确的弹性位移计算结果。

对于轴对称圆形洞室的弹性位移 u 应由下式计算:

$$\begin{cases} \varepsilon_r = \dfrac{\mathrm{d}u}{\mathrm{d}r} = \dfrac{1-\nu^2}{E}\Big(\Delta\sigma_r - \dfrac{\nu}{1-\nu}\Delta\sigma_\theta\Big) \\[3mm] \varepsilon_\theta = \dfrac{u}{r} = \dfrac{1-\nu^2}{E}\Big(\Delta\sigma_\theta - \dfrac{\nu}{1-\nu}\Delta\sigma_r\Big) \end{cases} \qquad (6.42)$$

式中　　$\Delta\sigma_r = \sigma_r - P_0$;

　　　　$\Delta\sigma_\theta = \sigma_\theta - P_0$;

　　　　P_0——各向等压原岩应力。

a.轴对称圆形洞室的弹性(径向)位移计算公式:

无支护时:

$$\begin{cases} u = \dfrac{1+\nu}{E}\,p_0\,\dfrac{R_0^2}{r}\,(围岩内) \\[3mm] u_0 = \dfrac{1+\nu}{E}\,p_0 R_0\,(洞室壁\ r = R_0\ 处) \end{cases} \qquad (6.43)$$

有支护时:

$$u_0 = \frac{1+\nu}{E}(p_0 - p_1)R_0\,(洞室壁\ r = R_0\ 处,p_1\ 为支护反力) \qquad (6.44)$$

b.一般圆形洞室的弹性(径向)位移计算通式:

$$u = \frac{1+\nu}{2E}p_0\Big[(1+\lambda)\frac{R_0^2}{r} - 4(1-\nu)(1-\lambda)\frac{R_0^2}{r}\cos2\theta + (1-\lambda)\frac{R_0^4}{r^3}\cos2\theta\Big] \qquad (6.45)$$

其他形式的地下洞室及隧道的弹性位移计算无通式,需逐点计算。

②塑性位移计算。地下洞室及隧道围岩的弹塑性位移量级较大,通常以厘米计,是支护设计应解决的主要问题。

a.轴对称圆形洞室的弹塑性位移。基本假设与前述轴对称弹塑性应力问题相同,符合一般理想塑性材料的体积应变为零的假设,不考虑剪胀效应。

• 弹塑性边界位移。弹塑性边界位移由弹性区的岩体变形引起。弹性区的变形可按外边界趋于无穷、内边界为 R_p 的厚壁圆筒处理。根据式(6.37)可写出弹塑性边界的位移表达式,为:

$$u_p = \frac{1+\nu}{E}R_p\big[p_0 - \sigma_{r(p)}\big] \qquad (6.46)$$

式中　　$\sigma_{r(p)}$——弹塑性边界上的径向应力,可用式(6.38)并令其中 $r = R_p$。

另,在弹塑性边界上有 $\sigma_r^e + \sigma_\theta^e = \sigma_r^p + \sigma_\theta^p = 2p_0$,且两个应力满足强度条件:

$$\sigma_{\theta(p)} = \frac{1+\sin\varphi}{1-\sin\varphi}\sigma_{r(p)} + 2c\,\frac{\cos\varphi}{1-\sin\varphi}$$

可得:

$$\sigma_{r(p)} = (1-\sin\varphi)p_0 - c\cos\varphi \qquad (6.47)$$

将式(6.47)代入式(6.46),可得弹塑性边界位移计算公式:

$$u_p = \frac{R_p}{2G}\sin\varphi(p_0 + c\cot\varphi) \qquad (6.48)$$

式中　　　　　　　　　　　　$G = \dfrac{E}{2(1+\nu)}$

● 洞室壁的塑性位移。如图 6.22 所示,根据塑性区体积不变的假设,可得轴对称圆形洞室壁的塑性位移计算公式为

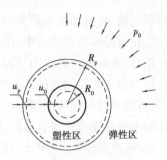

$$u_0 = \frac{\sin\varphi}{2GR_0}(p_0 + c\cot\varphi)R_p^2 \qquad (6.49)$$

b. 一般圆形洞室的弹塑性位移。一般圆形洞室的弹塑性位移计算通式为:

图 6.22　塑性区体积不变
假设条件下的轴对
称圆形洞室周边位移

$$u = \frac{1}{4Gr}[R_p^2 + (1-\lambda)R_p f(\theta)] \times$$

$$\{\sin\varphi[p_0(1+\lambda) + 2c\cot\varphi] \qquad (6.50)$$

$$\left[1 + \frac{(1-\lambda)\sin\varphi}{R_p(1-\sin\varphi)}f(\theta)\right] - p_0(1-\lambda)\cos 2\theta\}$$

式中:

$$R_p = R_0\left\{\frac{[p_0(1+\lambda) + 2c\cot\varphi](1-\sin\varphi)}{2p_1 + 2c\cot\varphi}\right\}^{\frac{1-\sin\varphi}{2\sin\varphi}}$$

$$f(\theta) = \frac{2R_p(1-\sin\varphi)p_0}{[p_0(1+\lambda) + 2c\cot\varphi]\sin\varphi}\cos 2\theta$$

$$(6.51)$$

2) 围岩压力的成因与分类

地下工程及隧道的围岩在重分布应力作用下,若产生过量的塑性变形或松动破坏,进而引起施加于支护与衬砌上的压力,称为围岩压力。根据这一定义,围岩压力是围岩与支护间的相互作用力,它与围岩应力不是同一个概念,围岩应力是岩体中的内力,而围岩压力则是针对支衬结构而言的,是作用于支护衬砌上的外力。理论上讲,如果围岩足够坚固,能够承受住围岩应力的作用,就不需要设置支护衬砌,也就不存在围岩压力问题;只有当围岩适应不了围岩应力的作用,而产生过量塑性变形或产生塌方、滑移等破坏时,才需要设置支护衬砌以维护围岩稳定,保证洞室安全和正常使用,因而就形成了围岩压力。因此,围岩压力是支护衬砌设计及施工的重要依据。

(1)围岩压力成因

围岩压力与洞室开挖后围岩的变形、破坏和松动密不可分,围岩变形量的大小及围岩破坏与松动程度决定了围岩压力的大小。不同岩性与结构的岩体,其围岩变形和破坏的性质及程度不同,产生围岩压力的主要原因也就不相同。

①在整体性良好、裂隙节理不发育的坚硬岩石中,围岩应力一般总是小于岩石的强度,因此,岩石只发生弹性变形而无塑性变形,岩石没有破坏和松动。岩体弹性变形在开挖过程中就已产生、并于开挖结束后完成,因此,该类岩体中的洞室不会发生坍塌等失稳现象,如果在开挖完成后对其进行支护或设置衬砌,则支护结构或衬砌上通常没有围岩压力作用,支护结构或衬砌的主要作用是用来防止岩石的风化以及剥落碎块的掉落。

②在中等质量的岩石中,洞室围岩的变形较大,不仅有弹性变形,而且还有塑性变形以及少量岩石破碎。由于洞室围岩的应力重分布需要一定的时间,所以在进行支护或衬砌后围岩的变形受到支护或衬砌的约束,从而产生围岩压力。在这类岩石中,围岩压力主要是由较大的围岩

变形引起的,岩石的松动坍落可能性甚小,即围岩压力主要是变形压力。

③在破碎和软弱岩石中,由于岩体结构面发育,岩体受裂隙纵横切割强度很低,洞室开挖中及开挖后,重新分布的应力很容易超过岩体强度而引起围岩破坏、松动与塌落。该类岩体产生围岩压力的主要原因是破坏和松动,而松动压力是主要的围岩压力。若没有及时进行支护或衬砌,岩石的变形与破坏范围会不断扩展,最终将导致洞室失稳,甚至出现坍塌事故。支护或衬砌的作用主要是支承塌落岩块的质量,阻止围岩变形、破坏和松动的进一步扩大。

此外,地形地貌、地下水、地热梯度、松散覆盖层性质与厚度等场地条件,以及洞室形状与大小、支护结构或衬砌形式与刚度、岩石种类、洞室埋深与施工工艺等因素,对围岩压力都会产生不同程度的影响。

(2)围岩压力分类

基于不同的形成机理,围岩压力可分为变形围岩压力、松动围岩压力和冲击围岩压力三类。

①变形围岩压力。变形围岩压力是由于围岩塑性变形(如塑性挤入、膨胀内鼓、弯折内鼓等)对支护或衬砌结构形成的挤压力。地下洞室开挖后的塑性变形具有随时间增长而增强的特点,如果不及时支护,就会引起围岩失稳破坏,形成较大的围岩压力。产生变形围岩压力的条件有:

a.岩体较软弱或破碎时围岩应力很容易超过岩体的屈服极限而产生较大的塑性变形。

b.深埋洞室由于围岩压力过大易引起塑性流动变形。

c.由膨胀围岩产生的膨胀围岩压力,它主要是由于围岩矿物吸水膨胀产生的对支衬结构的挤压力。由围岩塑性变形产生的围岩压力可用弹塑性理论进行分析计算,由膨胀围岩产生的膨胀围岩压力可采用支护和围岩共同变形的弹塑性理论计算。此外,还可用流变理论予以分析。

②松动围岩压力。松动围岩压力是由于围岩破坏与松动(如围岩拉裂塌落、块体滑移及重力坍塌等)对支护或衬砌结构产生的压力。这是一种有限范围内脱落岩体重力施加于支护衬砌上的压力,其大小取决于围岩性质、结构面交切组合关系及地下水活动和支护时间等因素。松动围岩压力可采用松散体极限平衡或块体极限平衡理论进行分析计算。

③冲击围岩压力。冲击围岩压力是由岩爆(冲击地压)形成的一种特殊围岩压力。它是强度较高且较完整的弹脆性岩体过度受力后突然发生岩石弹射变形所引起的围岩压力现象。冲击围岩压力的大小与原岩应力状态、围岩力学属性等密切相关,并受到洞室埋深、施工方法及洞形等因素的影响。目前,尚无法准确计算冲击围岩压力值,只能对冲击围岩压力的产生条件及其产生可能性进行定性的评价预测。

3)围岩压力计算

这里,主要介绍变形围岩压力和松动围岩压力的计算方法,有关冲击围岩压力计算不作展开。

(1)变形围岩压力计算

为阻止围岩塑性变形的过度发展,须对围岩设置支护衬砌。当支衬结构与围岩共同工作时,支护反力与作用于支衬结构上的围岩压力是一对作用力与反作用力。这时只要求得了支衬结构对围岩的支护力,也就求得了作用于支衬上的变形围岩压力。

基于这一思路,由式(6.40)可得围岩塑性变形压力 P_i 的表达式为:

$$P_i = p_1 = (p_0 + c\cot\varphi)(1 - \sin\varphi)\left(\frac{R_0}{R_p}\right)^{\frac{2\sin\varphi}{1-\cos\varphi}} - c\cot\varphi \tag{6.52}$$

式(6.52)即为计算圆形洞室变形围岩压力的修正芬纳公式。从公式上看,围岩塑性变形压力 P_i 与塑性圈半径 R_p 成反比,当 R_p 增大时塑性变形压力将降低,其原因在于洞室开挖后应力重分布与塑性圈的形成是一个不断调整的过程,尤其是塑性圈的形成必定导致岩体产生一定的塑性变形。塑性圈越大,反映岩体产生的塑性变形量越大,能量释放越大。此时进行支护,作用在支护结构上的塑性变形压力只是剩余变形量所形成的作用,前期已经释放的能量不会对支护结构再有影响,因此,塑性变形压力随塑性圈半径的增大而减小。

需要说明的是,理论上,弹塑性理论虽较为严密,但数学计算较复杂、公式也较繁,在进行公式推导时也必须附加一些假设。为简化计算和分析,目前,弹塑性理论仍主要应用于圆形洞室的研究,当遇到矩形、直墙拱顶、马蹄形等洞室,可将它们看作是相当的圆形进行近似计算。对于洞形特殊和地质条件复杂的情况,则采用数值计算方法进行分析。

(2)松动围岩压力计算

围岩的变形与松动是围岩变形破坏发展过程中的两个阶段,围岩过度变形超过了它的抗变形能力就会引起塌落等松动破坏,这时作用于支护衬砌上的围岩压力就等于塌落岩体的自重或分量。目前计算松动围岩压力的方法主要有压力拱理论、太沙基理论及块体极限平衡理论等。

①压力拱理论。压力拱理论适用于破碎度很大的围岩压力计算(如强风化、强烈破碎岩体、松动岩体等)。一般情况下,洞室开挖以后顶部常出现拉应力,如拉应力超过了岩石的抗拉强度,则顶部岩石首先破坏,一部分岩块失去平衡而向下逐渐坍落。实践证明,顶部岩块坍落到一定程度后将不再继续坍落,岩体又进入新的平衡状态,根据观察,新平衡状态的界面形状近似于一个拱形,该自然平衡拱常称为压力拱或坍落拱。通常,洞室开挖后,顶部岩石坍落成压力拱需要一定时间,而实际施工衬砌时不会等待压力拱完成形成,所以作用于衬砌上的垂直压力可以认为是压力拱与衬砌之间的岩石质量,而与拱外岩体无关。因此,正确决定压力拱的形状,则成为计算围岩压力的关键。关于推求压力拱形状有不同的假设,不同假设、所求出的围岩压力则不同。目前用得最多的是俄国学者普罗托奇耶柯诺夫(М. М. Продотъяконов)的压力拱假说,简称普氏压力拱理论。

普氏压力拱理论认为,岩体内存在很多大大小小的裂缝、层理、节理等软弱结构面,由于这些纵横交错的软弱面将岩体割裂成各种大小的块体,从而破坏了岩石的整体性。被软弱面割裂而成的岩块与整个地层相比它们的几何尺寸较小。因此,可以把洞室周围的岩石看做是没有黏聚力的块状散粒体,对于岩石实际存在的黏聚力可用增大内摩擦因数的方法来补偿,这个增大的内摩擦因数被称为岩石坚固系数,用 f 表示。

设岩体的抗剪强度为 $\tau_f = c + \sigma\tan\varphi$,如把岩体看作散粒体,并使抗剪强度 τ_f 不变,有:

$$\tau_f = \sigma f = c + \sigma\tan\varphi \tag{6.53}$$

可得岩石坚固系数,为

$$f = \frac{c + \sigma\tan\varphi}{\sigma} = \frac{c}{\sigma} + \tan\varphi \tag{6.54}$$

对于岩石,岩石坚固系数可采用经验公式 $f = R_c/10$ 计算,R_c 为岩石的单轴极限抗压强度,MPa。

a. 确定压力拱的形状和拱高。如图 6.23 所示,设压力拱曲线 AOB 的拱高为 h,半跨为 b。

在拱线 AO 段上任取一点 $M(x,z)$，独立考察半拱 AO 段的受力与平衡条件：当 M 点处于平衡状态时，由脱离体 MO 上作用力对 m 点力矩平衡条件可得：

$$z = \frac{p_0}{2T}x^2 \tag{6.55}$$

显然，式(6.55)为抛物线方程，表明处于平衡状态的压力拱为抛物线形状。若半拱 AO 稳定，利用极限平衡条件 $T = T'$，将 A 点坐标 (b,h) 代入式(6.55)可得

$$T = \frac{p_0 b^2}{2h} \tag{6.56}$$

式中 T ——拱脚 A 点处的水平推力。

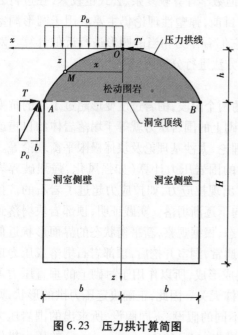

图 6.23 压力拱计算简图

由拱脚 A 点处的铅直反力 $p_0 b$ 可得岩石阻止压力拱侧移的最大摩擦阻力为 $(p_0 b)f$，f 为岩石坚固系数。为维持压力拱在水平方向的稳定性，应确保水平推力 T 不超过最大摩擦阻力，即 $T \leqslant (p_0 b)f$。此外，还要考虑一定的安全储备（通常取安全系数 $K = 2$），以保证压力拱具有较好的稳定性，即

$$T = \frac{(p_0 b)f}{K} = \frac{1}{2}(p_0 b)f \tag{6.57}$$

由式(6.56)和式(6.57)，可得压力拱的拱高为：

$$h = \frac{b}{f} \tag{6.58}$$

由极限平衡条件 $T = T'$，将式(6.56)和式(6.58)代入式(6.55)，可得压力拱曲线方程为：

$$z = \frac{x^2}{bf} \tag{6.59}$$

b. 洞室顶部松动围岩压力计算。确定压力拱的曲线方程后，在洞室侧壁稳定的条件下，洞室顶部松动围岩压力即为压力拱轴线 AOB 以下岩块的质量，即

$$p = \gamma \int_{-b}^{b}(h - z)\mathrm{d}z = \gamma \int_{-b}^{b}\left(h - \frac{x^2}{bf}\right)\mathrm{d}z = \frac{4}{3}\frac{\gamma b^2}{f} \tag{6.60}$$

式中 γ ——岩体重度；

其他符号同前。

压力拱理论的适用条件为洞室上方的岩石能够形成自然压力拱，而且要求洞室上方要有足够的厚度且有相当稳定的岩体，以承受岩体自重和其上的荷载。因此，能否形成压力拱就成为应用压力拱理论的关键。对于不能形成压力拱的情况，可以采用类似极限平衡方程方法计算，这里不再作介绍。

②太沙基理论。太沙基(K. Terzaghi)理论将受节理裂隙切割的岩体视为具有一定黏聚力的松散体，强度服从莫尔-库伦强度理论。与压力拱理论不同的是，该理论基于应力传递概念推导作用于支衬结构上的铅直压力。

a. 地下矩形断面洞室侧壁稳定时的围岩压力计算。如图 6.24 所示，设断面跨度为 $2b$ 的矩

形洞室的埋深为 H，设洞室侧面的岩石比较稳定，没有形成（$45° - \varphi/2$）的破裂面。太沙基认为洞室开挖后，其上方的岩体有下沉的趋势，形成铅直滑动面 AA' 和 BB'，即岩土体出现的破裂面近似为铅直平面。

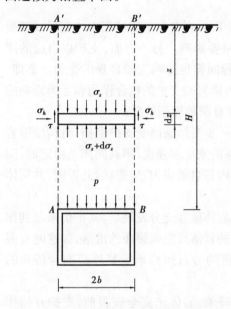
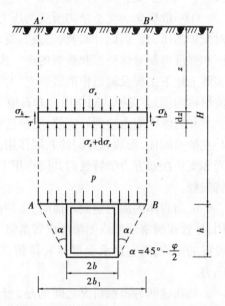

图 6.24　侧壁稳定时的围岩压力计算简图　　　　图 6.25　侧壁不稳定时的围岩压力计算简图

通过微元体平衡的解析，可以得到洞室顶面的铅直围岩压力计算公式为：

$$p = \frac{\gamma b - c}{\lambda \tan\varphi}(1 - e^{-\lambda \frac{H}{b} \tan\varphi}) \tag{6.61}$$

式中　λ——围岩的侧压力系数；

　　　c——围岩的黏聚力；

　　　φ——围岩的内摩擦角；

　　　γ——围岩的重度。

当洞室为深埋时，令 $H \to \infty$，得：

$$p = \frac{\gamma b - c}{\lambda \tan\varphi} \tag{6.62}$$

b. 地下矩形断面洞室侧壁不稳定时的围岩压力计算。如图 6.25 所示，如果洞室侧面岩石不稳定时，洞室侧面从底面起就产生了一个与铅垂线成（$45° - \varphi/2$）角的滑裂面，侧墙受到水平侧向压力的作用。

同样，通过微元体平衡的解析，可以得到洞室顶面的铅直围岩压力计算公式为：

$$p = \frac{\gamma b_1 - c}{\lambda \tan\varphi}(1 - e^{-\lambda \frac{H}{b_1} \tan\varphi}) \tag{6.63}$$

式中　$b_1 = b + h\tan(45° - \varphi/2)$，$h$——洞室断面高度。

同前，当洞室为深埋时，可令 $H \to \infty$，得：

$$p = \frac{\gamma b_1 - c}{\lambda \tan\varphi} \tag{6.64}$$

式（6.61）和式（6.63）考虑了洞室尺寸、埋深及岩石的黏聚力和内摩擦角等因素对围岩稳定性的影响,一般认为,太沙基理论对于深埋洞室和浅埋洞室都适用。

4)围岩支护原理与方法

（1）围岩-支护共同作用原理

①一般概念。支护结构所受的压力及其变形,来自于围岩在自身平衡过程中的变形或破裂对支护的压力。因此,围岩状态及其变化状态对支护有重要影响。另一方面,支护以自己的刚度和强度抑制岩体变形和破裂的进一步发展,而这一过程同样也影响支护自身的受力。亦即,实际上地下工程及隧道中围岩和支护相互产生影响,这种围岩与支护的耦合作用和互为影响的情形称为围岩-支护共同作用。岩石地下工程的支护存在有两种极端情况:

a.岩体内应力达到峰值前,支护已经到位,岩体的进一步变形破碎受支护阻挡,将构成围岩与支护共同体,形成相互间的共同作用。如果支护有足够的刚度和强度,则共同体是稳定的,围岩和支护在双方力学特性的共同作用下形成岩体和支护内各自的应力、应变状态;否则,共同体将失稳。

b.当岩体内应力达到峰值时,支护尚未进行,甚至在岩体破裂充分发展后,支护仍未起到作用,导致在洞室顶部或侧帮形成冒落袋,并出现危险部位的冒落或沿破裂面的滑落,如这时有假设好的支护,则它将承受冒落岩体传递来的压力,而冒落的岩石还将承受其外部围岩传来的压力。

处在这两种极端情况之间的是,岩体应力到达强度峰值,岩体未完全破裂前,支护开始作用。由于支护受到的只是剩余部分的变形作用,此时支护所受到的压力要比第一种极端情况好。但是,并非支护时间越晚越好,因为可能因支护过晚而转入第二种极端情况,甚至发生岩体完全垮落而支护失效的情况。对于第一种情况,可以采用围岩-支护共同作用的原理进一步分析。对第二种情况,可以采用前面介绍的围岩压力解决,但如果围岩尽管已经发生破裂,但仍不发生破裂面间的滑动,这时采用第一种情况进行处理。需要注意的是,这些破裂围岩的基本力学性质已经与原来的完整岩体有所不同。

可见,充分利用共同作用原理,发挥围岩的自承能力,对维持地下工程的稳定和减少对支护的投入十分有利,这也是岩石力学在地下工程稳定问题中的一个基本思想。

②共同作用原理。这里,以一种最简单的情况进行分析说明。由轴对称圆形洞室周边的弹塑性位移计算公式（6.49）,将 R_p 表达式（6.39）代入,可得:

$$u_0 = \frac{\sin\varphi}{2G}R_0(p_0 + c\cot\varphi)\left[\frac{(p_0 + c\cos\varphi)(1 - \sin\varphi)}{(p_1 + c\cos\varphi)}\right]^{\frac{1-\sin\varphi}{\sin\varphi}} \tag{6.65}$$

由式（6.65）可知,洞室周边位移和支护反力成反变关系,绘制 p_1-u_0 曲线如图 6.26 所示,图中曲线 a 即为围岩特性曲线。

一般的支护都可以根据计算或实验获得它的作用与位移的关系曲线。例如,在轴对称圆形洞室内修建圆形衬砌,如图 6.27 所示,可将圆形衬砌视为受均匀外压 p 的厚壁圆筒,若设圆筒的内、外径和材料弹性常数分别为 a,R_0,E_1 和 ν_1,则根据弹性力学的厚壁圆筒公式,可得到圆筒外缘的径向位移为:

$$u_0 = \frac{p_1 R_0^3(1 + v_1)}{E_1(R_0^2 - a^2)}\left(1 - 2v_1 + \frac{a^2}{R_0^2}\right) \tag{6.66}$$

式（6.66）表明,洞室周边位移 u_0 与支护作用力 p_1 成正比关系,同样绘制 p_1-u_0 曲线如图

6.26 中的曲线 b 所示,该曲线称为支护工作曲线。

由式(6.65)和式(6.66),可求得具体条件下的支护压力 p_1 和衬砌壁面位移 u_0 的解,即 p_1-u_0 图上曲线 a 和曲线 b 的交点 M(工况点)坐标,可见,围岩特性曲线和支护工作曲线构成了它们的共同作用关系。

由图 6.26 可以反映出围岩-支护共同作用的一些基本原理:

a.岩体力学特性。岩体越软,围岩特性曲线越向外移动,变形也越大。

b.支护刚度。如果改变支护刚度 K,就可以改变支护的受力状态。例如,支护刚度变小(直线斜率变小),支护受力也减小,洞室周边径向位移就增加。根据这一原理,在隧道施工中就有柔性支护与刚性支护的区别,以及支护"让压"的说法。支护"让压"就是允许洞室有一定的变形,从而减小支护的受力,保证支护安全和没有过大的投入。

c.支护时间。支护时间越迟,支护曲线的起点离坐标的原点越远,支护工作压力也越低。

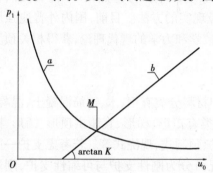
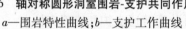

图 6.26　轴对称圆形洞室围岩-支护共同作用曲线

　　a—围岩特性曲线;b—支护工作曲线

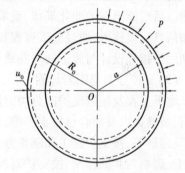

图 6.27　圆形衬砌外压力和外缘位移

（2）维护岩石地下工程稳定的基本原则

从前面的分析可知,充分发挥围岩的自承能力,是实现地下工程稳定的经济而可靠的方法。岩体内的应力及其强度是决定围岩稳定的首要因素,当岩体应力超过强度而设置支护时,支护应力与支护强度便成了岩石工程稳定的决定性因素。因此,维护岩石地下工程稳定的出发点和基本原则,就是合理解决这对矛盾。

①合理利用和充分发挥围岩强度。

a.地下工程的地质环境相当复杂,岩石性质的好坏,是影响稳定最根本、最重要的因素。应在充分比较施工和维护稳定两方面经济合理性的基础上,尽量将工程位置设计在岩性好的岩层中。

b.避免岩石强度的损坏。经验表明,在同一岩层中,机械掘进往往要比爆破施工好,不同爆破方法对岩石质量的降低程度也不一样,此外,岩石遇水还会发生软化、崩裂潮解、膨胀等问题。因此,施工中应注重防排水工作、及时封闭裸露岩面,防止其软化、风化。

c.充分发挥岩体的承载能力。在围岩承载能力允许的范围内,适当的围岩变形可以增加围岩的内应力,使其更多地承受地压作用,减少支护的强度和刚度要求。这对实现工程稳定及其经济性有双重效果。

d.加固岩体。当岩体质量较差时,可以采用锚固、注浆等方法来加固岩体,提高岩体强度及其承载能力。

②改善围岩的应力条件。

　　a. 选择合理的洞室断面形状和尺寸。确定洞室的断面形状时应尽量使围岩均匀受压。如果不易实现,应尽量不使围岩出现拉应力,使洞室的高径比和地应力场(侧压力大小)匹配,这就是前面讨论等压轴比和零应力轴比的意义。同时,还应避免围岩出现过高的应力集中。

　　b. 选择合理的位置和方向。工程位置应尽量选择在无构造应力影响的地方,而且洞室轴线方向尽量和最大主应力一致,避免与之正交。

　　③合理支护。合理的支护包括支护形式、支护强度、支护时间、支护受力等情况的合理性和经济性。支护应该是洞室稳定的加强性措施,为此,支护参数的选择应充分考虑改善围岩应力状态、调动围岩的自承能力和考虑支护与岩体的相互作用的影响。

　　④强调监测和信息反馈。由于地下工程的地质条件复杂并且难以完全预知,岩体的力学性质具有许多不确定性因素,使得地下工程施工所引起的岩体效应就不能像"白箱"操作那样容易获得一个确定性的结果,所以,通过围岩在施工中的反应,来判断其"黑箱"中的有关内容并推测以后可能出现的变化规律,就成为控制围岩稳定最现实的方法。目前,国内外普遍强调监测和信息反馈技术,通过施工过程和后期的监测,结合数学和力学的现代理论,获得相关预测结果和用于指导设计与施工的一些重要结论。

　　(3)支护分类与围岩加固

　　地下工程及隧道支护的分类方法有很多,如按支护材料分类有钢、木、钢筋混凝土、混凝土、砖石、玻璃钢以及混合材料支护等,按支护断面形状分类有矩形、梯形、直墙拱顶形、圆形、椭圆形、马蹄形等,按支护施工和制作方式有装配式、整体式、预制式、现浇式等。若考虑支护—围岩的相互影响与共同作用,按支护对围岩变形的阻止情况可分为刚性支护与可缩性支护,刚性与可缩性不是绝对的,当可缩支护在可缩能力丧失之后就成为刚性支护,当底板基础发生陷入下沉时刚性支护也具有可缩性能力;按支护与围岩的关系可分为普通支护和锚喷支护。

　　围岩加固是另一类维护地下工程稳定的方法,如采用注浆等方法改善围岩物理力学性质及其所处的不良状态,能对围岩稳定产生良好的作用,其基本原理就是针对具体削弱岩体强度的因素,采用一些物理或其他手段来提高岩体的自身承载能力。

　　①普通支护。普通支护是在围岩的外部设置支撑和围护结构。

　　a. 选材及选型。普通支护的选材、选型应根据围岩压力和洞室断面大小,结合材料的受力特点,做到物尽其用。常用的普通支护形式有碹(衬砌)和支架。碹是用混凝土或砖石材料砌筑而成的拱形结构;支架是棚室结构,一般有金属支架和木支架,也有混凝土预制构件或组合类型。

　　直边形断面的洞室构件承受的弯矩大,常采用型钢、木材或预制钢筋混凝土构件,一般用在断面不太大和压力有限的地方。曲边形断面洞室的利用率不如直边形断面洞室,但曲边形断面的支护构件主要承受轴心或偏心受压,较适合于应用耐压不耐拉的砖石和混凝土材料。

　　通常采用的曲线加直线形的断面有直墙三心拱、半圆拱、圆弧拱、抛物线拱等,如图 6.28 所示。通过力学分析可知,从前到后它们承受顶压的能力是由小到大顺序排列。当顶、侧压力均较大,直墙中弯矩过大时,则可采用弯墙拱顶;而底部也有很大压力且底板又软弱时,底板也要砌筑反拱,成为马蹄形或椭圆形支护,椭圆形的轴比则应按前面的分析原则确定。

　　b. 支护设计。目前,地下工程结构的计算主要有两种方法:一是视支护-围岩为共同体的计算模型方法;二是传统的结构力学方法。

　　视支护-围岩为共同体的计算模型方法是一种把支护和围岩视为一体的方法,在具体的工程

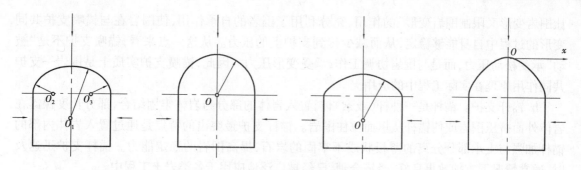

图6.28 直墙拱顶型支护

中常常需采用数值计算方法进行。它可以考虑不同围岩和支护的力学特性,包括岩体结构面力学特性、各种巷道断面形状、开挖效应、支护时间等复杂情况,能考虑围岩与支护的共同作用特点。

传统的结构力学方法实际是结构力学方法在地下工程中的应用。外荷载由围岩压力计算结果直接获得。另外,在地下结构设计中,常采用围岩抗力(或称弹性抗力)的方法计算支护在挤压围岩时引起的围岩对支护的作用。

c.围岩抗力及其特点。围岩抗力是一种被动产生的作用,一般有以下特点:

● 因为围岩压力的不均匀性,支护对围岩的挤压变形往往都是局部的,所以支护上的围岩抗力分布一般也是局部的。

● 围岩抗力也是一种支护的外荷载,会造成支护的内力。

● 围岩抗力虽然是一种荷载,但却可以改善支护的内力情况,有利于减少构件的弯矩。

● 若将地上不稳定结构置于地下时,受到围岩的阻挡,不稳定结构就有可能变为稳定结构。这种阻挡作用实际上就是抗力。由于围岩抗力的存在,在地下工程中可采取一些不稳定结构,这是地下工程结构的一个特点。

围岩抗力的计算通常借助于弹性地基梁理论来分析,其中最简单常用的是基于温克尔(E.Winkler)假设的方法。温克尔假定弹性抗力的大小 q 与其位移 u 成正比关系,即 $q = -ku$,比例系数 k 称为围岩抗力系数或弹性抗力系数。当已知围岩抗力分布后,就可以根据结构力学方法获得抗力具体大小情况。获得全部外荷载后,结构尺寸的设计方法就可以按一般结构计算进行了。

②可缩性支护。可缩性支护的结构中一般设有专门可缩机构,当支护承受的荷载达到一定数值时,通过支护的可缩机构降低支护的刚度、支护同时产生较大的位移。可缩性支护应始终保持着一定的且不能过低的基本承载能力,不能无止境地退缩,否则,就会失去其支护的基本功能。

③锚喷支护。锚喷支护是锚杆与喷射混凝土联合支护的简称。锚喷支护兼容了锚杆和混凝土的各自优点,锚杆主要把破裂围岩与周围岩体连接在一起组成承载体,而喷射混凝土可以封闭洞室表面,防止围岩风化和冒落。在锚喷支护中,锚杆起主要的承载作用,喷射混凝土起辅助作用。

a.锚喷支护原理。地下洞室及隧道开挖后,围岩总是逐渐地沿洞内径向变形,锚喷支护是在洞室开挖后及时地向围岩表面喷上一层混凝土,再增加一些锚杆,从而局部地阻止围岩向洞室内变形,以达到支护的目的,这种支护可看作是相对柔性的。喷射混凝土层与围岩紧密贴合,并且本身具有一定的柔性和变形特征,它能在洞室开挖后及时有效地控制和调整围岩应力的重分布,最大限度地保护岩体的结构和力学性质,防止围岩的松动和坍塌。锚喷支护的这种"既让围岩变形又限制围岩变形"的作用,充分利用了围岩的自承作用,使围岩在与锚喷支护共同变形的过程中自身能够稳定,从而减少传到支护上的压力。从这一点来看,锚喷支护不是"被动"承受松动压力,而是与围岩协调工作,承受变形压力。因此,锚喷支护实质上是围岩—支护共同作用原理在实际工程中的应用。

b. 锚杆支护。锚杆是一种杆(或索)体,置入岩体的部分与岩体牢固结合,部分长度裸露在岩体外面挤压围岩或使锚杆从里面拉住围岩。锚杆支护最突出的特点是通过置入岩体内部的锚杆加强与支承部分分离的薄板状或不牢固的岩石,提高围岩的稳定能力。锚杆支护迅速及时,通常情况下支护效果良好,经济合理,已经被广泛地应用于各类岩土工程中。

• 锚杆的结构类型。锚杆的构造类型很多,早期主要采用机械式(倒楔式、涨壳式等)金属或木锚杆,后来较多采用粘结式(采用水泥砂浆、树脂等粘结剂)钢筋锚杆、木锚杆、竹锚杆等以及管缝式锚杆(管径略大于孔径的开缝钢管)等。根据杆体锚固长度可以分为端头(局部)锚固型和全长锚固型两类,各类水泥砂浆锚杆和树脂锚杆均可实现全长锚固,管缝式锚杆属于全长锚固。

• 锚杆的作用机理和锚杆的受力状态。锚杆对围岩的作用,实质上属于三维应力问题,机理比较复杂,至今还不能很好地解释锚杆这种良好的效果。一般认为锚杆支护作用机理主要有悬吊作用、减跨作用、组合梁作用、组合拱作用、加固作用等。研究还表明,锚杆对抑制节理面间的剪切变形和提高岩体的整体强度方面起有重要的作用。锚杆杆体的受力状态也比较复杂,目前还没有成熟的研究成果。锚杆的作用机理仍有待进一步探讨。

• 锚杆参数的确定方法。目前,锚杆设计的计算方法都要采用一些简化和假设,其结果只能作为一种近似的估算,而工程中更多是采用经验方法和工程类比方法。

• 锚杆施工。锚杆是一种隐蔽工程,其施工质量对工程稳定有重要影响。锚杆施工首先要求有足够和可靠的锚固力,这是锚杆发挥作用的根本;密封围岩,保持围岩不垮落,并充分保证锚杆端部紧贴围岩,充分形成对围岩的挤压作用,是保持锚杆支护效果的必要条件。目前,普遍采用高强度、高锚固力的支护技术,解决了在复杂条件下使用锚杆支护的一些技术问题和洞室稳定问题。

c. 喷射混凝土支护。喷射混凝土除了可以起到一定的支护作用外,主要作用为:及时封闭岩面,隔绝水、湿气和风化对岩体的不利作用,防止易风化和遇水软化、膨胀、崩解的岩体强度降低;防止开挖面附近的岩层松弛;在岩体介质中通过约束内部滑移产生拱圈作用;可充满岩层外露的缺陷,防止岩体介质松动,起到楔子的作用。

• 喷射混凝土对危石的支护。当用喷射混凝土来防止危石掉落时,危石对喷射混凝土层产生"冲切"及"撕开"作用。如图6.29所示,"危石"质量 G 由喷射混凝土层承受:喷射混凝土层厚度太薄会出现如图6.29(a)所示的"冲切型"破坏,若喷射混凝土层与岩层间的粘结力过小,则出现如图6.29(b)所示的"撕开型"破坏。

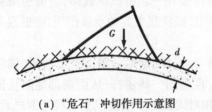

(a) "危石"冲切作用示意图　　　　　(b) "危石"撕开作用示意图

图6.29　按防止"危石"掉落核算喷射混凝土厚度

按"冲切"作用计算喷射混凝土层厚度的公式为：

$$d \geqslant \frac{G}{[\sigma_t]_c l} \tag{6.67}$$

式中　G——"危石"重量；

　　　　l——"危石"周边长度，m；

　　　　d——喷射混凝土层的厚度，m；

　　　　$[\sigma_t]_c$——喷射混凝土的许可抗拉强度。

按"撕开"作用计算喷射混凝土层厚度的公式为：

$$d \geqslant 3.65 \left(\frac{G}{l[C]_c}\right)^{\frac{4}{3}} \left(\frac{K_0}{E_c}\right)^{\frac{1}{3}} \tag{6.68}$$

式中　$[C]_c$——喷射混凝土层的许可粘结强度，MPa；

　　　　E_c——喷射混凝土的弹性模量，MPa；

　　　　K_0——围岩的弹性抗力系数，MPa/m。

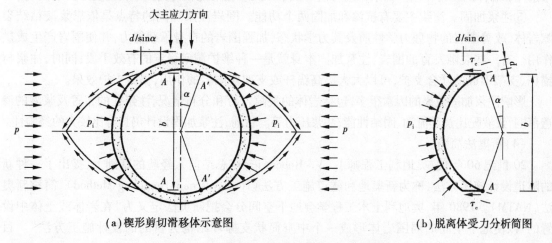

(a)楔形剪切滑移体示意图　　(b)脱离体受力分析简图

图6.30　软弱围岩喷射混凝土层厚度计算简图

● 喷射混凝土对软弱围岩的支护。在设计软弱围岩的喷射混凝土层厚度时，应当考虑围岩在压应力作用下的剪切破坏。对于软弱岩体，初始大主应力多为铅直方向，圆形洞室开挖后最大压应力发生在洞室两侧的围岩表面(切向应力 σ_θ 最大)，在洞室水平直径的两侧形成压应力集中而产生剪切滑移面。随着压应力的不断增加，剪切滑移面不断向水平直径的上下方且与大主应力轨迹线成45°－$\varphi/2$(φ 为岩石内摩擦角)方向扩展。围岩因受剪而松弛产生应力释放，当围岩应力较小，剪切滑移面不再继续扩展时，在洞室水平直径两端形成两个楔形剪切滑移体，如图6.30(a)所示：在无支护情况下，两楔形滑移体由于剪切与围岩分离，向洞室内移动。若洞室及时喷射混凝土，剪切楔体在向洞内移动的过程中对喷射混凝土层产生变形压力；如果喷射混凝土层的强度不足，则剪切滑移体就会对喷射混凝土层的两个部位 A 点和 A' 点造成剪切破坏。因此，可以通过计算喷射混凝土层在截面 A 点或 A' 点处的抗剪强度来设计喷射混凝土厚度.

如图6.30(b)所示，设推动剪切滑移体向内移动的力 p 在被岩体自身的抗剪力平衡掉一部分后传到喷射混凝土层上的径向压力为 p_i，取 AA 段喷射混凝土层为脱离体进行受力分析，根据平衡条件，可得喷射混凝土层厚度为：

$$d \geqslant \frac{bp_i\sin\alpha}{2\,\tau_c} \tag{6.69}$$

式中　τ_c——喷射混凝土层的抗剪强度,MPa,建议取混凝土抗压强度的 0.2 倍;

　　　b——AA' 间的距离,m;

　　　p_i——变形压力,MPa,与衬砌的刚度有关,可采用芬纳公式或实测等方法确定;

　　　α 建议采用小于或等于 $23°6'$,即 $d/\sin\alpha \geqslant 2.5d$。

④锚索支护。锚索是目前被广泛应用的一种支护手段。锚索和锚杆的主要区别是一个是"索",一个是"杆",它们的支护原理不同。锚索的结构形式和锚杆类似,锚索的索体材料采用高强钢绞线束、高强钢丝束或(螺纹)钢筋束等组成,锚索长度一般大于 5 m,长的可以到数十米。

根据锚索预应力的传递方式,一般将锚索分为拉力式锚索和压力式锚索。拉力式是将锚索固定在岩体内后,张拉锚索杆体,然后再在锚孔内灌水泥或水泥砂浆,类似于预应力混凝土的先张法;压力式锚索采用无粘结钢筋,锚索经一次灌浆后固定在锚孔内,然后张拉锚索并最终形成对固结浆体和岩体的压力作用。锚索预应力值的大小根据岩性情况和对支护结构的变形要求决定。

⑤注浆加固。注浆主要有抗渗和加固两个功能。围岩注浆加固的特点是依靠浆液粘结裂隙岩体,改善围岩的物理力学性质及其力学状态,加强围岩的自身承载能力,并使围岩产生成拱作用。对一些裂隙发育的围岩,注浆加固本身就是一种维护洞室稳定的有效手段;同时,注浆与锚杆、支架形成的联合支护,可以大大提高锚杆或支架对围岩的作用,提高支护效果。

影响注浆加固效果的因素很多,包括岩体的裂隙发育和分布情况,注浆孔的布置及浆液的渗透范围,浆液配比及其流动、固结性能、注浆压力等。目前,注浆加固设计仍具有比较大的经验性。

(4)新奥法简介

20 世纪 60 年代,奥地利工程师 L. V. Rebcewicz 在总结前人经验的基础上,提出了一种新的隧道设计施工方法,称为新奥地利隧道施工方法(New Austrian Tunneling Method),简称新奥法(NATM)。1980 年,奥地利土木工程学会地下空间分会把新奥法定义为"在岩体或土体中设置的、以使地下空间的周围岩体形成一个中空筒状支撑环结构为目的的设计施工方法"。目前,新奥法已成为地下工程及隧道的主要设计施工方法之一。

新奥法应用岩体力学原理,以维护和利用围岩的自稳能力为目的,将锚杆和喷射混凝土结合在一起作为主要支护手段,及时进行支护,以便控制围岩的变形与松弛,使围岩成为支护体系的组成部分,形成以锚杆、喷射混凝土和隧道围岩三位一体的承载结构,共同支承围岩压力。通过对围岩与支护的现场测量,及时反馈围岩—支护共同体的力学动态及其变形状况,为二次支护提供合理的架设时机,利用监控测量及时反馈的信息指导隧道和地下工程的设计与施工。其基本要点可归纳如下:

①开挖作业多采用光面爆破和预裂爆破,并尽量采用大断面开挖,以减小对围岩的扰动。

②隧道开挖后,尽量利用围岩的自承能力,充分发挥围岩自身的支护作用。

③根据围岩特征采用不同的支护类型和参数,及时施作紧贴于围岩的柔性喷射混凝土和锚杆初期支护,以控制围岩的变形和松弛。

④在软弱破碎围岩地段,使断面及早闭合,以有效地发挥支护体系的作用,保证隧道稳定。

⑤二次衬砌原则上是在围岩与初期支护变形基本稳定的条件下修筑的,围岩与支护结构形成一个整体,因而提高了支护体系的安全度。

⑥尽量使隧道断面周边轮廓圆顺,避免棱角突变处出现应力集中。

⑦通过施工中对围岩和支护的动态观察、测量,合理安排施工程序,进行设计变更及日常的施工管理。

新奥法的主要原则和做法见表6.2。

表6.2　新奥法主要原则与做法

序号	主要原则	主要做法
1	充分利用岩体强度,发挥岩体的自承能力	立即(越早越好)喷适当厚度的混凝土,封闭岩面,防止围岩松动、风化或膨胀,必要时加适量锚杆和钢拱架使围岩不松动,使围岩形成自身有一定承载能力的承载拱。
2	正确运用围岩—支护共同作用原理,恰当利用岩体蠕变发展规律	采取两次支护方案: ①初期围岩变形速度较大,初次支护属临时支护性质,用喷层、锚杆及适量钢拱构成初次支护,主要起抑制围岩变形作用,允许支护有一定程度的变形,据监测情况进行局部加固。 ②待围岩位移速度趋于稳定时,进行封底和二次支护。二次支护属永久支护,必要时采用强力刚性支护,以减轻或消除岩体位移。
3	把监测作为必要手段,始终监测支护位移及压力变化	用收敛计监测表面的水平与垂直方向收敛量; 用多点位移计监测岩体内部位移; 用压力盒监测喷层径向及切向压力; 用"监测锚杆"监测锚杆变形; 用水准仪监测岩体表面绝对位移。
4	强调封底重要性,务必封底	底板不稳、底鼓变形严重,必然牵动侧墙及顶部支护不稳,故应尽快封底,以形成完整的岩石承载拱并保证拱墙支护稳定。
5	施工、监测、设计三者结合	施工同时必须监测,根据监测资料,调整一次支护参数,科学设计二次支护方案。

图6.31为新奥法的典型施工顺序,图6.32为新奥法的典型监测断面布置。图6.33为监测锚杆结构,该锚杆只在内部端部锚固,孔口附近杆体上贴有亮箔,可以直观地看出杆体伸长变化情况,一般认为杆体伸长量不能超过杆体长度的2%～3%,否则杆体将屈服,应该采取加强措施。

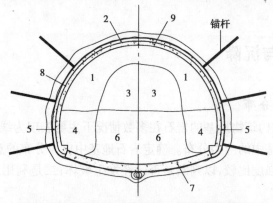

图6.31　新奥法典型施工顺序(分块环形开挖)
1—拱部环形导坑;2—拱部一次喷混凝土;3—拱部核心;4—侧墙部;5—侧墙部一次喷混凝土;
6—下半部;7—仰拱(混凝土);8—设防水隔板;9—二次(整体)喷混凝土

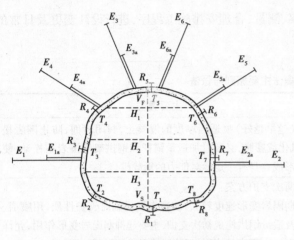

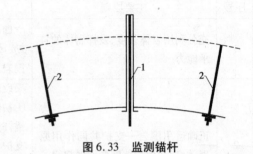

图 6.32　新奥法典型监测断面布置

$R_1 \sim R_8$ —径向压力盒；$T_1 \sim T_8$ —切向压力盒；

$H_1 \sim H_3$ —收敛测量线；$E_1 \sim E_6$ —深部岩体位移计；

$E_{1a} \sim E_{6a}$ —浅部岩体位移计；

$V_F \sim V_S$ —顶、底部收敛点

图 6.33　监测锚杆

1—监测锚杆；2—普通锚杆

6.3　岩石地基工程

为确保建筑物或构筑物的安全可靠与正常使用,对于支承整个建筑物或构筑物荷载的岩石地基,在设计中应着重考虑解决三个方面的内容:一是地基岩体需要有足够的承载能力,以保证在建筑物或构筑物的荷载作用下不致产生碎裂或蠕变破坏;二是在外荷载作用下,由岩石的弹性应变和软弱夹层的非弹性压缩产生的岩石地基沉降应该满足建筑物安全与正常使用的要求;三是确保地基岩体内由交错结构面形成的岩石块体在外荷载作用下不会发生滑动破坏。对于前两点,即强度和变形方面的要求,岩石地基通常比较容易达到;而对于第三点,即地基岩石块体稳定性方面的要求,是由地基岩体中所包含的各种结构面决定的,这是岩石地基工程的一个重要特征。

6.3.1　地基变形与沉降

1)岩石地基中的应力分布

通常,作为建筑物或构筑物地基的岩石在多数情况下主要表现为线弹性性质,因此,可以利用弹性理论计算岩石地基中的应力分布。确定岩石地基中应力分布的意义主要在于:一是将地基中的应力水平与岩体强度比较,以判断是否已经发生破坏;二是利用地基中的应力水平计算地基的变形与沉降量。

(1)均质各向同性岩石地基

①竖向集中荷载作用。对于在半无限空间弹性体表面上作用有铅直集中荷载的情形,布辛奈斯克(Boussinesq)在1885年推导出了半无限空间弹性体内部任意一点的应力和位移理论解

表达式,如图 6.34 所示。其中,应力分量可表达为:

a. 按柱坐标:

$$
\begin{cases}
\sigma_z = \dfrac{3P}{2\pi}\dfrac{z^3}{R^5} = \dfrac{3P}{2\pi z^2}\left[1 + \left(\dfrac{r}{z}\right)^2\right]^{-\frac{5}{2}} \\[3mm]
\sigma_r = \dfrac{P}{2\pi}\left[\dfrac{3zr^2}{R^5} - \dfrac{1-2\nu}{R(R+z)}\right] \\[3mm]
\sigma_\theta = \dfrac{P}{2\pi}(1-2\nu)\left[\dfrac{1}{R(R+z)} - \dfrac{z}{R^3}\right] \\[3mm]
\tau_{rz} = \dfrac{3P}{2\pi}\dfrac{r\,z^2}{R^5}, \quad \tau_{\theta r} = \tau_{r\theta} = 0
\end{cases}
\tag{6.70}
$$

b. 按直角坐标:

$$
\begin{cases}
\sigma_x = \dfrac{3P}{2\pi}\left\{\dfrac{x^2 z}{R^5} + \dfrac{1-2\nu}{3}\left[\dfrac{R^2 - R\,z - z^2}{R^3(R+z)} - \dfrac{x^2(2R+z)}{R^3(R+z)^2}\right]\right\} \\[3mm]
\sigma_y = \dfrac{3P}{2\pi}\left\{\dfrac{y^2 z}{R^5} + \dfrac{1-2\nu}{3}\left[\dfrac{R^2 - R\,z - z^2}{R^3(R+z)} - \dfrac{y^2(2R+z)}{R^3(R+z)^2}\right]\right\} \\[3mm]
\sigma_z = \dfrac{3P}{2\pi}\dfrac{z^3}{R^5} = \dfrac{3P}{2\pi R^2}\cos^3\theta \\[3mm]
\tau_{xy} = \tau_{yx} = \dfrac{3P}{2\pi}\left[\dfrac{xyz}{R^5} - \dfrac{1-2\nu}{3}\dfrac{x\,y\,(2R+z)}{R^3(R+z)^2}\right] \\[3mm]
\tau_{yz} = \tau_{zy} = \dfrac{3P}{2\pi}\dfrac{xz^2}{R^5} = \dfrac{3Px}{2\pi R^3}\cos^2\theta \\[3mm]
\tau_{xz} = \tau_{zx} = \dfrac{3P}{2\pi}\dfrac{yz^2}{R^5} = \dfrac{3Py}{2\pi R^3}\cos^2\theta
\end{cases}
\tag{6.71}
$$

式中　P ——集中荷载;

　　　ν ——泊松比;

R, r, z, θ 等坐标参数的意义参见图 6.34。

②竖向均布线荷载作用。如图 6.35 所示,对于在半无限空间弹性体表面上作用有竖向均布线荷载的情形,可以简化为平面应变问题进行求解。应力分量可表达为

a. 按柱坐标:

$$
\begin{cases}
\sigma_r = \dfrac{2p}{\pi z}\cos^2\theta \\[3mm]
\sigma_\theta = 0 \\[3mm]
\tau_{r\theta} = \tau_{\theta r} = 0
\end{cases}
\tag{6.72}
$$

b. 按直角坐标:

$$
\begin{cases}
\sigma_z = \dfrac{2p}{\pi}\dfrac{z^3}{(x^2+z^2)^2} = \dfrac{2p}{\pi z}\cos^4\theta \\[3mm]
\sigma_x = \dfrac{2p}{\pi}\dfrac{x^2 z}{(x^2+z^2)^2} = \dfrac{2p}{\pi z}\sin^2\theta\cos^2\theta \\[3mm]
\tau_{xz} = \dfrac{2p}{\pi}\dfrac{x\,z^2}{(x^2+z^2)^2} = \dfrac{2p}{\pi z}\sin\theta\cos^3\theta, \quad \tau_{xz} = \tau_{zx}
\end{cases}
\tag{6.73}
$$

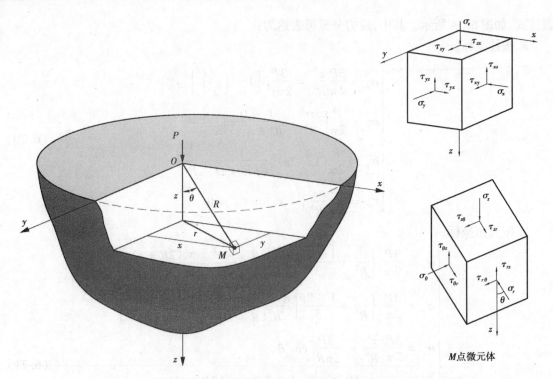

图 6.34　竖向集中荷载作用于半无限空间弹性体表面时的岩石地基应力计算

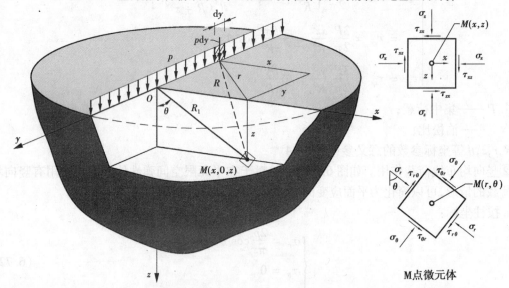

图 6.35　竖向线荷载作用于半无限空间弹性体表面时的岩石地基应力计算

③竖向面积荷载作用。在半无限空间弹性体表面上作用有竖向面积荷载的情形,可通过对集中荷载作用下的岩石地基应力在荷载面积域内进行积分运算得到。分为两种情况:

a. 如图 6.40 所示,在半无限空间弹性体表面上仅有局部面积上作用有分布荷载,需按空间问题进行积分求解,所得岩石地基中的应力解答与土力学的方法和内容一致,可以利用土力学中的角点法计算圆形基础和矩形基础作用下的竖向附加应力。这里不再作详细展开。

b. 如图 6.37 所示,在半无限空间弹性体表面上作用有条形分布荷载,该荷载的特点是沿纵

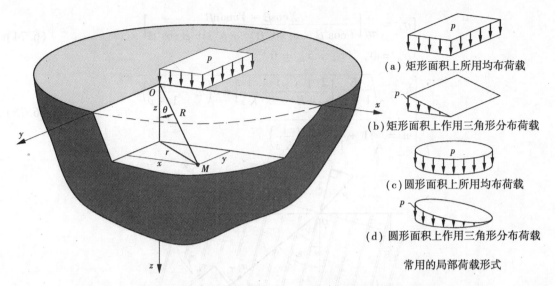

（a）矩形面积上所用均布荷载

（b）矩形面积上作用三角形分布荷载

（c）圆形面积上所用均布荷载

（d）圆形面积上作用三角形分布荷载

常用的局部荷载形式

图6.36　竖向局部面积荷载作用于半无限空间弹性体表面时的岩石地基应力计算

向（y 轴方向）的分布长度 l 远远大于其沿横向（x 轴方向）的分布长度 b（土力学中一般取 $l/b \geqslant 10$），这时,可在该条形荷载的纵向上任取一个横截面按照平面问题进行求解,即利用线荷载的应力解答在横向（x 轴方向）的荷载域内进行积分运算得解。同样,所得岩石地基中的应力解答与土力学方法和内容一致,这里不再作详细展开。

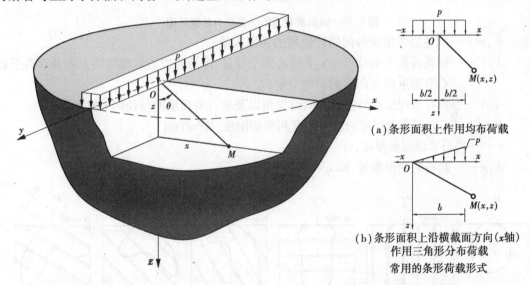

（a）条形面积上作用均布荷载

（b）条形面积上沿横截面方向（x轴）
作用三角形分布荷载
常用的条形荷载形式

图6.37　竖向条形荷载作用于半无限空间弹性体表面时的岩石地基应力计算

（2）层状岩石地基

由于层状岩体为非均质、各向异性介质,在该岩石地基内由外荷载作用所引起的附加应力等值线不再是圆形（均质各向同性岩石地基）,而是呈现各种不规则形状。

Bray（1977 年）曾研究了倾斜层状岩体上作用倾斜荷载 P 的地基附加应力,如图 6.38 所示,可用下式确定:

$$\begin{cases} \sigma_r = \dfrac{h}{\pi r}\Big[\dfrac{X\cos\beta + Ym\sin\beta}{(\cos^2\beta - m\sin^2\beta)^2 + h^2\sin^2\beta\cos^2\beta} \Big] \\ \sigma_\theta = 0, \quad \tau_{r\theta} = \tau_{\theta r} = 0 \end{cases} \tag{6.74}$$

$$\begin{cases} h = \sqrt{\dfrac{E}{1-\nu^2}\Big[\dfrac{2(1+\nu)}{E} + \dfrac{1}{K_s s} \Big] + 2\Big(m - \dfrac{\nu}{1-\nu}\Big)} \\ m = \sqrt{1 + \dfrac{E}{1-\nu^2}\Big(\dfrac{1}{K_n s}\Big)} \end{cases} \tag{6.75}$$

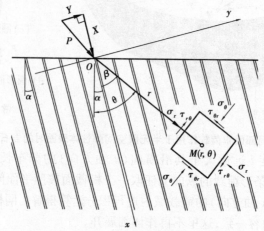

图 6.38　倾斜层状岩石地基应力计算简图

式中　h, m——描述岩体横观各向同性性质的无因次量；

　　　X, Y——倾斜荷载 P 对应于 x-y 坐标的两个分量，即沿着岩石节理层面方向及垂直于岩石节理层面方向上的荷载分量；

　　　α, β——岩石节理层面与竖直方向的夹角以及岩石节理层面与径向 r 的夹角；

　　　K_n, K_s——岩石节理层面的法向刚度和剪切刚度，MPa/cm；

　　　s——岩石节理层面厚度，m；

　　　E, ν——岩石的变形模量，MPa 和泊松比。

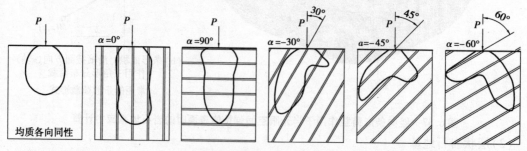

图 6.39　不同产状的层状岩石地基在竖向荷载 P 作用下的径向附加应力等值线特征

（据 Bray,1977）

　　图 6.39 是 Bray 根据式(6.74)和式(6.75)计算得到的几种产状的层状岩石地基在竖直荷载 P 的作用下的径向附加应力等值线图，图中取 $\nu = 0.25$，$m = 2.0$，$h = 4.45$，以及

$$\begin{cases} \dfrac{E}{1 - \nu^2} = K_n s \\ \dfrac{E}{2(1 + \nu)} = 5.63 K_n s \end{cases} \qquad (6.76)$$

2) 岩石地基的沉降

在建筑物或构筑物荷载作用下,岩石地基(基础)的沉降主要分为三种情形:

一是由岩体本身的变形、结构面的闭合与变形以及少量泥质夹层的压缩三个部分组合形成的地基沉降。当地基岩体比较完整、坚硬,且含有的黏土夹层较薄时(小于几个毫米),则可以认为其沉降是弹性的,即可以利用弹性理论计算地基沉降值。

二是由于岩体沿结构面剪切滑动产生的地基沉降。这种沉降大多数发生在基础位于岩石边坡顶部,且边坡岩体中存在有潜在滑动的块体。

三是与时间有关的地基沉降。这种沉降主要发生在软弱岩石地基和脆性岩石地基中,当地基岩体中包含有一定厚度的黏土夹层时,也会有此类沉降发生。

当岩石地基视为均质、各向同性的弹性材料时,可以利用弹性理论计算地基的沉降值。此时,上部荷载作用下地基沉降不计时间效应。对于层状岩石地基或层状各向同性弹性岩石地基也可采用弹性理论计算。沉降值的大小主要取决于各层岩体的变形模量和泊松比、岩层的分布情况和厚度、基础形式与基底压力等。通常情况下,由于岩石地基的变形模量很难准确测定,往往根据现场岩体变形模量的变化范围来确定地基沉降的可能变化范围。

(1)竖向集中荷载作用下的弹性岩石地基(基础)沉降计算

对于在半无限空间弹性体表面上作用有铅直集中荷载的情形,布辛奈斯克(Boussinesq)在1885年推导出了半无限空间弹性体内部任意一点的应力和位移理论解表达式,如图6.34所示。其中,竖向位移分量可表达为

$$s = \frac{P(1 + \nu)}{2\pi E} \left[\frac{z^2}{R^3} + \frac{2(1 - \nu)}{R} \right] \qquad (R \neq 0) \qquad (6.77)$$

取 $z = 0$,即得地表某点处的竖向位移为

$$s = \frac{P(1 - \nu^2)}{\pi E r} \qquad (r \neq 0) \qquad (6.78)$$

式中　s ——基础沉降量,m;

P ——竖向集中荷载,10^6N;

r ——地表沉降计算点与集中荷载 P 作用点之间的距离,m;

E, ν ——分别为岩石的变形模量和泊松比。

(2)竖向分布荷载作用下的弹性岩石地基(基础)沉降计算

通过一定尺寸的建筑物或构筑物基础施加在岩石地基上的荷载通常是分布荷载,相应的沉降值可基于集中荷载作用下的沉降计算结果通过积分方法求得。

如图6.40所示,岩石地基表面作用一个面积为 A 的分布荷载 $p(\xi, \eta)$,由此在地表任一点 $M(x, y)$ 处产生的沉降量 $s(x, y)$ 可表示为

$$s(x, y) = \frac{1 - \nu^2}{\pi E} \iint_A \frac{p(\xi, \eta) \, \mathrm{d}\xi \mathrm{d}\eta}{\sqrt{(\xi - x)^2 + (\eta - y)^2}} \qquad (6.79)$$

式中　$p(\xi, \eta)$ ——与基础底面形状及尺寸相关的分布荷载;

A ——分布荷载 $p(\xi, \eta)$ 的作用范围。

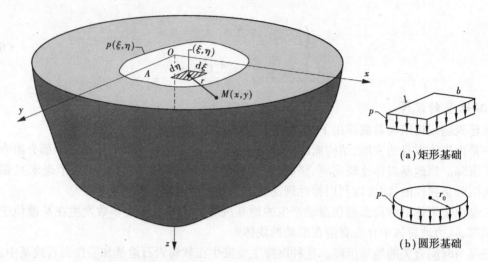

（a）矩形基础

（b）圆形基础

图 6.40　半无限空间弹性体表面上作用竖向分布荷载时的岩石地基沉降计算示意图

显然,对于式(6.79)的求解,与基础的形状、尺寸和刚度以及计算点位置等因素有关。对于矩形基础和圆形基础,在均布荷载作用下由式(6.79)的求解可表示为

$$s = \frac{pB\,(1-\nu^2)}{E}\psi_s \tag{6.80}$$

式中　p——基底均布压力;

B——基础尺寸参数,圆形基础取其直径、矩形基础取其宽度、方形基础取其边长;

E,ν——地基岩石的变形模量和泊松比;

ψ_s——与基础形状和刚度以及沉降计算点位置相关的沉降影响系数,具体取值可参考表 6.3。

表 6.3　基础沉降影响系数

沉降计算点位置 基础形状及类型		中心点	角点	短边中点	长边中点	平均值
圆形柔性基础		1.00	0.64	0.64	0.64	0.85
圆形刚性基础		0.79	0.79	0.79	0.79	0.79
方形柔性基础		1.12	0.56	0.76	0.76	0.95
方形刚性基础		0.99	0.99	0.99	0.99	0.99
矩形柔性基础	l/b 1.5	1.36	0.67	0.89	0.97	1.15
	2	1.52	0.76	0.98	1.12	1.30
	3	1.78	0.88	1.11	1.35	1.52
	5	2.10	1.05	1.27	1.68	1.83
	10	2.53	1.26	1.49	2.12	2.25
	100	4.00	2.00	2.20	3.60	3.70
	1 000	5.47	2.75	2.94	5.03	5.15
	10 000	6.90	3.50	3.70	6.50	6.60

需要指出的是,在实际岩石地基工程中,往往是倾斜层状岩石地基,地基岩体表现出非均质和各向异性、甚至是非弹性性状,因此很难利用上述弹性理论方法计算地基沉降,这时可考虑使用有限单元法、有限差分法等数值分析方法进行计算。

6.3.2 岩石地基承载力

岩石地基承载力是指岩石地基单位面积上承受荷载的能力,一般分为极限承载力和允许承载力。地基处于极限平衡状态时所能承受的荷载即为极限承载力(亦称极限荷载),即对应于如图 6.41 所示的极限荷载 p_u;在保证地基稳定的条件下,建筑物的沉降量不超过允许值时地基单位面积上所能承受的荷载即为设计采用的允许承载力。在《建筑地基基础设计规范》(GB 50007—2011)中,对于地基允许承载力是以地基承载力特征值 f_{ak} 来表达的,即由载荷试验测定的地基土压力-变形曲线上线性变形段内规定的变形(即图 6.41 中的允许变形 $[s]$)所对应的压力值,其最大值为比例界限值(即图 6.41 中的临塑荷载 p_{cr})。

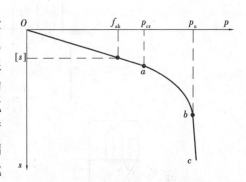

图 6.41 地基荷载-沉降曲线(p-s 曲线)

p_{cr} —地基临塑荷载;p_u —地基极限荷载;
f_{ak} —地基承载力特征值;$[s]$ —允许变形

通常情况下,岩石地基的承载力能满足要求。然而,岩石地基的承载力与场地的地质构造紧密相关,对于破碎风化岩体、缓倾结构面岩体、成层岩体及岩溶地基等,均会因软弱结构面的存在而导致地基岩体的不均匀性与强度弱化,局部承载力不能满足要求的问题显现,往往造成岩石地基不均匀沉降、应力集中引起的局部破坏以及沿软弱结构面或夹层的剪切滑移等,因此,确定岩石地基承载力需要考虑岩体在荷载作用下的变形破坏机理,针对不同情况确定岩石地基承载力的方法也有所不同。

目前,确定岩石地基承载力方法主要有三种:解析法、试验测定法和规范法。解析法是在一定的假设条件下通过弹性理论或弹塑性理论推导出的地基极限承载力解析解,目前尚无通用的计算公式,在实际应用中存在诸多局限,一般多用于初步设计阶段的承载力估算;试验测定法主要指岩石地基的现场载荷试验和岩石地基芯样的室内饱和单轴抗压强度试验,该方法能够比较准确地反映岩石地基的承载力,其试验规程需按照有关规范的相关条款执行,如《建筑地基基础设计规范》(GB 50007)"附录 H:岩基载荷试验要点";规范法则在试验测定(载荷试验或其他原位测试等)、公式计算的基础上结合工程实践经验等方法综合确定地基的承载力。

1)岩石地基极限承载力的解析计算方法

(1)竖向荷载作用下的岩石地基承载力解析

①均质、各向同性岩石地基。对于均质各向同性的岩石地基,可由极限平衡理论来确定其极限承载力,即认为当地基承受极限荷载时,在地基中的某一区域将达到塑性平衡状态形成极限平衡区(塑性区),基础将沿着某一连续的剪切滑动面产生滑动。如图 6.42 所示,设在半无限空间岩石地基上作用一个宽度为 b 的条形均布荷载 p_u(条形基础),假设:条形荷载 p_u 沿纵向的作用范围很长,可按平面应变问题求解;条形荷载 p_u 作用面上不存在剪力;剪切破坏面由两

个互相正交的平面组成,构成楔形滑动体;楔形滑动体分解为主动楔体(Ⅰ)和被动楔体(Ⅱ),主动楔体(Ⅰ)的滑裂面夹角 $\alpha = 45° + \varphi/2$ (φ 为地基岩体内摩擦角),对于每个破坏滑动楔体采用平均体积力。

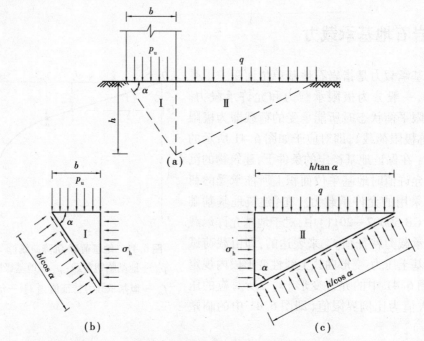

图 6.42 地基岩体楔体滑移模式的极限承载力分析简图

根据图 6.42 所示楔体的受力情况,应用莫尔-库伦强度准则 $\tau = c + \sigma\tan\varphi$,利用极限平衡理论可以推求出岩石地基的极限承载力的解析解计算公式为

$$p_u = 0.5\gamma b N_\gamma + c N_c + q N_q \tag{6.81}$$

$$\begin{cases} N_\gamma = \tan^5\left(45° + \dfrac{\varphi}{2}\right) \\[2mm] N_c = \dfrac{1}{\tan\varphi}\left[\tan^4\left(45° + \dfrac{\varphi}{2}\right) - 1\right] \\[2mm] N_q = \tan^4\left(45° + \dfrac{\varphi}{2}\right) \end{cases} \tag{6.82}$$

式中　　N_γ, N_c, N_q——地基承载力系数,均为内摩擦角 φ 的函数;

　　　　q——条形基础两侧在基底平面上作用的附加均布荷载(亦称超载);

　　　　γ——基底下地基岩体的重度。

a.岩石地基的剪切滑动破坏面为曲面时。当地基的剪切破坏面为一个曲面时,在楔体Ⅰ和楔体Ⅱ之间的边界上存在有剪应力,岩石地基的承载力将明显提高,这时地基承载力系数可按下式计算

$$\begin{cases} N_\gamma' = \tan^6\left(45° + \dfrac{\varphi}{2}\right) - 1 \\[2mm] N_c' = 5\tan^4\left(45° + \dfrac{\varphi}{2}\right) \\[2mm] N_q' = \tan^6\left(45° + \dfrac{\varphi}{2}\right) \end{cases} \tag{6.83}$$

当 $\varphi = 0 \sim 45°$ 时,由式(6.83)计算得到的地基承载力系数值较为接近于精确解。

b.方形基础或圆形基础。对于方形或圆形的承载面来说,式(6.83)中的地基承载力系数仅 N'_c 有显著的变化,取

$$N'_c = 7 \tan^4\left(45° + \frac{\varphi}{2}\right) \tag{6.84}$$

②均质、不连续岩石地基。如图6.43(a)所示,假设在地基岩体上有一条形基础,受上部荷载作用在条形基础下产生岩体压碎并向两侧膨胀而诱发裂隙,其中Ⅰ为压碎区、Ⅱ为原岩区。由于Ⅰ区压碎而膨胀变形,受到Ⅱ区的侧向约束力 σ_h 的作用。如图6.43(b)所示,σ_h 决定了与压碎岩体强度包络线相切的莫尔圆的最小主应力值,σ_h 可取地基岩体的单轴抗压强度,而莫尔圆的最大主应力 p_u 可由围压为 σ_h 的岩石三轴抗压强度给出,即,对于均匀、各向同性但不连续的岩体,极限承载力可视为就是岩体的三轴抗压强度。根据岩体中一点的极限平衡条件,可得地基岩体的极限承载力为:

$$p_u = f_r\left[\tan^2\left(45° + \frac{\varphi}{2}\right) + 1\right] \tag{6.85}$$

式中　f_r, φ ——地基岩体的单轴抗压强度和内摩擦角。

对于脆性岩石地基,由于岩石内存在有颗粒边界或微裂纹,可用格里菲斯强度理论来确定其承载力,为

$$\begin{cases} p_u = 24f_{rt} \\ p_u = 3f_r \end{cases} \tag{6.86}$$

式中　f_r, f_{rt} ——岩体单轴抗压强度和单轴抗拉强度,MPa。

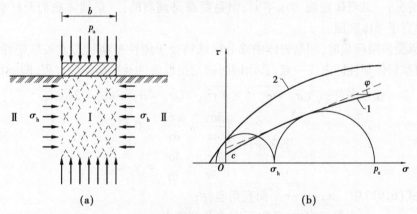

图6.43　地基岩体压裂破坏模式的极限承载力分析简图
1—Ⅰ区岩体强度包络线;2—Ⅱ区岩体强度包络线

③较为完整的软弱岩石地基。

a.对于较为完整的软弱岩体,可以利用 Bell 解计算其地基承载力。Bell 法的计算原理与前述如图6.42所示的楔体滑移模式极限承载力分析计算方法相同,但它考虑了主动滑动区的楔体自重,同时也可以计算具有埋深或地面有荷载的情况。Bell 解的地基极限承载力计算公式为

$$p_u = 0.5S_\gamma b\gamma N_\gamma + S_c c N_c + (\gamma_d d + q)N_q \tag{6.87}$$

$$\begin{cases} N_\gamma = \sqrt{N_\varphi}(N_\varphi^2 - 1) \\ N_c = 2\sqrt{N_\varphi}(N_\varphi + 1), \quad N_\varphi = \tan^2\left(45° + \dfrac{\varphi}{2}\right) \\ N_q = N_\varphi^2 \end{cases} \tag{6.88}$$

式中 b, d ——基础的宽度和埋深;

$\quad\quad q$ ——条形基础两侧作用在地表上的竖向(附加)均布荷载(亦称地面超载);

$\quad\quad \gamma$ ——基底下地基岩体的重度;

$\quad\quad \gamma_d$ ——基础埋深范围内地基岩体的重度;

$\quad\quad c, \varphi$ ——基底下地基岩体的粘聚力和内摩擦角;

$\quad\quad N_\gamma, N_c, N_q$ ——地基承载力系数,均为内摩擦角 φ 的函数;

$\quad\quad S_\gamma, S_c$ ——基础形状修正系数。

b. 对于强度较低的软弱岩基,如泥岩、页岩、板岩、煤层等,当上部荷载 P 通过条形刚性基础传递到这类岩层上时,将在基础边缘附近产生应力集中。由于在基础边缘没有侧向约束且存在很大的应力,则会出现部分塑性变形,从而不会出现理论上的无限大的应力,最大的应力只能出现在距离基础边缘的某一距离 y 处。假设 y 处的最大应力(取基底接触压力 $p_0 = 3f_r$)足以使岩石发生脆性破坏,这时岩基的极限承载力可按下式估算:

$$p_u = \frac{3\pi f_r}{b}\sqrt{by - y^2} \tag{6.89}$$

(2)倾斜荷载作用下的岩石地基承载力解析

在实际工程中,作用于坝基岩体上的荷载多为倾斜的。倾斜荷载条件下坝基岩体承载力验算又分两种情况:一是坝体底面为水平面,但是荷载是倾斜的;二是坝体底面及荷载均为倾斜的,且荷载垂直于坝体底面。

当坝基承受极限荷载时,坝基岩体中部分区域将处于塑性平衡状态或极限塑性平衡状态,此时,对于坝基岩体塑性区内任一点,必须同时满足塑性条件及平衡条件方程,即满足

$$\text{塑性条件:} \sqrt{(\sigma_x + \sigma_y)^2 + 4\tau_{xy}^2} - (\sigma_x + \sigma_y)\sin\varphi = 2c\cos\varphi \tag{6.90}$$

$$\text{平衡条件:} \begin{cases} \dfrac{\partial \sigma_x}{\partial x} + \dfrac{\partial \tau_{xy}}{\partial y} = 0 \\ \dfrac{\partial \tau_{xy}}{\partial x} + \dfrac{\partial \sigma_y}{\partial y} = \gamma \end{cases} \tag{6.91}$$

式(6.90)和式(6.91)中 x, y ——平面直角坐标;

$\quad\quad \sigma_x, \sigma_y, \tau_{xy}$ ——水平正应力、竖向正应力及剪应力;

$\quad\quad c, \varphi, \gamma$ ——地基岩体的粘聚力、内摩擦角及重度。

①坝体底面为水平的情况。将坝体作为条形基础处理。如图 6.44 所示的简化条件:滑动面形状 ABCD 是一个由平面及曲面(螺旋面、抛物面及圆柱面等)组成的较简单的曲面,不考虑塑性滑动区 ABCDO 岩体的自重。

利用式(6.90)和式(6.91)确定滑动面 ABCD 上各点的(附加)应力,然后再根据滑动体 ABCDO 必须满足的极限平衡条件求得坝基岩体所能承受的极限荷载 p_u,亦即坝基岩体的极限承载力,为

$$p_u = \frac{1}{N}(N_c c + N_q q) \tag{6.92}$$

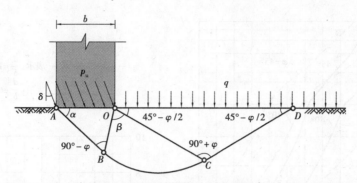

图 6.44　在水平基底上作用倾斜荷载时地基岩体极限承载力计算简图

$$\begin{cases} N = \dfrac{\cos\delta}{2}\Big[1 - \dfrac{\cos(\varphi - \alpha)\cos(\delta + \delta)}{\cos\varphi\cos\delta}\Big] \\[2mm] N_c = \dfrac{\sin\alpha}{2\cos\varphi}\Big[\cos(\varphi - \alpha) + \sin\alpha e^{2\beta\tan\varphi} + \dfrac{\sin\alpha}{\sin\varphi}(e^{2\beta\tan\varphi} - 1)\Big] \\[2mm] N_q = \dfrac{\sin^2\alpha}{2(1 - \sin\varphi)}e^{2\beta\tan\varphi} \end{cases} \qquad (6.93)$$

$$\alpha = \dfrac{\pi}{4} + \dfrac{\varphi}{2} - \dfrac{1}{2}\Big[\delta + \arcsin\Big(\dfrac{\sin\delta}{\sin\varphi}\Big)\Big], \beta = \dfrac{\pi}{4} - \dfrac{\varphi}{2} + \alpha \qquad (6.94)$$

式(6.92)—式(6.94)中　δ——倾斜基底荷载与竖直方向的夹角;

　　　　c, φ——地基岩体的粘聚力和内摩擦角;

　　　　q——条形基础两侧在基底平面上作用的均布荷载(亦称超载);

　　　　e——自然对数的底。

②坝体底面为倾斜的情况。同样,将坝体作为倾斜的条形基础处理。如图 6.45 所示的简化条件:坝体底面宽度为 b、埋深为 d 的倾斜坝体的底面 AO 为平面且与水平面夹角为 δ,坝基岩体所承受的倾斜荷载 p_u 与坝体底面垂直,$ABCDO$ 为塑性滑动体,OD 为滑动平面,滑动曲面 $ABCD$ 由平面 AB 和 CD 以及曲面 BC 组成。

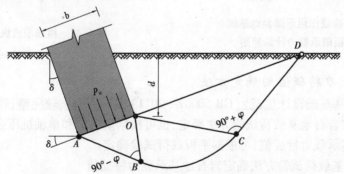

图 6.45　倾斜基础的地基岩体极限承载力计算简图

根据前述相同的原理及推导过程,可以求得坝基岩体的极限承载力 p_u 的计算式,为

$$p_u = 0.5N_r b\gamma + N_c c \qquad (6.95)$$

式中　N_r, N_c——地基承载力系数,可由图 6.46 查得;

　　　　c, φ——滑动岩体的黏聚力和内摩擦角;

　　　　γ——坝基岩体重度;

　　　　δ——坝体底面 AO 的倾角。

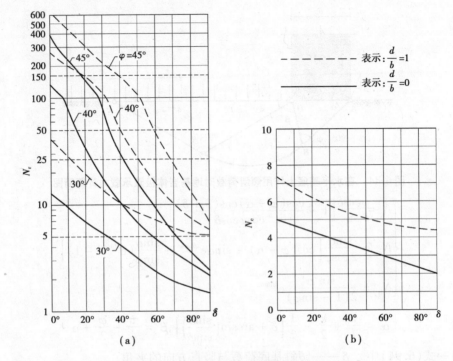

图 6.46　倾斜基础的地基承载力系数曲线

应当指出,式(6.95)还可以用于近似计算竖向荷载作用下倾斜地基或坝基岩体的极限承载力以及拱坝坝肩的极限承载力,如图 6.47 及图 6.48 所示。

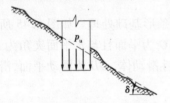

图 6.47　竖向荷载作用下倾斜地基或
坝基岩体的极限承载力计算简图

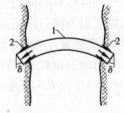

图 6.48　拱坝坝肩极限承载力计算简图
1—坝体;2—坝肩

2)岩石地基承载力特征值的确定方法

依据《建筑地基基础设计规范》(GB 50007—2011),对于完整、较完整、较破碎的岩石地基承载力特征值可按岩石地基载荷试验方法确定,也可根据室内饱和单轴抗压强度计算;对破碎、极破碎的岩石地基承载力特征值,可根据平板载荷试验确定。

(1)按岩石地基载荷试验方法确定岩石地基承载力特征值

岩石地基载荷试验的试验要点如下:

①采用直径为 300 mm 的圆形刚性承压板,当岩石埋藏深度较大时,可采用钢筋混凝土桩,但桩周需采取措施以消除桩身与土之间的摩擦力。

②测量系统的初始稳定读数观测应加压前每隔 10 min 读数一次,连续三次读数不变可开始试验。

③加载应采用单循环加载,荷载逐级递增直到破坏,然后分级卸载。

a.加载时,第一级加载值应为预估设计荷载的 1/5 ,以后每级应为预估设计荷载的 1/10。

b. 沉降量测读应在加载后立即进行,以后每 10 min 读数一次,连续三次读数之差均不大于 0.01 mm,可视为达到稳定标准,可施加下一级荷载。

c. 加载过程中出现下述现象之一时,即可终止加载:沉降量读数不断变化,在 24 h 内沉降速率有增大的趋势;压力加不上或勉强加上而不能保持稳定;若限于加载能力荷载也应增加到不少于设计要求的两倍。

d. 卸载及卸载观测应符合下列规定:每级卸载为加载时的两倍,如为奇数,第一级可为 3 倍;每级卸载后,隔 10 min 测读一次,测读三次后可卸下一级荷载;全部卸载后,当测读到半小时回弹量小于 0.01 mm 时,即认为达到稳定。

④岩石地基承载力的确定应符合下列规定:

a. 对应于 $p\text{-}s$ 曲线上起始直线段的终点为比例界限。符合终止加载条件的前一级荷载为极限荷载。将极限荷载除以 3 的安全系数,所得值与对应于比例界限的荷载相比较,取小值;

b. 每个场地载荷试验的数量不应少于 3 个,取最小值作为岩石地基承载力特征值。

c. 岩石地基承载力不进行深宽修正。

(2)根据室内饱和单轴抗压强度计算岩石地基承载力特征值:

$$f_a = \psi_r f_{rk} \tag{6.96}$$

式中　f_a——岩石地基承载力特征值,kPa;

　　　f_{rk}——岩石饱和单轴抗压强度标准值,kPa;

　　　ψ_r——折减系数,根据岩体完整程度以及结构面的间距、宽度、产状和组合由地方经验确定。无经验时,对完整岩体可取 0.5,对较完整岩体可取 0.2~0.5,对较破碎岩体可取 0.1~0.2。

岩石单轴抗压强度试验的试料可用钻孔的岩心或坑、槽探中采取的岩块,岩样尺寸一般为 $\phi 50\ mm \times 100\ mm$、数量不应少于 6 个,岩样进行饱和处理后在压力机上以每秒 500~800 kPa 的加载速度加荷,直到试样破坏为止。根据参加统计的一组试样的试验值计算其平均值、标准差、变异系数,岩石饱和单轴抗压强度的标准值为:

$$f_{rk} = \phi f_{rm} \tag{6.97}$$

$$\phi = \left(\frac{1.704}{\sqrt{n}} + \frac{4.678}{n^2} \right) \delta \tag{6.98}$$

式中　f_{rm}——岩石饱和单轴抗压强度平均值;

　　　ϕ——统计修正系数;

　　　n——试样数;

　　　δ——变异系数。

(3)根据平板载荷试验确定岩石地基承载力特征值

对于破碎、极破碎岩石的地基平板载荷试验要点,可参照《建筑地基基础设计规范》(GB 50007—2011)附录 C 或附录 D 内容。根据平板载荷试验确定的岩石地基承载力特征值尚须按照下式修正,

$$f_a = f_{ak} + \eta_b \gamma (b - 3) + \eta_d \gamma_m (d - 0.5) \tag{6.99}$$

式中　f_a——修正后的地基承载力特征值,kPa;

　　　f_{ak}——按平板载荷试验确定的岩石地基承载力特征值,kPa;

　　　η_b, η_d——基础宽度和埋深的地基承载力修正系数,按基底下土的类别查表 6.4 取值;

　　　γ——基础底面以下土的重度,kN/m^3,地下水位以下取浮重度;

    b ——基础底面宽度,m,当基础底面宽度小于 3 m 时按 3 m 取值,大于 6 m 时按 6 m
        取值;

    γ_m ——基础底面以上土的加权平均重度,kN/m^3,位于地下水位以下的土层取有效
        重度;

    d ——基础埋置深度,m,宜自室外地面标高算起。

表 6.4 承载力修正系数

土的类别		η_b	η_d
淤泥和淤泥质土		0	1.0
人工填土 e 或 I_L 大于等于 0.85 的黏性土		0	1.0
红黏土	含水比 $\alpha_w > 0.8$	0	1.2
	含水比 $\alpha_w \leqslant 0.8$	0.15	1.4
大面积压实填土	压实系数大于 0.95、黏粒含量 $\rho_c \geqslant 10\%$ 的粉土	0	1.5
	最大干密度大于 2 100 kg/m^3 的级配砂石	0	2.0
粉土	黏粒含量 $\rho_c \geqslant 10\%$ 的粉土	0.3	1.5
	黏粒含量 $\rho_c < 10\%$ 的粉土	0.5	2.0
e 或 I_L 均小于 0.85 的黏性土		0.3	1.6
粉砂、细砂(不包括很湿与饱和时的稍密状态)		2.0	3.0
中砂、粗砂、砾砂和碎石土		3.0	4.4

注:1. 强风化和全风化的岩石,可参照所风化成的相应土类取值,其他状态下的岩石不修正。

    2. 地基承载力特征值按本规范附录 D 深层平板载荷试验确定时 η_d 取 0。

    3. 含水比是指土的天然含水量与液限的比值。

    4. 大面积压实填土是指填土范围大于两倍基础宽度的填土。

6.3.3　岩石地基的基础形式

    由于岩石地基具有承载力高和变形小等特点,因此岩石地基上的基础形式一般较为简单。根据上部建筑荷载的大小和方向,以及工程地质条件,在岩石上可以采取多种基础形式。目前对岩石地基的利用,主要有以下几种形式:

    (1)直接利用岩石地基

    若岩石地基的饱和单轴受压强度大于 30 MPa、且岩体裂隙不太发育时,对以下情况可以直接利用岩石地基:

    ①墙下无大放脚基础。对于砌体结构承重的建筑物,可在清除基岩表面强风化层后直接砌筑,而不必设基础大放脚。

    ②预制柱直接插入岩体。以预制钢筋混凝土柱承重的建筑物,若其荷载且偏心矩均较小时,可直接在岩石地基上开凿杯口,承插上部结构预制柱,然后用强度等级为 C20 的细石混凝土将预制柱周围空隙填实,使其与岩层连成整体。杯口深度要满足柱内钢筋的锚固要求,如岩层

整体性较差,则一般仍要做混凝土基础,但杯口底部厚度可适当减少至 8 ~ 10 cm。

（2）岩石锚杆基础

岩石锚杆基础适用于直接建在基岩上的柱基,以及承受拉力或水平力较大的建筑物基础。锚杆基础应与基岩连成整体,并应符合下列要求：

①锚杆孔直径,宜取锚杆筋体直径的 3 倍,但不应小于一倍锚杆筋体直径加 50 mm。锚杆基础的构造要求,可按图 6.49 采用；

②锚杆筋体插入上部结构的长度,应符合钢筋的锚固长度要求；

③锚杆筋体宜采用热轧带肋钢筋,水泥砂浆强度不宜低于 30 MPa,细石混凝土强度不宜低于 C30。灌浆前,应将锚杆孔清理干净。

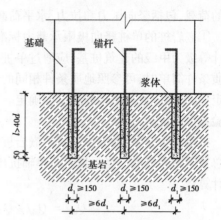

图 6.49　锚杆基础的构造示意
d_1—锚杆直径；l—锚杆的有效锚固长度；
d—锚杆筋体直径

锚杆基础中单根锚杆所承受的拔力,应按下列公式验算：

$$N_{ti} = \frac{F_k + G_k}{n} - \frac{M_{xk}y_i}{\sum y_i^2} - \frac{M_{yk}x_i}{\sum x_i^2} \tag{6.100}$$

$$N_{t\,max} \leqslant R_t \tag{6.101}$$

式中　F_k——相应于作用的标准组合时,作用在基础顶面上的竖向力,kN；

　　　G_k——基础自重及其上的土自重,kN；

　　　M_{xk},M_{yk}——分别为按作用的标准组合计算作用在基础底面形心的力矩值,kN·m；

　　　x_i,y_i——分别为第 i 根锚杆至基础底面形心的 y,x 轴线的距离,m；

　　　N_{ti}——相应于作用的标准组合时,第 i 根锚杆所承受的拔力值,kN；

　　　R_t——单根锚杆抗拔承载力特征值,kN。

对设计等级为甲级的建筑物,单根锚杆抗拔承载力特征值 R_t 应通过现场试验确定；对于其他建筑物应符合下式规定：

$$R_t \leqslant 0.8\pi d_1 f \tag{6.102}$$

式中　f——砂浆与岩石间的粘结强度特征值,kPa,可按表 6.5 选用。

表 6.5　砂浆与岩石间的粘结强度特征值　　　　单位:MPa

岩石坚硬程度	软岩	较软岩	硬质岩
粘结强度	<0.2	0.2 ~ 0.4	0.4 ~ 0.6

注:水泥砂浆或混凝土强度为 30 MPa。

（3）嵌岩桩基础

嵌岩桩是指桩端嵌入基岩一定深度的桩,是在端承桩的基础上发展起来的一种新桩型,它将桩体嵌在基岩上,使桩与岩体成为连接成一个整体的受力结构,从而极大地提高了桩的承载力。当浅层岩体的承载力不足以承担上部建筑物的荷载,或者沉降值不满足正常使用要求时,就需要使用嵌岩桩将上部荷载直接作用到深层坚硬岩层上。

嵌岩桩的承载力由桩侧摩阻力、端部支承力和嵌固力提供,可以被设计为抵抗各种不同形式的荷载,包括竖向压力和拉力、水平荷载以及力矩。

①嵌岩桩的单桩竖向极限承载力标准值。依据《建筑桩基技术规范》(JGJ 94—2008),对于设计等级为甲级的建筑桩基,应通过单桩静载试验确定。对于设计等级为乙级的建筑桩基,当地质条件简单时,可参照地质条件相同的试桩资料,结合静力触探等原位测试和经验参数综合确定;其余均应通过单桩静载试验确定。对于设计等级为丙级的建筑桩基,可根据原位测试和经验参数确定。

桩端置于完整、较完整基岩的嵌岩桩单桩竖向极限承载力,由桩周土总极限侧阻力和嵌岩段总极限阻力组成。当根据岩石单轴抗压强度确定单桩竖向极限承载力标准值时,可按下列公式计算:

$$Q_{uk} = Q_{sk} + Q_{rk} = u \sum q_{sik} l_i + \zeta_r f_{rk} A_p \qquad (6.103)$$

式中　Q_{uk}——单桩竖向极限承载力标准值;

　　　Q_{sk}, Q_{rk}——土的总极限侧阻力、嵌岩段总极限阻力;

　　　q_{sik}——桩周第 i 层土的极限侧阻力,无当地经验时,可根据成桩工艺按表6.6取值;

　　　f_{rk}——岩石饱和单轴抗压强度标准值,黏土岩取天然湿度单轴抗压强度标准值;

　　　ζ_r——嵌岩段侧阻和端阻综合系数,与嵌岩深径比 h_r/d、岩石软硬程度和成桩工艺有关,可按表6.7采用;表6.7中数值适用于泥浆护壁成桩,对于干作业成桩(清底干净)和泥浆护壁成桩后注浆,ζ_r 应取表列数值的1.2倍。

表6.6　桩的极限侧阻力标准值 q_{sik} 　　　　　　　单位:kPa

土的名称	土的状态		混凝土预制桩	泥浆护壁钻(冲)孔桩	干作业钻孔桩
填土			22 ~ 30	20 ~ 28	20 ~ 28
淤泥			14 ~ 20	12 ~ 18	12 ~ 18
淤泥质土			22 ~ 30	20 ~ 28	20 ~ 28
黏性土	流塑	$I_L > 1$	24 ~ 40	21 ~ 38	21 ~ 38
	软塑	$0.75 < I_L \leqslant 1$	40 ~ 55	38 ~ 53	38 ~ 53
	可塑	$0.50 < I_L \leqslant 0.75$	55 ~ 70	53 ~ 68	53 ~ 66
	硬可塑	$0.25 < I_L \leqslant 0.50$	70 ~ 86	68 ~ 84	66 ~ 82
	硬塑	$0 < I_L \leqslant 0.25$	86 ~ 98	84 ~ 96	82 ~ 94
	坚硬	$I_L \leqslant 0$	98 ~ 105	96 ~ 102	94 ~ 104
红黏土	$0.7 < a_w \leqslant 1$		13 ~ 32	12 ~ 30	12 ~ 30
	$0.5 < a_w \leqslant 0.7$		32 ~ 74	30 ~ 70	30 ~ 70
粉土	稍密	$e > 0.9$	26 ~ 46	24 ~ 42	24 ~ 42
	中密	$0.75 \leqslant e \leqslant 0.9$	46 ~ 66	42 ~ 62	42 ~ 62
	密实	$e < 0.75$	66 ~ 88	62 ~ 82	62 ~ 82
粉细砂	稍密	$10 < N \leqslant 15$	24 ~ 48	22 ~ 46	22 ~ 46
	中密	$15 < N \leqslant 30$	48 ~ 66	46 ~ 64	46 ~ 64
	密实	$N > 30$	66 ~ 88	64 ~ 86	64 ~ 86

土的名称	土的状态		混凝土预制桩	泥浆护壁钻 （冲）孔桩	干作业钻孔桩
中砂	中密	$15 < N \leqslant 30$	54 ~ 74	53 ~ 72	53 ~ 72
	密实	$N > 30$	74 ~ 95	72 ~ 94	72 ~ 94
粗砂	中密	$15 < N \leqslant 30$	74 ~ 95	74 ~ 95	76 ~ 98
	密实	$N > 30$	95 ~ 116	95 ~ 116	98 ~ 120
砾砂	稍密	$5 < N63.5 \leqslant 15$	70 ~ 110	50 ~ 90	60 ~ 100
	中密（密实）	$N63.5 > 15$	116 ~ 138	116 ~ 130	112 ~ 130
圆砾、角砾	中密、密实	$N_{63.5} > 10$	160 ~ 200	135 ~ 150	135 ~ 150
碎石、卵石	中密、密实	$N_{63.5} > 10$	200 ~ 300	140 ~ 170	150 ~ 170
全风化软质岩		$30 < N \leqslant 50$	100 ~ 120	80 ~ 100	80 ~ 100
全风化硬质岩		$30 < N \leqslant 50$	140 ~ 160	120 ~ 140	120 ~ 150
强风化软质岩		$N_{63.5} > 10$	160 ~ 240	140 ~ 200	140 ~ 220
强风化硬质岩		$N_{63.5} > 10$	220 ~ 300	160 ~ 240	160 ~ 260

注：1. 对于尚未完成自重固结的填土和以生活垃圾为主的杂填土，不计算其侧阻力。

2. a_w 为含水比，$a_w = w/w_1$，w 为土的天然含水量，w_1 为土的液限。

3. N 为标准贯入击数；$N_{63.5}$ 为重型圆锥动力触探击数。

4. 全风化、强风化软质岩和全风化、强风化硬质岩系指其母岩分别为 $f_{rk} \leqslant 15$ MPa、$f_{rk} > 30$ MPa 的岩石。

表 6.7 嵌岩段侧阻和端阻综合系数 ζ_r

嵌岩深径比 h_r/d	0	0.5	1.0	2.0	3.0	4.0	5.0	6.0	7.0	8.0
极软岩、软岩	0.60	0.80	0.95	1.18	1.35	1.48	1.57	1.63	1.66	1.70
较硬岩、坚硬岩	0.45	0.65	0.81	0.90	1.00	1.04	—	—	—	—

注：1. 极软岩、软岩指 $f_{rk} \leqslant 15$ MPa，较硬岩、坚硬岩指 $f_{rk} > 30$ MPa，介于二者之间可内插取值。

2. h_r 为桩身嵌岩深度，当岩面倾斜时，以坡下方嵌岩深度为准；当 h_r/d 为非表列值时，ζ_r 可内插取值。

②嵌岩桩的单桩竖向承载力特征值。单桩竖向承载力特征值应按下式确定：

$$R_a = \frac{1}{K} Q_{uk} \qquad (6.104)$$

式中　　R_a ——单桩竖向承载力特征值；

　　　　Q_{uk} ——单桩竖向极限承载力标准值；

　　　　K ——安全系数，取 $K = 2$。

6.3.4 岩溶地基及其处理

岩溶又称喀斯特（Karst），是可溶性岩层（石灰岩、白云岩、石膏、岩盐等）以被水溶解为主的化学溶蚀作用，并伴以机械作用而形成的沟槽、裂隙、洞穴、石芽、暗河，以及由于洞顶坍落而使地表产生陷穴等一系列现象和作用的总称。岩溶的存在及其作用的结果,会对工程建设产生一系列不利的问题,如溶洞塌陷、石芽与溶沟溶槽的存在,造成基岩面的不均匀起伏、地下水循环改变等,这些现象严重影响了建筑物(构筑物)的安全和使用。

1)岩溶地基的稳定性评价

岩溶地基的稳定性评价是指通过工程勘察活动查明建筑场地的岩溶发育和分布特征,在此基础上合理地进行建筑场地选择。岩溶地基的稳定性评价可分为建筑场地的稳定性评价和建筑地基的稳定性评价两部分:建筑场地的稳定性评价主要是为场地选择和总体布置提供依据;建筑地基的稳定性评价主要是为基础设计和工程处理提供依据。

(1)建筑场地的稳定性评价

建筑场地的稳定性评价是指选址和初勘阶段的区域性评价,应着重从岩溶的发育规律、分布情况以及稳定程度,对场地的岩土工程条件进行评价。勘察中,主要根据某地区的地形地貌特征、地质结构、水文地质条件、动力地质作用以及现场调查、物探试验来查明建筑场地的岩溶发育和分布特征,在此基础上合理地进行场地和总图设计。对古岩溶,现代不再发展和发育的岩溶,主要查明它的分布和规律,特别是上覆土层的结构特征;对于现代还继续作用和发育的岩溶,除应查明其分布和规模外,还应注意发育速度和趋势,以估价其对建筑物的影响。

在条件允许的情况下,场地的选择和总体布置一般应注意以下原则:

①尽可能选择非可溶性分布地段或弱岩溶分布地段布置建筑物。

②尽可能避开岩溶集中发育地段、基岩起伏剧烈且有软土分布地段。若难于避开时,应尽量使建筑物轴线方向与岩溶发育带垂直或斜交,以减少地基处理。

③尽量避开地下水动态随季节变化造成场地淹没的地段。

(2)建筑地基的稳定性评价

建筑地基的稳定性评价属于个体岩溶形态的评价,这是在地基基础设计的详勘阶段,针对具体建筑物以下及其附近对稳定性有影响的个体岩溶形态进行评价。首先是在查明建筑场区岩溶发育分布特征的基础上,着重分析岩溶形态及围岩的各种地质边界条件,并考虑建筑物荷载影响及经验对比来判断其稳定性。例如,对于个体形态是溶洞的情况,应根据洞体的尺寸、顶板特征、围岩中结构面特征(性质、产状、分布及空间组合等)、洞内充填情况、地下水活动等条件,并结合洞体埋深、上覆土层厚度、基础形式、荷载特征等因素,进行综合分析与评价。在可能的条件下可做一些试验和计算。表6.8是大量实践经验的总结,可为岩溶地基稳定性评价提供参考。

表6.8 洞体稳定性评价参考表

序号	因 素	对稳定有利的条件	对稳定不利的条件
1	地质构造	无断裂褶曲,裂隙不发育或胶结填充好	有断层褶曲,裂隙发育张开,有两组以上裂隙切割,岩体呈干砌状
2	岩层产状	走向与洞轴正交或斜交,倾角平缓	走向与洞轴平行,倾角较陡
3	岩性及层厚	层厚块状的石灰岩,强度高	薄层泥灰岩、白云质灰岩有互层,强度低

序号	因　素	对稳定有利的条件	对稳定不利的条件
4	洞体形态及埋藏条件	埋藏深,覆土厚、洞体小(与基础尺寸比较),呈竖井状,单体分布	埋藏浅,在基底附近,洞径大与基础尺寸比较呈扁平状,复体相连
5	顶板情况	顶板厚度与洞跨比值大,平板状,或呈拱状,有钙质胶结	顶板厚度与洞跨比值小,有切割的悬挂岩块,未胶结
6	充填情况	为密实沉积物填满且无被水冲蚀的可能性	未充填或充填不好
7	地下水	无	有水流或间歇性水流
8	地震基本烈度	地震基本烈度小于7度	地震基本烈度等于或大于7度
9	建筑物荷重及重要性	建筑物荷重小,为一般建筑物	建筑物荷重大,为重要建筑

当溶洞顶板厚度 H 大于溶洞最大宽度 b 的 1.5 倍时(即 $H > 1.5b$),而同时溶洞顶板岩石比较坚硬、完整、裂隙较少,则该溶洞顶板作为一般的地基是安全的。若溶洞顶板岩石较为破碎、裂隙较多,而上覆岩层的厚度 H 如能大于溶洞最大宽度 b 的 3 倍时(即 $H > 3b$),则溶洞的埋深是安全的。上述评定是对溶洞和一般建筑物而言,不适用于土洞以及高、重建筑物和震动基础。在有可能取得溶洞的有关计算参数时,可进行溶洞顶板的稳定性验算,计算时可将洞体顶板视为结构自承重体系进行结构力学分析,根据顶板形态、成拱条件及裂隙切割分布,分别将其作为梁板或拱壳受力情况计算。当有条件取得有代表性的参数时,也可进行有限单元法分析。目前定量评价主要是针对溶洞,按经验公式对顶板的稳定性进行验算。

2) 岩溶地基的处理方法

如果建筑场地和地基经过岩土工程评价,属于条件差或不稳定的岩溶地基,但又必须在其上进行工程建设时则需事先进行地基处理。处理时,需在岩溶地基稳定性评价的基础上,应根据洞体特征、工程要求、施工条件,按照既安全又经济的原则来确定处理方案。在工程实践中处理方法很多,其中成功的、行之有效的有以下方法:

①对洞口较小的竖向洞穴,宜优先采用镶补加固、嵌塞与跨盖等方法处理。

②对顶板不稳的浅埋溶洞,可用清、爆、挖、填方法,即清除覆土,爆开顶板,挖去洞内松软充填物,分层回填上细下粗的碎石滤水层。

③对洞口较大的洞体,顶板破碎、围岩完整且强度高的洞体,宜采用梁、板、拱等结构跨越进行处理。跨越结构应有可靠的支承面。梁式结构在岩石上的支承长度应大于梁高的 1.5 倍,也可采用浆砌块石等堵塞措施。

④对于围岩不稳定、风化裂隙破碎的岩体,可采用灌浆加固和清、爆、填塞等措施。

⑤规模较大的洞穴,可采用洞底支撑或在条件许可的情况下进行调整柱距等方法处理。

⑥对水位、水量变化剧烈,可能影响基础或造成场地暂时性淹没的岩溶水,宜采用疏导的办法,不宜采用堵塞封闭处理。

⑦应注意工程活动改变和堵截山麓斜坡地段地下水排泄通道,造成较大的动水压力,将给建筑物基坑底板、地坪的正常工作及道路的正常使用带来不良影响,并注意泄水、涌水对环境的污染。

总之,岩溶地基的各种处理方法的应用,应根据地基特征和工程情况,或单独使用,或采用综合处理。

6.3.5　岩石地基的稳定性

在水利水电工程建设中,岩石地基的稳定性研究是一项十分重要的内容。对于重力坝、支墩坝、拱坝等挡水构筑物的岩基除承受竖向荷载外,还承受着库水形成的水平荷载作用,使得坝体有产生向下游滑移的趋势,因而需进行坝基岩体的抗滑稳定性分析。对于支墩坝、拱坝、连拱坝等对侧向变形反应敏感的轻型坝,尚需进行坝肩岩体的抗滑稳定性分析。以下主要介绍坝基岩体的抗滑稳定性分析计算方法,而关于坝肩岩体的抗滑稳定性分析可参阅有关文献,这里不作详细介绍。

当岩基受到有水平荷载作用后,由于岩体中存在节理及软弱夹层,因而增加了岩基滑动的可能。实践表明,坚硬岩基滑动破坏的形式不同于松软地基,前者的破坏往往受到岩体中的节理、裂隙、断层破碎带以及软弱结构面的空间方位及其相互间的组合形态所控制。根据以往岩基失事的经验以及室内模型试验的情况来看,坝体失稳形式主要有两种情况:一是岩基中的岩体强度远远大于坝体混凝土强度,同时岩体坚固完整且无显著的软弱结构面,这时坝体失稳多是沿坝体与岩基接触面产生,这种破坏形式称为表(浅)层滑动破坏;二是在岩基内部存在着节理、裂隙和软弱夹层,或者存在着其他不利于稳定的结构面,此情况下岩基容易产生深层滑动。除了上述两种破坏形式之外,有时还会产生所谓混合滑动的破坏形式,即坝体失稳时一部分沿着混凝土与岩基接触面滑动,另一部分则沿岩体中某一滑动面产生滑动。

目前,评价岩石地基的抗滑稳定性一般仍采用稳定系数分析法。

以混凝土重力坝为例,《混凝土重力坝设计规范》(SL 319—2005)规定:坝体抗滑稳定计算主要核算坝基面滑动条件,应按抗剪断强度公式或抗剪强度公式计算坝基面的抗滑稳定安全系数;当坝基岩体内存在软弱结构面、缓倾角裂隙时,需核算深层抗滑稳定,根据滑动面的分布情况综合分析后,可分为单滑面、双滑面和多滑面计算模式,以刚体极限平衡法计算为主,必要时可辅以有限元法、地质力学模型试验等方法分析深层抗滑稳定,并进行综合评定,其成果可作为坝基处理方案选择的依据。

1)坝基接触面或浅层的抗滑稳定分析

对于可能发生接触面滑动的坝体来说,若坝底接触面为水平或近于水平(见图6.50),可由刚体极限平衡原理求解坝体沿着滑动面 AB 的稳定性系数。

(1)抗剪断强度的计算公式

$$K' = \frac{f'(V - U) + c'A}{H} \qquad (6.105)$$

式中　K'——按抗剪断强度计算的抗滑稳定安全系数;

f'——坝体与坝基接触面的抗剪断摩擦系数；

c'——坝体与坝基接触面的抗剪断凝聚力，kPa；

l——坝基横截面宽度，m；

A——坝基接触面面积，m^2；

V——作用于坝体上全部荷载对滑动平面的法向分量，kN；

H——作用于坝体上全部荷载对滑动平面的切向分量，kN；

U——作用于坝基上水压力（扬压力）。

（2）抗剪强度的计算公式

$$K = \frac{f(V - U)}{H}$$ (6.106)

式中　K——按抗剪强度计算的抗滑稳定安全系数；

　　　f——坝体与坝基接触面的抗剪摩擦系数。

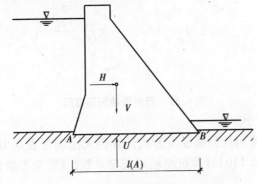

图 6.50　（浅）表层滑动稳定性验算简图

（$\overline{AB}$ 为滑动面）

2）坝基岩体内的深层抗滑稳定分析

坝基深层抗滑稳定的分析计算以双滑动面为最常见情况，如图 6.51 所示，采用等安全系数法的具体计算如下：

（1）抗剪断强度的计算公式

①考虑 ABD 块的稳定：

$$K'_1 = \frac{f'_1 \left[(W + G_1)\cos\alpha - H\sin\alpha - Q\sin(\varphi - \alpha) - U_1 + U_3\sin\alpha \right] + c'_1 A_1}{(W + G_1)\sin\alpha + H\cos\alpha - Q\cos(\varphi - \alpha) - U_3\cos\alpha}$$ (6.107)

②考虑 BCD 块的稳定：

$$K'_2 = \frac{f'_2 \left[G_2\cos\beta + Q\sin(\varphi + \beta) - U_2 + U_3\sin\beta \right] + c'_2 A_2}{Q\cos(\varphi + \beta) - G_2\sin\beta + U_3\cos\beta}$$ (6.108)

式中　K'_1, K'_2, K'——按抗剪断强度计算的抗滑稳定安全系数；

　　　W——作用于坝体上全部荷载（不包括扬压力，下同）的竖直分量，kN；

　　　H——作用于坝体上全部荷载的水平分量，kN；

　　　G_1, G_2——岩体 ABD，BCD 质量的竖直作用力，kN；

　　　f'_1, f'_2——AB，BC 滑动面的抗剪断摩擦系数；

　　　c'_1, c'_2——AB，BC 滑动面的抗剪断凝聚力，kPa；

A_1,A_2 —— AB,BC 滑动面的面积,m^2;

α,β —— AB,BC 滑动面与水平面的夹角;

U_1,U_2,U_3 —— AB,BC,BD 面上的扬压力,kN;

Q,φ —— BD 面上的作用力及其与水平面的夹角,夹角 φ 值需经论证后选用,从偏于安全考虑 φ 可取 0°。

通过式(6.107)和式(6.108)及 $K_1' = K_2' = K'$,求解 Q,K' 值。

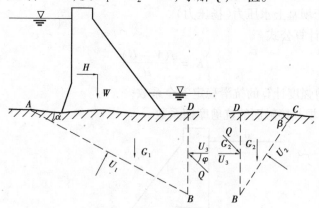

图 6.51 双斜滑动面示意图

(2)抗剪强度的计算公式

对于采取工程措施后应用抗剪断强度公式计算仍无法满足表 6.10 要求的坝段,可采用抗剪强度公式(6.109)和式(6.110)计算抗滑稳定安全系数,其安全系数指标可经论证确定,对于单滑面情况尤需慎重。

①考虑 ABD 块的稳定:

$$K_1 = \frac{f_1\big[(W + G_1)\cos\alpha - H\sin\alpha - Q\sin(\varphi - \alpha) - U_1 + U_3\sin\alpha\big]}{(W + G_1)\sin\alpha + H\cos\alpha - Q\cos(\varphi - \alpha) - U_3\cos\alpha} \qquad (6.109)$$

②考虑 BCD 块的稳定:

$$K_2 = \frac{f_2\big[G_2\cos\beta + Q\sin(\varphi + \beta) - U_2 + U_3\sin\beta\big]}{Q\cos(\varphi + \beta) - G_2\sin\beta + U_3\cos\beta} \qquad (6.110)$$

式中 K_1,K_2,K —— 按抗剪强度计算的抗滑稳定安全系数;

f_1,f_2 —— AB,BC 滑动面的抗剪摩擦系数。

通过式(6.109)和式(6.110)及 $K_1 = K_2 = K$,求解 Q,K 值。

此外,单滑面的情况比较简单,这里不再列出计算式;多滑面的情况又比较复杂,可参照双滑面的计算式列出各个滑裂体的算式,求解 K 值。

3)抗滑稳定分析中计算参数的取值

对于混凝土重力坝,在抗滑稳定分析中的计算参数可依据《混凝土重力坝设计规范》(SL 319—2005)取值。

(1)荷载组合

混凝土重力坝抗滑稳定计算的荷载组合应分为基本组合和特殊组合两种,应按表 6.9 规定进行荷载组合,必要时应考虑其他可能的不利组合。

表6.9 荷载组合

荷载组合	主要考虑情况	荷载										附注
		自重	静水压力	扬压力	淤沙压力	浪压力	冰压力	地震荷载	动水压力	土压力	其他荷载	
基本组合	(1)正常蓄水位情况	√	√	√	√	√	—	—	—	√	√	土压力根据坝体外是否填有土石而定(下同)
	(2)设计洪水位情况	√	√	√	√	√	—	—	√	√	√	
	(3)冰冻情况	√	√	√	√	√	√	—	—	√	√	静水压力及扬压力按相应冬季库水位计算
特殊组合	(1)校核洪水情况	√	√	√	√	√	—	—	√	√	√	
	(2)地震情况	√	√	√	√	√	—	√	—	√	√	静水压力、扬压力和浪压力按正常蓄水位计算,有论证时可另作规定

注:1. 应根据各种荷载同时作用的实际可能性,选择计算中最不利的荷载组合。

2. 分期施工的坝应按相应的荷载组合分期进行计算。

3. 施工期的情况应作必要的核算,作为特殊组合。

4. 根据地质和其他条件,如考虑运用时排水设备易于堵塞,须经常维修时,应考虑排水失效的情况,作为特殊组合。

5. 地震情况,如按冬季计及冰压力,则不计浪压力。

(2)抗滑稳定安全系数的规定

①按抗剪断强度公式计算的抗滑稳定安全系数 K' 值应不小于表6.10的规定。

表6.10 坝基面抗滑稳定安全系 K'_s

荷载组合		K'
基本组合		3.0
特殊组合	(1)	2.5
	(2)	2.3

②按抗剪强度公式计算的抗滑稳定安全系数 K 值应不小于表6.11规定的数值。

表 6.11　坝基面抗滑稳定安全系 K

荷载组合		坝的级别		
		1	2	3
基本组合		1.10	1.05	1.05
特殊组合	(1)	1.05	1.00	1.00
	(2)	1.00	1.00	1.00

（3）抗剪断摩擦系数 f'、凝聚力 c' 和抗剪摩擦系数 f

坝体混凝土与坝基接触面之间的抗剪断摩擦系数 f'、凝聚力 c' 和抗剪摩擦系数 f 的取值：

①规划阶段，可参考表 6.12 和表 6.13 选用。

②可行性研究阶段及以后的设计阶段，应经试验确定。

③中型工程的中、低坝，若无条件进行野外试验时，宜进行室内试验，并参照表 6.12 和表 6.13 选用。

表 6.12　坝基岩体力学参数

岩体分类	混凝土与坝基接触面			岩　体		变形模量 E_0（GPa）
	f'	c'（MPa）	f	f'	c'（MPa）	
I	1.50 ~ 1.30	1.50 ~ 1.30	0.85 ~ 0.75	1.60 ~ 1.40	2.50 ~ 2.00	40.0 ~ 20.0
II	1.30 ~ 1.10	1.30 ~ 1.10	0.75 ~ 0.65	1.40 ~ 1.20	2.00 ~ 1.50	20.0 ~ 10.0
III	1.10 ~ 0.90	1.10 ~ 0.70	0.65 ~ 0.55	1.20 ~ 0.80	1.50 ~ 0.70	10.0 ~ 5.0
IV	0.90 ~ 0.70	0.70 ~ 0.30	0.55 ~ 0.40	0.80 ~ 0.55	0.70 ~ 0.30	5.0 ~ 2.0
V	0.70 ~ 0.40	0.30 ~ 0.05	/	0.55 ~ 0.40	0.30 ~ 0.05	2.0 ~ 0.2

注：1. 表中参数限于硬质岩，软质岩应根据软化系数进行折减。

　　2. 表中岩体分类依据表 6.14 判定。

表 6.13　结构面、软弱层和断层力学参数

类　型	f'	c'（MPa）	f
胶结的结构面	0.80 ~ 0.60	0.250 ~ 0.100	0.70 ~ 0.55
无充填的结构面	0.70 ~ 0.45	0.150 ~ 0.050	0.65 ~ 0.40
岩块岩屑型	0.55 ~ 0.45	0.250 ~ 0.100	0.50 ~ 0.40
岩屑夹泥型	0.45 ~ 0.35	0.100 ~ 0.050	0.40 ~ 0.30
泥夹岩屑型	0.35 ~ 0.25	0.050 ~ 0.020	0.30 ~ 0.23
泥	0.25 ~ 0.18	0.005 ~ 0.002	0.23 ~ 0.18

注：1. 表中参数限于硬质岩中的结构面，软质岩中的结构面应进行折减。

　　2. 胶结或无充填的结构面抗剪断强度，应根据结构面的粗糙程度选取大值或小值。

表 6.14　坝基岩体工程地质分类

类别	A 坚硬岩（$f_r > 60$ MPa）		B 中硬岩（30 MPa $\leq f_r \leq$ 60 MPa）		C 软质岩（$f_r < 30$ MPa）	
	岩体特征	岩体工程地质评价	岩体特征	岩体工程性质评价	岩体特征	岩体工程性质评价
I	A_I：岩体呈整体状或块状、巨厚层状、厚层状结构，结构面不发育，延展性差，多闭合，具各向同性力学特征	岩体完整，强度高，抗滑、抗变形性能强，不需作专门性地基处理。属良好高混凝土坝地基				
II	A_{II}：岩体呈块状或次块状、层厚层状结构，结构面中等发育，软弱结构面分布不多，或不存在影响坝基或坝肩稳定的楔体或滑块体	岩体较完整，强度高，软弱结构面控制岩体稳定，专门性地基处理抗滑、抗变形性工作量不大，属良好高混凝土坝地基	B_{II}：岩体结构特征同 A_I，具各向同性力学特性	岩体完整，强度较高。抗滑、抗变形性能较强，专门性地基处理工作量不大，属良好高混凝土坝地基		
III	A_{III1}：岩体呈次块状或中厚层状结构，结构面中等发育，岩体中分布有软弱结构（坝面）的软弱结构面，结构面缓倾角或延展倾角，结构面或延展性较好，或影响坝基或坝肩稳定的楔体或滑块体	岩体较完整，局部完整性差，强度较高，抗滑、抗变形性能在一定程度上受结构面控制。对影响岩体变形和稳定的结构面应作专门处理	B_{III}：岩体结构特征基本上同 A_{II}	岩体较完整，有一定强度，抗滑、抗变形性能受结构面和岩石强度控制	C_{III}：岩石强度大于 15 MPa，岩体呈巨厚层状或厚层状结构，结构面不发育—中等发育，岩体具各向性力学特性	岩体完整，抗滑、抗变形性能受岩石强度控制
	A_{III2}：岩体呈互层状或镶嵌碎裂结构，结构面中等发育，但贯穿性结构面不多见，结构面延展差，多闭合，岩块间嵌合力较好	岩体完整性差，强度仍较高，抗滑、抗变形性能受结构面和岩块强度特性控制，对结构面应做专门处理	B_{III2}：岩体呈次块状或中厚层状结构，结构面中等发育，多闭合，岩块间嵌合力较好，贯穿性结构面多见	岩体较完整，局部完整性差，变形上受一定程度上受结构面和岩石强度控制		

续表

类别	A 坚硬岩（f_r > 60 MPa）		B 中硬岩（30 MPa ≤ f_r ≤ 60 MPa）		C 软质岩（f_r < 30 MPa）	
	岩体特征	岩体工程性质评价	岩体特征	岩体工程性质评价	岩体特征	岩体工程性质评价
IV	A_{IV1}：岩体呈互层状或薄层状结构，结构面较发育一般~发育，明显存在不利于坝基及坝肩稳定的软弱结构面、楔体或棱体	岩体完整性差，抗滑、抗变形性能明显受结构面和岩块间嵌合能力控制。能否作为高混凝土坝地基，视处理效果而定	B_{IV1}：岩体呈互层状或薄层状，存在不利于坝基（肩）稳定的软弱结构面、楔体或棱体	同 A_{IV1}	C_{IV}：岩石强度大于15 MPa，结构面发育或岩体强度小于15 MPa，结构中等发育	岩体较完整，强度低，抗滑、抗变形性能差，不宜作为高混凝土坝地基。当局部存在该类岩体，需专门处理
	A_{IV2}：岩体呈碎裂结构，结构面很发育，结构面间嵌合力弱，且多张开，夹碎屑和泥，岩块间嵌合力弱	岩体较破碎，抗滑、抗变形性能差，不宜作高混凝土坝地基。当局部存在该类岩体，需作专门性处理	B_{IV2}：岩体呈薄层状或碎裂状，结构面发育~很发育，多张开，岩块间嵌合力差	同 A_{IV2}		
V	A_V：岩体呈散体状结构，由岩块夹泥或泥包裹岩块组成，具松散连续介质特征	岩体破碎，不能作为高混凝土坝地基。当坝基局部地段分布该类岩体，需作专门性处理	同 A_V	同 A_V	同 A_V	同 A_V

注：本分类适用于高度大于70 m 的混凝土坝。f_r 为饱和单轴抗压强度。

6.4 岩石边坡工程

边坡(斜)按成因可分为自然边坡和人工边坡。天然的山坡和谷坡是自然边坡,是在地壳隆起或下陷过程中逐渐形成的;人工边坡是由于人类活动形成的边坡,其中挖方形成的边坡称为挖方边坡、填方形成的边坡称为构筑边坡(也称坝坡、填方边坡),人工边坡的几何参数可以人为控制。边坡按物质组分可分为岩质边坡和土质边坡。

岩石边坡失稳与土坡失稳的主要区别在于土坡中可能滑动面的位置并不明显,而岩石边坡中的滑动面则往往较为明确,无需像土坡那样通过大量试算才能确定。岩石边坡中结构面的规模、性质及其组合方式在很大程度上决定着边坡失稳时的破坏形式;结构面的产状或性质稍有改变,边坡的稳定性将会受到显著影响。因此,要正确解决岩石边坡稳定性问题,首先需弄清楚结构面的性质、作用、

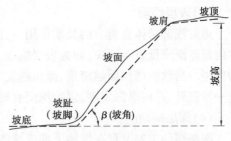

图 6.52 简单边坡

组合情况以及结构面的发育情况等,在此基础上不仅要对破坏形式作出判断,而且对其破坏机制也必须进行分析,这是保证岩石边坡稳定性分析结果正确性的关键。

典型的边坡(斜坡)如图 6.52 所示。边坡坡面与坡顶面相交的部位称为坡肩,坡面与坡底面相交的部位称为坡趾或坡脚,坡面与水平面的夹角称为坡角(或称坡面角、坡倾角),坡肩与坡脚间的高差为称坡高。

6.4.1 岩石边坡的破坏形式

在岩质边坡的形成过程中,随着初始地应力平衡状态被打破、并向新的应力平衡状态逐渐转变和形成(应力重分布),边坡将发生不同程度的变形和破坏。可以说,岩石边坡的变形与破坏是边坡发展演化过程中的两个不同阶段:变形属量变阶段,而破坏则是质变阶段,二者形成了一个累进性变形与破坏过程。这一过程,对于天然边(斜)坡时间往往较长,而对人工边坡则可能较短暂。

1)岩石边坡的变形特征

岩石边坡的变形以坡体未出现贯通性的破坏面为特点,在坡体的局部区域,特别在坡面附近也可能出现一定程度的破裂与错动,但从整体而言并未产生滑动破坏。边坡变形主要表现为松动和蠕动。

(1)松动

边坡形成初期,坡体浅表部往往出现一系列与坡面近于平行的陡倾角张开裂隙,被这种裂隙切割的坡体向临空方向松开、移动,这种过程和现象称为松动。它是一种边坡卸荷回弹的过程和现象。存在于坡体中的松动裂隙,可以是应力重分布过程中形成的,但大多是沿原有的陡倾角裂隙发育而成,它仅有张开而无明显的相对滑动。通常把发育有松动裂隙的坡体部位称为边坡松动带,边坡松动带使坡体强度降低,又使各种营力因素更易深入坡体,加大坡体内各种营力因素的活跃程度。它是边坡变形与破坏的初始表现。

（2）蠕动

边坡岩体在自重应力为主的坡体应力长期作用下，向临空方向缓慢而持续的变形，称为边坡蠕动。研究表明，蠕动的形成机制为岩土的粒间滑动（塑性变形），或为沿岩石裂纹微错，又或为岩体中一系列裂隙扩展所致。蠕动是岩体在应力长期作用下，坡体内部产生的一种缓慢的调整性形变，是岩体趋于破坏的演变过程。坡体中由自重应力引起的剪应力与岩体长期抗剪强度相比很低时，坡体减速蠕动；当应力值接近或超过岩体长期抗剪强度时，坡体加速蠕动，直至破坏。

（3）表层蠕动

边坡浅部岩体在重力的长期作用下，向临空方向缓慢变形构成剪变带，其位移由坡面向坡体内部逐渐降低直至消失，即为表层蠕动。对于破碎岩质边（斜）坡及土质边（斜），表层蠕动甚为典型。当软弱结构面越密集、倾角越陡、走向越接近坡面走向时，岩体发育将促使松动裂隙进一步张开，并向纵深发展，影响深度有时达数十米。

（4）深层蠕动

深层蠕动主要发育在坡体下部或坡体内部，按其形成机制特点可分为软弱基座蠕动和坡体蠕动两类。坡体基座产状较缓且具有一定厚度的相对软弱岩层，在上覆重力作用下，致使基座部分向临空方向蠕动，并引起上覆岩层的变形与解体，是"软弱基座蠕动"的特征。坡体沿缓倾软弱结构面向临空方向缓慢移动变形称为坡体蠕动，它在卸荷裂隙较发育并有缓倾结构面的坡体中比较普遍。

2）岩石边坡的破坏形式

当边坡岩体变形达到一定程度，即发生破坏作用，致使边坡岩体失稳。岩石边坡的失稳破坏，主要包括崩塌和滑坡两种类型。

（1）崩塌

崩塌是指块状岩体与岩坡分离向前翻滚而下的现象，一般的岩崩类型如图6.53所示。在崩塌过程中，岩体无明显滑移面，下落岩块或未经阻挡而直接坠落于坡脚，或于斜坡上滚落、滑移、碰撞最后堆积于坡脚处。其规模相差悬殊，大至山崩、小至块体坠落。

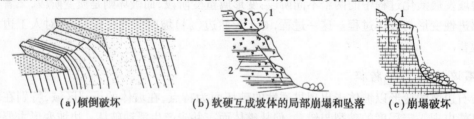

（a）倾倒破坏　　　（b）软硬互成坡体的局部崩塌和坠落　　（c）崩塌破坏

图6.53　岩崩类型

1—砂岩；2—页岩

崩塌常发生于既高又陡的边坡前缘地段。高陡边坡和陡倾裂隙系由边坡前缘的裂隙卸荷作用使基座蠕动造成边坡解体而形成，这些裂隙在表层蠕动作用下，进一步加深、加宽，并促使坡脚主应力增大、坡体蠕动进一步加剧、下部支撑力减弱，从而引起崩塌。崩塌形成的岩堆给其后侧坡脚以侧向压力，使得再次发生崩塌的突破处上移，所以，崩塌具有使边坡逐次后退、规模逐渐减小的趋势。巨型崩塌常发生在巨厚层状和块状岩体中，软硬相间层状岩体多以局部崩塌为主。

产生崩塌的原因,从力学机理分析,可认为是岩体在重力与其他外力共同作用下超过其强度而引起的破坏的现象。所谓其他外力是指由于裂隙水的冻结而产生的楔开效应、裂隙水的静水压力、植物根须的膨胀压力以及地震、雷击等的动力荷载等,都会诱发边坡产生崩塌现象。特别是地震引起的坡体晃动和大暴雨渗入使裂隙水压力剧增,甚至可使被分割的岩体突然折断,向外倾倒崩塌。自然界的巨型山崩,总是与强烈地震或特大暴雨相伴生。

(2)滑坡

滑坡是指边坡岩体在重力作用下沿坡内软弱结构面产生整体滑动的过程和现象,一般有如图 6.54 所示的三种类型。

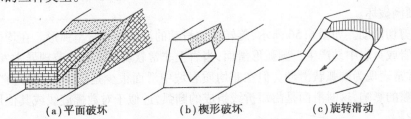

(a)平面破坏　　　　(b)楔形破坏　　　　(c)旋转滑动

图 6.54　岩质滑坡类型

与崩塌相比,滑坡通常表现为深层破坏形式,其滑动面往往深入坡体内部甚至延伸到坡脚以下,其滑动速度比崩塌缓慢。不同的滑坡其滑速也可能相差很大,这主要取决于滑动面本身的物理和力学性质:当滑动面通过塑性特征显著的岩土时,滑速一般比较缓慢;当滑动面通过脆性岩石,或者在具有一定抗剪强度的岩土体中一旦形成滑动面即将滑动时,滑动往往是突发而迅速的。

根据滑动面的形状,滑坡形式可分为平面剪切滑动和旋转剪切滑动。

①平面剪切滑动。平面滑动的特点是块体沿着平面滑移,它的产生是由于这一平面上的抗剪力与边坡形状不相适应。这种滑动往往发生在地质软弱面的走向平行于坡面,产状向坡外倾斜的地方。根据滑面的空间几何组成,平面滑动存在简单平面剪切滑动、阶梯式滑坡、三维楔体滑坡和多滑块滑动四种破坏模式,如图 6.55 所示。

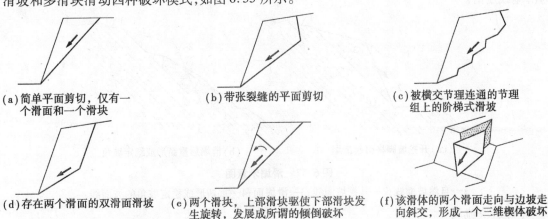

(a)简单平面剪切,仅有一个滑面和一个滑块　　(b)带张裂缝的平面剪切　　(c)被横交节理连通的节理组上的阶梯式滑坡

(d)存在两个滑面的双滑面滑坡　　(e)两个滑块,上部滑块驱使下部滑块发生旋转,发展成所谓的倾倒破坏　　(f)该滑体的两个滑面走向与边坡走向斜交,形成一个三维楔体破坏

图 6.55　平面剪切滑坡及其分类

a.简单平面剪切滑动。产生简单平面剪切滑动必须满足以下几何条件:滑动面走向与坡面平行或接近平行(约在 20° 范围之内);破坏面在边坡面露出即破坏面倾角必须小于坡面倾角,且破坏面倾角大于该面的摩擦角;岩体中存在对于滑移仅有很小阻力的节理面,它规定了滑动的侧面边界。

b.阶梯式滑坡。滑动面由两组节理相交而形成。这种滑坡的不稳定概率通常比简单平面剪切的不稳定概率要大得多。

c.三维楔体破坏。当两个不连续面的走向斜交坡面,其交线在坡面上出露时,如果此交线的倾角显著大于摩擦角,则位于此两不连续面上的岩石楔体将沿交线下滑,形成空间楔体破坏。在岩石边坡中单一平面破坏是比较少见的,原因是产生平面破坏的全部几何条件在一个实际边坡中仅是偶尔存在的,而工程中楔体滑移破坏则较为常见。

d.多滑块滑动。当滑体分解为两个及以上的块体时,滑动面通常由多个弱面组合形成。此外,当滑体分解的块体在单一弱面上滑动时,上部块体推压下部的块体,还会引起下部块体发生旋转,产生倾倒破坏。

②旋转剪切滑动。如图 6.56 所示,旋转剪切滑动的滑动面通常呈弧形。在均质岩体中,特别是均质泥岩或页岩中易产生近圆弧形滑面;当岩土非常软弱或者岩体节理异常发育或已破碎时,破坏也常常表现为圆弧状滑动。但在非均质岩坡中滑面很少是圆弧的,因为它的形状受层面、节理、裂隙的影响,这时滑面是由短折线组成的圆弧,近似于对数螺旋线或其他形状的滑面。

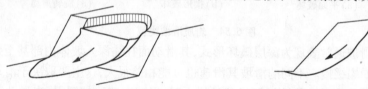

(a) 旋转剪切破坏的空间示意图　　　　　(b) 圆弧滑面的平面示意图

图 6.56　发生在圆弧滑面上的旋转剪切破坏

除了崩塌和滑移两种主要的破坏形式之外,自然界中还存在以下几种破坏形式:

(3)滑塌

如图 6.57 所示,松散岩质边坡的坡角 β 大于它的内摩擦角 φ 时,随着表层蠕动进一步发展,使它沿着剪变带表现为顺坡滑移、滚动与坐塌,从而重新达到稳定坡角的边坡破坏过程,称为滑塌或崩滑。

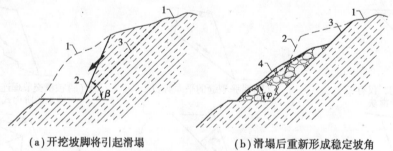

(a)开挖坡脚将引起滑塌　　　　　(b)滑塌后重新形成稳定坡角

图 6.57　滑塌示意图

1—自然坡面线;2—开挖坡面线;3—滑塌面;4—重新形成稳定坡角的坡面线

(4)岩块流动

如图 6.58 所示,岩块流动通常发生在均质硬岩层中,这种破坏类似于脆性岩石在峰值强度点上破碎而使岩层全面崩塌的情形。其成因首先是在岩层内部某一应力集中点上,岩石因高应力作用而开始破裂或破碎,于是所增加的荷载传递给邻近的岩石,从而又使邻近岩石受到超过其强度的荷载作用,导致岩石的进一步破裂这一过程不断进行,直至岩层出现全面破裂而崩塌,岩块像流体一样沿坡面向下流动,形成岩块流动。可见,岩块流动的起因是岩石内部的脆性破坏,而不像一般的滑坡那样,沿着软弱面剪切破坏。岩块流动时没有明显的滑动扇形体,其破坏面极不规则,没有一定的形状。

(5)岩层曲折

如图 6.59 所示,当岩层成层状沿坡面分布时,由于岩层本身的重力作用,或由于裂隙水的冰胀作用,增加了岩层之间的张拉应力,使坡面岩层曲折,导致岩层破坏,岩块沿坡向下崩落。

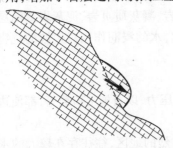

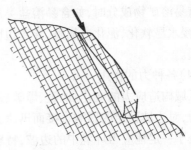

图 6.58　岩块流动　　　　　　　　　　　　图 6.59　岩层曲折

需要指出的是,以上边坡破坏的基本形式,在同一坡体的发生、发展过程中,常常是相互联系和相互制约的。如在一些高陡边坡发生破坏的过程中,常常先以前缘部分的崩塌为主,并伴随滑塌和浅层滑坡,随时间推移,再逐渐演变为深层滑坡。

3)影响岩石边坡稳定性的主要因素

(1)岩石的不连续结构面

边坡变形与破坏的首要条件,在于坡体岩石中存在各种形式的结构面。岩石边坡的稳定性是随岩体中不连续结构面(如断层、节理、层面等)的倾角而变化的:一方面,如果这些不连续面是直立的或水平的,就不会发生单纯的滑动,此时的边坡破坏将包括完整岩块的破坏以及沿某些不连续面发生的滑动;另一方面,如果岩体所含的不连续面倾向于坡面,倾角又在30°~70°之间,就会发生简单的滑动。岩体的结构特征对边坡应力场的影响主要表现为,由于岩土体的不均质性和不连续性使沿结构面周边出现应力集中或应力阻滞现象,构成了边坡变形与破坏的控制性条件,从而形成不同类型的变形与破坏机制。

边坡岩体结构面周边应力集中的形式主要取决于结构面的产状与主压应力的关系:结构面与主压应力平行,将在结构面端点部位或应力阻滞部位出现拉应力和剪应力集中,形成向结构面两侧发展的张裂;结构面与主压应力垂直,将发生平行结构面方向的拉应力,或在端点部位出现垂直于结构面的压应力,有利于结构面压密和坡体稳定;结构面与主压应力斜交,结构面周边主要为剪应力集中,并于端点附近或应力阻滞部位出现拉应力。顺坡结构面与主压应力呈30°~40°交角,将出现最大剪应力与拉应力值,对边坡稳定十分不利,坡体易于沿结构面发生剪切滑移,同时可能出现折线型蠕滑裂隙系统。结构面相互交汇或转折处,形成很高的压应力及拉应力集中区,其变形与破坏常较剧烈。

(2)改变边(斜)坡外形

河流、水库及湖海的冲刷及掏刷使岸坡外形发生变化。当侵蚀切露坡体底部的软弱结构面使坡体处于临空状态,或侵蚀切露坡体下伏软弱层的顶面时,使坡体失去平衡,最后导致破坏。

人工削坡未考虑岩体结构特点,切露了控制边坡稳定的主要软弱结构面,形成或扩大了临空面,使坡体失去支撑,会导致边坡的变形与破坏。施工程序不当,如坡顶开挖进度慢而坡脚开挖进度快时会加陡斜坡或形成倒坡;增大坡角时,将扩大坡顶及坡面张力带范围、增大坡脚应力集中带的最大剪应力,导致斜坡的变形与破坏。

（3）坡体岩石的力学性质

风化作用使坡体岩石强度减小,大大降低坡体稳定性,促进边坡变形与破坏。别外,边坡变形与破坏大都发生在雨季或雨后,还有部分发生在水库蓄水和渠道放水之后,有的则发生在施工排水不当的情况下,这些都表明水对边坡稳定性的影响是十分显著。当边坡岩土体亲水性较强或有易溶矿物成分时,如含易溶盐类黏土质页岩、钙质页岩、凝灰质页岩、泥灰岩或断层角砾岩等,浸水易软化、泥化或崩解,导致边坡变形与破坏。因此,水的浸润作用对边坡的危害性大而普遍。

（4）各种力的作用

区域构造应力的变化、地震、爆破、地下静水压力和动水压力,以及施工荷载等,都使边坡直接受力,对边坡稳定的影响直接而迅速。

处于一定地应力环境中的边坡,特别是在新构造运动强烈的地区,往往存在较大的水平构造残余应力,这些地区边坡岩体的临空面附近常常形成应力集中,主要表现为加剧应力差异分布,这在坡脚、坡面及坡顶张力带表现得最明显。

地震引起的坡体振动,等同于坡体承受一种附加荷载。它使坡体受到反复振动冲击,使坡体软弱面咬合松动,抗剪强度降低或完全失去结构强度,边坡稳定性下降甚至失稳。地震对边坡破坏的影响程度,取决于地震烈度大小,并与边坡的岩性、层理、断裂的分布和密度以及坡面的方位和坡体含水量有关。

由于雨水渗入、河水水位上涨或水库蓄水等原因,地下水位抬高,会使边坡不透水的结构面上受到静水压力作用。它垂直于结构面而作用在坡体上,削弱了该面上由滑体质量产生的法向应力、进而降低了抗滑阻力。坡体内有动水压力存在时,会增加沿渗流方向的推滑力,当水库水位迅速回落时尤甚。

6.4.2　岩石边坡的稳定性

边坡稳定性分析用于评定边坡是否处于稳定状态以及是否需要对其进行加固与治理等,是防止边坡发生破坏的重要决策依据。目前,用于边坡稳定性分析的方法大体上可分为定性分析方法和定量分析方法两大类:定性分析方法包括工程类比法和图解法（赤平极射投影、实体比例投影、摩擦圆法等）,定量分析方法主要有极限平衡法和数值计算法等。

极限平衡法是根据边坡上的滑体或滑体分块的力学平衡原理（即静力平衡原理）分析边坡在各种破坏模式下的受力状态,以及边坡滑体上的抗滑力和下滑力之间的关系来评价边坡的稳定性。极限平衡法是边坡稳定性分析计算的主要方法,也是工程实践中应用最多的一种方法。实践中,主要根据边坡破坏滑动面的形态来选择具体方法,例如,平面破坏滑动的边坡可以选择平面破坏计算法来计算,圆弧形破坏的滑坡可以选择 Fellenius 法或 Bishop 法来计算,复合破坏滑动面的滑坡可以采用 Janbu 法、Morgestern-Price 法、Snencer 法来计算,对于折线形破坏滑动面的滑坡可以采用传递系数法、Janbu 法等来分析计算,对于楔形四面体岩石滑坡可以采用楔形体法来计算,对于受岩体控制而产生的结构复杂的岩体滑坡可选择 Sarrna 法等方法来计算,此外还可采用 Hovland 法和 Lshchinsky 法等对滑坡进行三维极限平衡分析。

在极限平衡法的各种方法中,尽管每种分析方法都有它的假定条件及适用范围,且得出的

计算公式所涉及的因素各不相同,但其大前提是相同的。所有的极限平衡法都有三个前提。即:

①滑动面上岩土提供的实际抗剪强度 τ 与作用在滑面上的垂直应力存在如下关系,即莫尔—库伦准则(判据):

$$\begin{cases} \tau = c + \sigma\tan\varphi \\ \tau = c' + (\sigma - u)\tan\varphi' \end{cases} \tag{6.111}$$

式中　c,c'——滑动面上的粘聚力和有效粘聚力;

φ,φ'——滑动面上的内摩擦角和有效内摩擦角;

σ——滑动面上的法向应力;

u——滑动面上的孔隙水压力。

②稳定安全系数 F 定义为,沿最危险破坏面上作用的最大抗滑力(或力矩)与下滑力(或力矩)的比值,即:

$$F = \frac{抗滑力}{下滑力} \quad 或 \quad F = \frac{抗滑力矩}{下滑力矩} \tag{6.112}$$

③二维(平面)极限分析的基本单元是单位宽度的分块滑体。

以下对岩石边坡稳定分析中常用的一些极限平衡法进行介绍。

1)岩石边坡沿平面滑动的稳定性分析

岩石边坡沿平面滑动时可简化为平面问题,因此,可沿边坡走向选取代表性剖面进行边坡的稳定性计算,计算时假定滑动面的强度服从库伦—莫尔判据。

(1)单平面滑动

如图 6.60 所示,大多数岩石边坡在滑动前会在坡顶或坡面上出现张裂缝,张裂缝中不可避免地还充有水,从而产生侧向水压力,使边坡的稳定性进一步降低。在分析中往往作下列假定:

①滑动面及张裂缝的走向平行于坡面,滑动面长度为 L。

②张裂缝垂直,其充水深度为 z_w。

③缝隙水沿自张裂缝底部沿滑动面渗流并充盈,张裂缝底与坡趾间的长度内水压力按线性变化至零(三角形分布)。

④滑动块体质量 W、滑动面上水压力 U 和张裂缝中水压力 V 三者的作用线均通过滑体的重心。即假定没有使岩块转动的力矩,破坏只是源于滑动。一般而言,忽视力矩造成的误差可以忽略不计,但对于具有陡倾斜结构面的陡边坡要考虑其可能产生倾倒破坏。

潜在滑动面上的安全系数可按极限平衡条件求得,这时安全系数等于总抗滑力与总滑动力之比,即:

$$F_s = \frac{cL + (W\cos\beta - U - V\sin\beta)\tan\varphi}{W\sin\beta + V\cos\beta} \tag{6.113}$$

$$W = \begin{cases} 张裂缝位于坡顶时,取 \\ \dfrac{1}{2}\gamma H^2\left\{\left[1 - \left(\dfrac{z}{H}\right)^2\right]\cot\beta - \cot\alpha\right\} \\ 或张裂缝位于坡面时,取 \\ \dfrac{1}{2}\gamma H^2\left[\left(1 - \dfrac{z}{H}\right)^2\cot\beta(\cot\beta\tan\alpha - 1)\right] \end{cases} \tag{6.114}$$

$$L = \frac{H - z}{\sin\beta}, \tag{6.115}$$

$$U = \frac{1}{2}\gamma_w z_w L \tag{6.116}$$

$$V = \frac{1}{2}\gamma_w z_w^2 \tag{6.117}$$

当边坡的几何要素和张裂缝内的水深为已知时,用上面公式计算安全系数很简单。

当需要对不同的边坡几何要素、水深以及抗剪强度的影响进行比较时,可把式(6.113)整理为无量纲形式,这里不再展开说明。

岩石边坡的单平面滑动稳定性分析计算方法的主要特点是力学模型和计算公式简单,主要适用于均质砂性土、顺层岩质边坡以及沿基岩产生的平面破坏的稳定分析,但要求滑体做整体刚体运动,对于滑体内产生剪切破坏的边坡稳定性分析误差很大。

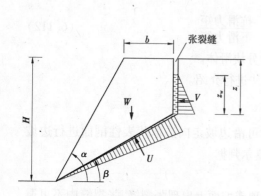

图 6.60 平面滑动分析简图

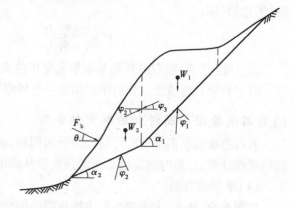

图 6.61 双平面滑动分析简图

(2)同向双平面滑动

如图 6.61 所示,岩质边坡内有两条相交的结构面形成的潜在滑动面,假定:

①上部岩块体的滑动面倾角 α_1 大于结构面内摩擦角 φ_1,设 $c_1 = 0$,该岩块体有下滑趋势,并通过接触面将下滑力传递给下部块体,称为主动滑块体。

②下部岩块体的潜在滑动面倾角 α_2 小于结构面的内摩擦角 φ_2,该岩块体受到上部滑动块体传来的下滑推力也可能产生滑动,称为被动滑块体。

③上部主动滑块体与下部被动滑块体之间的边界面为铅直面。

④在下部被动滑块体坡面上施加一个与水平面成 θ 角的支撑力 F_b。

对上、下两滑块体分别进行力系分析,可以得到极限平衡所需施加的支撑力为:

$$F_b = \frac{W_1\sin(\alpha_1 - \varphi_1)\cos(\alpha_2 - \varphi_2 - \varphi_3) + W_2\sin(\alpha_2 - \varphi_2)\cos(\alpha_1 - \varphi_1 - \varphi_3)}{\cos(\alpha_2 - \varphi_2 + \theta)\cos(\alpha_1 - \varphi_1 - \varphi_3)} \tag{6.118}$$

式中 $\varphi_1,\varphi_2,\varphi_3$ ——上滑动面、下滑动面以及垂直滑动面上的摩擦角;

 W_1,W_2 ——沿坡体走向方向单位长度上的主动滑动块体质量和被动滑动块体质量。

为简单起见,假定所有摩擦角是相同的,即 $\varphi_1 = \varphi_2 = \varphi_3 = \varphi$。如果已知 F_b,W_1,W_2,α_1 和 α_2 的值,则可以用下列方法确定岩坡的安全系数:首先用式(6.118)确定保持极限平衡而所需要的摩擦角值 $\varphi_{需要值}$,然后将岩体结构面上设计采用的内摩擦角值 $\varphi_{可用值}$ 与之比较,用下列公式确定安全系数:

$$F_s = \frac{\tan\varphi_{可用值}}{\tan\varphi_{需要值}} \tag{6.119}$$

在开始滑动的实际情况中，通过边坡的位移测量可以确定出坡顶、坡趾以及其他各处的总位移的大小和方向。如果总位移量在整个边坡各个部位均一致，且位移的方向是向外的和向下的，则可能是刚性滑动的运动形式。于是，总位移矢量的方向可以用来定出 α_1 和 α_2 的值，而张裂缝的位置可确定 W_1 和 W_2 的值。假设安全系数为 1，可以计算出 $\varphi_{可用值}$ 的值，此值即为式 (6.118) 的根。今后如果在主动区进行挖方、或在被动区进行填方、又或在被动区进行锚固，均可提高安全系数，在这些新条件下所需要的内摩擦角 $\varphi_{需要值}$ 也可由式 (6.118) 求出。由此，在新条件下提高的安全系数也就不难求得。

2) 岩石边坡沿圆弧面滑动的稳定性分析

对于黏性土质边坡以及具有碎裂结构的岩石边坡发生滑坡时，其滑动面形状常常为一个曲面，这在一定条件下可看作是平面应变问题，把滑动面假定为圆弧面或近似圆弧面。对于这类边坡进行稳定分析计算的一种比较简单而实用的方法就是条分法，条分法是由瑞典人彼德森在 1916 年首先提出的，此后，经由费伦纽斯、泰勒、毕肖普等人得以改进。条分法的主要思路是：先假定若干可能的剪切面（即滑动面），然后将滑动面以上坡体划分成若干个竖向条块（岩条或土条），对作用于各个条块上的力进行力与力矩的平衡分析，求出在极限平衡状态下坡体稳定的安全系数，并通过一定数量的试算，找出最危险滑动面位置及相应的（最低的）安全系数。

(1) 瑞典圆弧滑动法

瑞典圆弧滑动法（简称瑞典法或费伦纽期法），是条分法中最古老而又最简单的方法。

如图 6.62 所示边坡剖面，假定滑动面为一个圆弧面，把滑动岩体看作为刚体，计算滑动面上的滑动力及抗滑力，再求这两个力对滑动圆心的力矩。抗滑力矩 M_R 和滑动力矩 M_S 之比，即为该边坡的稳定安全系数 F_S，有：

$$F_S = \frac{抗滑力矩}{滑动力矩} = \frac{M_R}{M_S} \tag{6.120}$$

如果 $F_S > 1$，则沿着这个计算滑动面是稳定的；如果 $F_S < 1$，则是不稳定的；如果 $F_S = 1$，则说明这个计算滑动面处于极限平衡状态。

由于假定计算滑动面上的各点上覆岩石质量各不相同，因而由岩石质量在滑动面上各点引起的法向应力也不同，在抗滑力中的摩擦力与法向应力的力的大小有关，所以应当计算出假定滑动面上各点的法向应力。通常的方法，就是采用条分法对滑面内的滑体进行条分计算分析。

如图 6.62 所示，把滑体划分为 n 个岩条，先对每一个岩条建立绕圆弧滑动面圆心的力矩平衡条件，然后进行汇总，由式 (6.120) 可得假定圆弧滑动面上的稳定安全系数为：

$$F_S = \frac{\sum\limits_{i=1}^{n} (c_i l_i + W_i \cos\theta_i \tan\varphi_i)}{\sum\limits_{i=1}^{n} W_i \sin\theta_i} \tag{6.121}$$

式中　n——在滑体上划分的岩条数；

　　　i——岩条的编号；

　　　c_i——第 i 个岩条的滑弧所在岩层的内聚力，MPa；

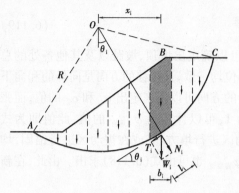

图 6.62　圆弧滑动分析简图

φ_i——第 i 个岩条的滑弧所在岩层的内摩擦角，°；

l_i——第 i 个岩条的滑弧长度，m；

W_i——第 i 个岩条的质量，kN；

θ_i——第 i 个岩条的滑弧中点处切线倾角，°。

在图 6.62 中，由于圆心和滑动面是任意假定的，因此，需要假定多个圆心和相应的滑动面进行试算，从中找到最小的安全系数即为真正的安全系数，其对应的圆心和滑动面即为最危险的圆心和滑动面。

按照瑞典圆弧滑动法进行边坡稳定分析计算，由于没有考虑坡体沿圆弧滑动时各个分条之间的条间力的作用，严格地说，对每一个分条是不满足力的平衡条件，对各个分条本身的力矩平衡也不满足、只满足整个坡体的力矩平衡条件。由此产生的误差，一般使求出的安全系数偏低 10% ~20%，这种误差随着滑裂面圆心角和孔隙（水）压力的增大而增大。

（2）毕肖普法

1955 年，由毕肖普提出的一种边坡稳定分析计算方法，较合理地考虑了条间力的作用。

如图 6.63 所示，对于第 i 个分条：X_i 和 Y_i 分别表示法向条间力及切向条间力，W_i 为分条自重，Q_i 为水平作用力（如地震力），N_i 和 T_i 分别为分条底部的总法向力（包括有效法向力和孔隙压力）和切向力，其余符号见图。

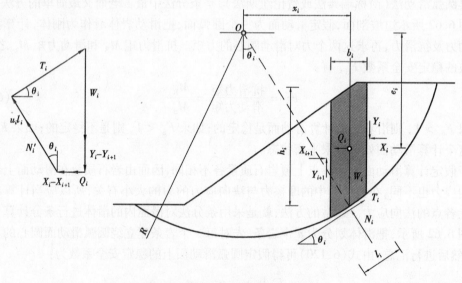

图 6.63　毕肖普法边坡分析简图

将整个滑动面上的平均安全系数定义为

$$F_S = \frac{\tau_f}{\tau} \tag{6.122}$$

式中　τ_f, τ——沿整个滑动面上的抗剪强度和实际产生的剪应力；

抗剪强度 τ_f 服从莫尔—库伦准则，即式（6.111）。

在极限平衡时,通过静力平衡条件,对每一个岩条建立绕滑动中心的力矩平衡方程并进行汇总整理,可得边坡稳定安全系数为:

$$F_S = \frac{\sum \frac{1}{m_{\theta i}} \left\{ c_i' b_i + \left[W_i - u_i b_i + (Y_i - Y_{i+1}) \right] \tan\varphi_i' \right\}}{\sum W_i \sin\theta_i + \sum Q_i \frac{e_i}{R}} \tag{6.123}$$

$$m_{\theta i} = \cos\theta_i + \frac{\tan\varphi_i'}{F_S} \sin\theta_i \tag{6.124}$$

式中　F_S——稳定安全系数;

u_i——作用在第 i 个分条块滑面上的孔隙水压力;

l_i——第 i 个分条块滑面长度;

b_i——第 i 个分条块宽度;

θ_i——第 i 个分条块滑面相对于水平面的夹角;

c_i'——第 i 个分条块滑面上的有效粘聚力;

φ'——第 i 个分条块滑面上的有效内摩擦角;

R——圆弧滑面的半径;

e_i——作用于第 i 个分条块上水平力 Q_i 的作用点位置与圆弧滑面圆心的竖向距离;

i——分析条块序数($i = 1, 2, \ldots, n$),n 为条分数。

在式(6.123)中,切向条间力 Y_i 及 Y_{i+1} 是未知的,为使问题得解,毕肖普假定各分条之间的切向条间力均略去不计,即假定条间力的合力是水平的,取 $Y_i = 0 (i = 1, 2, \ldots, n)$,这样式(6.123)可简化为:

$$F_S = \frac{\sum \frac{1}{m_{\theta i}} \left[c_i' b_i + (W_i - u_i b_i) \tan\varphi_i' \right]}{\sum W_i \sin\theta_i + \sum Q_i \frac{e_i}{R}} \tag{6.125}$$

式(6.125)就是国内外使用相当普遍的简化毕肖普法。由于 $m_{\theta i}$ 的表达式中也有 F_S 这个因子,故需要通过试算求解 F_S。在计算时,一般可先假定 $F_S = 1$,求出 $m_{\theta i}$,再求 F_S,如果此 F_S 不等于1,则用此 F_S 求出新的 $m_{\theta i}$ 及 F_S,如此反复迭代,直至假定的 F_S 和算出的 F_S 非常接近为止,根据经验,通常只要迭代 3 ~ 4 次就可满足精度要求,而且迭代通常总是有效的。

需要指出的是,对于 θ_i 为负值的土条,要注意会不会使 $m_{\theta i}$ 趋近于零,如果是这样,则简化毕肖普法就不能用。这是由于在计算中既略去了切向条间力 Y_i 影响,又令各分条维持极限平衡,在分条块的 θ_i 使 $m_{\theta i}$ 趋近于零时,N_i 就要趋近于无穷大,当 θ_i 的绝对值更大时,土条底部的 T_i 将要求与滑动方向相同,这是与实际情况相矛盾的。根据一些学者的意见,当任一分条的 $m_{\theta i} < 0.2$ 时,就会使求出的 F_S 值产生较大的误差,此时就应考虑 Y_i 的影响或采用别的计算方法。

对于式(6.125),若作用于各分条块上的水平力 Q_i 的作用点均位于各分条块滑面的中点时,或在一定条件下出于简化考虑作出这样的假定时,这时 $e_i / R = \cos\theta_i$,即有:

$$F_S = \frac{\sum \frac{1}{m_{\theta i}} \left[c_i' b_i + (W_i - u_i b_i) \tan\varphi_i' \right]}{\sum W_i \sin\theta_i + \sum Q_i \cos\theta_i} \tag{6.126}$$

3)岩石边坡沿一般滑动面滑动的稳定性分析

当岩石边坡的滑动面为任意形状时,如由曲线与直线构成的复合破坏滑动面、多段直线连接而成折线形破坏滑动面等,若按平面问题考虑,通常可采用 Janbu 法、传递系数法等来分析计算。这里,主要介绍不平衡推力传递法,该方法在国内被广泛应用于滑坡稳定的核算。

不平衡推力传递法假定条间力的合力(亦称滑坡推力)与上一个分条的条块底面相平行,根据力的平衡条件,逐条向下推求,直至最后一个分条的推力为零。如图 6.64 所示,当滑动面为折线形时,滑体上任意一个滑动分条 i 条块两侧的条间力合力作用方向分别与上一个分条的条块底面相平行,对第 i 条滑动块分别沿垂直和平行于该条块底面方向建立力的平衡方程,并应用式(6.122)定义的平均安全系数及莫尔—库伦准则,经整理,可得:

$$\begin{cases} P_i = W_i\sin\alpha_i - \left[\dfrac{c_i'l_i}{F_S} + (W_i\cos\alpha_i - u_il_i)\dfrac{\tan\varphi_i'}{F_S}\right] + P_{i-1}\psi_i \\ \psi_i = \cos(\alpha_{i-1} - \alpha_i) - \sin(\alpha_{i-1} - \alpha_i)\dfrac{\tan\varphi_i'}{F_S} \end{cases} \tag{6.127}$$

式中　　ψ_i——传递系数;

P_i,P_{i-1}——第 i 条块滑体和第 $i-1$ 条块滑体的剩余下滑力,作用点可取其所作用的条块分界面高度的下 $1/3 \sim 1/2$ 位置。

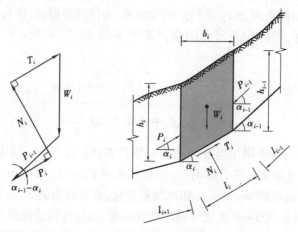

图 6.64　边坡不平衡推力传递法分析简图

应用式(6.127)计算时,先假定 F_S,然后从划分的第一个条块开始逐条向下推求,直至求出最后一个条块的推力 P_n,P_n 必须为零,否则,需重新假定 F_S 进行试算。

为使计算工作更加简化,工程单位常采用下列简化公式:

$$\begin{cases} P_i = F_S W_i\sin\alpha_i - [c_i'l_i + (W_i\cos\alpha_i - u_il_i)\tan\varphi_i'] + P_{i-1}\psi_i \\ \psi_i = \cos(\alpha_{i-1} - \alpha_i) - \sin(\alpha_{i-1} - \alpha_i)\tan\varphi_i' \end{cases} \tag{6.128}$$

如采用总应力法,则在式(6.128)中略去 u_il_i 项,c,φ 值可根据边坡岩(土)体的性质及当地经验采用试验和滑坡反算相结合的方法来确定。F_S 值应根据滑坡现状及其对工程的影响等因素确定,一般可取 $1.05 \sim 1.25$。另外,因为条分的条块间不能承受张力,所以任何条块的推力 P_i 如果为负值,则该 P_i 不再向下传递,而对下一个条块在式(6.128)中取 $P_{i-1} = 0$。

如图 6.64 所示，当各个条块分界面上的 P_i 求出后，就很容易求出 P_i 所作用的分界面上的抗剪安全系数，为：

$$F_{vi} = \frac{1}{P_i \sin\alpha_i}[c_i' h_i + (P_i \cos\alpha_i - U_{Pi})\tan\varphi_i'] \tag{6.129}$$

式中　U_{Pi}——作用于条块侧面（分界面）的孔隙水压力；

　　　h_i——条块侧面（分界面）高度；

　　　c_i'、$\tan\varphi_i'$——采用条块侧面（分界面）岩（土）体的平均抗剪强度指标。

由于 P_i 的方向是硬性规定的，当条块底面（滑动面）与水平面夹角 α_i 比较大时，求出的 F_{vi} 可能小于 1。

不平衡推力传递法只考虑了力的平衡，对力矩平衡没有考虑，这是一个缺点。但因为该方法计算简捷，所以还是为广大工程技术人员所乐于采用。

4）岩石边坡的楔形体滑动稳定性分析

岩石边坡经常由两组及两组以上节理相交而被切割成若干个楔形体。如图 6.65 所示，边坡上由两组节理面相交切割成一个四面体：设四面体自重为 W，滑动面 1 与滑动面 2 交线 mm' 的倾角为 α，滑动面 1 的面积及抗剪强度指标分别为 A_1、c_1 和 φ_1，滑动面 2 的面积及抗剪强度指标分别为 A_2、c_2 和 φ_2，滑动面 1 法线与交线 mm' 法线 n 的夹角为 α_1，滑动面 2 法线与交线 mm' 法线 n 的夹角为 α_2。

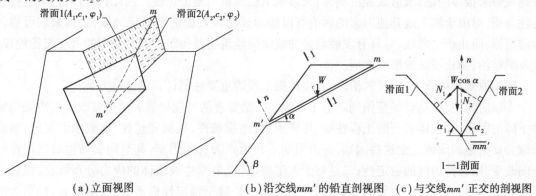

（a）立面视图　　（b）沿交线 mm' 的铅直剖视图　（c）与交线 mm' 正交的剖视图

图 6.65　两组节理面相交切割成的楔形体滑动稳定分析简图

①四面体的滑动力为 $W\sin\alpha$。

②滑动面 1 与滑动面 2 上的抗滑力之和为 $(c_1 A_1 + N_1 \tan\varphi_1) + (c_2 A_2 + N_2 \tan\varphi_2)$，其中，$N_1$、$N_2$ 分别为作用于滑动面 1 和滑动面 2 上的法向力，即 $W\cos\alpha$ 作用于滑动面 1 和滑动面 2 上的垂直分量。

由此，可得该四面体的稳定性系数为：

$$F_S = \frac{(c_1 A_1 + N_1 \tan\varphi_1) + (c_2 A_2 + N_2 \tan\varphi_2)}{W\sin\alpha} \tag{6.130}$$

对于 N_1、N_2，如图 6.65（c）所示力的平衡条件，有：

$$\begin{cases} N_1 \cos\alpha_1 + N_2 \cos\alpha_2 = W\cos\alpha \\ N_1 \sin\alpha_1 = N_2 \sin\alpha_2 \end{cases} \tag{6.131}$$

可解得：

$$N_1 = \frac{W\cos\alpha\sin\alpha_2}{\sin(\alpha_1 + \alpha_2)}, \quad N_2 = \frac{W\cos\alpha\sin\alpha_1}{\sin(\alpha_1 + \alpha_2)} \tag{6.132}$$

把式(6.132)代入式(6.130),得到四面体的稳定性系数为:

$$F_s = \frac{(c_1 A_1 + c_2 A_2)\sin(\alpha_1 + \alpha_2) + W\cos\alpha(\sin\alpha_2\tan\varphi_1 + \sin\alpha_1\tan\varphi_2)}{W\sin\alpha\sin(\alpha_1 + \alpha_2)} \tag{6.133}$$

楔形体及其各个滑动面的几何参数可通过勘察测得,滑动面的抗剪强度指标可通过试验或估算确定,因此,由式(6.133)计算得到楔形体的稳定性系数后,通过与设计规定的安全系数进行比较,来评估可能发生楔形体滑动破坏的边坡岩体稳定性。

楔形体滑动计算方法主要适用于岩质边坡沿两结构面交线滑动的楔形体破坏的边坡稳定性分析计算。同样可考虑张裂缝的水压力影响,并允许两结构面有不同的强度参数和水压力,以及边坡顶部地面倾斜的情况,还可用于锚固边坡的稳定性验算。

6.4.3　岩石边坡加固

1)边坡变形破坏的防治原则

边坡因变形破坏而导致滑塌,一方面会威胁到当地居民的生命财产安全;另一方面会给工程建设带来很多问题,既造成经济损失,又影响工程质量与施工进度。因此,通过对边坡进行稳定性分析,对由于施工或其他因素的影响有可能形成边坡失稳的不稳定地段,必须采取可靠的预防措施,防止产生滑塌;对具有发展趋势并威胁到建筑物及构筑物安全使用的潜在失稳地段,应及早整治,防止滑坡的形成发展。

防治原则应以防为主,及时治理,并应根据工程的重要性制订具体整治方案:

①以防为主,就是要尽量做到防患于未然。一是要查清可能导致天然边坡或人工边坡稳定性下降的因素,如坡体岩石的工程性质、环境因素、地质条件、植被完整性、地表水汇集等,事前采取必要措施消除或改变这些因素,并力图变不利因素为有利因素,甚至向提高边坡稳定性的方向改变,以保持边坡的稳定性;二是对于人工边坡,应根据边坡坡体的应力分布特征,正确地选择建筑场地,合理制定边坡的布置和开挖方案;三是对于稳定性极差、治理难度高、耗资大的边坡地段,宜尽量避让。

②及时处理,就是要针对边坡已经出现的变形破坏的具体情况,及时采取必要的增强边坡稳定性的措施。当边坡变形迹象十分明显或已经进入破坏性蠕变阶段时,仅采取消除或改变主导因素的措施已不足以制止破坏发生,在这种情况下,必须及时采取降低边坡下滑力、增加边坡抗滑能力的有效措施,迅速改善边坡的稳定性。

③考虑工程的重要性是制定整治方案必须遵循的经济原则。对于可能威胁到重大永久性工程安全的边坡变形和破坏,应采取较全面的、严密的加固方法以保证边坡具有较高的安全系数;对于一般性工程或临时性工程,则可采用较简易的加固措施。

此外,对于重点工程,为检验边坡的整治效果,对整治后的边坡还应进行长期监测。

2)边坡加固方法

(1)注填加固

对于裂隙发育比较发达但仍处于稳定的岩体,应采用对岩体裂隙进行注浆、勾缝、填塞等方法处理。岩体内的断裂面往往就是潜在的滑动面,用混凝土填塞断裂部分就可以消除滑动的可能。如图6.66所示,在填塞混凝土以前,应当将断裂部分的泥质物质冲洗干净,这样混凝土与岩石可以良好地结合;有时还应当将断裂部分加宽再进行填塞。这样既清除了断裂面表面部分的风化岩石或软弱岩石,又使灌注工作容易进行。

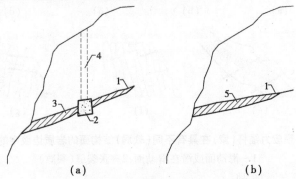

图6.66　注浆、填塞等加固岩体裂隙

1—岩体断裂;2—混凝土块;3—清洗断裂面并注浆;

4—钻孔;5—清洗和扩大断裂面并用混凝土填塞

（2）锚杆或预应力锚索加固

在岩石边坡的工程地质勘察中,经常发现坡体的深部岩石较为坚固且不受风化影响,在这种情况下,可采用锚杆或预应力锚索对表层不稳定的、或存在某种危险状况的岩石进行锚固。

锚杆（索）的结构一般由锚头、张拉段和锚固段三部分组成,锚头的作用是给锚杆（索）施加作用力,张拉段是将锚杆（索）的拉力均匀地传递给锚杆周围的岩体,锚固段锚固在稳定的岩体内以提供足够的锚固力。预应力锚杆（索）插入钻孔中锚固后,用张拉设备在孔口给锚杆（索）施加一定的预应力值后安装锚头进行锁定。

如图6.67（a）所示,对于岩石完整性较差的深层滑体,锚杆（索）能够穿越潜在滑面而锚固在深层的稳定岩体中。如图6.67（b）所示,锚固力 P 是由锚杆（索）的预应力作用在滑体上的压力,它与孔口锚头处施加的预张（拉）应力大小相等、方向相反,其加固作用主要体现为:一是使滑体向稳定岩体压紧、提高滑动面处的摩擦阻力;二是锚固力的在滑面上的切向分量又直接提供了抗滑力,从而提高了潜在滑体的稳定性。

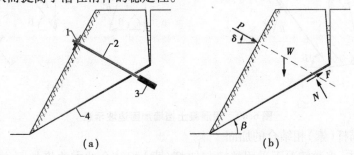

图6.67　预应力锚杆（索）加固边坡示意

1—锚头;2—张拉段;3—锚固段;4—滑面

预应力锚杆（索）的设置方向和深度应视边坡坡体的几何特征及岩石物理力学性状等因素而定,如图6.68所示。

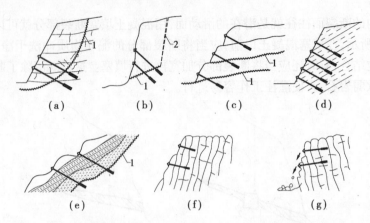

图6.68 预应力锚杆(索)在具有不同(软弱)结构面的岩质边坡中的应用示意

1—滑动面或潜在滑动面;2—张裂缝(裂隙)

(3)混凝土挡墙或支墩加固

在山区修建大坝、水电站、铁路和公路而进行开挖时,天然或人工边坡经常需要防护,以防止边坡岩石滑塌。在很多情况下,不能通过额外的开挖放缓边坡来防止岩石的滑动,这时采用混凝土挡墙或支墩可能比较经济。

如图6.69(a)所示,边坡内有潜在滑动面 mm',采用混凝土挡墙加固。mm' 面以上的岩体自重为 W,潜在滑动面方向有切向分力 $T = W\sin\beta$,垂直于潜在滑动面上的法向分力 $N = W\cos\beta$,抵抗滑动的摩擦阻力 $F = W\cos\beta\tan\varphi$。如图6.69(b)所示,摩擦阻力 F 比切向分力 T 小,不能阻止滑动,如果没有挡墙的反作用力 P,边坡岩体就不能维持稳定。由于 P 在滑动方向产生了分力 F^*,才能维系体体的静力平衡,即 $F + F^* = T$。应当指出,从挡墙传来的反作用力 P 只有当岩体开始滑动时才成为一个有效的力。

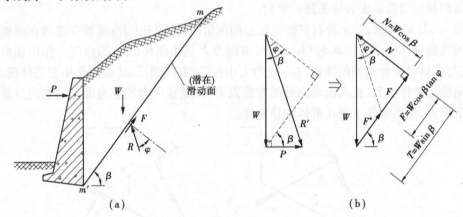

图6.69 用混凝土挡墙加固边坡示意

(4)挡墙与锚杆(索)相结合的加固

在实际工程中,多数情况下采用挡墙与锚杆(索)相结合的方法来加固岩坡。对于锚杆可以是预应力的,也可以不是预应力的;而锚索一定是预应力的。挡墙与锚杆(索)相结合使用的示例,如图6.70所示。

①如图6.70(a)所示,锚入边坡内的锚杆(索)基本上、或全部地平衡了坡体的下滑力,这时,作用在挡墙上的下滑推力很小,挡墙的断面就可以大大减小,做得较薄较轻,挡墙的主要作

用在于防止坡面岩石的进一步风化。

②如图 6.70(b)所示,混凝土挡墙与高强预张应力锚杆(索)结合加固不稳定边坡,由于锚杆(索)的预张应力的作用,将在挡墙断面内造成较高的应力,这时,挡墙的断面不能太薄、需满足强度验算要求。

利用锚杆(索)挡墙,特别是在边坡较长时,由于减少挖方量和减小墙的断面,所节约的石方量和混凝土量是较为可观的。

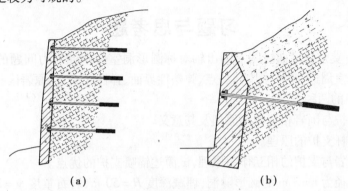

图 6.70　挡墙与锚杆相结合加固边坡示意

(5)抗滑桩加固

抗滑桩是埋设于边坡滑动面上、下岩体中,阻止滑体移动的柱形结构物。抗滑桩主要有两种应用形式:一是小断面的钻孔桩,二是大断面的大型钢筋混凝土桩,如图 6.71 所示。

①小断面钻孔桩,就是用工程钻机从被加固岩体表面钻孔至滑体以下一定深度,然后将桩体的骨架部分(如钢筋笼、钢轨、回收报废的石油钻杆等)置入钻孔中,然后向钻孔内注入浆体材料(如砂浆、混凝土等),使桩体骨架与周围岩体牢固地结合在一起。钻孔桩主要用于支挡滑坡推力较小的边坡,或在(潜在)滑动面上形成"剪力销"。

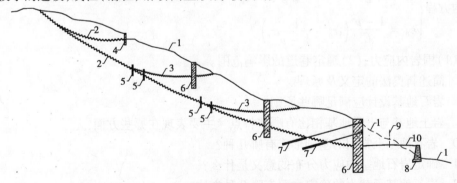

图 6.71　抗滑桩在边(滑)坡综合治理中应用示意

1—自然坡面线;2—滑带(主滑面);3—次滑带(潜在滑面);4—小断面钻孔桩支挡;
5—小断面钻孔桩"剪力销";6—大型钢筋混凝土桩;7—预应力锚索;8—重力式挡墙;
9—道路中心线;10—路面

②大型钢筋混凝土桩断面面积可达 4 m² 以上,甚至更大,断面形状以矩形为多,矩形的长边宜平行于滑体推力方向,以发挥其更大的截面抗弯刚度。设桩时通常采用人工或辅以轻便机械开挖竖井至滑动面以下一定深度,然后在竖井中布设钢筋笼、浇灌混凝土后成桩。大型钢筋混凝土桩适用于支挡滑坡推力大的滑体移动。大型钢筋混凝土抗滑桩根据其埋置和受力情况

不同可分成全埋式和悬臂式两种,可以单独使用、也可以与预应力锚索结合使用。

抗滑桩适用于岩石裂隙不太发育、完整性较好的缓倾斜中厚层岩体,且滑动面较单一、倾角小的滑坡,同时要求有一个明显的滑动面,滑面以下为较完整的基岩(或密实的基岩)以能提供足够的抗力。抗滑桩的设计必须考虑基岩所能提供的抗力和桩体自身的强度,以保证桩体在滑坡推力作用下,既不会失稳,又不会出现桩体弯折和剪断。

习题与思考题

6.1 在库伦-莫尔强度曲线图上画出轴对称圆形洞室弹塑性应力问题的几个不同位置的围岩应力圆图:洞室周边、塑性区中任一点、弹塑性界面、弹性区一点、原岩区一点。设支护力有 $P_1 = 0$ 和 $P_2 = p$ 的两种情况。

6.2 论述支护与围岩相互作用原理及其意义。

6.3 简述锚杆支护的原理。

6.4 根据围岩与支护的相互作用原理,试简述锚喷支护的优点。

6.5 有一半径为 $r = 3$ m 的圆形隧洞,埋藏深度 $H = 50$ m,岩石重度 $\gamma = 27$ kN/m³,泊松比 $\nu = 0.3$,岩体弹性模量 $E = 1.5 \times 10^4$ MPa。试求 $\theta = 0°$ 和 $\theta = 90°$ 处的隧洞周边的应力和位移。

6.6 设有一深埋的圆形洞室,半径为 R_0,围岩为均质、各向同性的无限弹性体,原岩的初始应力为 p_0,侧压力系数为1,围岩满足三类方程(忽略围岩自重):

平衡方程 $\dfrac{\mathrm{d}\sigma_r}{\mathrm{d}r} + \dfrac{\sigma_r - \sigma_\theta}{r} = 0$

几何方程 $\varepsilon_r = \dfrac{\mathrm{d}u}{\mathrm{d}r}, \varepsilon_\theta = \dfrac{u}{r}$

本构方程 $\begin{cases} \varepsilon_r = \dfrac{1-\nu^2}{E}\left(\sigma_r - \dfrac{\nu}{1-\nu}\sigma_\theta\right) \\ \varepsilon_\theta = \dfrac{1-\nu^2}{E}\left(\sigma_\theta - \dfrac{\nu}{1-\nu}\sigma_r\right) \end{cases}$

求:(1)围岩内应力;(2)确定巷道的影响范围。

6.7 简述新奥法的定义及原理。

6.8 岩石地基设计应满足哪些原则?

6.9 岩土地基与土质地基相比有哪些特点? 主要表现在哪些方面?

6.10 岩石地基上常用的基础形式有哪几种?

6.11 确定岩石地基中应力分布的意义是什么?

6.12 岩石地基承载力的确定主要有哪几种方法?

6.13 岩溶地基常用的处理方法有哪些?

6.14 岩石地基抗滑稳定计算主要有哪几种方法?

6.15 简述岩石边坡的变形特征及破坏形式。

6.16 岩石边坡稳定性分析方法有哪些? 极限平衡法的原理是什么?

6.17 岩石边坡加固常见的方法有哪些?

6.18 探明某岩石边坡(见图6.72)的平面滑面为 AB,坡顶 BC 裂缝深 $z = 15$ m,裂缝内水深 $z_w = 10$ m,坡高 $H = 50$ m,坡角 $\alpha = 60°$,滑坡倾角 $\beta = 28°$,岩石重度 $\gamma = 25$ kN/m³,滑面粘结力

$c = 80$ kPa，内摩擦角 $\varphi = 26°$，求此边坡稳定系数。

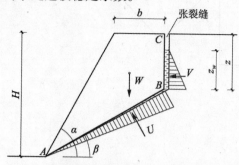

图 6.72　习题 6.18 图

7 岩石力学研究展望

7.1 概述

　　岩石力学是一门既有理论内涵,工程实践性又很强的发展中科学,岩石力学面对的是"数据有限"的问题,不仅输入给模型的基本参数很难准确给出,而且能够对过程(特别是非线性过程)的演化提供反馈信息或者能校正模型的测量并不多。另一方面,对岩体的破坏机理尚不能清晰地理解。自然界中的岩体被各种构造形迹(如断层、节理、层理、破碎带等)切割成既有连续有不连续的地质体。因切割程度的不同,形成松散体—弱面体—连续体的一个序列。这一岩体序列要比迄今为止人类熟知的任何工程材料都复杂,它几乎随处可变,所涉及的力学问题是多场(应力场、温度场、渗流场)、多相(气、固、液)影响下的地质工程结构相互作用的耦合问题。因此,工程岩体的变形破坏特征是极为复杂的,且多半是高度非线性的。岩体力学问题多半是不确定的、多尺度的,研究的对象也在不断地变化,有时很难找到一种精确的算法进行求解。正因为如此,许多岩体力学过程的数学描述要么不存在的,要么是弱的或者是不完全的,更困难的是,可以广泛接受的概化模型并不多。所以,人们在理论分析和数值模拟岩体力学问题时,经常不得不在特定条件下进行假设,套用已有的理论和定理进行处理,致使分析结果有时与实际出入很大。如果认为输入参数、边界条件、几何方程、平衡方程基本符合实际的,那么对计算结果影响最大的是岩体本构模型,而岩体本构模型的给定本身就带有相当程度的盲目性。目前对真实岩体本构模型的研究还不完善,而且还涉及对各种假定下得到的本构模型的选择上。"参数给不准"和"模型给不准"已成为岩石力学理论分析与数值模拟的"瓶颈"问题。

　　岩石力学特性的复杂性在于其组织结构的各向异性导致的非线性特点,只有摆脱传统线性分析的束缚,寻求非线性分析手段,才有可能使岩石力学的研究向前迈进。同时一些新兴学科的兴起,为我们提供了全新的思维方式和研究方法,为突破岩石力学的确定性研究方法提供了强有力的理论基础。

7.2　岩石断裂力学与损伤力学概述

7.2.1　断裂力学

1) 断裂力学学科发展

"断裂力学"指的是固体力学的一个重要分支,该学科旨在假定裂纹存在的条件下,寻求裂纹长度、材料抗裂纹增长的固有阻力,以及能使裂纹高速扩展从而导致结构失效的应力之间的定量关系。

断裂力学最早是在 1920 年提出的。当时格里菲斯为了研究玻璃、陶瓷等脆性材料的实际强度比理论强度低的原因,提出了在固体材料中或在材料的运行过程中存在或产生裂纹的设想,计算了当裂纹存在时板状构件中应变能变化,进而得出了一个十分重要的结果:$\delta_c \sqrt{a}$ = 常数。

1949 年,奥罗万在分析了金属构件的断裂现象后对格里菲斯的公式提出了修正,认为产生裂纹所释放的应变能不仅能转化为表面能,也应转化为裂纹前沿的塑性应变功,而且由于塑性应变功比表面能大得多以至于可以不考虑表面能的影响。他提出了以下公式:$\delta_c \sqrt{a} \equiv (2EU/\lambda)^{1/2}$ = 常数。

该公式虽然有所进步,但仍未超出经典的格里菲斯公式范围,而且同表面能一样,应变功 U 是难以测量的,因而该公式仍难以应用在工程中。

断裂力学的重大突破应归功于欧文应力场强度因子概念的提出,以及以后断裂韧性概念的形成。1957 年,欧文应用 Westergaard. H. M 在 1939 年提出的解平面问题的一个应力函数求解了带穿透性裂纹的空间大平板两向拉伸的应力问题,并引入应力场强度因子 K 的概念,随后又在此基础上形成了断裂韧性的概念,并建立起测量材料断裂韧性的实验技术,从而奠定了线弹性断裂力学的基础。

近年来,断裂力学和损伤力学的发展,是对经典连续介质力学的一个重要贡献。岩石断裂力学起源于断裂力学,20 年来,断裂力学已经引入岩石力学中,对岩体的强度分析是建立在对岩石的强度和裂纹的基础上。此处,岩石不再被看成是连续的均质体,而是由裂隙构造组合而成的介质体。运用断裂力学分析岩石的断裂强度可以比较实际地评价岩石的开裂和失稳。国际上对岩石断裂的研究已经获得一些进展,可用以分析工程中反映出的裂纹出现以及预测岩石结构的破裂和扩展。

2) 岩石断裂力学的分类和主要研究内容

(1)岩石断裂力学的分类

岩石断裂力学的研究一般多限于宏观裂纹,由裂纹前端的应力和位移根据断裂因子判断裂纹的扩展及其开裂方向。断裂可分为线弹性断裂力学和弹性断裂力学。按研究裂纹的尺度可分为微观断裂力学和宏观断裂力学。

(2)裂纹附近应力场强度计算

根据外力作用方式,断裂力学按裂纹扩展形式将介质中存在的裂纹分为三种基本形式(见

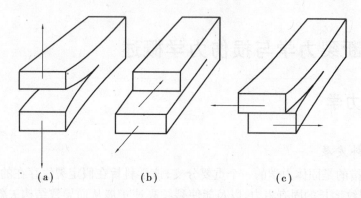

$$(a) \qquad\qquad (b) \qquad\qquad (c)$$

图 7.1 裂纹的三种形式

图 7.1），即张开型［见图 7.1（a）］、滑开型［见图 7.1（b）］和撕开型［见图 7.1（c）］。张开型上下表面位移是对称的，由于法向位移的间断造成裂纹上下表面拉开。滑开型裂纹上下表面的切

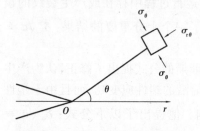

图 7.2 裂纹尖端极坐标标示图

向位移是反对称的，由于上下表面切向位移间断，从而引起上下表面滑开，而法向位移则不间断，因而只形成面内剪切。撕开型裂纹上下表面位移间断，沿 z 方向扭剪。

对于平面问题，假定裂纹尖端塑性区与裂纹长度及试样宽度相比非常小，把材料当作完全弹性体，按线弹性理论，可分别得出各种类型裂纹尖端附近的应力场的解析表达式。对于 I 型裂纹，在如图 7.2 所示的极坐标系中，裂纹尖端应力由式（7.1）给出。

$$\sigma_x = \frac{K_1}{\sqrt{2\pi r}}\cos\frac{\theta}{2}\left(1 + \sin\frac{\theta}{2}\sin\frac{3\theta}{2}\right)$$

$$\sigma_y = \frac{K_1}{\sqrt{2\pi r}}\cos\frac{\theta}{2}\left(1 - \sin\frac{\theta}{2}\sin\frac{3\theta}{2}\right) \qquad (7.1)$$

$$\tau_{xy} = \frac{K_1}{\sqrt{2\pi r}}\cos\frac{\theta}{2}\sin\frac{\theta}{2}\cos\frac{3\theta}{2}$$

式中　K_1——I 型应力强度因子，其定义为：

$$K_I = \lim_{r,\theta\to 0}\left[\sigma_y\sqrt{2\pi r}\right] \qquad (7.2)$$

K_I 表征了裂尖附近应力场强度，其值大小取决于荷载的形式与数值、物体的形状及裂纹长度等因素。把 τ_{xy} 和 τ_{yx} 代入上式中即可得出 II 型和 III 型应力强度因子 K_{II} 和 K_{III}。在平面应力（应变）状态下，应力强度因子可表示为：

$$K = F\sigma_r\sqrt{\pi a} \qquad (7.3)$$

式中　σ_r——远场应力（压为负）；

　　　F——与裂纹的几何特征、加载条件和边界效应有关的系数；

　　　a——裂纹半长。

在断裂力学中通过分析 F 值来研究不同裂纹组合时的相互作用时的应力特征。

断裂力学之所以定义应力强度因子来描述裂尖应力场强度，是因为在裂尖附近应力场出现了奇异性，由式（7.2）知，裂纹尖端的应力值与 $r^{-1/2}$ 成正比，当 $r\to 0$ 时，得出 $\sigma_y\to\infty$ 的结论，从

而在数学上出现奇异性。这恰恰是断裂力学理论基础不稳固的地方,因实际上材料受力后不可能产生无限大的应力。

在裂纹端部产生应力集中趋于无穷大是基于以下两点假设得到的,即:

①材料为完全均质弹性材料。

②裂纹尖端趋于无穷小。

而实际上,众所周知,满足这种理想线弹性假设的实际材料是不存在的,对于岩石材料尤其如此。首先,由于岩石材料内部存在大量杂乱无章分布的各种微缺陷,使得岩石本质上是一种非均位体。这种非均性会对应力造成很大干扰,使其分布失去均性。另外,由于构成岩石各矿物和晶粒等都是有一定的尺寸的,因而,岩石内部由于各种因素产生的裂纹尖端也不能是趋于无穷小的。

(3)断裂韧度和断裂依据

实验表明,当应力强度因子 K 达到一个临界值时,裂纹就会失稳扩展,而后导致物体的断裂,这个临界值被称之为断裂韧度,用 K_C 表示。K_C 值越大,裂纹越不容易扩展,因此断裂韧度是抵抗裂纹扩展能力的参量,它与材料有关,与物体裂纹的几何尺寸和外力大小无关,同过去常用的极限强度等同样是材料的一种机械性能。

对于单一的断裂问题,可采用应力强度因子 K 判断,即当 $K > K_C$ 时裂纹即失稳扩展,$K < K_C$ 时裂纹不会扩展。

线弹性断裂力学对 I 型裂纹的断裂判据,有比较符合实际的结果。而符合应力状态的裂纹扩展准则是比较复杂的问题,尤其是压剪应力状态,至今还难以给出比较符合实际的断裂判据,在考虑多裂纹相互作用时,其他裂纹对该裂纹的影响,通过引入应力强度因子影响系数来考虑。基于线弹性断裂力学的叠加原理,多裂纹存在时,裂纹 A 应力强度因子 K_A 的表达式如下:

$$K_A = \sum_{j=1}^{n} (F_j - 1)K_0 + K_0 \tag{7.4}$$

式中　K_0——裂纹 A 单纯存在(不受其他断裂影响)时的应力强度;

K_A——在周围有 n 条断裂存在诱导的应力场叠加后产生的应力强度因子;

F_j——其他断裂的影响系数,$F_j = K_j/K_0$,其中 K_j 是受附近第 j 条裂纹影响下裂纹 A 的应力强度因子;

F 值的大小一般取决于该断裂的相对位置以及所处应力状态等,通常由应力强度因子手册查到。复杂的实际断裂,则需通过边界边界配置法、有限元法和光弹实验等确定。

3)岩石断裂力学的工程应用

(1)岩石断裂力学在地震研究中的应用

由于浅源地震过程,本质上是地壳岩石大规模的断裂过程,所以引用断裂力学来研究地震,便成为人们所注意的问题。在这方面,国内已经做过不少工作。例如,把断裂力学中的应变能释放率公式和位移公式与震级—能量公式用来求得震源参数与地壳岩石应力状态之间的关系,以服务于地震预报的目的;又如,采用流变—断裂模型来解释余震序列的时间滞后特性;再如,用断裂力学理论分析圆盘裂纹稳态扩展条件,进而讨论断层参数、应力场参数和岩石物理力学特性参数与膨胀现象间的关系,以解释有的地区震前没有膨胀现象而有的地区震前却有强烈的膨胀现象。目前金属断裂力学多注意拉应力的作用,但用到多裂隙介质的岩石中来时,则多是断裂面处在压应力下的断裂力学问题,会具有自己的特点,这方面尚需做许多进一步的工作。

（2）断裂力学对改进重力坝剖面的设计和稳定分析方法极有前途

现行重力坝设计规范规定，在正常荷载作用下，上游面不应出现拉应力。空腹坝坝踵应力状态更为复杂，又无明确规定。因此国内一些空腹坝不得不把距坝基以上 3 m 高处上游面拉应力为零作为设计基准。实际坝踵是应力奇点，用连续介质力学分析其应力是困难的。视坝踵为 V 形切口，用断裂力学方法分析其开裂条件是可行的。

对于较完整岩基上的重力坝，坝与基岩胶结面显然是大坝的薄弱环节。试验已证实，在胶结面上存在一定的凝聚力。同时，由于施工缺陷、应力集中等原因，胶结面上可能存在裂缝。因此坝踵开裂后至大坝失稳前，裂缝沿胶结面有一个发展过程。用断裂力学方法分析坝的稳定性，研究裂缝的止裂条件和剩余韧带区的强度条件，可能比目前采用的剪摩或纯摩公式更为接近实际。目前国内外都在研究这个课题。上述方法原则上也适用于岩质边坡和拱坝坝肩稳定分析。

4）岩石断裂力学发展方向

目前，断裂力学用于岩石力学的研究还存在局限性，如裂纹的几何形状一般多局限于宏观的椭圆形，而实际岩石中往往存在着许多很细小的微裂纹；断裂力学一般只注重研究裂纹的起始和扩展条件，而对裂纹扩展中的相互作用研究不够。岩石断裂力学的研究今后应该着重探讨下列问题：

①在受压下，岩体内裂纹闭合，边界条件发生变化，因此，必须发展脆断模拟与弹塑性断裂模拟，进行闭合裂纹尖端应力场与位移场的解析研究以及分支裂纹端应力强度因子的计算研究。

②岩石材料的本构关系。

③岩石在各向受压条件下的断裂机理。

④岩石在单轴或多轴压缩下的复合型断裂判据。

⑤建立岩石静、动态断裂韧性测定的标准方法，探讨各类岩石断裂韧性与传统力学性能的关系。

⑥现场岩体内裂纹的监测手段与防断措施。

⑦非均质、各向异性与加载速率等因素对岩石断裂的影响。

7.2.2 损伤力学

大量的实验观察（如用 SEM 和光学显微镜等）表明，岩石的破坏是由其内部各种缺陷相互作用、扩展、最终贯通成宏观断裂的过程。古典变形力学，视材料为均匀连续的；断裂力学则认为除了位移间断的裂纹外，其余介质均质连续的，近年来提出的损伤力学是以微观缺陷为触点来深入研究介质力学形态，它能够考察多相的、非均质的、含有损伤演化的、经过某种力学平均的介质，引入到岩石力学中以后，已经看出它能较好地解决岩石固有的各向异性和非均匀性的力学特点。

1）损伤定义

在外载和环境的作用下，由于细观结构的缺陷（如微裂纹、微空洞等）引起的材料或结构的劣化过程，成为损伤。损伤力学是研究含损伤介质的材料性质，已经在变形过程中损伤烟花发展直至破坏的力学过程。

为描述方便,引入抽象的"损伤变量"概念,它可以是各阶张量(如标量、矢量、二阶张量等),用于概括描述损伤。

设有一均匀手拉的直杆,其原始面积为 A_0,认为材料劣化的主要机制是由于微缺陷导致的有效承载面积减小,出现损伤的面积为 A_D,试件的实际承载面积为 A_{ef},则 $D = A_D/A_0$ 定义为损伤因子,$\psi = A_{ef}/A_0$ 定义为连续因子,于是有:

$$D + \psi = 1 \tag{7.5}$$

$D = 0$ 为理想无损伤材料,$D = 1$ 为完全损伤材料,而实际材料的损伤因子 D 介于两者之间。密度和体积质量的变化可以直接反映损伤。

有效应力概念。试件不考虑损伤时,其表现应力为 $\sigma = P/A$,当考虑损伤时其有效应力 $\sigma_{ef} = P/A_{ef}$,于是:

$$\sigma/\sigma_{ef} = A/A_{ef} = \psi = 1 - D \tag{7.6}$$
$$或 \ \sigma_{ef} = \sigma/(1 - D)$$

式中　ψ ——表现应力 σ 与有效应力 σ_{ef} 的比值;

　　　　D ——应力增量 ($\sigma_{ef} - \sigma$) 和有效应力 σ_{ef} 的比值,由此可以通过应力或模量的测量来确定损伤因子。

此外,还可以用一些间接方法测量损伤,如 X 光摄像、声发射、超声波技术、CT 技术和红外显示技术等,对于导电材料可用电阻涡流损失法。交变电抗及磁阻或电位的改变来检测试件有效面积的变化。

2) 历史与现状

损伤力学是近 20 多年来发展起来的一门新的学科。1958 年,苏联塑性力学专家 Kachanov 在研究蠕变断裂时首先提出了"逆续性因子"与"有效应力"概念。1963 年,苏联学者 Rabotnov 又在此基础上提出了"损伤因子"的概念。此时的工作多限于蠕变断裂。在 20 世纪 70 年代后期,法国的 Lemaitre 与 Chaboche、瑞典的 Hult、英国的 Hayhurst 和 Leckie 等人利用连续介质力学的方法,根据不可逆过程热力学原理,把损伤因子进一步推广为一种场变量,逐步建立起"连续介质损伤力学(continuum damage mechanics mechanics,CDM)"这一门新的学科。与此并行,材料学家揭示了细微观的以微裂纹、微空洞、剪切带等为损伤基元的事实,为力学家提供了从细观角度来研究其力学行为的可能。由此诞生了以 Rice-Tracey,Gurson 等为代表的细观损伤力学,由原先的平行发展到现在成为互补的连续介质力学和细观损伤力学,构成了损伤力学的主题部分。

3) 损伤力学分类与主要研究内容

按损伤的分类,可分为弹性损伤、弹塑性损伤、疲劳损伤、蠕变损伤、腐蚀损伤、照射损伤、剥落损伤等。

通常研究两大类最典型的损伤,即由裂纹萌生与扩展的脆性损伤和由微孔洞的萌生、长大、汇合与扩展的韧性损伤。介乎两者之间的还有准脆性损伤。损伤力学主要研究宏观可见缺陷或裂纹出现以前的力学过程。含宏观裂纹物体的变形以及裂纹的扩展是断裂力学研究的内容。

损伤力学的主要研究内容如图 7.3 所示。

根据对损伤处理方法的不同把损伤力学分成两个分支,即连续介质损伤力学和细观损伤力学。

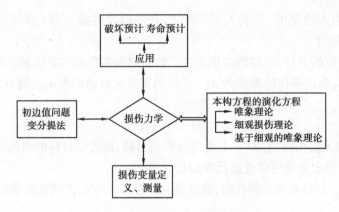

图 7.3　损伤力学的主要研究内容

4)连续介质损伤力学

连续介质损伤力学将损伤力学参数当成内变量,用宏观变量来描述微观变化,利用连续介质热力学和连续介质力学的唯象学方法,研究损伤的力学过程,它着重考察损伤对材料宏观力学性质的影响以及材料和结构损伤演化的过程,只求用连续损伤力学预计的宏观力学行为与变形行为符合实际结果和实际情况。它虽然需要细观模型的启发,但是并不需要以微观机制来导出理论关系式。不同的研究者选用具有不同意义的损伤力学参数来定义损伤变量。通常所说的损伤力学即是指连续介质损伤力学。

5)细观损伤力学

细观损伤力学从非均质的细观材料出发,采用细观的处理方法,根据材料成分——基体、颗粒、空洞等的单独行为与相互作用来建立宏观的本构关系。损伤的细观理论是一个采用多重尺度的连续介质理论。其研究方法是两(多)段式的,第一步从损伤材料中取出一个材料构元,它从试件或结构尺度上可视为无穷小,包括了材料损伤的节本信息,无数构元的总和便是损伤的全部。材料构元体现了各种细观损伤结构(如空洞群、微裂纹、剪切带内空洞富集区、相变区等)。然后对承受宏观应力作为外力的特定的损伤结构进行力学计算(这个计算中常作各种简化假设),便可得到宏观应力与构元总体应变的关系及损伤特征量的演化关系,这些关系即对应于特定损伤结构的本构方程,又可用它来分析结构的损伤行为。

细观损伤力学的主要贡献在于对"损伤"赋予了真实的几何形象和具有力学意义的演化过程。作为宏观断裂先兆的四种细观损伤基元是:

①微孔洞损伤与汇合。

②微裂纹损伤与临界串接。

③界面损伤(含滑错、空穴化与汇合)。

④变形局部化与沿带损伤。细观损伤理论的建模方法可概括为:

- 选择一个能描述待研究损伤现象的最佳尺度。
- 分离出需要考虑的基本损伤结构,并将嵌含该损伤结构的背景材料按一定力学规律统计平均为等效连接介质。
- 将由更细尺度得到的本构关系用于这一背景连续介质。
- 进而从该尺度下含损伤结构的连续介质力学计算来阐明材料损伤模型。

表7.1 对照了宏观、细观和微观损伤理论在损伤几何、材料描述和方法论等方面的主要特点。这里主要阐述细观损伤理论,但对微观损伤的若干行为也将会略有涉及。

表7.1 微观、细观、宏观损伤理论表征

	微 观	细 观	宏 观
损伤几何	空位、断键、位错	孔洞、断裂纹、界面、局部化带	宏观裂纹、试件尺寸
材料	物理方程	基体本构与界面模型	本构方程与损伤演化方程
方法	固体物理	连续介质力学与材料科学	连续介质力学

从细观损伤力学出发,关于材料损伤的扩展已进行了不少工作。在用细观损伤力学对裂纹岩石稳定性进行分析时,我们通常把预存的裂纹也作为一种损伤来统一处理。实验观察表明,不同的岩石材料,由于其中所包含的微裂纹的数量和尺寸等差异,由微观裂纹的孕育形成、扩展和汇合成主裂纹的脆性破坏过程和由空洞形核、长大和微空洞群汇合的韧性损伤破坏过程。损伤过程相应于应变的积累和局部化,这些过程显然是不可逆的。

目前,对于细观损伤力学存在两种不同的看法:一种认为细观模型为损伤变量和损伤演化赋予了真实的几何形象和物理过程,深化了对损伤过程本质的认识,它比宏观的连续损伤力学具有更基本的意义。另一种意见认为:这种通常称为"自洽"的方法,其主要困难是从非均质的微观材料需要经过许多简化假设才能过渡到宏观均质材料。由于微观的损伤机制非常复杂(多重尺度、多重机制并存在交互作用等),人们对于微观组成部分的了解还不够充分,它的完备性与实用性还有待于进一步研究。然而研究进展表明,从长远而言,这一方法是非常具有吸引力的。

6)岩石细观损伤力学基本模型

岩石细观损伤实验是研究其损伤过程和宏观力学性质的基本手段。但是,由于岩石实验可重复性差,不可避免地造成实验数据离散,并且伴有尺寸效应,试验结果不能反映岩石的特性。因此,除了继续致力于实验方面的研究外,有必要采用其他辅助手段研究岩石材料的损伤破坏行为。细观损伤数值模拟,在计算模型合理和岩石特性数据足够精确的条件下,可以取代部分实验,而且能够避开实验条件的客观限制和人为因素对其结果的影响。下面列举几种常用岩石细观损伤力学模型。

(1)岩石细观裂纹损伤模型

对于岩石、混凝土这类脆性材料,损伤主要是微裂纹的形成和扩展。由于岩石内部含有大量随机分布的微裂纹,且具有定向性,因此,可以根据微细观裂纹的分布、密度和方向及其动态变化来描述损伤及其演化,从而建立岩石损伤的微裂纹模型或细观裂纹模型。

Grady 等将细观裂纹密度定义为裂纹影响区的岩石总体积与岩石体积之比,激活的裂纹数服从双参数 Weibull 分布,由此建立岩石细观裂纹损伤演化方程:

$$D = C_d \varepsilon^{m-6} \tag{7.7}$$

式中　C_d——各参数的综合反映,称之为"细观裂纹损伤系数";

　　　ε——轴向应变;

　　　m——微裂纹分布参数。

将式(7.7)耦合到线弹性应力应变关系中得到脆性岩石的细观裂纹损伤本构模型：

$$\sigma = E\varepsilon - EC_d\varepsilon^{m-5} \tag{7.8}$$

需要指出的是，上述细观裂纹损伤模型尚有不足：

①所用的变量均为标量，故只能处理各向同性损伤问题。

②没有考虑初始压密所引起的非弹性响应。

（2）岩石细观网格开裂模型

进行数值分析时，先将岩石材料离散为一组正规排列的三角形结构，三角形结构的大小近似等于岩石中多数结构的尺寸（即岩石中晶格的尺寸）。离散结构的大小选择也要考虑试件大小及分析计算中计算量大小等因素。这种离散便于结构网格的自动划分与数值分析，可以反映细观构造的细节，能描述变形损伤的局部化，克服一般有限元法的缺陷。由晶体强度理论知，在细观层次上本构关系为：

$$\sigma_t = \frac{E\lambda}{2a_0}\pi \tag{7.9}$$

式中　λ——幂数；

　　　a_0——原子间距；

　　　E——细观弹性模量。

由细观构造引起的晶体强度的不均一性，可以直接对细观构造进行统计观测和实验，也可以假定细观结构的组成及其力学参数服从一定的分布函数，此模型可用双参数 weibull 的分布模型来描述：

$$p(x) = \left(\frac{a}{x_u}\right)\left(\frac{x}{x_u}\right)^{a-1}\exp\left[-\left(\frac{x}{x_u}\right)^a\right] (x \geq 0, a \geq 1) \tag{7.10}$$

式中　x_u——位置参数；

　　　a——形状参数。

根据微裂纹损伤过程区的形状是分形规律树枝状的微裂纹网络，可以微裂纹网络求出逾渗概率 $p(a)$：

$$p(a) = \sum_{n=1}^{k}\left(\frac{a_n}{a}\right)^n \tag{7.11}$$

材料细观破坏表现为拉断形状，即当细观结构（晶体）承受的拉力超过其抗拉极限后，微裂纹起裂。在考虑微裂纹起裂时，采用强度统计理论中的"最弱环假设"。计算分析过程为：先求解某一状态下的位移和应力（各细观结构），确定一组可能的开裂结构；然后计算每一细观结构的开裂概率（考虑开裂方向、个数、损伤的累积效应等因素）；如果细观结构开裂，则进入下一个循环。

（3）岩石统计损伤模型

由于岩石材料内部构造极不均匀，各微元所具有的强度都不相同，考虑到岩石损伤是一个连续过程，因此可假设岩石微元破坏前服从虎克定律且各微元强度服从 Weibull 分布，其概率密度函数 $P(F)$ 为：

$$P(F) = \frac{m}{F_0}\left(\frac{F}{F_0}\right)^{m-1}\exp\left[-\left(\frac{F}{F_0}\right)^m\right] \tag{7.12}$$

式中　m, F_0——反映岩石材料力学特性的 Weibull 分布参数。

定义损伤变量 D 为岩石中已经破坏的微元数目 N_t 与总微元数目 N 之比，即：

$$D = \frac{N_t}{N} \tag{7.13}$$

而
$$N_t(F) = \int_0^F NP(x)\,\mathrm{d}x \tag{7.14}$$

将式(7.12)、式(7.14)代入式(7.13),得:

$$D = \frac{N_t(F)}{N} = \frac{N\left\{1 - \exp\left[-\left(\frac{F}{F_0}\right)^0\right]\right\}}{N} = 1 - \exp\left[-\left(\frac{F}{F_0}\right)^m\right] \tag{7.15}$$

根据应变等效性假设,有:

$$\sigma_{ef} = \frac{\sigma}{1 - D} \tag{7.16}$$

式中　　σ_{ef}——有效应力;

　　　　σ——无损伤状态材料的应力。

将式(7.15)代入式(7.16)便可得到岩石统计损伤本构模型。

损伤力学研究的难点和重点是含损伤材料的本构理论和演化方程。目前的研究有三种途径:唯象的宏观本构理论、细观的本构理论、基于统计的考虑非局部效应的本构理论。唯象的模型注意研究损伤的宏观后果,细观的本构理论更易于描述过程的物理与力学的本质,因此需要不断地探索更严密的理论,构造更符合所研究岩石的损伤本构模型来解决。但因为不同的材料和不同的损伤过程及细观机制交互并存,人们难以在力学模型上穷尽对其机制的力学描述。但是抓住其主要细观损伤机制的力学模型,在一定类别的材料损伤描述上,已获得相当的成功。

7) 岩石损伤力学在工程应用中的问题

在外载作用下,岩石的破坏过程一方面是由于材料内部已存在的裂纹被激活扩展,而另一方面就是材料内部的应力超过了材料的抗拉或抗剪强度而产生新的裂纹,导致材料被拉断或剪坏。因为岩石是一种抗压强度远远大于其抗拉和抗剪强度的材料,所以岩石基本上都是被拉断或剪断的。对于岩石这种明显的脆性材料,主要是考虑其在外载作用下的拉伸破坏和剪切破坏。

和岩土塑性力学相比,岩体损伤力学目前基本上还停留在研究阶段,尚未成为一种有效的设计工具。在经历长期大量的研究后,这种停滞现状的原因是值得探讨和关注的,毕竟损伤力学研究的最终目的是工程应用。作者认为其中主要原因之一是研究和实际相互脱节造成的。目前,损伤力学的研究重点的主要是针对弹脆性材料,损伤的宏观效果主要体现在材料刚度的折减上,损伤的细观机制一般解释为裂纹扩展。而实际情况是,工程岩体的工作状态多为压剪状态,此时岩体宏观上具有很强的塑性流动特征(这也是岩土极限分析的基本依据),岩体内耗散的细观机制主要为裂纹摩擦。也就是说,在压剪状态下岩土塑性理论就能很好地描述岩体变形特征;在拉剪情况下,岩体确实表现为弹脆性,但此时损伤稳定扩展的范围非常窄,考虑损伤演化的意义并不大,采用最大拉应力准则即可。所以唯象的岩土屈服准则对岩体力学特性的把握是成功的,以此为基础的弹性分析一般能满足工程分析的精度要求。

8) 发展方向

近年来,损伤力学和断裂力学的结合成为一种发展趋势。损伤是断裂前期微裂纹(或微空洞)演化程度的表现,损伤的极限态是主裂纹开始传播,而宏观断裂则是主裂纹传播的结果。

损伤力学研究在各种加载条件下(塑性变形、蠕变、疲劳等),物体中的损伤随着变形而发展并最终导致破坏的过程和规律。当材料由于损伤形成了裂纹,在外载作用下,裂纹由起始扩展到失稳扩展,也是一个过程。断裂力学便于研究固体中裂纹扩展的规律。岩石破坏过程是一个原始缺陷的演化、宏观裂纹的形成与扩展、最后导致材料宏观断裂破坏的连续变化过程,可以用损伤力学的和断裂力学来共同描述和研究。最近,将损伤和断裂力学相结合来进行含裂纹岩石稳定分析,得到越来越广泛的应用。

损伤力学发展前景是非常广阔的,今后在以下四个方面有可能取得进展:

①材料各向异性问题。

②内变量改进,包括引进新的内变量,分解原来的内变量,以区别损伤的形成和发展两个阶段的同规律,以及与断裂力学结合,用统一的内变量来描述与处理整个破坏过程。

③进一步引进应力以外的损伤因素。

④进一步从细观角度对损伤加以研究。

损伤力学与现状计算技术的结合,将有力地推动其在工程设计和强度分析中的应用,为工程技术人员的设计决策提供较为准确可靠的理论工具。

7.3　岩石力学的分形研究

分形(Fractal)作为研究几何或信息自相似的有效方法,在岩石力学中获得了较广泛的应用。其主要成果体现在岩石节理面的几何分形研究、不同尺寸的岩石破裂事件的空间分布、时间分布和尺寸分布特征的分形研究,如 G-R 关系表明事件的频率-震级之间存在自相似性,这种自相似性反映在各种等级的岩石(体)破裂中:从岩石的微破裂(cm 级)到中等破裂(岩爆)到大地震(km 级)。利用相关函数,Kagan 等和 Knopoff 在 1980 年的研究结果表明,地震的空间分布也具有随机自相似性,其分形维数为 2.2 左右。分形维数法,sadovskiy 等在 1984 年说明了世界范围内和 Nurek 局部区域的地震是分形的,一些研究者发现应力强度因子与 b 值之间存在一种令人感兴趣的关系。下面主要讨论岩石力学几何分形与信息分形的测量方法和模型研究。

7.3.1　岩石节理表面分形描述

大量研究表明,岩石节理表面的几何形态具有分形特征。因而分形维数作为反映复杂程度的定量指标,同样可用于定量描述岩石节理表面的粗糙程度。由于分形维数具有无标度特性,对节理表面几何形态的描述不受观测尺度和精度的影响,这正是经典几何描述和统计方法所无法比拟的。因而运用分形几何的方法定量描述岩石节理的表面形态具有明显的优越性。

1)岩石节理表面的理论分形模型

由于岩石节理表面结构的复杂性,长期以来,一直没有理想的定量描述方法。Barton 定义了从 0~20 的 10 种节理粗糙度系数的典型曲线,后来 Tse 和 Cruden 发展了一个统计意义上的经验关系来估测节理粗糙系数 JRC 值。我们在研究中发现,节理表面形态统计地相似于分形理论中的 Koch 曲线,可用广义的 Koch 曲线生成元来模拟节理的空间构形。基于此,建立了一个描述节理面粗糙性的分形模型,并根据对标准 JRC 曲线的回归分析,得出如下关系:

$$JRC = 85.267\,1\,(D-1)^{0.567\,9} \tag{7.17}$$

式中 D——节理表面分形维数。

与真实值对比表明,该式准确描述出节理表面的粗糙度。

2)岩石节理表面粗糙性的直接测量方法

由分形理论描述的 JRC 的维数介于 1 和 2 之间,而节理表面的实际维数应介于 2 和 3 之间,由于无法直接覆盖测量岩石节理表面真实维数,故在以往的研究中,人们不得将这类问题简化为一维问题进行处理,但这并不能真实反映岩石节理表面的空间构形。为此提出了一种新的节理表面测量方法——投影覆盖法(the Projective covering method),应用无接触激光表面测量技术对岩石节理表面进行直接覆盖。该方法既有覆盖法的优点,又克服了普通覆盖法因接触被测表面造成划伤的缺点。

应用投影覆盖法对岩石在直接拉伸、三轴压缩、压剪耦合、拉剪耦合作用下形成断裂表面进行测量,测定的表面分维值 D 确实处于 2 和 3 之间,这为节理表面粗糙性的分形分析提供了一个新的方法。还显示出节理表面分维在不同的度量区间具有不同的 D 值,体现了表面自相似性的局域特征即多重分形性质,而不是简单的自相似分形。并进一步分析了不同载荷作用下形成的节理表面表现出的多重分形谱的形态特征,不同的外载荷作用下,产生的节理面的多重分形谱的形态也有所不同,说明节理表面多重分形谱与岩石破坏机理有明显的对应关系。

在岩石节理表面的整个范围内,仅用一个取决于整体性质的分形维数并不能完全描述节理表面粗糙性的局部特征。也就是说,在岩石节理表面的范围内,并不存在一个普适的分形维数。对岩石节理而言,其局部特征的奇异性是非常重要的,它往往是节理力学行为的主要影响因素之一,因此应该考虑用一个谱函数而不是一个分形维数来描述不同层次的局部特征,从系统的局部特征出发来研究其最终的整体特征。

7.3.2 岩石破裂时间的分形特征

1)岩石破裂事件空间分布的分形特征

考虑空间上的一个圆心为 x、半径为 r 的球,该球内破裂事件的总数为 $M(r)$,如图 7.4 所示。我们可以获得对应不同 r_i 的 $M(r_i)$。根据分形几何学,在 $M(r_i)$ 与 r_i 间存在一种关系:对于点集的线分布有 $M(r) \infty r^1$,对于点集的平面分布有 $M(r) \infty r^2$,对于点集的三维体积分布有 $M(r) \infty r^3$,对于一个分布维数为 D 的分形分布有:$M(r) \infty r^D$。

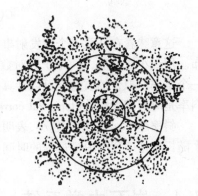

$M(r) \infty r^D$ 也称为维数与半径关系,分形维数 D 称为等于 $\lg M(r)$-$\lg t$ 图斜率的聚类维数。

用此分形维数测量方法,可以获得岩石破坏事件空间分布的分形维数。

图 7.4 岩石破裂事件空间的分形测量方法

2)岩石破裂事件时间分布的分形特征

同其他材料一样,受力的岩石因储存在其结构内部的应变能的释放而诱发产生脉冲,这种脉冲以弹性波的形式出现。一个声发射可以定义为一个瞬态弹性波。因此,岩石微破裂的损伤演化过程的分形维数可以直接从声发射试件的时间分布上计算出来。

取一个时间码尺 t,对整个声发射事件的时间分布进行测量,计算时间间隔 T 小于 t 的声发射事件对 (P_i,P_j) 的个数,并用 $N(t)$($T < t$) 表示(见图7.5)。因此,如果我们用不同的时间码尺 $t_i(i = 1,2,3,\cdots)$,对整个声发射事件的时间分布进行测量,可以获得一个数据集 $N(t_i)$($T < t_i$)。的声发射事件对的个数

$$N(t)(T < t) = \{|t_{p_i} - t_{p_j}| < t \text{ 的声发射事件对}(P_i,P_j) \text{ 的个数}\}$$
$$i,j = 1,2,3,\ldots,N \tag{7.18}$$

式中　t_{p_i}, t_{p_j}——测量系统记录的声发射事件 P_i,P_j 的时间;

　　N——被考察的时间段上声发射事件的总数。

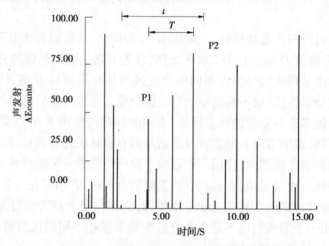

图7.5　岩石断裂事件时间分形的测量方法

根据分形几何理论(Grassberger,1983),岩石微破裂序列的声发射事件分布 $(P_1,P_2,\cdots,P_N)$ 的相关积分 $C(t)$ 可以表达为:

$$C(t) = \frac{2}{N(N-1)}N\,(T < t) \tag{7.19}$$

这意味着在任意一个声发射事件时间序列 X_n 上,计算所有可能的内部时间,并用作确定分布。用最小二乘法,将 $C(t)$ 的对数值拟合为 $\lg t$ 的一个函数。如果这种拟合是线性的,则存在一个幂率。拟合的质量是可以计算的。如果 $C(t)$ 是 t 的一个幂函数,则 $\lg C(t)$-$\lg t$ 拟合线的斜率是时间相关维数(temporal correlation dimension)D,有 $C(t)\propto t^D$。

斜率越小,分形维数越小,表明岩石微破裂事件在时间上的聚类越分离(isolated)。产生一个随机事件序列的泊松过程的时间分形维数为 1.0 或是 $\lg C(t)$-$\lg t$ 图上斜率为 1.0。

7.4　岩石力学系统

7.4.1　岩石力学系统的概念

岩石工程主要包括强度、刚度及稳定性三类工程力学例题,而由于岩体工程的稳定性不足造成的损失是巨大的甚至是灾难性的;同时岩石力学的另一类问题是如何有效地利用岩石结构的失稳破坏来破碎岩石。岩石工程的稳定性是岩石工程中最难解决、理论基础最薄弱而又易与

岩石力学强度问题相混淆的、尚未完全解决的一类重大问题。岩石工程的失稳现象常常与重大的地质灾害联系在一起。故如何预测预报以及最终防治岩石工程的失稳破坏来解决岩石工程的稳定性问题是岩石力学工作者一直探索的主要目标。

就系统论的观点而言,系统是若干相互联系、相互依赖、相互作用的要素所组成的具有一定结构形式和功能作用的有机整体。岩石力学系统是指岩石结构体在外力等作用下,与围岩、支护及其工程地质、自然环境共同组成的力学系统。岩石力学系统往往由若干个要素组成,该要素可能是系统变量,也可能是反馈环或子系统(分系统)。通常,岩石力学系统是一个闭环系统。系统的响应(输出)一般对系统的激扰(输入)有影响,即反馈系统。并且该力学系统的激扰(输入)与响应(输出)并不是一个简单的正比例关系,而是一个非常复杂的非线性力学关系。岩体力学系统的非稳定破坏现象是大量存在的,如火山爆发、地震、雪崩、岩(煤)爆、矿震、库区地震、瞬时滑坡、采矿中顶板突然来压、突水、煤(岩)瓦斯突出等都是最常见的岩体失稳现象。故岩体力学系统稳定性的研究无论在理论上还是实践上都是非常重要的,也一直是岩石力学研究中一个最活跃的热点。

岩石力学系统主要分为岩石变形力学系统、岩石刚体运动力学系统、复杂岩石力学系统。如果从岩石力学系统所处的状态来分析,岩石力学系统也可分为平衡系统和运动系统。岩石力学系统一般是从不同尺度的宏观角度来分析其结构形式和功能。从系统结构与系统环境相互作用的角度来分析,岩石力学系统是一个巨系统,可从不同的角度来对岩石力学系统分类。如从赋存方式来区分,可分为天然岩石力学子系统和人工岩石力学子系统。天然岩石力学子系统和人工岩石力学子系统分别还可继续分类。通常为了有利于建立数学模型,便于力学分析,可将岩石力学系统分为固体子系统、流体子系统、环境子系统等。同时将岩石力学系统运动稳定性分类,即岩石力学系统运动稳定性可分为岩石力学系统稳定问题、岩石力学系统渐进稳定问题、岩石力学系统非稳定例题。

7.4.2　岩石力学系统的基本问题

1)岩石力学系统的边界和环境

岩石力学系统的边界是指在一定的范围上研究岩石力学系统的力学行为时,包含足够的研究信息所需要的最小界域。岩石力学系统边界以外的同系统有关联的包括各种形式的物质、能量或信息等部分称为岩石力学系统的环境。岩石力学系统对岩石力学系统的环境有相对的独立性。所以岩石力学系统演化过程的研究中,如果选取系统的边界太大,造成浪费,同时难以保证研究精度;如果系统的边界选择太小,则损失了必要的研究信息,使模型不足以反映原型,造成在研究域上的失真,其结论可信度就值得怀疑。岩石力学系统中应包括反映系统本质特性的实质变量,即如果要研究系统的失稳特性,边界内应包含主导结构,即可能发生失稳的子系统。同时要包括与该失稳子系统有关的子系统。

岩石力学系统是一个开放的系统,系统的边界确定后,系统的内部结构与系统外部的环境通过系统的边界有物质、能量和信息的传递和交换—这样,就存在着开放大小和开放程度的问题,即开放度。开放度是研究岩石力学系统演化过程一个必要的物理量。

2)岩石力学系统的结构

岩石力学系统结构是岩石力学系统的构成要素在时间、空间上连续的排列、组合及相互作用的方式,是系统构成要素组织形式的内在联系和秩序的规定性。结构是系统诸要素有序化的直接形式。不同的系统结构,反映的转石力学系统本质规定性就不同,系统就有质的区别。

岩石力学系统中,结构的组成部分、时空秩序和联系规则称为岩石力学系统构的二要素。只要有几个最简单的子系统,不同的几何排列、组合就可以有很多种组成方案。如果考虑子系统间不同强度的连接方式和子系统间参数高低的不同组合,可组成无数种方案,这说明由于岩石力学系统结构构成的复杂性,导致其表现的功能特性亦非常复杂。它所揭示的规律在自然界是普遍存在的。最典型的就是化学理论中揭示的同分异构现象。

与岩石力学系统的整体性、层次性及相对稳定性相对应,系统的结构也具有整体性、层次性及相对稳定性等特性。岩石力学系统的结构是岩石力学系统内在因有属性,在某一个层次上形成的岩石力学系统结构,可以是上一个系统结构的子结构,也可是下一个或下几个子结构的总结构。既然是岩石力学系统的结构,在一定的时空范围内,系统的结构就具有一定的承载能力和功能作用,同时在一定的荷载和时间范围内,具有相对稳定的特性。

一般来说,岩石力学系统是一个巨系统,结构由以下几组要素组成:

①天然岩石固体部分。

②天然环境部分。

③流体(包括液体和气体)部分。

④人工工程、人工支护固体部分。

岩石力学系统性质主要取决于岩石力学系统的内部微观结构,也就是系统内部反馈结构与反馈机制。岩石力学系统的内部微观结构的内涵包括两个方面,一是指岩石力学系统组成的基本结构部分的性质及其相互关系与性质,即岩石力学系统的演化过程都主要根植于系统内部基本结构;二是指岩石力学系统的内部微观结构与宏观行为的关系问题。大量的理论分析与实际测试都证实,岩石力学系统的宏观行为取决于系统的微观结构。

3) 岩石力学系统的参数

从本质上说,岩石力学系统的参数是岩石力学系统结构中的一部分。其原因是岩石力学系统中,没有参数的结构形式是不存在的;反过来说,岩石力学系统结构中,必然存在不同类型的结构参数。岩石力学系统的参数包括几何特性参数、物理特性参数、力学特性参数及演化特性参数等,这些参数的适当组合,就可以形成岩石力学系统结构的变量。

岩石力学系统的演化进程中,在系统达到临界平衡前,系统的微小参数变化一般不会引起系统的状态变化,即此时岩石力学系统的结构形式起主导作用,稳定的系统对参数不敏感;只有在系统达到临界状态时,系统的主导结构的参数变化才可能改变系统的状态变化,即系统的结构形式不起主导作用,此时参数变得非常敏感,参数的微小变化可能改变系统的功能特性。

4) 岩石力学系统的反馈

岩石力学系统是一个反馈系统—研究岩石力学系统演化过程中的稳定性问题,必须首先研究岩石力学系统中各个子系统的反馈特性,这是研究岩石力学总系统反馈和稳定特性的基础。研究岩石力学系统及其子系统的反馈特性,应包括以下几个主要问题:一是特征子系统的负反馈和正反馈特性;二是子系统的反馈特性与总系统反馈特性之间的关系;三是如何确定系统的反馈的主导结构和主反馈环,采用人为方式调整系统的结构形式、参数范围或环境,促使系统的主导结构的子系统仅发生负反馈(稳定)或正反馈(非稳定)。

岩石力学系统的另一反馈特性是系统反馈的强弱问题。总系统中的众多子系统,如果某一个或几个子系统的正反馈特性比较弱,不能克服系统的总体负反馈能力。则总系统特性就为负反馈特性;或子系统具有克服系统的总体负反馈的能力,但强度较弱,则总系统特性就为弱正反馈特性;如果某一个或几个子系统的正反馈特性比较强,足以克服系统的总体负反馈能力,并强度较大,则总系统特性就为较强的正反馈特性。

稳定的岩石力学系统的结构变化比参数变化更为敏感,不同的结构往往产生不同的行为模式。一般而言,岩石力学系统的正反馈环结构要比负反馈环结构变化更为敏感。加上或去掉一个正反馈环对模型结论可能会有本质的影响,而对一个稳定的岩石力学系统加上一个负反馈环却很少有影响,除非两个作用的负反馈环的结构变化可能引起系统的振荡。从一个稳定的系统中去掉一个负反馈环可能使系统失稳,只要该负反馈环在结构中是最活跃的。与参数变化的条件相类似,结构变化的影响程度取决于它与模型结构主导部分的联系。非主导结构的变化,其影响甚微。参数变化与结构变化的界限很难划清。

5)岩石力学系统的功能

岩石力学系统的功能是指系统与外部环境相互联系和相互作用过程中表现出来的性质、能力和功效,是系统内部相对稳定的联系方式、组织秩序和时空关系的外在表现形式。

同一岩石力学系统结构具有多种功能,如巷道及其支护形成的力学系统,可用来通风、行人、运料、排水等功能。另外系统的环境不同,系统的功能也不同。如水库在雨季主要是用来防洪、蓄水、调节排量;但在旱季则主要用来灌溉、运输、养殖、发电等。

岩石力学系统功能在与外界环境相互作用时才体现出来,故必须是开放的岩石力学系统才具有此性质。任何岩石力学系统都是开放的,并具有层次秩序,故岩石力学系统中各子系统同样具有各自的功能,即在系统的演化过程,各子系统对上一级系统和其他子系统表现出其本身的性质、能力和功效一这就是岩石力学系统的内部功能。

岩石力学系统的内部结构往往是不清楚的,此时可采用系统的功能模拟方法来研究,即从模型的功能与原型的功能相似的角度建立模型。功能模拟方法将所研究的系统视为黑箱,不同系统的结构如何,通过一组或多组输入和输出比较来追求模型和原型的功能的异同,从而为模拟方法开辟了一条新路。岩石力学系统的结构是体现岩石力学系统功能的基础,要使岩石力学系统具有良好的功能性质和稳定性,必须优化岩石力学系统的结构。

7.4.3 岩石力学系统演化过程

1)岩石变形力学系统演化过程及其控制变量

岩石变形力学系统是指在外力作用下,岩石工程仍然保持连续变形的结构系统。岩体结构的失稳破坏,本质上是一个动力失稳过程。在动力失稳发生前,岩体在外力的作用下,随时例变化处在一个缓慢的不断地应变能积累过程中,失稳发生的瞬间与发生后显然是一个动力过程。在数学上描述与处理动力例题非常困难,故常假设失稳发生前的应变能积累过程为准静态,利用最小势能原理与狄里希锐(Dirichlet)原理来判别系统的平衡状态的稳定性,即:

$$\delta \prod = 0 \tag{7.20}$$

$$\delta^2 \prod \leqslant 0 \tag{7.21}$$

公式(7.20)、(7.21)为系统结构失稳的必要条件,式中 $\prod$ 为变形系统的踪势能。由推导的结果可知,只有在介质中出现应变软化区,系统才有可能出现失稳。

式(7.20)、式(7.21)是用能量方法建立的适用于整个岩体变形力学系统分析的一个普通原理,而刚度条件仅为岩样在单轴应力条件下判别是否失稳的特例。事实上,刚度矩阵的特征值法、奇异刚度矩阵法、海森矩阵法等都是式(7.21)的一个推论,其本质都是岩石结构在准静态条件下,刚度系数矩阵(包括材料的物理力学参数和几何参数)的元素随变形过程为非线性性质,刚度系数矩阵处于非正定的一种表现形式。

利用稳定性的基本定义系,即根据施加的荷载 P 与系统的响应 R 间的对应关系,来建立岩体失稳理论。当系统处于稳定状态时,荷载增量 ΔP 与其相应的响应增量 ΔR 的比值 $\Delta R / \Delta P$(即响应比)是常数或接近常数;如果外载 P 不断增加至临界状态 P_{cr} 时,系统趋向不稳定,这时其响应比 $\Delta R / \Delta P$ 将随着荷载的不断增加而增大。当系统失稳时:

$$\lim_{\Delta P \to 0} \frac{\Delta R}{\Delta P} \to \infty \tag{7.22}$$

近年来,以所谓的"新三论"(耗散结构理论、协同学和突破理论)为代表的,包括突变、损伤、分岔、分形、混沌、神经网络等非线性系统科学得到了很大发展,并且在各方面得到应用,取得了许多新的成果。

2)岩石滑动力学系统演化过程及其控制变量

含有不连续面岩石的错动、滑动组成了岩石滑动力学系统,该过程的研究,最早由 Brace,W. F 和 Byerlee,J. D(1966)针对地震发生机理首次提出了粘滑理论(stick-slip theory),从 20 世纪 60 年代中期至今,国际上在该方面的研究从未中断。该模型采用了弹簧-滑块模型,模拟了断层地震的发生过程,即在地震发生过程中,由于断层接触的静摩擦力大于动摩擦力,断层的突然运动会引起整个系统的失稳,失稳后系统发生振动,这种失稳破坏称为粘滑。粘滑理论解释了断层地震发生的机理。该理论建立了动力学模型,并采用微分方程来描述这一过程。A. Ruina 等(1983)在 J. Dietrich 的实验基础上提出了作用在滑块上的滑动速率和运动历史有关,由此采用一个具有速率和单状态变量有关的摩擦定律的单弹簧,滑块模型来模拟地震的发生过程,研究结果表明,空间不对称是由系统本身的动力学引起的,而不是由于它的非均匀性所致。

3)岩石力学系统动力演化过程及其控制变量

基于动力学系统稳定性的观点提出了滑坡灾害发生的一种新机制,认为滑体滑动的稳定与否是与滑动的阻尼性质密切相关,稳定的滑动是由于系统存在正阻尼,非稳定的滑动是系统出现负阻尼所致,同时提出判别边坡滑动系统稳定性的准则。通过对边坡基底岩石振动因素的分析,建立了单一滑面滑体受基底岩石强迫振动的模型,采用非线性动力学方程描述滑体的变形规律,分析了基底岩石振动过程中导致滑体移动的原因。指出在一个频带范围和力幅范围内,基底的振动会引起潜在滑体位移突跳,在滑面的法向方向上张开,切向上错动而诱发滑坡在分析断层等不连续面冲击地压现象的基础上,用岩体的振动与断层间的刚体错动的叠加来描述不连续面冲击地压发生过程。提出断层上下两盘刚体滑动的稳定与非稳定的形式;分析了振幅越来越大的不稳定振动。断层冲击地压发生时,岩体位移是岩体的振动与断层间的刚体错动的叠加,指出了发生断层冲击地压的影响因素及原因。

4）岩石力学系统的稳定性理论的初步应用

根据煤或岩体的赋存特征及采动后的受力特点,将采矿及掘进等工程进行过程中诱发的地震灾害分为三类,即完整煤岩体受压应力作用的失稳、顶底板受拉应力型地震及断层走滑受剪型诱发地震。在分别分析其成因的基础上,建立了采矿诱发三种类型地震的发生条件,提出了防治发生诱发地震的对策。对岩石石力学系统的部分接近临界稳定的子系统进行超前人工强扰诱发失稳,达到系统发生失稳而不产生重大灾害的目的,在煤矿防灾应用中已取得初步效果。不同的系统参数和系统结构,对应着不同岩石力学系统状态,通过对调整系统的受力状态、参数和结构状态的分析,探讨防治冲击地压发生的机制。石力学系统运动稳定性的基本理论出发,将边坡力学系统分类,对连续协调变形边坡的稳定性例题进行了分析,找出了系统的控制变量,同时对影响系统控制变量的因素进行了初探。对含有结构面的边坡力学系统变形、滑动全过程进行了分析,描述了边坡力学系统变形、滑动两大过程的规律,同时考虑水与不连续面岩石相互作用对滑动系统的变形、滑动系统的稳定性的影响进行了探讨。

7.4.4 岩石力学系统演化过程和演化规律研究的发展趋势

岩石工程组成的力学系统是一个复杂的巨系统,岩石力学系统演化过程和演化规律的研究,影响因素多,求解难度大,复杂程度高,这在文献中已有明确的阐述,今后重点突出以下主要研究内容:

①岩石力学系统结构形式对岩石力学系统演化过程和演化规律的影响。包括不同的几何因素组成的结构形式、子系间的连接方式、非线性边界、非线性约束等的研究。当然在治理岩石力学系统失稳时,首先考虑岩石力学系统中同等条件下的几何结构形式的调整、控制和优化。

②受结构组成复杂性的影响,岩石力学系统中,子系统和总系统的激扰和响应之间为非线性关系,探求该非线性关系是岩石力学研究中的一个基本任务。

③寻求复杂(多种作用、多相作用问题)岩石力学系统演化过程和演化规律的描述、建模;确定系统演化过程中的控制变量及其支配作用;确定系统演化过程中的主导结构和主反馈环;建立子系统与总系统稳定性之间的关系;研究确定、不确定模型的求解方法,主要采用数值解法求解。

④系统中参数性质对岩石力学系统演化过程和演化规律的影响。主要包括系统参数在岩石力学系统中所起的作用,在治理岩石力学系统失稳时,能否通过调整系统中所有或部分子系统的参数来调整系统的状态和稳定性。

⑤岩石力学系统结构的受力状态对系统演化过程和演化规律研究的影响。主要包括系统结构和系统参数一定的条件下,系统受力的临界荷载等。

参考文献

[1] 谢和平,陈忠辉.岩石力学[M].北京:科学出版社,2004.

[2] 赵文.岩石力学[M].长沙:中南大学出版社,2010.

[3] 阳生权,阳军生.岩石力学[M].北京:机械工业出版社,2008.

[4] 中华人民共和国国家标准(GB/T 50266—2013)工程岩体试验方法标准[S].北京:中国计划出版社,2003.

[5] 董学晟,邬爱清,郭熙灵.三峡工程岩石力学研究50年[J].岩石力学与工程学报.2008,27(10):1945-1958.

[6] 岩石力学研究的现状和未来——傅冰骏教授在全国岩土与工程学术大会报告.2008.

[7] 赵明阶.岩石力学[M].北京:人民交通出版社,2011.

[8] 高玮.岩石力学[M].北京:北京大学出版社,2010.

[9] 李俊平,连民杰.矿山岩石力学[M].北京:冶金工业出版社,2011.

[10] 沈明荣,陈建峰.岩体力学[M].上海:同济大学出版社,2006.

[11] 廖红建,赵树德.岩土工程测试[M].北京:机械工业出版社,2007.

[12] 楼一珊,金业权.岩石力学与石油工程[M].北京:石油工业出版社,2006.

[13] 黄醒春.岩石力学[M].北京:高等教育出版社,2005.

[14] 黄润秋,王士天.断裂构造对地应力场的影响及其工程应用[M].北京:科学出版社,2002.

[15] 刘长武,霍才旺.地层空间应力场的开采扰动与模拟[M].郑州:黄河水利出版社,2005.

[16] 蔡美峰,乔兰,李华斌.地应力测量原理和技术[M].北京:科学出版社,1995.

[17] J. A. Hudson,J. P. Harrison.工程岩石力学(上卷):原理导论[M].冯夏庭,李小春,等,译.北京:科学出版社,2009.

[18] 张永兴.岩石力学[M].2版.北京:中国建筑工业出版社,2008.

[19] 周维垣.高等岩石力学[M].北京:水利水电出版社,1989.

[20] 孔思丽.工程地质学[M].2版.重庆:重庆大学出版社,2005.

[21] 孙广忠.岩体结构力学[M].北京:科学出版社,1988.

[22] J. C.耶格,N. G. W.库克.岩石力学基础[M].中国科学院工程力学研究所,译.北京:科学出版社,1981.

[23] 仟颜卿,张倬元.岩体水力学导论[M].成都:西南交通大学出版社,1995.

[24] 吴德伦,等.岩石力学[M].重庆:重庆大学出版社,2002.

[25] 刘锦华编译.美国地下工程岩体分类方法简介[J].水利发电.1985(1):57-61.

[26] 周小平,钱七虎,等.深部岩体强度准则[J].岩石力学与工程学报,2008,27(1):118-123.

[27] 王文星.岩体力学[M].长沙:中南大学出版社,2004.

[28] 侯公羽.岩石力学基础教程[M].北京:机械工业出版社,2011.

[29] 朱凡,胡岱文.土力学[M].重庆:重庆大学出版社,2005.

[30] 中国科学技术协会、中国岩石力学与工程学会.岩石力学与岩石工程学科发展报告(2009—2010).北京:中国科学技术出版社,2010.

[31] 王思敬,杨志法,傅冰骏.中国岩石力学与工程世纪成就[M].南京:河海大学出版社,2004.

[32] 刘佑荣,唐辉明.岩体力学[M].武汉:中国地质大学出版社,1999.

[33] 吴德伦,黄质宏,赵明阶.岩石力学[M].乌鲁木齐:新疆大学出版社,2002.

[34] 凌贤长,蔡德所,岩体力学[M].哈尔滨:哈尔滨工业大学出版社,2002.

[35] 蔡美峰,何满朝,刘东燕.岩石力学与工程[M].北京:科学出版社,2002.

[36] 王渭明,杨更社,张向东,等.岩石力学[M].徐州:中国矿业大学出版社,2010.

[37] 张有良.最新工程地质手册[M].北京:中国知识出版社,2006.

[38] GB 50007—2011.建筑地基基础设计规范[S].

[39] JGJ 94—2008.建筑桩基技术规范[S].

[40] SL 319—2005.混凝土重力坝设计规范[S].

[41] 杨桂通.弹塑性力学引论[M].北京:清华大学出版社,2004.

[42] 谢和平.岩石、混凝土损伤力学[M].徐州:中国矿业大学出版社,1990.

[43] 谢强,姜崇喜,凌建明.岩石细观力学实验与分析[M].重庆:西南交通大学出版社,1997.

[44] 杨卫.细观力学和细观损伤力学[J].力学进展,1992,22(1):1-9.

[45] 葛修润,任建喜,浦毅彬,等.岩石细观损伤扩展规律的CT实时试验[J].中国科学(E辑),2000,30(2):104-111.

[46] 谢和平.分形—岩石力学导论[M].北京:科学出版社.1996.

[47] 殷有泉,张宏.模拟地震的应变软化数学模型[J].地球物理学报.1982,25(5):414-423.

[48] 王来贵,黄润秋,王泳嘉,等.岩石力学系统运动稳定性及其应用[M].北京:地质出版社,1998.

[49] 黄润秋,许强.工程地质广义系统科学分析原理及应用[M].北京:地质出版社.1997.

[50] 殷有泉.地震过程中的突变[J].现代力学与科技进步,1997,304-308.

[51] Yishan pan & Mengtao Zhang. study of chanmher rock burst by cusp model of catastrop he Theory. Appliep Mathematics and Mechancs, vol. 15 No. 10, 1994.

[52] Hirata, T, T. satoh. and K. Ito. Fractal structure of spatial distribution microfracturing in rock, Geophys. J. R. astr. soc. 90:1987,367-374.

[53] 仪垂祥.非线性科学及其在地学中的应用[M].北京:气象出版社,1995.

[54] 苗天德.滑坡分析预报的理论模式.塑性力学与地球动力学文集[G].北京:北京大学出版社.1990.

[55] 陈学忠,尹祥础.非线性科学在地震研究中的一些应用[J].地球物理学进展,Vol. 9. No. 2, 1994, 100-109.

[56] 刘先斌,陈虬,陈大鹏.非线性随机动力系统的稳定性和分岔研究[J].力学进展,Vol. 26. No. 4,1996, 437-452.

[57] 郑颖人,刘兴华.近代非线性科学与岩石力学问题[J].岩土工程学报, Vol. 18. No. 1, 1996,98-100,.

[58] 郑哲敏,周恒,张涵信,等.21世纪的力学进展趋势[J].力学进展,25(4):1995,433-441.